ISBN 978-0-365-74544-0
PIBN 11054131

VORLESUNGEN

ÜBER DIE

THEORIE DER EINFACHEN UND DER VIELFACHEN INTEGRALE

VON

LEOPOLD KRONECKER.

HERAUSGEGEBEN

VON

DR. EUGEN NETTO,

PROFESSOR DER MATHEMATIK AN DER UNIVERSITÄT ZU GIESSEN.

LEIPZIG,

DRUCK UND VERLAG VON B. G. TEUBNER.

1894.

Vorwort.

Aus dem Cyklus von Vorlesungen, welche der bis zum letzten Lebenstage schaffensfreudige Leopold Kronecker an der Berliner Universität gehalten hat, erscheint hier diejenige über die Theorie der einfachen und der vielfachen Integrale. Fünfmal hat Kronecker über diesen Gegenstand gelesen; zuerst im Wintersemester 1883/84 zweistündig „über einige bestimmte Integrale“; dann in den Sommersemestern 1885 vierstündig und 1887, 1889, 1891 sechsstündig. Für die Herausgabe lagen Kronecker's Notizen zu sämmtlichen fünf Collegien, sowie die auf seine Veranlassung angefertigten Nachschriften aus den Jahren 1883/84, 1885, 1889 völlig und die aus dem Jahre 1891 zur Hälfte vor.

Wer Kronecker's Vortrags- oder Arbeitsweise kennt, wird wissen, dass einführende, elementare Vorlesungen zu halten, mit seiner Ideenfülle sich nicht vertrug. Mit Hintansetzung peinlich strenger Systematik knüpfte er völlig eigenartig an Untersuchungen an, die ihn augenblicklich beschäftigten, oder er liess sich umgekehrt durch den vorgetragenen Stoff zu eigenen, tiefsinnigen Forschungen anregen und gab dann neue, oft von gestern auf heut gefundene Resultate und Beweise. Man wäre geneigt, seine Vorlesungen „esoterische“ zu nennen. So erklärt sich das Anwachsen des Materials bei wiederholten Behandlungen; so das ausführliche Eingehen auf einige Theile des Stoffes gegenüber der kurzen Besprechung anderer Theile; so die vielfachen Umwälzungen und Abänderungen von einem Vorlesungscursus zum andern. So erklärt sich aber auch die ausserordentliche Anregung, die von seinen stets lebensvollen Vorträgen und von seinen weittragenden Bemerkungen ausging.

Und endlich erklären sich so auch die Schwierigkeiten, welche in der Fixirung dieser, in beständigem Flusse befindlichen Vorlesungen lagen, deren Weiterentwickelung nur der Tod des unermüdlichen Forschers hemmen konnte.

Es war bei der Herausgabe nicht möglich, einen bestimmten Cursus — etwa den letzten — als unbedingt massgebend zu Grunde zu legen, sondern es musste auf die übrigen zurückgegriffen, und ihnen mussten mancherlei Aeusserungen und Gedankenfolgen entnommen werden. Dies durfte natürlich nur auf Grund sorgfältiger Ueberlegung geschehen, und mein Hauptbestreben bei jeder nothwendigen Aenderung war es, die Vorlesungen möglichst charakteristisch zu gestalten, und möglichst viel von der Eigenart der Kronecker'schen Vortragsweise zu wahren. Ich bin mir wohl bewusst, dass der Werth meiner Arbeit daran abzumessen sein wird, wie weit mir diese schwierige und schöne Aufgabe gelungen ist. Von irgend welchen auf die Sache oder auf die Literatur bezüglichen Zusätzen habe ich völlig Abstand genommen.

Alle Notizen, welche die Herausgabe betreffen, sind in den Anmerkungen am Ende des Buches zusammengestellt worden.

Giessen, im October 1893.

Eugen Netto,

Inhaltsverzeichniss.

Erste Vorlesung.

Zwei Definitionen des Integrals. — Historische Bemerkungen. — Beliebige Theilung des Intervalles. — Grenzbegriff. — Stetigkeit. — Bedingung für die Convergenz der Summen. — Differentiation des Integrals. — Grundregeln. — Beispiele.

§ 1.

Euler beginnt seine im Jahre 1768 erschienene Integralrechnung mit folgender Definition: „Calculus integralis est methodus, ex data „differentialium relatione inveniendi relationem ipsarum quantitatum: et „operatio, qua hoc praestatur, integratio vocari solet."

Wir wollen zunächst auf diese Definition zurückgehen und uns also die Aufgabe stellen: wenn eine Function $f(x)$ gegeben ist, eine Function $F(x)$ so zu bestimmen, dass $\frac{dF(x)}{dx} = f(x)$ wird; weiter: wenn eine Function $f(x, y)$ gegeben ist, $F(x, y)$ so zu bestimmen, dass der Bedingung $\frac{d^2F(x, y)}{dx\,dy} = f(x, y)$ genügt wird, u. s. f. bis auf n Variable. In diesen Vorlesungen sollen nur die hier gegebenen speciellen Differentialgleichungen sowie die Probleme, welche dadurch gekennzeichnet sind, behandelt werden. Die Anwendungen dieses Theils der Analysis auf Algebra, Zahlentheorie und Geometrie sind namentlich durch Gauss, Dirichlet und Cauchy sehr umfassende geworden.

Dirichlet hat die Vorlesungen über diesen Zweig der Analysis im Jahre 1842 in Berlin eingeführt, und er hat ihnen den Titel: „Theorie der bestimmten Integrale" gegeben. Wir haben, an Euler anknüpfend, es vorgezogen, unsere Vorlesungen als „Theorie der einfachen und mehrfachen Integrale" zu bezeichnen. Der Name „bestimmtes Integral" erweckt den Anschein, als ob die Grenzen wirklich immer bestimmte Grössen sein müssten, was doch bei sogenannten bestimmten Integralen wie

$$\int_0^\infty f(x)dx, \quad \int_0^x f(x)dx$$

gewiss nicht der Fall ist. Diese Unbestimmtheit der Grenzen bedeutet gerade den Fortschritt von der Praxis zur Theorie, genau wie das

Rechnen mit Buchstaben an Stelle von Zahlen. Es ist ganz gleichgültig, ob die Grenzen bestimmt sind oder nicht; das Bestimmt-Sein ist nicht das Entscheidende, und deshalb haben wir das Wort weggelassen. Ferner soll der Titel anzeigen, dass wir uns nicht mit beliebigen Differential-Gleichungen beschäftigen wollen, deren Behandlung ebenfalls unter die von Euler gegebene Definition fallen würde.

§ 2.

Denken wir uns die Function $f(x)$ gegeben, so lautet die Bedingungsgleichung für die zu bestimmende Function $F(x)$ ausführlich geschrieben folgendermassen:

$$(1) \qquad \lim_{h=0} \frac{F(x+h)-F(x)}{h} = f(x)\,.$$

Hierbei ist eine wesentliche Voraussetzung die, dass $f(x)$ eine eindeutige Function sei. Geht man auf die Bedeutung des limes ein, so besagt (1): „in

$$(2) \qquad \frac{F(x+h)-F(x)}{h} = f(x) + \varphi(x, h)$$

„soll $\varphi(x, h)$ mit h zugleich nach Null convergiren."

Die letzte Gleichung führt uns sofort auf eine Art algebraischer Lösung unseres Problems. Denn gilt sie in einem gewissen Intervall reeller Werthe für x, etwa von x_0 bis x, setzen wir dann:

$$(3) \qquad x - x_0 = nh \quad \text{also} \quad h = \frac{x-x_0}{n}$$

und geben dem x in (2) der Reihe nach die Werthe

$$x_0,\ x_0+h,\ x_0+2h, \ldots\ x_0+(n-1)h,$$

so entsteht:

$$\begin{aligned}
F(x_0+h)-F(x_0) &= hf(x_0) &&+ h\varphi(x_0, h),\\
F(x_0+2h)-F(x_0+h) &= hf(x_0+h) &&+ h\varphi(x_0+h, h),\\
F(x_0+3h)-F(x_0+2h) &= hf(x_0+2h) &&+ h\varphi(x_0+2h, h),\\
&\ldots\ldots\ldots\ldots\ldots\ldots\\
F(x_0+nh)-F(x_0+(n-1)h) &= hf(x_0+(n-1)h) &&+ h\varphi(x_0+(n-1)h, h),
\end{aligned}$$

und man erhält durch Addition wegen (3):

$$(4) \quad F(x)-F(x_0) = \frac{x-x_0}{n}\sum_{\varkappa=0}^{n-1} f\left(x_0+\varkappa\frac{x-x_0}{n}\right) + \frac{x-x_0}{n}\sum_{\varkappa=0}^{n-1}\varphi\left(x_0+\varkappa\frac{x-x_0}{n},\ \frac{x-x_0}{n}\right).$$

Wir setzen weiter voraus, dass in dem Bereiche von x_0 bis x der Werth von h so klein angenommen werden kann, dass jedes $\varphi(x', h)$ für $x_0 \leqq x' \leqq x$ unterhalb einer vorgeschriebenen kleinen Grösse τ bleibt.

Man sagt, wenn dies eintritt, „der Differenzen-Quotient nähert sich in „dem Intervalle dem Differential-Quotienten gleichmässig". Dann geht (4) über in

$$(4^*)\quad F(x)-F(x_0)=\frac{x-x_0}{n}\sum_0^{n-1} f\left(x_0+\varkappa\frac{x-x_0}{n}\right)+(x-x_0)\varepsilon\tau \quad (0\leq\varepsilon<1).$$

Hier sei ein für alle Mal bemerkt, dass wir bei Summen den Summationsbuchstaben nicht besonders hinschreiben, wenn derselbe ohne weiteres ersichtlich ist. Lässt man jetzt in (4*) den Wert von n mehr und mehr wachsen, so ergiebt sich das Resultat:

$$(5)\qquad F(x)-F(x_0)=\lim_{n=\infty}\frac{x-x_0}{n}\sum_0^{n-1} f\left(x_0+\varkappa\frac{x-x_0}{n}\right).$$

Es ist also unter den gemachten Voraussetzungen $F(x)$ als Grenzwerth einer Summe bestimmt worden.

§ 3.

Der Begriff des Integrals als einer Summe ist der historisch ursprüngliche; er findet sich der Sache nach schon in den Büchern des Archimedes. Dieser Mathematiker zerlegt eine, von einer Curve eingeschlossene Fläche zum Zwecke ihrer Quadratur in eine Anzahl gleicher oder ungleicher trapezartiger Figuren, betrachtet den Gesammtinhalt derselben und verfolgt diese Grösse, wenn die Anzahl durch wiederholte Theilung wächst bei gleichzeitig abnehmender Dimension der Grundlinien der einzelnen trapezartigen Theile. Sobald dann Descartes Curven durch Gleichungen darzustellen lehrte, war aus der Flächenberechnung des Archimedes die Berechnung von Integralen geworden.

Bei genauer Betrachtung erweist sich der Archimedische Gedankengang als äusserst merkwürdig. Um den Flächeninhalt $ABCD$ zu finden, theilt man AD in kleine Theile, deren einer EF sei, sucht dann eine Ordinate JK der Art, dass $EGHF = EF\cdot JK$ wird, und bildet nun die Summe aus allen $EF\cdot JK$. Man nimmt also das Problem für ein kleines Stück $EGHF$ bereits als gelöst an. Was ist aber für den Mathematiker „gross" oder „klein"?

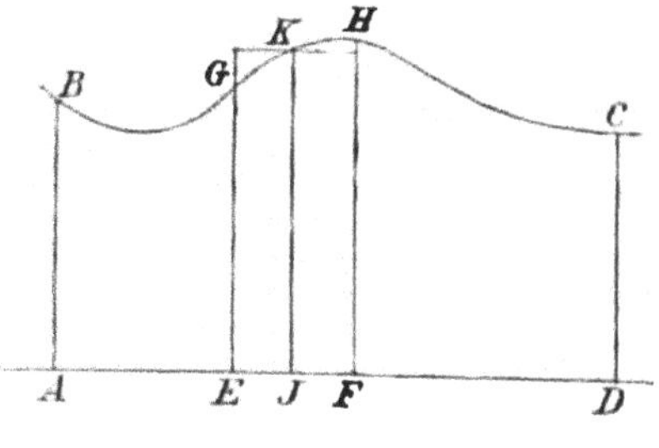

Es ist überraschend, dass man in den Naturwissenschaften so oft das „Kleine" gern in den Kauf nimmt, wenn man sich das „Grosse" damit erklären zu können glaubt. Das erinnert an das Goethe'sche Wort:

„Du kannst im Grossen nichts verrichten
„Und fängst es nun im Kleinen an.“

So meint man, die Massenattraction begreiflicher zu machen, wenn man einen Attractionsäther annimmt und die Kraft nun von Theilchen zu Theilchen wirken lässt; so „erklärt“ die Darwin'sche Theorie die grossen Abweichungen, welche bei den Individuen einer Gattung organischer Wesen auftreten, indem sie lehrt, wie dieselben aus kleinen Aenderungen hervorgehen.

Da es aber bei der praktischen Anwendung der Mathematik stets nur darauf ankommt, von einer Zahl zu wissen, dass sie innerhalb eines bestimmten Intervalles liegt, dessen Grösse von der zu verlangenden Genauigkeit abhängt, so wird uns auch die dargelegte Methode, wie wir sehen werden, in brauchbarer Weise zur Integralfunction verhelfen.

Nach der Methode der Summation, die das Integral liefert, nannte es Leibnitz „functio summatoria“ und führte zur Bezeichnung derselben das Summenzeichen $\int$ ein. Bei Leibnitz kann man die Erfindung der Integralrechnung förmlich in ihren einzelnen Stadien verfolgen; die Grösse h, das Stück EF der Grundlinie, wird bei ihm von Jahr zu Jahr kleiner.

Erst Johann Bernoulli legte den Hauptnachdruck auf die Operation des Zurückgehens von einem gegebenen Differentialquotienten auf die ursprüngliche Function und nannte diese daher „integrale“, von „integer“ das „Ursprüngliche“.

Der Sache nach gehört die Integralrechnung eigentlich vor die Differentialrechnung; nur bietet sie grössere Schwierigkeiten als diese, und daher setzt man die Kenntniss der Differentialrechnung lieber voraus.

Dirichlet beginnt seine Vorlesungen mit der Definition des Integrals als Grenzwerth einer Summe, wie wir sie in (5) gegeben haben. Bei Riemann tritt eine scheinbar noch weitere Definition auf, indem die Theile, in welche die Strecke $(x - x_0)$ zerlegt wird, nicht mehr als gleich vorausgesetzt werden. Uebrigens war Riemann nicht der erste, welcher solche Theilungen benutzte; sie finden sich schon bei Gauss in der Abhandlung über mechanische Quadratur.

Wir wollen diese Art der Definition jetzt besprechen und uns dabei der geometrischen Repräsentation bedienen.

§ 4.

Bezieht man die Gleichung $y = f(x)$ auf ein rechtwinkliges Coordinatensystem der x, y und theilt die Abscissen-Axe von x_0 bis $x = x_{2n}$ in n Theile $x_{2\varkappa} \ldots x_{2\varkappa+2}$; $(\varkappa = 0, 1, 2, \ldots n-1)$, so werden durch die x-Axe, durch die in den $(n+1)$ Theilpunkten errichteten Ordinaten und durch die Curve $y = f(x)$ als Begrenzungen, n trapezartige Flächenstücke bestimmt. Nimmt man ferner an, dass in den Intervallen zwischen x_0 und x_2; x_2 und x_4; x_4 und x_6; ... Werthe x_1; x_3; x_5; ... von solcher Beschaffenheit bestehen, dass $(-x_{2\varkappa} + x_{2\varkappa+2})f(x_{2\varkappa+1})$ gleich dem Inhalte des über der Strecke $(x_{2\varkappa} \dots x_{2\varkappa+2})$ stehenden Flächenstückes ist, dann wird der gesammte Inhalt der n Stücke, d. h. der Inhalt des Stückes, welches von der x-Axe, der Curve $y = f(x)$ und den beiden in x_0 und x_{2n} errichteten Ordinaten begrenzt ist, durch

$$(6)\qquad \sum_0^{n-1} (-x_{2\varkappa} + x_{2\varkappa+2})f(x_{2\varkappa+1})$$

genau dargestellt. Das Gleiche findet auch noch statt, wenn man $n = \infty$ werden und dabei die Abscissen-Abschnitte nach der Null hin abnehmen lässt. Der Werth der Fläche ist dann

$$\lim_{n=\infty} \sum_0^{n-1} (-x_{2\varkappa} + x_{2\varkappa+2})f(x_{2\varkappa+1}).$$

Nun sind hier freilich die Zwischenwerthe $x_{2\varkappa+1}$ sämmtlich unbekannt; aber es lässt sich nachweisen, dass unter der Voraussetzung der **Stetigkeit** der Function $f(x)$, deren **Eindeutigkeit** wir schon vorausgesetzt haben, irgend zwei Summen

$$(7)\qquad \sum_0^{n-1} (-x_{2\varkappa} + x_{2\varkappa+2})f(x'_{2\varkappa+1}), \quad \sum_0^{n-1} (-x_{2\varkappa} + x_{2\varkappa+2})f(x''_{2\varkappa+1}),$$

in denen $x'_{2\varkappa+1}$, $x''_{2\varkappa+1}$ beliebige Werthe des Intervalles $(x_{2\varkappa} \dots x_{2\varkappa+2})$ bedeuten, gegen einander convergiren.

Bei stetigem $f(x)$ giebt es in jedem Intervalle Werthe $\xi^0_{2\varkappa+1}$, $\xi_{2\varkappa+1}$, für welche die Beziehungen gelten:

$$f(\xi^0_{2\varkappa+1}) \leqq f(x'_{2\varkappa+1}) \leqq f(\xi_{2\varkappa+1}),$$
$$f(\xi^0_{2\varkappa+1}) \leqq f(x''_{2\varkappa+1}) \leqq f(\xi_{2\varkappa+1});$$

wenn wir nun die „Maximalschwankung" innerhalb des Intervalles $(x_{2\varkappa} \dots x_{2\varkappa+2})$, nämlich:

$$f(\xi_{2\varkappa+1}) - f(\xi^0_{2\varkappa+1}) = \sigma_\varkappa$$

setzen, so folgt:

$$\sum_0^{n-1} (-x_{2\varkappa} + x_{2\varkappa+2})f(\xi^0_{2\varkappa+1}) \leqq \sum_0^{n-1} (-x_{2\varkappa} + x_{2\varkappa+2})f(x'_{2\varkappa+1})$$
$$\leqq \sum_0^{n-1} (-x_{2\varkappa} + x_{2\varkappa+2})f(\xi_{2\varkappa+1}),$$

$$\sum_0^{n-1}(-x_{2\varkappa}+x_{2\varkappa+2})\left[f(\xi_{2\varkappa+1})-\sigma_\varkappa\right] \leqq \sum_0^{n-1}(-x_{2\varkappa}+x_{2\varkappa+2})f(x'_{2\varkappa+1})$$

$$\leqq \sum_0^{n-1}(-x_{2\varkappa}+x_{2\varkappa+2})f(\xi_{2\varkappa+1}),$$

und also:

$$\sum_0^{n-1}(-x_{2\varkappa}+x_{2\varkappa+2})f(x'_{2\varkappa+1})$$

$$=\sum_0^{n-1}(-x_{2\varkappa}+x_{2\varkappa+2})f(\xi_{2\varkappa+1})-\delta'\sum_0^{n-1}(-x_{2\varkappa}+x_{2\varkappa+2})\sigma_\varkappa$$

$$(0 \leqq \delta' \leqq 1).$$

Aehnlich folgt für die zweite Theilung:

$$\sum_0^{n-1}(-x_{2\varkappa}+x_{2\varkappa+2})f(x''_{2\varkappa+1})$$

$$=\sum_0^{n-1}(-x_{2\varkappa}+x_{2\varkappa+2})f(\xi_{2\varkappa+1})-\delta''\sum_0^{n-1}(-x_{2\varkappa}+x_{2\nu+2})\sigma_\varkappa$$

$$(0 \leqq \delta'' \leqq 1).$$

Durch Subtraction der letzten von der vorletzten Gleichung ergiebt sich:

$$(7^*)\sum_0^{n-1}(-x_{2\varkappa}+x_{2\varkappa+2})\left[f(x'_{2\varkappa+1})-f(x''_{2\varkappa+1})\right]=\varepsilon\sum_0^{n-1}(-x_{2\varkappa}+x_{2\varkappa+2})\sigma_\varkappa$$

$$(-1 \leqq \varepsilon < 1).$$

Rechts steht die Summe aus je einem der aufeinanderfolgenden Abscissentheile multiplicirt mit der grössten Schwankung der auf dieser Strecke vorhandenen Ordinatenwerthe. Bei stetigem $f(x)$ wird diese für $n=\infty$, d. h. bei fortgesetzter Verengerung der Intervalle $(-x_{2\varkappa}+x_{2\varkappa+2})$ beliebig klein. Beachtet man, dass damit auch das Maximum σ der $\sigma_\varkappa$ unendlich klein wird, und dass die obige Summe kleiner ist als $(-x_0+x_{2n})\sigma$, so folgt, dass die rechte Seite in (7*) bei stetigem $f(x)$ beliebig klein gemacht werden kann, und dass also irgend zwei Summen (7) bei hinreichend kleinen Intervallen sich von einander um weniger als eine beliebig kleine gegebene Grösse unterscheiden; d. h. „die Summen (7) convergiren gegen einander".

Wir können die Bedeutung der Summen (7) noch erweitern. Jedem Intervalle $(x_{2\varkappa}\ldots x_{2\nu+2})$ ordnen wir ein anderes $(\zeta_{2\varkappa}\ldots\zeta'_{2\varkappa+2})$ zu, welches das erste umfasst, mit ihm gleichzeitig unendlich klein wird, sonst aber willkürlich gewählt werden kann, so dass z. B. die neuen Intervalle $(\zeta_{2\varkappa}\ldots\zeta'_{2\varkappa+2})$, $(\zeta_{2\varkappa+2}\ldots\zeta_{2\varkappa+4})$, ... übereinander greifen dürfen. Für diese neuen Intervalle seien jetzt die Grössen $\xi^0_{2\varkappa+1}$, $\xi_{2\varkappa+1}$, $\sigma_\varkappa$ genau so definirt, wie früher für die alten. Dann bleiben, auch wenn $x'_{2\varkappa+1}$, $x''_{2\varkappa+1}$ in den neuen, weiteren Intervallen angenommen werden, alle Schlüsse bestehen, und die Formel (7*) gilt in der erweiterten Bedeutung.

Diese Auffassung von (7*) zeigt, dass selbst bei verschiedenen Theilungsgesetzen alle Summen $\Sigma(-x_{2\varkappa}+x_{2\varkappa+2})f(x'_{2\varkappa+1})$ gegen einander convergiren. In der That, wenn zwei Theilungen mit den zugehörigen Ordinaten gegeben sind, so kann man zunächst sämmtliche in beiden Theilungen auftretenden Theilpunkte einer dritten und einer vierten neuen Theilung zu Grunde legen. Diese beiden neuen Theilungen lassen sich aber sofort mit den beiden alten identisch machen. Dazu reicht es aus, allen denjenigen Intervallen der dritten (vierten) Theilung, welche aus einem einzigen Intervalle der ersten (zweiten) Theilung entstanden sind, gerade die Ordinate zu geben, welche jenem einen Intervalle der ersten (zweiten) Theilung angehörte. Nun stimmen die beiden neuen Summen mit den beiden alten ihren Werthen nach überein; wegen der Wahl der $x_{2\varkappa+1}$ stehen sie unter der erweiterten Form (7); es gilt also, wie bewiesen werden sollte, auch hier (7*).

Danach ist ersichtlich, dass die speciellere § 2, (5) gegebene Definition vollkommen ausreicht. Ferner ist es klar, dass, wenn die Summe (6) einen bestimmten Grenzwerth hat, welcher dem Inhalte des betrachteten Flächenstückes gleich ist, alle Summen

$$\sum(-x_{2\varkappa}+x_{2\varkappa+2})f(x'_{2\varkappa+1})$$

nach demselben Inhalte zu convergiren.

§ 5.

Zu allen den bisherigen Entwickelungen ist zu bemerken, dass die unserer Auffassung zu Grunde liegende Annahme, der Inhalt einer Fläche lasse sich genau durch Zahlen auswerthen, durchaus nicht frei von Bedenken ist. Nur wenn wir von vornherein eine Function $F(x)$ kennen, deren Ableitung gleich der vorgelegten Function $f(x)$ ist, können wir die Existenz eines solchen Grenzwerthes behaupten. Die geometrische Anschauung darf uns nicht dazu verleiten, diese Existenz als selbstverständlich anzusehen. Kennen wir eine Function $F(x)$ nicht, so führt (6) lediglich auf gegen einander convergirende Reihen von Zahlenwerthen, und mit diesen allein dürfen wir rechnen.

Es ist ferner zu beachten, dass bei unseren bisherigen Schlüssen mit grössten und kleinsten Functionswerthen innerhalb der einzelnen Intervalle operirt worden ist. Es fragt sich also, ob die Existenz solcher

Maxima und Minima ohne Weiteres feststeht. Das ist nicht der Fall. Ja, es lässt sich im Gegentheil zeigen, dass bei manchen Functionen $f(x)$ die Operation (6) auf Reihen von Zahlenwerthen führt, die gegen einander convergiren, während die Existenz der Maxima und Minima sich nicht beweisen lässt. Im Allgemeinen kann man die Maxima und Minima nur finden, wenn die Function sich differentiiren lässt; ist dies nicht der Fall, wie in dem von Riemann gegebenen Beispiele der stetigen Function

$$\lim_{n=\infty} \sum_1^n \frac{\sin \varkappa^2 x}{\varkappa^2},$$

dann dürfen wir auch nicht mit ihnen operiren.

§ 6.

Der schärferen und allgemeineren Fassung des bisher Gegebenen seien einige ausführlichere Erläuterungen bezüglich des Grenzbegriffes vorausgeschickt.

$\psi(m)$ heisse eine Function der positiven Zahl m, wenn ein bestimmtes Rechnungsverfahren festgestellt ist, mittels dessen für jede Zahl $1, 2, 3, \ldots m, \ldots$ der Werth von $\psi(m)$ gefunden werden kann. Es besitzt dann die Gleichung

$$\lim_{m=\infty} \psi(m) = 0$$

folgende Bedeutung: „Wird eine beliebig kleine positive Zahl τ gegeben, so ist es möglich, eine Zahl M so gross zu wählen, dass für „jeden Werth von m, der $\geq M$ ist, $|\psi(m)| < \tau$ wird.“ Dabei bedeuten die Verticalstriche, wie immer im Folgenden, nach dem Vorgange des Herrn Weierstrass, dass der absolute Werth der eingeschlossenen Grösse zu nehmen ist.

Da sich jeder andere Grenzwerth auf Null zurückführen lässt, so kann man bei jeder Grenze die hier gegebene Erklärung zu Grunde legen. So z. B. erhält man bei

$$\lim_{m=\infty} m \sin \frac{v\pi}{m} = v\pi,$$

wenn man

$$m \sin \frac{v\pi}{m} - v\pi = \psi(m)$$

setzt,

$$\lim_{m=\infty} \psi(m) = \lim_{m=\infty} \left(m \sin \frac{v\pi}{m} - v\pi\right) = \lim_{m=\infty} m \sin \frac{v\pi}{m} - v\pi = 0.$$

Es braucht wohl kaum erwähnt zu werden, dass unsere Definition der Grenze keineswegs ein beständiges Abnehmen der Function mit wachsendem m voraussetzt. So ist

$$\lim_{m=\infty} \frac{\sin mx}{m} = 0,$$

obwohl die Function bei wachsendem m auch zunehmen kann.

Die Zurückführung der Grenzwerthe auf 0 geschieht deshalb, um anzuzeigen, dass wir keine neuen Begriffe einführen wollen. Durch den Limes soll keine neue Grösse definirt werden; wir gebrauchen ihn nur, wenn er gleich einer bekannten Grösse ist. —

Hat man in Bezug auf zwei Grössen zur Grenze überzugehen, dann stellt sich die Sache nicht so einfach. Soll

(8) $$\lim_{s=\infty} \lim_{r=\infty} \psi(r, s) = 0$$

sein, so heisst dies, „wenn

(9) $$\lim_{r=\infty} \psi(r, s) = \Psi(s)$$

„gesetzt wird, dann wird

(10) $$\lim_{s=\infty} \Psi(s) = 0\text{“}.$$

Bei solchen successiven Grenzübergängen ist die Reihenfolge nicht gleichgiltig. Denn es wird z. B.

$$\lim_{s=\infty} \lim_{r=\infty} \frac{s}{r} = 0,$$

da $\lim_{r=\infty} \frac{s}{r} = 0$ ist, also $\Psi(s)$ das s nicht mehr enthält, so dass auch $\lim_{s=\infty} \Psi(s) = 0$ sein muss. Hingegen wird

$$\lim_{r=\infty} \lim_{s=\infty} \frac{s}{r} = \infty$$

werden. Denn die innere Operation führt unabhängig von dem Werthe von r über alle Grenzen hinaus, so dass die Durchführung der äusseren Operation keine Aenderung im Resultate bewirken kann.

Aehnlich ergiebt sich:

$$\lim_{s=\infty} \lim_{r=\infty} \frac{\alpha s + \beta r}{\gamma s + \delta r} = \frac{\beta}{\delta}; \quad \lim_{r=\infty} \lim_{s=\infty} \frac{\alpha s + \beta r}{\gamma s + \delta r} = \frac{\alpha}{\gamma}.$$

Ein drittes Beispiel liefert uns die Reihe

$$\lim_{N=\infty} \sum_{-N}^{+N} \frac{2 \sin (2\varkappa + 1) v \pi}{(2\varkappa + 1)\pi} = 1 \qquad (0 < v < 1).$$

Differentiirt man sie direct, so wird, wegen ihres constanten Werthes

$$\lim_{v=v_0} \lim_{N=\infty} \sum_{-N}^{+N} \frac{2\sin(2\varkappa+1)v\pi - 2\sin(2\varkappa+1)v_0\pi}{(2\varkappa+1)(v-v_0)\pi} = 0$$

werden; wenn man jedoch gliedweise differentiirt und dann erst summirt, so folgt:

$$\lim_{N=\infty} \lim_{v=v_0} \sum_{-N}^{+N} 2\cos(2\varkappa+1)v\pi .$$

Diese Summe lässt sich leicht mit Hülfe von

$$2\sin 2\varphi \cdot \cos(2\varkappa+1)\varphi = \sin(2\varkappa+3)\varphi - \sin(2\varkappa-1)\varphi,$$

$$\sum_{0}^{N} 2\sin 2\varphi \cdot \cos(2\varkappa+1)\varphi = \sin(2N+3)\varphi + \sin(2N+1)\varphi$$

in die Form

$$\lim_{N=\infty} \frac{2\sin(2N+1)v_0\pi \cdot \cos v_0\pi}{\sin v_0\pi}$$

bringen; das ist aber eine schwankende Grösse, die z. B. für $v_0 = \frac{1}{4}$ abwechselnd zweimal die Werthe $+\sqrt{2}$ und $-\sqrt{2}$ annimmt, wenn N ganzzahlig wächst. Man sieht also, wie verschieden die Grenzwerthe sich gestalten können. —

Schon bei

$$\lim_{r=\infty} \lim_{s=\infty} \frac{s}{r} = \infty$$

stellte sich eine Schwierigkeit heraus, die darin bestand, dass der Uebergang zur inneren Grenze nicht durchgeführt werden konnte, weil eine solche nicht besteht. In diesem und in ähnlichen Fällen kann man durch Benutzung einer anderen Methode zum Ziele gelangen.

Soll die Gleichung

(8) $$\lim_{s=\infty} \lim_{r=\infty} \psi(r, s) = 0$$

stattfinden, so kann man auch s zuerst beliebig gross annehmen, etwa gleich N; damit (8) gelte, muss es dann für r eine Grenze M der Art geben, dass für jedes $r > M$

$$|\psi(r, N)| < \tau$$

wird, wenn τ eine beliebig kleine gegebene Grösse ist. Dies stimmt mit der ersten Definition überein, falls (9), (10) bestehen, wie leicht zu erkennen ist. Denn man wählt dann auf Grund von (10) zunächst N so grofs, dass

$$|\Psi(N)| < \frac{\tau}{2}$$

wird, und darauf kann man wegen (9) M so bestimmen, dass für jedes $r > M$ auch

$$|\psi(r, N) - \Psi(N)| < \frac{\tau}{2}$$

ist. Die Vereinigung der letzten beiden Ungleichungen liefert nun

$$|\psi(r, N)| < \tau.$$

Was hier für die Grenzen $r = \infty$, $s = \infty$ und den Werth 0 der rechten Seite durchgeführt ist, gilt offenbar in allen anderen Fällen mit einfachen Modificationen.

So findet man

$$\lim_{r=0} \lim_{s=0} \frac{s}{r} = 0,$$

wenn man zuerst r beliebig klein $= \varrho$ wählt und dann σ so annimmt, dass $\sigma < \varrho\tau$ ist. Für jedes $s \leqq \sigma$ wird

$$\frac{s}{r} = \frac{s}{\varrho} < \tau.$$

Dagegen zeigt sich der andere Grenzwerth

$$\lim_{s=0} \lim_{r=0} \frac{s}{r} = \infty,$$

indem man zuerst s beliebig klein $= \sigma$ wählt und dann ϱ so annimmt, dass $\varrho < \sigma\tau$ bleibt. Für jedes $r \leqq \varrho$ wird

$$\frac{s}{r} = \frac{\sigma}{r} > \frac{1}{\tau}.$$

Es wächst also $\frac{s}{r}$ hier über alle Grenzen hinaus.

§ 7.

Damit wir nicht gezwungen sind, spätere Entwickelungen wieder zu unterbrechen, schalten wir gleich hier noch einige Erörterungen über den Begriff der Stetigkeit ein.

Dieser Begriff ist kein ursprünglich arithmetischer, sondern er ist aus den Anwendungen der Analysis auf die Geometrie und Physik entnommen. Seine geometrische und physikalische Bedeutung ist aber sehr dunkel. Eine Curve ist weder, wie man sie zeichnet, noch wie man sie denkt, eigentlich continuirlich; man kann immer nur einzelne bestimmte Punkte — körperlich wie geistig — ins Auge fassen. Und in der Natur scheint einerseits freilich jede Fernwirkung unfassbar, andererseits aber lässt sich ohne Annahme irgend welcher Unstetigkeit in der Raumerfüllung überhaupt keine Ortsveränderung im Raume, d. h. Bewegung, denken.

In der Analysis handelt es sich immer nur um die Stetigkeit von Functionen. Dabei spielte aber lange Zeit hindurch die geometrische Auffassung der Stetigkeit eine Rolle. So kommt bei Gauss der

Begriff Stetigkeit einer Function y von x nur in folgendem Sinne vor: „Geht x von x_0 bis x_1, und nimmt y für diese beiden Werthe der „Variablen die Werthe y_0 und y_1 an, dann giebt es zwischen x_0, x_1 jedes-„mal ein x', für welches die Function den zwischen y_0 und y_1 beliebig „gewählten Werth y' erhält." Es ist dabei an eine Curve gedacht, welche die beiden Punkte (x_0, y_0) und (x_1, y_1) mit einander verbindet und in ihrem ununterbrochenen Laufe den Verlauf der Functionswerthe darstellt.

Statt dieser geometrischen Veranschaulichung wählen wir eine rein analytische Definition: „$f(x)$ heisst bei einem bestimmten Werthe x „stetig, wenn ein von Null verschiedener, beliebig kleiner, aber end-„licher Werth von h bestimmt werden kann, für welchen die Un-„gleichung gilt:

$$|f(x+h\cdot\varepsilon)-f(x)|<\tau$$
$$(-1\leqq\varepsilon\leqq 1),$$

„wo τ eine beliebig kleine, gegebene Grösse bedeutet."

Wir benutzen ferner die folgenden Begriffe und Definitionen:

„Eine Function $f(x)$ heisst in einem Intervalle gleichmässig „stetig, wenn nach Annahme des τ ein und dasselbe endliche h die obige „Bedingung für jedes x des Intervalles erfüllt."

„Eine Function heisst in einem Intervalle im Allgemeinen gleich-„mässig stetig, wenn die Gesammtgrösse aller Intervalle, in denen die „Bedingung gleichmässiger Stetigkeit nicht erfüllt ist, sich mit τ gleich-„zeitig der Null nähert, also kleiner wird, als eine vorgegebene, beliebig „kleine Grösse." Der Ausdruck „gleichmässig stetig" ist zwar nicht glücklich gewählt, weil eigentlich nur $y = ax + b$ gleichmässig stetig ist, doch wollen wir ihn als eingebürgert beibehalten.

§ 8.

Wir kehren jetzt zur Betrachtung der Integrale zurück und fassen zunächst die Ergebnisse der ersten Paragraphen kurz zusammen.

Wir sahen, dass, „wenn die Function $f(x)$ in dem Bereiche von „x_0 bis $x_{2n} = x$ eindeutig und stetig ist, oder wenn sich in diesem Inter-„valle der Differenzen-Quotient dem Differential-Quotienten gleichmässig „nähert, dann alle Summen

$$(7) \qquad \sum_{0}^{n-1}(-x_{2\varkappa}+x_{2\varkappa+2})f(x'_{2\varkappa+1})$$

„und insbesondere die Summe

$$(5) \qquad \sum_{0}^{n-1}\frac{x-x_0}{n}\,f\left(x_0+\varkappa\,\frac{x-x_0}{n}\right)$$

„mit wachsendem n und abnehmender Grösse der Intervalle $(x_{2\varkappa} \dots x_{2\varkappa+2})$ „gegen einander convergiren.“ Giebt es ferner eine Function $F(x)$, deren Ableitung $\frac{dF(x)}{dx} = F'(x)$ gleich der gegebenen Function $f(x)$ ist, dann wird

$$(9) \quad \lim_{n=\infty} \sum_{0}^{n-1} (-x_{2\varkappa} + x_{2\varkappa+2}) f(x'_{2\varkappa+1}) = \lim_{n=\infty} \frac{x-x_0}{n} \sum_{0}^{n} f\left(x_0 + \varkappa \frac{x-x_0}{n}\right)$$
$$= F(x) - F(x_0) .$$

Für die linke Seite von (9) schreiben wir in der jetzt üblichen, von Fourier zuerst benutzten Bezeichnung:

$$\int_{x_0}^{x} f(x)\,dx ,$$

so dass wir erhalten:

$$(9^*) \qquad \int_{x_0}^{x} f(x)\,dx = F(x) - F(x_0) .$$

Aus § 4 ergiebt sich, dass die notwendige und hinreichende Bedingung für das Convergiren aller Summen (7) gegen einander durch

$$\lim_{n=\infty} \sum_{0}^{n-1} (-x_{2\varkappa} + x_{2\varkappa+2}) \sigma_\varkappa = 0$$

gegeben ist. So wurde sie von Riemann aufgestellt. Aber dieser Satz ist im Grunde nur eine Identität; damit lässt sich nichts anfangen; wie überhaupt die Erkenntniss nur fortschreiten kann, wenn man mehr voraussetzt, als nöthig ist. Wir wollen eine nur hinreichende, aber inhaltsreichere und leichter festzustellende Bedingung einführen.

Diese soll so formulirt werden: „die Summen convergiren, falls „$f(x)$ eindeutig, im Allgemeinen gleichmässig stetig ist, und falls sich „eine endliche Grösse M angeben lässt, unter welcher alle Functional- „werthe des Bereiches bleiben.“

Die Bestimmung einer solchen Grösse M ist mitunter auch dann möglich, wenn der Nachweis der Existenz von Werten ξ, ξ^0 innerhalb $(x_{2\varkappa} \dots x_{2\varkappa+2})$, für welche Maxima und Minima im Intervalle auftreten, nicht möglich ist; so z. B. bei dem schon in § 5 angeführten Riemann'schen Beispiele:

$$f(x) = \sum_{1}^{\infty} \frac{\sin m^2 x}{m^2} . \text{ —}$$

Sind unsere Voraussetzungen erfüllt, dann nehmen wir eine beliebig kleine Grösse τ an und können darauf eine Grösse h so bestimmen, dass im Allgemeinen

$$|f(x+h\varepsilon)-f(x)|<\tau \qquad (-1\leqq\varepsilon<1)$$

wird. Die Summe der einzelnen Bereiche, in denen diese Beziehung nicht gilt, werde durch T' bezeichnet; mit abnehmendem τ nimmt auch T' nach Null ab. Die Bereiche, in welchen die obige Beziehung gilt, theilen wir in Intervalle $(x_{2\varkappa}\dots x_{2\nu+2})$, deren Ausdehnung die Grösse h nicht übertrifft, und wählen in jedem Intervalle zwei beliebige Werthe $x'_{2\varkappa+1}$, $x''_{2\varkappa+1}$; dann ist

$$-(-x_{2\varkappa}+x_{2\varkappa+2})\tau<(-x_{2\varkappa}+x_{2\varkappa+2})(f(x'_{2\varkappa+1})-f(x''_{2\varkappa+1}))$$
$$<+(-x_{2\varkappa}+x_{2\varkappa+2})\tau$$

und also für die über alle Intervalle dieser Bereiche erstreckte Summe

$$-(x-x_0)\tau<\sum(-x_{2\varkappa}+x_{2\nu+2})(f(x'_{2\varkappa+1})-f(x''_{2\varkappa+1}))<+(x-x_0)\tau.$$

Für jedes einzelne Theilchen $(x_{2\lambda}\dots x_{2\lambda+2})$ des Bereiches T' ist

$$-(-x_{2\lambda}+x_{2\lambda+2})\cdot 2M<(-x_{2\lambda}+x_{2\lambda+2})(f(x'_{2\lambda+1})-f(x''_{2\lambda+1}))$$
$$<+(-x_{2\lambda}+x_{2\lambda+2})\cdot 2M,$$

da ja jedes $f(x)$ kleiner als M ist. Für die sämmtlichen Intervalle auf $(x_0\dots x)$ erhält man, da $x_{2\lambda+2}-x_{2\lambda}<h$ ist, durch Addition

$$-(x-x_0)\tau-2M\cdot h\frac{T'}{h}<\sum_0^{n-1}(-x_{2\varkappa}+x_{2\varkappa+2})(f(x'_{2\varkappa+1})-f(x''_{2\varkappa+1}))$$
$$<+(x-x_0)\tau+2M\cdot h\frac{T'}{h}$$

oder

$$\left|\sum_0^{n-1}(-x_{2\varkappa}+x_{2\varkappa+2})(f(x'_{2\varkappa+1})-f(x''_{2\varkappa+1}))\right|<(x-x_0)\tau+2MT'.$$

Lässt man nun τ und damit T' nach Null hin gehen, so folgt aus der letzten Ungleichung der zu beweisende Satz, nämlich dass alle Summen (7) unter den gemachten Voraussetzungen gegen einander convergiren.

§ 9.

Wir wollen jetzt abkürzend

$$\sum_0^n(-x_{2\varkappa}+x_{2\varkappa+2})f(x'_{2\varkappa+1})=\mathfrak{S}_{x_0}^{x_{2n}}f(x)\varDelta x \qquad (x_{2n}=x)$$

schreiben und dann nachweisen,

1) dass $\mathfrak{S}$ auch wirklich das Integral der Function $f(x)$ nach der Euler'schen Definition darstellt, d. h. dass

$$\frac{d}{dx}\lim_{n=\infty}\mathfrak{S}_{x_0}^{x_{2n}}f(x)\varDelta x=f(x) \qquad (x_{2n}=x)$$

ist; und

2) dass das Integral des Differential-Quotienten einer Function $F(x)$ auch wirklich wieder die Function $F(x) - F(x_0)$ darstellt, d. h. dass

$$\lim_{n=\infty} \mathfrak{S}_{x_0}^{x_{2n}} \frac{dF(x)}{dx} = F(x) - F(x_0) \qquad (x_{2n} = x)$$

wird.

Dabei ist der Limes in Beziehung auf n immer so zu verstehen, dass die Anzahl der Theile wächst und die Ausdehnung der einzelnen Theile abnimmt.

Wir wollen zuerst den Nachweis für die zweite Behauptung unter der Voraussetzung liefern, dass der Differenzen-Quotient von $F(x)$ sich im ganzen Intervalle $(x_0 \ldots x)$ dem Differential-Quotienten gleichmässig nähert. Ich nehme zunächst eine beliebig kleine Grösse τ_0 an; dann kann ich das Intervall in Theile $(x_{2\varkappa} \ldots x_{2\varkappa+2})$ von solcher Ausdehnung zerlegen, dass für einen jeden

$$\left| \frac{F(x_{2\varkappa+1} + \delta_{2\varkappa+1}) - F(x_{2\varkappa+1} - \delta'_{2\varkappa+1})}{\delta_{2\varkappa+1} + \delta'_{2\varkappa+1}} - \frac{F(x_{2\varkappa+2}) - F(x_{2\varkappa})}{x_{2\varkappa+2} - x_{2\varkappa}} \right| = \varepsilon_\varkappa \tau_0$$

$$(0 \leqq \varepsilon_\varkappa < 1)$$

ist, wenn nur $x_{2\varkappa+1} + \delta_{2\varkappa+1}$ und $x_{2\varkappa+1} - \delta'_{2\varkappa+1}$ innerhalb $(x_{2\varkappa} \ldots x_{2\varkappa+2})$ liegen. Multiplicire ich diese Gleichung nun mit $(x_{2\varkappa+2} - x_{2\varkappa})$ und addire für alle $\varkappa$, so folgt

$$\sum_0^{n-1} (-x_{2\varkappa} + x_{2\varkappa+2}) \lim_{\delta, \delta'=0} \frac{F(x_{2\varkappa+1} + \delta_{2\varkappa+1}) - F(x_{2\varkappa+1} - \delta'_{2\varkappa+1})}{\delta_{2\varkappa+1} + \delta'_{2\varkappa+1}}$$

$$= \sum_0^{n-1} (-x_{2\varkappa} + x_{2\varkappa+2}) \frac{F(x_{2\varkappa+2}) - F(x_{2\varkappa})}{x_{2\varkappa+2} - x_{2\varkappa}} + \tau_0 \sum_0^{n-1} \varepsilon'_\varkappa (x_{2\varkappa+2} - x_{2\varkappa})$$

oder

$$\sum_0^{n-1} (-x_{2\varkappa} + x_{2\varkappa+2}) \left(\frac{dF(x)}{dx}\right)_{2\varkappa+1} = F(x) - F(x_0) + \tau_0 \varepsilon' (x - x_0)$$

$$(-1 \leqq \varepsilon', \varepsilon'_\varkappa \leqq +1)$$

und folglich

$$\lim_{n=\infty} \mathfrak{S}_{x_0}^{x_{2n}} \frac{dF(x)}{dx} \Delta x = F(x) - F(x_0);$$

und das ist der zu beweisende Satz. Der Beweis beruht auf gehöriger Verkleinerung der einzelnen Theile $(-x_{2\varkappa} \ldots x_{2\varkappa+2})$, während über δ, δ' keine besonderen Voraussetzungen getroffen wurden. —

Die im ersten Satze ausgesprochene Behauptung können wir auch so formuliren: „Der Differential-Quotient des Integrals nach der oberen

„Grenze ist gleich dem Integranden.“ Ausführlich geschrieben lautet die Formel:

$$\lim_{\delta, \delta'=0} \lim_{n=\infty} \frac{\mathfrak{S}_{x_0}^{x+\delta} f(x) \Delta x - \overline{\mathfrak{S}}_{x_0}^{x-\delta'} f(x) \Delta x}{\delta + \delta'} = f(x).$$

Hier ist die zweite Summe durch ein anderes $\mathfrak{S}$ bezeichnet als die erste, um den Anschein zu vermeiden, als ob bei ihr dieselbe Eintheilung vorausgesetzt würde wie dort. Führen wir die Summen ein, so können wir die linke Seite auch folgendermassen schreiben:

$$\lim_{\delta, \delta'=0} \lim_{m, n=\infty} \frac{1}{\delta+\delta'} \left[\sum_0^{m-1} (-x_{2\varkappa} + x_{2\varkappa+2}) f(x'_{2\varkappa+1}) \right.$$
$$\left. - \sum_0^{n-1} (-x_{2\lambda} + x_{2\lambda+2}) f(x'_{2\lambda+1}) \right],$$

wobei $x_{2m} = x + \delta$, $x_{2n} = x - \delta'$ gesetzt werden muss. Wenn wir jetzt die Annahme machen, dass $f(x)$ an der oberen Grenze stetig ist, dann können wir δ, δ' so wählen, dass die Functionalwerthe innerhalb $(x - \delta' \ldots x + \delta)$ sich von einander um weniger als $\frac{1}{2}\tau$ unterscheiden. Dabei ist τ eine beliebig kleine, vorher gewählte Gröſse. Ist dies geschehen, dann können wir in der ersten Summe die Eintheilung von 0 bis $x - \delta'$ so wählen, dass die zugehörige Partialsumme sich von der zweiten Summe um weniger als eine beliebig kleine Grösse τ_0 unterscheidet. Hierzu reichen unsere Voraussetzungen aus § 8 hin. Endlich wählen wir dann $x'_{2m-1} = x$, und jetzt folgt, dass unser obiger Ausdruck sich von $f(x)$ um weniger als

$$\frac{1}{\delta+\delta'} [(\delta + \delta')(f(x) + \tfrac{1}{2}\tau) + \tau_0] - f(x) = \tfrac{1}{2}\tau + \frac{\tau_0}{\delta+\delta'}$$

unterscheidet. Nehmen wir $\tau_0 = \frac{1}{2}\tau(\delta + \delta')$, so ergiebt dies τ.

Damit ist auch der erste Satz bewiesen. Man bemerke aber wohl, dass man hier gleich anfangs über die Grössen δ, δ' verfügen musste und zwar, ehe man zur Festsetzung der Grösse der Intervalle schreiten konnte, während bei dem Beweise des zweiten Satzes δ und δ' nicht besonders berücksichtigt zu werden brauchten. In beiden Fällen haben wir einen doppelten Grenzübergang; das wird nicht immer genügend beachtet. Allerdings geht in der abgekürzten Schreibweise

$$\lim_{n=\infty} \mathfrak{S}_{x_0}^{x_{2n}} f(x) \Delta x = \int_{x_0}^{x} f(x) dx$$

der eine Limes unter; vorhanden ist er aber. In dieser Schreibweise lauten unsere Sätze:

$$\frac{d}{dx}\int_{x_0}^{x} f(x)dx = f(x)$$

und

$$\int_{x_0}^{x} \frac{dF(x)}{dx}\, dx = F(x) - F(x_0)\,.$$

Durch den gelieferten Nachweis haben wir den früheren Euler'schen Standpunkt mit den modernen Anschauungen vereinigt. Wir werden uns weder ausschliesslich der einen noch der andern Integral-Definition anschliessen, sondern wir behalten uns vor, beide je nach Bedürfniss zu benutzen, da hierdurch Schwierigkeiten vermieden werden können, die, wie wir bald sehen werden, sonst auftreten würden.

Wir können endlich noch eine Darstellung des Integrals geben, die des Interesses nicht entbehrt.

Jedes Glied

$$(-x_{2\varkappa} + x_{2\varkappa+2})f(x'_{2\varkappa+1})$$

unserer Summe $\mathfrak{S}$ ist nämlich selbst wieder ein Integral

$$= \int_{x_{2\varkappa}}^{x_{2\varkappa+2}} f(x'_{2\varkappa+1})dx\,,$$

wenn $f(x'_{2\varkappa+1})$ im Integrationsintervalle als constant angesehen wird. Definiren wir also eine Function $f_1(x)$ der Art, dass sie zwischen $x_{2\varkappa}$ und $x_{2\varkappa+2}$, die obere Grenze eingeschlossen, den Wert $f(x'_{2\varkappa+1})$ besitzt, dann erhält man

$$\mathfrak{S}_{x_0}^{x_{2\varkappa}} f(x)\Delta x = \sum_{0}^{n-1} \int_{x_{2\varkappa}}^{x_{2\varkappa+2}} f_1(x)dx\,.$$

Das links angegebene Integral besteht somit aus einer Summe von Integralen, bei denen die Functionen unter den Integralzeichen längs der einzelnen Teile des Integrationsintervalles constant sind; man erhält bei einer geometrischen Darstellung des Verlaufes der Functionswerthe statt der Curve eine gebrochene Linie, die abwechselnd der Abscissen- und der Ordinaten-Axe parallel läuft und bei beliebig weit fortgesetzter Theilung des Intervalls in immer mehr Punkten mit der durch $y = f(x)$ dargestellten Curve zusammenfällt.

§ 10.

Aus den angegebenen Sätzen folgt ohne Weiteres die Beantwortung der Frage, ob die Euler'sche Aufgabe mehr als eine Lösung zulässt. Man kann nämlich feststellen, wodurch sich zwei Functionen, deren

Differentialquotienten einander gleich sind, von einander unterscheiden können. Soll sowohl

$$\frac{dF(x)}{dx} = f(x) \quad \text{als} \quad \frac{d\Phi(x)}{dx} = f(x)$$

sein, so ist

$$\frac{d[F(x) - \Phi(x)]}{dx} = 0$$

und

$$\lim_{n=\infty} \int_{x_0}^{x_{2n}} \frac{d[F(x) - \Phi(x)]}{dx} = 0 \quad (x_{2n} = x).$$

Der Ausdruck hinter dem Limes nähert sich nach § 9 der Grenze

$$F(x_{2n}) - F(x_0) - \Phi(x_{2n}) + \Phi(x_0),$$

wenn sich der Differenzenquotient der Function $F(x) - \Phi(x)$ im Allgemeinen gleichmässig dem Differentialquotienten derselben nähert. Dann ist also, wenn man x für x_{2n} einsetzt,

$$F(x) = \Phi(x) + [F(x_0) - \Phi(x_0)],$$

d. h. die beiden Functionen unterscheiden sich nur durch eine Constante von einander. Unter der angegebenen Voraussetzung giebt es mithin im Wesentlichen nur eine Integralfunction.

Auch die folgenden Fundamentalregeln der Integralrechnung ergeben sich leicht:

I) Es ist

$$(10) \qquad \int_a^b f(x)dx + \int_b^c f(x)dx = \int_a^c f(x)dx,$$

vorausgesetzt, dass

$$\lim_{n=\infty} \mathfrak{S}_a^b f(x)\Delta x = F(b) - F(a),$$

$$\lim_{n=\infty} \mathfrak{S}_b^c f(x)\Delta x = F(c) - F(b)$$

gesetzt werden kann; denn in diesem Falle ergiebt sich die Identität

$$F(b) - F(a) + F(c) - F(b) = F(c) - F(a).$$

II) Unter ähnlichen Voraussetzungen erhält man

$$(11) \qquad \int_a^b \varphi'(x)dx + \int_a^b \psi'(x)dx = \int_a^b (\varphi'(x) + \psi'(x))dx,$$

da die Integration wieder die Identität liefert:

$$(\varphi(b) - \varphi(a)) + (\psi(b) - \psi(a)) = (\varphi(b) + \psi(b)) - (\varphi(a) + \psi(a)).$$

III) Die Richtigkeit der Gleichung

(12) $$\int_a^b cf(x)dx = c\int_a^b f(x)dx$$

ist nach unseren beiden Definitionen evident, wenn c constant ist.

IV) Ferner sieht man, dass

(13) $$\int_a^b f'(x)dx = -\int_b^a f'(x)dx$$

ist; denn man erhält hierfür

$$f(b) - f(a) = -(f(a) - f(b)).$$

V) Integrale kann man durch Einführung anderer Variabeln bisweilen vorteilhaft umgestalten.

Führt man in

$$\int_{y_0}^{y_{2n}} g(y)dy = G(y_{2n}) - G(y_0),$$

wo $G(y)$ die Integralfunction von $g(y)$ bedeutet, die neue Variable x durch

$$\varphi(x) = y; \quad \varphi(x_\nu) = y_\nu$$

ein, und ist hier y eindeutig durch x, und ebenso x eindeutig durch y bestimmt, dann wird nach der ersten Definition der Integrale

$$\int_{x_0}^{x_{2n}} \frac{dG(\varphi(x))}{dx} dx = G(\varphi(x_{2n})) - G(\varphi(x_0));$$

rechnet man links den Differentialquotienten aus und kehrt rechts zu y zurück, dann entsteht

(14) $$\int_{x_0}^{x_{2n}} g(\varphi(x))\varphi'(x)dx = \int_{y_0}^{y_{2n}} g(y)dy.$$

Die Anwendung der zweiten Definition liefert dasselbe Resultat. Denn es ist

(14*) $$\sum_0^{n-1}(-y_{2\varkappa} + y_{2\varkappa+2})g(y_{2\varkappa+1})$$
$$= \sum_0^{n-1}(-\varphi(x_{2\varkappa}) + \varphi(x_{2\varkappa+2}))g(\varphi(x_{2\varkappa+1})).$$

Hierin aber lassen wir $y_{2\varkappa+1}$ und damit $x_{2\varkappa+1}$ vorläufig in den erlaubten Grenzen noch unbestimmt. Weil nun, wie aus der Differentialrechnung bekannt ist,

$$\varphi(x_{2\varkappa+2}) - \varphi(x_\varkappa) = (x_{2\varkappa+2} - x_{2\varkappa})\varphi'(\zeta_{2\varkappa+1})$$

gesetzt werden kann, wo $\zeta_{2\varkappa+1}$ einen passenden Mittelwerth zwischen $x_{2\varkappa}$ und $x_{2\varkappa+2}$ bedeutet, wenn $\varphi(x)$ innerhalb $(x_0 \ldots x_{2n})$ gleichmässig stetig ist, so kann $x_{2\varkappa+1} = \zeta_{2\varkappa+1}$ gesetzt und $y_{2\varkappa+1} = \varphi(x_{2\varkappa+1})$ daraus eindeutig bestimmt werden. Hierdurch entsteht

$$\sum_0^{n-1}(-y_{2\varkappa}+y_{2\varkappa+2})g(y_{2\varkappa+1}) = \sum_0^{n-1}(-x_{2\varkappa}+x_{2\varkappa+2})\varphi'(x_{2\varkappa+1})g(\varphi(x_{2\varkappa+1})),$$

und dieses Resultat stimmt mit (14) überein.

Insbesondere folgen aus unserer Formel die Gleichungen:

$$\int_a^b f(x)\,dx = c\int_{\frac{a}{c}}^{\frac{b}{c}} f(cx)\,dx, \tag{15}$$

$$\int_a^b f(x)\,dx = \int_{a+c}^{b+c} f(x-c)\,dx. \tag{16}$$

In die Formel (14*) setzen wir statt $g(\varphi(x))$ ein $\psi(x)$:

$$\lim_{n=\infty} \sum_0^{n-1}(-\varphi(x_{2\varkappa}) + \varphi(x_{2\varkappa+2}))\psi(x_{2\varkappa+1}) = \int_{x_0}^{x_{2n}} \varphi'(x)\psi(x)\,dx. \tag{17}$$

Hier unterscheidet sich die Summe links von der bei unserer zweiten Definition auftretenden dadurch, dass $(-x_{2\varkappa} + x_{2\varkappa+2})$ durch die Differenz zweier Functionalwerthe $(-\varphi(x_{2\varkappa}) + \varphi(x_{2\varkappa+2}))$ ersetzt ist; (17) liefert also eine Verallgemeinerung jener Definition.

Endlich machen wir von der Transformation noch folgende, häufig zu benutzende Anwendung.

Es sei $f_0(x)$ eine gerade und $f_1(x)$ eine ungerade Function, d. h.

$$f_0(-x) = f_0(x); \quad f_1(-x) = -f_1(x);$$

führt man dann in

$$\int_0^{+a} f_0(x)\,dx, \quad \int_{-a}^{+a} f_1(x)\,dx$$

statt x ein $-y$, so folgt, wenn man statt y wieder x schreibt,

$$\int_0^{+a} f_0(x)\,dx - \int_0^{-a} f_0(-x)\,d(-x) = -\int_0^{-a} f_0(x)\,dx - \int_{-a}^{0} f_0(x)\,dx,$$

$$\int_{-a}^{+a} f_1(x)\,dx = \int_{+a}^{-a} f_1(-x)\,d(-x) = +\int_{+a}^{-a} f_1(x)\,dx = -\int_{-a}^{+a} f_1(x)\,dx$$

und man erhält also

$$\int_0^a f_0(x)dx = \frac{1}{2}\left(\int_0^a f_0(x)dx + \int_{-a}^0 f_0(x)dx\right) = \frac{1}{2}\int_{-a}^{+a} f_0(x)dx;$$

und

$$\int_{-a}^{+a} f_1(x)dx = 0.$$

VI) Von grossem praktischen Nutzen ist der Satz über partielle Integration; wir können ihn unmittelbar aus der bekannten Differentialformel

$$d(\varphi(x)\psi(x)) = \varphi(x)d\psi(x) + \psi(x)d\varphi(x)$$

ableiten, indem wir sie zwischen den Grenzen a und b integriren:

$$(18) \qquad \int_a^b \varphi(x)d\psi(x) = (\varphi(x)\psi(x))_a^b - \int_a^b \psi(x)d\varphi(x).$$

Durch die Substitution

$$\psi'(x) = \Psi(x); \quad \psi(x) = \int_c^x \Psi(x)dx$$

erhalten wir die neue Form:

$$(19) \int_a^b \varphi(x)\Psi(x)dx = \left(\varphi(x)\int_c^x \Psi(x)dx\right)_a^b - \int_a^b \left(\varphi'(x)\int_c^x \Psi(x)dx\right)dx.$$

Denselben Satz leiten wir mittels der zweiten Definition her, indem wir in die von Abel stammende, noch häufig zu benutzende Identität

$$a_0 b_0 + \sum_1^{n-1} a_{\varkappa-1}(b_\varkappa - b_{\varkappa-1}) = -\sum_1^{n-1}(a_\varkappa - a_{\varkappa-1})b_\varkappa + a_{n-1}b_{n-1}$$

einsetzen:

$$a_\varkappa = \varphi(x_{2\nu+1}), \quad b_\varkappa = \psi(x_{2\varkappa})$$

und die entstehenden beiden Summen gemäss (17) bei wachsendem n in Integrale übergehen lassen; dabei resultirt

$$\varphi(x_1)\psi(x_0) + \int_{x_0}^{x_{2n}} \varphi(x)d\psi(x) = -\int_{x_0}^{x_{2n}} \psi(x)d\varphi(x) + \varphi(x_{2n-1})\psi(x_{2n-2}).$$

Hier kann man, da die Theilpunkte beliebig nahe an einander gerückt werden, statt x_1 eintragen x_0, und statt x_{2n-1} und x_{2n-2} jedesmal x_{2n}; so folgt denn:

$$\int_{x_0}^{x_{2n}} \varphi(x)\,d\psi(x) = (\varphi(x)\psi(x))_{x_0}^{x_{2n}} - \int_{x_0}^{x_{2n}} \psi(x)\,d\varphi(x)\,,$$

und dies ist bis auf die Bezeichnung der Grenzen mit (18) identisch.

§ 11.

Wir wollen jetzt an einigen Beispielen zeigen, wie sich unser $\mathfrak{S}$ der Integralfunction nähert.

1) Bei $f(x) = x^2$ erhalten wir, falls — wie es gestattet ist — das Intervall $(x_0 \ldots x)$ in gleiche Theile getheilt wird, die Summe

$$\frac{x-x_0}{n}\left[x_0^2 + \left(x_0 + \frac{x-x_0}{n}\right)^2 + \left(x_0 + 2\frac{x-x_0}{n}\right)^2 + \cdots + \left(x_0 + (n-1)\frac{x-x_0}{n}\right)^2\right]$$

$$= \frac{x-x_0}{n}\left[x_0^2\cdot n + 2x_0\frac{x-x_0}{n}\frac{n(n-1)}{2} + \frac{(x-x_0)^2}{n^2}\left(\frac{n^3}{3} - \frac{n^2}{2} + \frac{n}{6}\right)\right]$$

$$= (x-x_0)x_0^2 + (x-x_0)^2 x_0\left(1 - \frac{1}{n}\right) + (x-x_0)^3\left(\frac{1}{3} - \frac{1}{2n} + \frac{1}{6n^2}\right),$$

und diese wird für $n = \infty$ zu

$$(x-x_0)x_0^2 + (x-x_0)^2 x_0 + \frac{1}{3}(x-x_0)^3 = \frac{1}{3}(x^3 - x_0^3)\,.$$

Wir erhalten also durch Summation als Integral

$$\int_{x_0}^{x} x^2\,dx = F(x) - F(x_0) = \frac{1}{3}(x^3 - x_0^3)\,.$$

2) Bei $f(x) = \cos x$ ist zu bilden:

$$\lim_{n=\infty} \frac{x-x_0}{n}\left[\cos x_0 + \cos\left(x_0 + \frac{x-x_0}{n}\right)\right.$$

$$\left. + \cos\left(x_0 + 2\frac{x-x_0}{n}\right) + \cdots + \cos\left(x_0 + (n-1)\frac{x-x_0}{n}\right)\right]\,.$$

Da aber die Summe

$$\cos\alpha + \cos(\alpha + v) + \cos(\alpha + 2v) + \cdots + \cos(\alpha + (n-1)v)$$

$$= \frac{\sin\frac{nv}{2}}{\sin\frac{v}{2}}\cos\left(\alpha + \frac{n-1}{2}v\right)$$

ist, so wird der obige Ausdruck zu

$$\lim_{n=\infty} \frac{x-x_0}{n} \frac{\sin\frac{x-x_0}{2}}{\sin\frac{x-x_0}{2n}} \cos\left(x_0 + \frac{n-1}{2}\frac{x-x_0}{n}\right)$$

$$= 2\sin\frac{x-x_0}{2}\cos\frac{x+x_0}{2} = \sin x - \sin x_0,$$

und wir bekommen in diesem Falle den Werth

$$\int_{x_0}^{x} \cos x\, dx = F(x) - F(x_0) = \sin x - \sin x_0.$$

Hierbei sei erwähnt, dass die aus

$$\lim_{n=\infty} (\varphi(n) - \psi(n)) = 0$$

folgende Gleichung

$$\lim_{n=\infty} \varphi(n) = \lim_{n=\infty} \psi(n),$$

falls $\varphi(n)$ nicht schon gleich $\psi(n)$ ist, von Paul du Bois-Reymond eine „infinitäre Gleichung" genannt wird; dieser Ausdruck bedeutet also, dass sich, wenn n hinreichend gross gewählt wird, $\varphi(n)$ und $\psi(n)$ um beliebig wenig von einander unterscheiden.

3) Es sei $f(x) = \frac{1}{x}$; dann folgt aus der Euler'schen Definition:

$$\int_{\alpha}^{\beta} \frac{dx}{x} = \log\beta - \log\alpha.$$

Ist $\beta = 1$, $\alpha = 0$, so stellt die Differenz rechts in

$$\int_{0}^{1} \frac{dx}{x} = \log 1 - \log 0$$

keinen angebbaren Werth dar. Die in den ersten Beispielen durchgeführte Methode, die Integralfunction zu finden, können wir hier nicht mehr anwenden, da $\frac{1}{x}$ für $x = 0$ nicht mehr unter einer zwar beliebig grossen, aber doch endlichen Grösse bleibt, also auch

$$\mathfrak{S}_0^1 \frac{1}{x} \Delta x$$

keinen angebbaren Werth besitzt. Nimmt man hier statt der unteren Grenze 0 eine beliebig kleine Grösse δ, so hat die Gleichung

$$\lim_{\delta=0} \lim_{n=\infty} \mathfrak{S}_\delta^1 \frac{1}{x} \Delta x = \lim_{\delta=0} (\log 1 - \log\delta) = -\lim_{\delta=0} \log\delta$$

Gültigkeit, und man erkennt, dass mit $\frac{1}{\delta}$ auch der negative Wert des Integrals über alle Grenzen wächst.

4) Bei $f(x) = \frac{1}{\sqrt{x}}$ hat man zunächst Eindeutigkeit herzustellen. Dies geschieht, indem man ein bestimmtes Vorzeichen der Quadratwurzel als geltend festsetzt, z. B. unter Verwendung der Weierstrass'schen Bezeichnung $|\sqrt{x}|$.

Soll jetzt

$$\int \frac{dx}{|\sqrt{x}|}$$

gebildet werden, so stellt sich an der unteren Grenze dieselbe Schwierigkeit ein, wie im vorigen Beispiele. Wir bilden nun wieder wie oben den Grenzausdruck

$$\lim_{\delta=0} \int_\delta^a \frac{dx}{|\sqrt{x}|} = \lim_{\delta=0} \lim_{n=\infty} \mathfrak{S}_\delta^a \frac{\Delta x}{|\sqrt{x}|}$$

$$= \lim_{\delta=0} 2 \{ |\sqrt{a}| - |\sqrt{\delta}| \}$$

$$= 2 |\sqrt{a}|.$$

Hier ist der Integralwerth gleich dem Grenzwerthe eines Summengrenzwerthes. Wollte man nach der Dirichlet'schen Anschauung das Integral (wie es nach unseren Auseinandersetzungen nicht möglich ist) mit einem Flächeninhalte und daher mit einem Summengrenzwerthe identificiren, so wäre es überhaupt kein Integral zu nennen, sondern nur der Grenzwerth eines solchen. Riemann nennt in der That, indem er nur auf die Summen-Darstellung Rücksicht nimmt, dies Integral „ein uneigentliches".

Wir knüpfen hieran noch zwei Bemerkungen:

Der letztbehandelte Fall hat uns gezeigt, dass die Euler'sche Definition eine weitere Auffassung des Integralbegriffes liefert, als die neuere; und wie wir schon erwähnten, ist es von Nutzen, beide Definitionen neben einander beizubehalten, um die eine nöthigenfalls durch die andere modificiren zu können.

Ferner beachten wir, dass die durch einen unendlich grossen Functionalwerth eingetretene Schwierigkeit, der wir oben begegneten, sich mitunter durch Transformation des Integrals heben lässt. Führen wir im letzten Beispiele eine neue Variable y durch

$$y = |\sqrt{x}|$$

ein, dann erhalten wir sofort die Umformung in ein „eigentliches Integral",

$$\int_0^a \frac{dx}{|\sqrt{x}|} = \int_0^{|\sqrt{a}|} 2dy = 2 |\sqrt{a}|.$$

Wollten wir dagegen im dritten Beispiele bei

$$\int_0^1 \frac{dx}{x}$$

ähnlich verfahren, indem wir

$$y = \log x$$

nehmen, so würde nur eine Schwierigkeit durch eine andere ersetzt werden, indem die untere Grenze gleich $-\infty$ zu setzen wäre.

Können wir ein „uneigentliches" Integral, wie es in 4) behandelt ist, durch Transformation in ein „eigentliches" umformen, so legen wir ihm den Werth desselben bei. Umgekehrt kann jedes „uneigentliche Integral", welches überhaupt einen Sinn hat, durch eine geeignete Transformation in ein „eigentliches Integral" umgewandelt werden.

Zweite Vorlesung.

Differentiation des Integrals nach einem Parameter. — Doppel-Integral. — Integration eines Integrals. — Vertauschung der Integrations-Folge. — Fixirung des Integrationsbereiches. — Transformation des Doppel-Integrals. — Berechnung des Wahrscheinlichkeits-Integrals.

§ 1.

Wir wollen jetzt das Integral

$$\int_v^w f(x, u)\,dx$$

unter der Voraussetzung, dass u, v, w Functionen einer Variablen t seien, nach diesem t differentiiren. Aus der Erklärung des Differential-Quotienten als Grenzwerthes des Differenzen-Quotienten folgt:

$$\frac{d}{dt}\int_v^w f(x, u)\,dx = \lim_{\Delta t = 0} \frac{1}{\Delta t}\left[\int_{v+\Delta v}^{w+\Delta w} f(x, u + \Delta u)\,dx - \int_v^w f(x, u)\,dx\right]$$

$$= \lim_{\Delta t = 0} \frac{1}{\Delta t}\left[-\int_v^{v+\Delta v} f(x, u + \Delta u)\,dx + \int_w^{w+\Delta w} f(x, u + \Delta u)\,dx\right.$$

$$\left. + \int_v^w (f(x, u + \Delta u) - f(x, u))\,dx\right].$$

Wenn nun $f(x, u)$ als Function von t in der Nähe des Werthes t, für welchen differentiirt wird, gleichmässig stetig ist, dann unterscheiden sich $f(x, u + \Delta u)$ und $f(x, u)$ beliebig wenig von einander, und

$$\frac{f(x, u + \Delta u) - f(x, u)}{\Delta u} \cdot \frac{\Delta u}{\Delta t}$$

nähert sich somit dem Werte

$$\frac{df(x, u)}{du} \cdot \frac{du}{dt};$$

wenn ferner $f(x, u)$ zugleich als Function von x stetig ist, dann nähern sich die beiden ersten Integrale der letzten eckigen Klammer den Werthen

$\Delta v \cdot f(v, u)$ und $\Delta w \cdot f(w, u)$, und man erhält also unter den gemachten Voraussetzungen:

$$(1)\quad \frac{d}{dt}\int_v^w f(x, u)dx = -f(v, u)\frac{dv}{dt} + f(w, u)\frac{dw}{dt} + \int_v^w \frac{d}{du} f(x, u)\cdot\frac{du}{dt}\,dx.$$

Sind v und w von t unabhängig, dann vereinfacht sich die Formel zu

$$(1^*)\qquad \frac{d}{dt}\int_v^w f(x, u)dx = \int_v^w \frac{df(x, u)}{du}\cdot\frac{du}{dt}\cdot dx.$$

§ 2.

Wenn wir die Integration eines Integrals nach einem Parameter vornehmen wollen, etwa

$$\int_{x_0}^{x_1} dx \int_{y_0}^{y_1} f(x, y)dy,$$

so betreten wir damit das Gebiet der Doppel-Integrale. Wir wollen, einer äusseren Systematik zu Liebe, dem nicht ausweichen, sondern vielmehr die Methoden, welche der Theorie der Doppel-Integrale entstammen, auch in der Theorie der einfachen Integrale verwerthen.

Wir definiren:

$$(2)\qquad \int_{x_0}^{x_{2m}} \int_{y_0}^{y_{2n}} f(x, y)dxdy$$

$$= \lim_{m=\infty}\ \lim_{n=\infty} \sum_{\substack{\varkappa=0\dots m-1\\ \lambda=0\dots n-1}} f(x_{2\varkappa+1}, y_{2\lambda+1})(x_{2\varkappa+2} - x_{2\varkappa})(y_{2\lambda+2} - y_{2\lambda})$$

oder auch, den Anschauungen der ersten Vorlesung gemäss,

$$\int_{x_0}^{x_{2m}} \int_{y_0}^{y_{2n}} f(x, y)dxdy = \lim_{m=\infty} \sum_0^{m-1} \int_{y_0}^{y_{2n}} f(x_{2\varkappa+1}, y)(x_{2\varkappa+2} - x_{2\varkappa})dy.$$

Natürlich muss, damit diese Definitionen eine reale Unterlage besitzen, $f(x, y)$ bestimmten Beschränkungen unterworfen werden. Erstens muss $f(x, y)$ innerhalb des Integrationsgebietes, d. h. für alle Werthepaare x, y, für welche $x_0 \leq x \leq x_{2m}$; $y_0 \leq y \leq y_{2n}$ ist, eindeutig bleiben; und zweitens müssen gewisse Stetigkeitsbedingungen erfüllt sein. Wir setzen voraus, die Function solle gleichmässig oder auch im Allgemeinen gleichmässig stetig sein.

Unter der Stetigkeit bei zwei Variabeln verstehen wir hier Folgendes:

„$f(x, y)$ heißt bei dem Werthepaare x, y stetig, wenn ein von „Null verschiedener, beliebig kleiner, aber fester Werth von h besteht, „für welchen die Ungleichung gilt:

$$|f(x+h\cdot\delta, y+h\cdot\varepsilon)-f(x,y)|<\tau$$
$$(-1\leqq\delta, \varepsilon\leqq 1),$$

„wobei τ eine beliebig kleine, endliche Grösse bedeutet.“

„Eine Function $f(x, y)$ heisst in einem Intervalle ($x_0 \leqq x \leqq x_{2m}$; „$y_0 \leqq y \leqq y_{2n}$) gleichmässig stetig, wenn nach Annahme des τ ein „und dasselbe endliche h die obige Bedingung für jede Stelle x, y des „Intervalles erfüllt.“

„Eine Function $f(x, y)$ heisst in dem Intervalle im Allgemeinen „gleichmässig stetig, wenn die Gesammtfläche aller Stellen, welche „aus dem Gebiete ausgeschlossen werden müssen, um die Function im „Restbereiche zu einer gleichmässig stetigen zu machen, sich mit τ „gleichzeitig der Null nähert.“

Für die Convergenz der Doppelsumme (2) ist es hinreichend, dass im Bereiche $x_0 \leqq x \leqq x_{2m}$; $y_0 \leqq y \leqq y_{2n}$ die Function $f(x, y)$ im Allgemeinen gleichmässig stetig sei, und dass die Werthe $f(x, y)$ unterhalb einer angebbaren, endlichen Grenze M bleiben. Der Beweis hierfür läuft dem in § 8 der ersten Vorlesung gegebenen so vollkommen parallel, dass wir ihn hier übergehen können. Die Aufsuchung der nothwendigen und hinreichenden Bedingung würde zu der Einsicht führen, dass mit zunehmender Verkleinerung der einzelnen Intervalle

$$(x_{2\varkappa}\ldots x_{2\varkappa+2};\ y_{2\lambda}\ldots y_{2\lambda+2})$$

die Summe der Producte aus $(-x_{2\varkappa}+x_{2\varkappa+2})(-y_{2\lambda}+y_{2\lambda+2})$ und der Maximalschwankung der Function innerhalb des zugehörigen Rechtecks beliebig klein muſs gemacht werden können. Dies ist mit veränderten Worten die Riemann'sche Bedingung auf zwei Variable übertragen.

Wir haben uns bei den jetzigen Betrachtungen von der Forderung gleicher Theilintervalle emancipirt. Wir dürfen noch weiter gehen und auch von der Eintheilung in die Rechtecke mit den Seiten $(x_{2\varkappa}\ldots x_{2\varkappa+2})$, $(y_{2\lambda}\ldots y_{2\lambda+2})$ absehen. Denn wir haben hier zwei Dimensionen zur Verfügung und können daher die Änderungen nicht nur an der Grösse sondern auch an der Gestalt der Theile vornehmen. Ja die Eintheilung braucht nicht einmal das ganze Gebiet zu erschöpfen; es reicht aus, dass die Summe der Producte aus allen ausgeschlossenen Stellen in die grössten zugehörigen Functionalwerthe nach Null convergirt.

§ 3.

Wir können nun die Integration

$$\int_{x_0}^{x_1} dx \int_{y_0}^{y_1} f(x, y)\,dy$$

eines Integrals in Angriff nehmen. Es sei $\varphi(x, y)$ die Integralfunction von $f(x, y)dy$ und $\Phi(x, y)$ diejenige von $\varphi(x, y)dx$. Dann ist

$$\int_{x_0}^{x_1} dx \int_{y_0}^{y_1} f(x, y)\,dy = \int_{x_0}^{x_1} [\varphi(x, y_1) - \varphi(x, y_0)]\,dx$$

$$= \Phi(x_1, y_1) - \Phi(x_0, y_1) - \Phi(x_1, y_0) + \Phi(x_0, y_0).$$

Ist ähnlich $\psi(x, y)$ die Integralfunction von $f(x, y)dx$ und $\Psi(x, y)$ diejenige von $\psi(x, y)dy$, dann wird

$$\int_{y_0}^{y_1} dy \int_{x_0}^{x_1} f(x, y)\,dx = \int_{y_0}^{y_1} [\psi(x_1, y) - \psi(x_0, y)]\,dy$$

$$= \Psi(x_1, y_1) - \Psi(x_1, y_0) - \Psi(x_0, y_1) + \Psi(x_0, y_0).$$

Um diese beiden Resultate zu vergleichen, differentiiren wir sie nach x_1; dann ergiebt die erste Gleichung, nach § 9 von Vorlesung I

$$\int_{y_0}^{y_1} f(x, y)\,dy = \frac{\partial \Phi(x_1, y_1)}{\partial x_1} - \frac{\partial \Phi(x_1, y_0)}{\partial x_1},$$

und die zweite, nach § 1 dieser Vorlesung

$$\int_{y_0}^{y_1} f(x, y)\,dy = \frac{\partial \Psi(x_1, y_1)}{\partial x_1} - \frac{\partial \Psi(x_1, y_0)}{\partial x_1}.$$

Aus der Gleichheit der linken folgt die der rechten Seiten, und also, wenn man sich x_1 als variabel denkt, nach dem ersten Satze aus § 10 der ersten Vorlesung, dass die beiden Ausdrücke

$$\Phi(x_1, y_1) - \Phi(x_0, y_1) - \Phi(x_1, y_0) + \Phi(x_0, y_0),$$

$$\Psi(x_1, y_1) - \Psi(x_1, y_0) - \Psi(x_0, y_1) + \Psi(x_0, y_0)$$

sich nur um eine Constante von einander unterscheiden können. Diese Constante muss hier den Werth 0 haben, da beide Ausdrücke für $x_1 = x_0$ einander gleich werden. Also ist

$$(3) \qquad \int_{y_0}^{y_1} dy \int_{x_0}^{x_1} f(x, y)\,dx = \int_{x_0}^{x_1} dx \int_{y_0}^{y_1} f(x, y)\,dy;$$

dazu müssen nur die Functionen $\Phi(x, y)$, $\Psi(x, y)$ von der angegebenen Eigenschaft

$$\frac{\partial^2 \Phi(x, y)}{\partial x \partial y} = \frac{\partial \varphi(x, y)}{\partial y} = f(x, y),$$

$$\frac{\partial^2 \Psi(x, y)}{\partial y \partial x} = \frac{\partial \psi(x, y)}{\partial x} = f(x, y)$$

existiren.

Bei der Definition des Doppelintegrals als Grenzwerth einer Doppelsumme

$$\lim_{n=\infty} \sum_{\substack{h=0\ldots m-1 \\ k=0\ldots n-1}} (-x_{2h} + x_{2h+2})(-y_{2k} + y_{2k+2}) f(x_{2k+1}, y_{2k+1})$$

erscheint es selbstverständlich als gleichgültig, ob man zuerst in Beziehung auf h oder zuerst in Beziehung auf k summirt, sobald die Function $f(x, y)$ endlich und nach beiden Dimensionen im Allgemeinen gleichmässig stetig ist.

§ 4.

Bisher wurde stillschweigend vorausgesetzt, dass die Integrationsgrenzen x_0, x_1; y_0, y_1 von einander unabhängig seien. Ist dies nicht der Fall, und haben wir etwa

$$\int_{x_0}^{x_1} dx \int_{\psi_0(x)}^{\psi_1(x)} f(x, y) dy \quad \text{oder} \quad \int_{y_0}^{y_1} dy \int_{\varphi_0(y)}^{\varphi_1(y)} f(x, y) dx\,,$$

so kann man überhaupt nicht mehr davon sprechen, dass man beim ersten Integrale zunächst nach x, beim zweiten zunächst nach y integriren will. Um zu erkennen, in welchem Sinne auch hier von einer Veränderung der Integrations-Reihenfolge die Rede sein kann, wollen wir die geometrische Veranschaulichung der doppelten Integration zu Hülfe nehmen.

Sind die Integrationsgrenzen von einander unabhängig, so erfolgt die Integration über ein Rechteck mit den Eckpunkten x_0, y_0; x_0, y_1; x_1, y_1; x_1, y_0, dessen Seiten also den Coordinatenaxen parallel laufen. Unter $f(x, y)$ kann man dann entweder eine im Punkte x, y errichtete Senkrechte von der Länge $f(x, y)$ verstehen, so dass das Integral

$$\int_{x_0}^{x_1} \int_{y_0}^{y_1} f(x, y) dx\, dy$$

als das Volumen eines Raumtheiles auftritt; oder man kann sich auch die Dichtigkeit des Punktes x, y in Beziehung auf Schwere, Elektricität u. dgl. mehr unter $f(x, y)$ denken. Um auszudrücken, dass das Doppelintegral über alle Punkte des oben beschriebenen Rechtecks zu erstrecken ist, kann man kurz schreiben

$$\int f(x, y)\,dx\,dy\,; \quad \binom{x_0 < x < x_1}{y_0 \leq y < y_1}.$$

Schwieriger wird die Angabe der Begrenzung schon, wenn man das Rechteck schief gegen die Coordinatenaxen legt. Man erkennt es als eine Aufgabe, die durch Ungleichheitsbedingungen zu lösen ist, das Gebiet für (x, y) anzugeben, wenn die Integration sich über eine beliebige geometrische Figur zu erstrecken hat. Ist diese z. B. ein Kreis mit dem Mittelpunkte (ξ, η) und dem Radius r, so wird die Ungleichheitsbedingung gegeben durch

$$[x - \xi]^2 + [y - \eta]^2 < r^2.$$

Ist allgemein $G(x, y) = 0$ die Gleichung der Begrenzungscurve des Integrationsgebietes, so wird zu setzen sein

$$(G(x, y) < 0),$$

wenn das Vorzeichen von $G(x, y)$ so gewählt ist, dass die Werthe von G im Innern des Gebietes negativ sind.

Angenähert erhält man dabei den Werth des Integrals, wenn man das Integrationsgebiet irgend wie in beliebige, kleine Flächenelemente theilt, den Inhalt eines jeden dieser Elemente mit dem Werthe von $f(x, y)$ für einen beliebigen Punkt des Flächenelementes multiplicirt, und alle diese Producte dann summirt. Dazu muss nur $f(x, y)$ eine eindeutige, endliche und im Allgemeinen gleichmässig stetige Function sein. Denkt man sich das Gebiet $G(x, y) < 0$ speciell in beliebig kleine Rechtecke durch eine Reihe von Parallelen zur X-Axe und eine andere Reihe von Parallelen zur Y-Axe getheilt, so kann man entweder zuerst für einen bestimmten Werth ξ von x in Beziehung auf alle im Integrationsgebiete liegende, dem ξ zugehörige Werthe von y integriren, dann in dem erhaltenen Resultate das ξ alle ihm möglichen Werthe durchlaufen lassen und so die zweite Integration ausführen; oder man kann umgekehrt verfahren. Entsprechen im ersten Falle einem $x = \xi$ nur zwei Werthe $y = \eta_0$ und η_1, für welche $G(x, y) = 0$ wird, so muss man, falls $\eta_1 > \eta_0$ ist, von η_0 bis η_1 integriren. Entsprechen dagegen einem $x = \xi$ mehrere Werthepaare y, für welche $G(x, y) = 0$ wird, etwa η_0, η_1; $\eta_2, \eta_3; \ldots$, wobei $\eta_1 > \eta_0$, $\eta_3 > \eta_2, \ldots$ sein soll, so ergeben sich für den Werth ξ ebensoviele einzelne Integrationen, nämlich von η_0 bis η_1, von η_2 bis η_3 u. s. f. Aehnliches gilt auch für unseren zweiten Fall. Immer aber wird man unter den, über $f(x, y)$ gemachten Voraussetzungen bei beiden Summationsarten dieselbe Summe erhalten; es nähert sich bei richtiger Normirung der Summen-Ausdehnung

$$\sum\sum(-x_{2h}+x_{2h+2})(-y_{2k}+y_{2k+2})f(x_{2h+1},y_{2k+1})$$

dem einen wie dem andern der beiden Integrale

$$\int dx\int dy f(x,y),\quad \int dy\int dx f(x,y);\quad (G(x,y)<0),$$

und diese sind also einander gleich. Diese Vertauschung kann als Transformation $y=x'$, $x=y'$ aufgefasst werden, durch welche das eine der Integrale in das andere übergeführt wird.

§ 5.

Dieser specielle Fall legt uns die Frage nach der allgemeinen Transformation eines Doppelintegrals nahe, welches über ein beliebiges Gebiet $G(x,y)<0$ erstreckt ist, und bei dem somit die Integrationsgrenzen im Allgemeinen nicht von einander unabhängig sind.

Wir nehmen mit dem Doppelintegrale

$$\int dx dy f(x,y) \qquad (G(x,y)<0)$$

eine beliebige aber eindeutige Transformation vor, indem wir

$$x=\varphi(\xi,\eta),\qquad y=\psi(\xi,\eta)$$

setzen, wo jedoch nicht nur x, y eindeutige Functionen von ξ, η, sondern auch umgekehrt ξ, η ebensolche von x, y sein sollen. Analog der Transformation beim einfachen Integrale können wir die Transformation zunächst etwa bei

$$\int f(x,y)dy$$

ausführen, indem wir für y eine neue Veränderliche η einführen, welche durch die obigen Transformationsformeln für x und y bestimmt ist,

$$y=\Theta(x,\eta).$$

Dabei braucht man von einer Elimination des ξ aus den beiden Transformationsformeln nicht zu sprechen; eine solche ist oft unausführbar, während die Abhängigkeit des y von x und η durch jene Formeln vollkommen definirt ist. Zudem ist Elimination meistens mit einem Verluste verbunden, so dass man die Elimination, wenn es irgend angeht, lieber vermeidet. Durch Eintragung des Werthes für y geht das Doppelintegral in

$$\int dx\int f(x,\Theta(x,\eta))\frac{\partial\Theta(x,\eta)}{\partial\eta}d\eta$$

über, dessen Grenzen durch die Ungleichheitsbedingung

$$G[x, \Theta(x, \eta)] < 0$$

normirt sind. Ehe wir das neue Integral weiter transformiren, haben wir die Integrationsfolge zu vertauschen, was unter der jetzt noch aufzunehmenden Voraussetzung, dass ausser $f(x, y)$ auch $\frac{\partial}{\partial \eta}\Theta(x, \eta)$ eindeutig, endlich und im Allgemeinen stetig sei, thatsächlich gestattet ist. Somit wandelt sich das obige Doppelintegral in

$$\int d\eta \int f(x, \Theta(x, \eta)) \cdot \frac{\partial \Theta(x, \eta)}{\partial \eta} dx$$

um. Hier führen wir nun an zweiter Stelle $x = \varphi(\xi, \eta)$ ein und erhalten dadurch

$$\int d\eta \int f\big(\varphi(\xi, \eta), \Theta(\varphi(\xi, \eta), \eta)\big) \left[\frac{\partial \Theta(x, \eta)}{\partial \eta}\right]_{x=\varphi(\xi, \eta)} \cdot \frac{\partial \varphi(\xi, \eta)}{\partial \xi} d\xi .$$

Dieser Ausdruck ist nach dem Gesichtspunkte umzugestalten, dass im Schlussresultate nur φ, ψ und ihre partiellen Ableitungen nach ξ, η vorkommen dürfen. Vergleicht man Θ und ψ, so folgt

$$\frac{\partial \Theta(x, \eta)}{\partial \eta} = \frac{\partial \psi(\xi, \eta)}{\partial \xi} \frac{\partial \xi}{\partial \eta} + \frac{\partial \psi(\xi, \eta)}{\partial \eta} .$$

Das noch unbekannte $\frac{\partial \xi}{\partial \eta}$ erhält man aus der Gleichung

$$\frac{\partial x}{\partial \eta} = \frac{\partial \varphi}{\partial \xi} \frac{\partial \xi}{\partial \eta} + \frac{\partial \varphi}{\partial \eta}$$

unter der Form

$$\frac{\partial \xi}{\partial \eta} = -\left(-\frac{\partial x}{\partial \eta} + \frac{\partial \varphi}{\partial \eta}\right) : \frac{\partial \varphi}{\partial \xi} ;$$

berücksichtigen wir aber, dass in dem Integrale

$$\int dx \int f(x, \Theta(x, \eta)) \frac{\partial \Theta(x, \eta)}{\partial \eta} d\eta$$

das x des inneren Integrals constant ist und also in $\frac{\partial \Theta(x, \eta)}{\partial \eta}$ auch als constant betrachtet, d. h. dass $\frac{\partial x}{\partial \eta} = 0$ gesetzt werden muss, so folgt

$$\frac{\partial \Theta(x, \eta)}{\partial \eta} = \left[\frac{\partial \varphi}{\partial \xi} \frac{\partial \psi}{\partial \eta} - \frac{\partial \varphi}{\partial \eta} \frac{\partial \psi}{\partial \xi}\right] : \frac{\partial \varphi}{\partial \xi}$$

oder kürzer in verständlicher, allgemein üblicher Bezeichnung

$$\frac{\partial \Theta(x, \eta)}{\partial \eta} = (\varphi_1 \psi_2 - \varphi_2 \psi_1) : \frac{\partial \varphi}{\partial \xi} .$$

Hierdurch erhält man das gewünschte Resultat in der Form

$$\int f(\varphi(\xi, \eta), \psi(\xi, \eta)) \cdot (\varphi_1 \psi_2 - \varphi_2 \psi_1) \cdot d\xi d\eta .$$

Jacobi nennt den Ausdruck:

$$\varphi_1\psi_2 - \varphi_2\psi_1 = \begin{vmatrix} \varphi_1 & \varphi_2 \\ \psi_1 & \psi_2 \end{vmatrix}$$

Functionaldeterminante; die Engländer gebrauchen für ihn die Bezeichnungen Jacobian oder Jacobi'sche Function. Für zweifache und dreifache Integrale wurden die Transformationsformeln schon von Lagrange gegeben, die allgemeinen erst von Jacobi.

Bei dieser Transformation taucht aber noch eine Schwierigkeit auf. Wollen wir z. B.

$$\int\int dx\,dy$$

durch $x = \eta$, $y = \xi$ transformiren, so wird die Functionaldeterminante dabei gleich -1, und man erhält

$$\int\int dx\,dy = -\int\int d\xi\,d\eta\,.$$

Dieses Resultat zeigt sich auf den ersten Blick als falsch. Die Erklärung liegt darin, dass, während beim einfachen Integrale die Grenzen auch den Integrationsweg vorschreiben, dies beim Doppel-Integrale nicht mehr der Fall ist. Wir müssen deshalb festsetzen, dass das Flächenincrement immer positiv sei. Dies erreichen wir dadurch, dass wir der Functionaldeterminante stets ihren absoluten Werth beilegen; die Transformationsformel lautet dann schliesslich:

$$(4)\qquad \int f(x, y)\,dx\,dy = \int f(\varphi(\xi, \eta),\ \psi(\xi, \eta)) \left\| \begin{matrix} \varphi_1 & \varphi_2 \\ \psi_1 & \psi_2 \end{matrix} \right\| d\xi\,d\eta.$$

Aus dieser Formel kann man auch sofort schliessen, dass bei constanten Grenzen die Integrationsordnung vertauscht werden darf.

§ 6.

Die abgeleitete Regel für die Transformation der zweifachen Integrale wollen wir zunächst nach dem Vorgange Dirichlet's auf die Berechnung des einfachen Integrals

$$\int_0^\infty e^{-x^2}dx = \lim_{x=\infty} \int_0^x e^{-x^2}dx = \lim_{x=\infty} F(x)$$

anwenden. Für beliebige Werte x der oberen Grenze lässt sich $F(x)$ zwar in eine convergente Reihe entwickeln aber nicht in geschlossener Form angeben.

Behufs leichterer Berechnung formen wir das Integral durch $x = -x'$ um; dadurch entsteht

$$-\int_0^{-x} e^{-x'^2} dx' = \int_{-x}^{0} e^{-x^2} dx,$$

folglich

$$F(x) = \int_{-x}^{0} e^{-x^2} dx,$$

und es kann also (vgl. S. 20, 21)

$$\lim_{x=\infty} 2F(x) = \lim_{\substack{g=\infty \\ g'=\infty}} \int_{-g}^{+g'} e^{-x^2} dx$$

gesetzt werden.

Der Grenzwerth auf der rechten Seite hat einen bestimmten Sinn; denn es lässt sich nachweisen, dass die beiden Integrale

$$\int_{-g}^{+g'} e^{-x^2} dx \quad \text{und} \quad \int_{-g-r}^{+g'+s} e^{-x^2} dx$$

bei beliebigen aber constanten r, s und bei beständig wachsenden g, g' gegen einander convergiren. Da nämlich $e^{-x^2} < e^{-x}$ ist, sobald x ausserhalb des Bereiches $(0 \ldots 1)$ liegt, und da hier g' beliebig gross angenommen werden darf, so hat man

$$\int_{g'}^{g'+s} e^{-x^2} dx < \int_{g'}^{g'+s} e^{-x} dx = -e^{-(g'+s)} + e^{-g'},$$

$$\lim_{g'=\infty} \int_{g'}^{g'+s} e^{-x^2} dx = 0;$$

ebenso findet man

$$\lim_{g=\infty} \int_{-g}^{-(g+r)} e^{-x^2} dx = 0.$$

Damit ist die aufgestellte Behauptung bewiesen.

Multiplicirt man jetzt das zu berechnende Integral mit sich selbst, so entsteht

$$\lim_{x=\infty} 4F(x)^2 = \lim_{\substack{g=\infty \\ g'=\infty}} \lim_{\substack{h=\infty \\ h'=\infty}} \int_{-h}^{+h'} dy \int_{-g}^{+g'} e^{-(x^2+y^2)} dx,$$

und dieses Doppelintegral wird durch Einführung von Polarcoordinaten integrabel. Wir setzen

$$x = r\cos v, \quad y = r\sin v$$

und erhalten für die Functional-Determinante

$$\begin{vmatrix} \cos v & -r\sin v \\ \sin v & +r\cos v \end{vmatrix} = r$$

also für den neuen Integranden $e^{-r^2}r$. Nun sind noch die Integrationsgrenzen zu bestimmen. Das Integrationsgebiet für x, y war ein Rechteck, dessen Seiten die Längen $g+g'$ und $h+h'$ hatten und die der X- bezw. Y-Axe parallel waren. Denkt man sich um den Nullpunkt zwei Kreise geschlagen, deren kleinerer ganz in jenem Rechtecke verläuft und dabei die nächstgelegene Seite desselben berührt, während der grössere Kreis das gesammte Rechteck in sich fasst und dabei durch die fernste Ecke desselben geht; bezeichnet man ferner die Radien dieser Kreise mit R_1 und R_2, so liegt das Integrationsgebiet des transformirten Integrals zwischen diesen beiden Kreisen. Man hat demnach, da ja der Integrand stets positiv ist

$$\int_0^{2\pi} dv \int_0^{R_1} e^{-r^2} r\,dr < \int e^{-r^2} r\,dr\,dv < \int_0^{2\pi} dv \int_0^{R_2} e^{-r^2} r\,dr\,,$$

$$\pi(1-e^{-R_1^2}) < \int e^{-r^2} r\,dr\,dv < \pi(1-e^{-R_2^2})\,.$$

Hiernach ist, wenn man zur Grenze übergeht,

$$\lim_{x=\infty} \int_{-x}^{+x} e^{-x^2} dx = 2\lim_{x=\infty} F(x) = |\sqrt{\pi}|\,,$$

(5) $$\int_{-\infty}^{\infty} e^{-x^2} dx = \sqrt{\pi}\,,\quad \int_0^{\infty} e^{-x^2} dx = \tfrac{1}{2}|\sqrt{\pi}|\,.$$

Das berechnete Integral spielt in der Mathematik als „Wahrscheinlichkeitsintegral" eine grofse Rolle; es ist auch deshalb sehr bemerkenswerth, weil es eins der wenigen ihrem Werthe nach bekannten ist, die sich nicht durch ein, weiterhin zu erwähnendes, sehr allgemein anwendbares Mittel finden lassen.

Die eben verwendete Methode trägt noch weiter. Führen wir in

$$\lim_{x=\infty}\lim_{y=\infty} \int_0^x dx \int_0^y dy\, f(x^2+y^2) = J$$

wie oben Polarcoordinaten ein, dann wird sich ergeben:

$$J = \lim_{r=\infty} \int_0^{\frac{\pi}{2}} dv \int_0^r f(r^2)\, r\,dr = \frac{\pi}{4} \lim_{z=\infty} \int_0^z f(z)\,dz\,,$$

so dass wir das Doppelintegral auf ein einfaches reducirt haben.

Dritte Vorlesung.

Integration eines vollständigen Differentials um ein Rechteck; um ein rechtwinkliges Dreieck; um ein beliebiges Dreieck; um eine beliebige Curve. — Beweis des Satzes für ein Ringgebiet. — Clausius'sche Coordinaten. — Zweiter Beweis des Satzes. — Umformung seiner Voraussetzungen. — Erweiterung des Satzes. — Natürliche Begrenzung. — Functionen complexer Argumente. — Der Cauchy'sche Satz. — Beispiele.

§ 1.

Wir kommen jetzt zu einer der wichtigsten Anwendungen des in der Transformationsformel liegenden Satzes von der Vertauschbarkeit der Integrationsfolgen.

Wir betrachten eine Function $F(x, y)$, deren beide ersten Ableitungen

$$F_1(x, y) = \frac{\partial F(x, y)}{\partial x}, \qquad F_2(x, y) = \frac{\partial F(x, y)}{\partial y}$$

und deren zweite Ableitung nach x und y, also

$$F_{12} = F_{21} = \frac{\partial^2 F(x, y)}{\partial x \cdot \partial y} = \frac{\partial^2 F(x, y)}{\partial y \cdot \partial x}$$

in dem Integrationsgebiete und auf dessen Grenzen eindeutig, endlich und im Allgemeinen stetig sind. Integriren wir nun F_{12} über ein Rechteck mit den Ecken

$$x_0, y_0; \quad x_1, y_0; \quad x_1, y_1; \quad x_0, y_1,$$

so ergiebt sich einerseits

$$\int_{x_0}^{x_1} dx \int_{y_0}^{y_1} F_{12}(x, y) dy = \int_{x_0}^{x_1} dx (F_1(x, y))_{y_0}^{y_1}$$

$$= \int_{x_0}^{x_1} F_1(x, y_1) dx - \int_{x_0}^{x_1} F_1(x, y_0) dx$$

und andrerseits

$$\int_{y_0}^{y_1} dy \int_{x_0}^{x_1} F_{12}(x, y) dx = \int_{y_0}^{y_1} dy (F_2(x, y))_{x_0}^{x_1}$$

$$= \int_{y_0}^{y_1} F_2(x_1, y) dy - \int_{y_0}^{y_1} F_2(x_0, y) dy.$$

Nach unseren Voraussetzungen stimmen beide Resultate mit einander überein, d. h. es besteht die Gleichung

$$(1)\int_{x_0}^{x_1} F_1(x, y_0)dx + \int_{y_0}^{y_1} F_2(x_1, y)dy + \int_{x_1}^{x_0} F_1(x, y_1)dx + \int_{y_1}^{y_0} F_2(x_0, y)dy = 0 .$$

Nun ist aber

$$\int dF(x, y) = \int F_1(x, y)dx + \int F_2(x, y)dy .$$

Setzt man hierin der Reihe nach $x = x_0$ und x_1, also $dx = 0$; und dann $y = y_0$ und y_1, also $dy = 0$, so entstehen die Formeln

$$\int \underset{(x=x_0)}{dF(x, y)} = \int F_2(x_0, y)dy ; \quad \int \underset{(x=x_1)}{dF(x, y)} = \int F_2(x_1, y)dy ;$$

$$\int \underset{(y=y_0)}{dF(x, y)} = \int F_1(x, y_0)dx ; \quad \int \underset{(y=y_1)}{dF(x, y)} = \int F_1(x, y\ )dx .$$

Führt man diese Werthe in (1) ein, so erhält man

$$(2) \quad \int_{x_1}^{x_1} \underset{(y=y_0)}{dF(x, y)} + \int_{y_0}^{y_1} \underset{(x=x_1)}{dF(x, y)} + \int_{x_1}^{x_0} \underset{(y=y_1)}{dF(x, y)} + \int_{y_1}^{y_0} \underset{(x=x_0)}{dF(x, y)} = 0 .$$

Geometrisch gedeutet heisst das: „Das Integral des vollständigen Diffe- „rentials einer Function von x und y, erstreckt über den Umfang eines „Rechtecks, der Art, dass das Innere immer zur Linken der Fortschritts- „richtung bleibt, hat den Werth Null. Vorausgesetzt ist dabei, dass „die beiden ersten Ableitungen der Function sowie die zweite Ableitung „nach beiden Variablen eindeutig, endlich und im Allgemeinen stetig sind.“

§ 2.

In gleicher Weise wollen wir das Doppelintegral

$$\int\int F_{12}(x, y)dxdy$$

über die Fläche eines rechtwinkligen Dreiecks mit den Ecken ξ, η'; ξ', η'; ξ', η erstrecken, wobei $\xi' > \xi$; $\eta' > \eta$ sein soll. Das Dreieck hat also die nebenstehende Lage. Der rechte Winkel liegt an der Ecke ξ', η'; die Katheten sind den Coordinaten-Axen parallel; die Hypotenuse wird

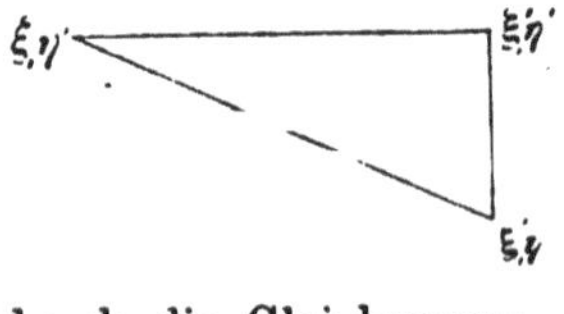

durch die Gleichungen

$$x = \xi + t(\xi' - \xi), \quad y = \eta' + t\,(\eta - \eta')$$
$$(t = 0 \ldots 1)$$

gegeben. Wir bilden nun zunächst das Integral

$$\int\limits_{\xi}^{\xi'} dx \int\limits_{\eta_0}^{\eta'} F_{12}(x,y)\,dy \qquad \left(\eta_0 = \eta' + \frac{x-\xi}{\xi'-\xi}(\eta-\eta') = \eta' + t(\eta-\eta')\right),$$

bei dem die Grenzen so normirt sind, dass das Integrationsgebiet sich über die Dreiecksfläche erstreckt; man erhält dafür den Werth

$$\int\limits_{\xi}^{\xi'} dx (F_1(x,y))_{\eta_0}^{\eta'} = \int\limits_{\xi}^{\xi'} F_1(x,\eta')\,dx + \int\limits_{\xi'}^{\xi} F_1(x, \eta' + t(\eta-\eta'))\,dx\,.$$

Ebenso ergiebt sich für das Integral

$$\int\limits_{\eta}^{\eta'} dy \int\limits_{\xi_0}^{\xi'} F_{12}(x,y)\,dx \qquad \left(\xi_0 = \xi + \frac{y-\eta'}{\eta-\eta'}(\xi'-\xi) = \xi + t(\xi'-\xi)\right),$$

dessen Integrationsbereich derselbe ist wie der obige, der Werth

$$\int\limits_{\eta}^{\eta'} dy (F_2(x,y))_{\xi_0}^{\xi'} = \int\limits_{\eta}^{\eta'} F_2(\xi', y)\,dy + \int\limits_{\eta}^{\eta} F_2(\xi + t(\xi'-\xi), y)\,dy\,.$$

Die Gleichsetzung der beiden Resultate liefert, als Summe geschrieben,

$$0 = \int\limits_{\xi'}^{\xi} F_1(x,\eta')\,dx + \int\limits_{\eta}^{\eta'} F_2(\xi', y)\,dy + \int\limits_{\eta'}^{\eta} F_2(\xi + t(\xi'-\xi), y)\,dy$$
$$+ \int\limits_{\xi}^{\xi'} F_1(x, \eta' + t(\eta-\eta'))\,dx\,.$$

Genau wie im vorigen Paragraphen ergiebt sich für die beiden ersten Integrale

$$\int\limits_{\xi'}^{\xi} F_1(x,\eta')\,dx = \int\limits_{\xi'}^{\xi} \underset{(y=\eta')}{dF(x,y)}, \quad \int\limits_{\eta}^{\eta'} F_2(\xi', y)\,dy = \int\limits_{\eta}^{\eta'} \underset{(x=\xi')}{dF(x,y)}.$$

Führt man im dritten und im vierten Integrale der Summengleichung t als Variable ein, so geht die Summe dieser beiden in

$$\int\limits_0^1 F_2(\xi + t(\xi'-\xi),\ \eta' + t(\eta-\eta'))\cdot(\eta-\eta')\,dt$$
$$+ \int\limits_0^1 F_1(\xi + t(\xi'-\xi),\ \eta' + t(\eta-\eta'))\cdot(\xi'-\xi)\,dt$$
$$= \int\limits_0^1 \frac{\partial F(x,y)}{\partial t}\,dt = \int dF(x,y)$$

über, wo das letzte Integral in der Art über die Hypotenuse des rechtwinkligen Dreiecks erstreckt ist, dass die Fläche zur Linken der Fortschrittsrichtung bleibt. Damit ist dann der Satz bewiesen, „dass das „Integral

$$\int dF(x, y)$$

„erstreckt über den Umfang unseres rechtwinkligen Dreiecks den Werth „Null besitzt“.

Dieser Satz lässt sich ohne Weiteres auf jedes beliebige Dreieck ausdehnen. Denn jedes Dreieck ABC kann in 4 rechtwinklige Dreiecke zerlegt werden, deren Hypotenusen in die Seiten des gegebenen Dreiecks fallen, und deren Katheten den Coordinaten-Axen parallel laufen. Es reicht dazu aus, durch eine der Ecken, B, eine Parallele zu einer Axe zu ziehen und von den anderen beiden Ecken A und C Senkrechte auf jene Parallele zu fällen.

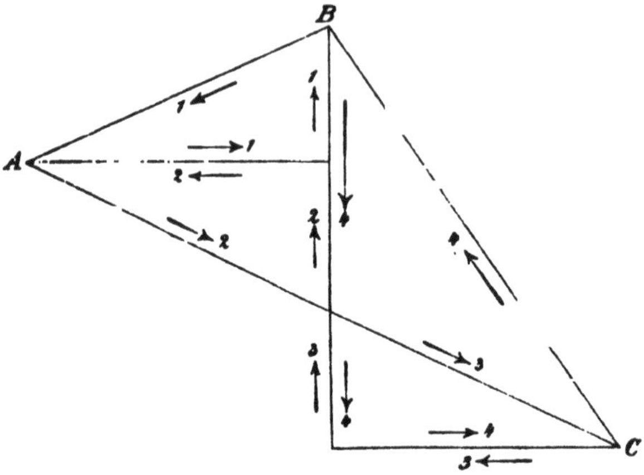

Integrirt man dann um die vier Dreiecke einzeln so herum, dass bei dem Umfahren der Dreiecksseiten AC, CB, BA die Dreiecks-Fläche ABC zur Linken bleibt, dann heben sich die Integrationen längs der Hülfslinien auf, da eine jede zweimal und zwar in verschiedenen Richtungen durchlaufen wird. Dabei wird die Summe der vier Integrale gleich Null, und dies beweist den ausgesprochenen Satz.

§ 3.

Nunmehr lässt sich der Schluss ziehen, dass überhaupt „das Integral eines vollständigen Differentials unter den für die Function aufgestellten Bedingungen über irgend eine geschlossene Begrenzung in „der Weise erstreckt, dass das eingeschlossene Gebiet stets zur Linken „liegt, den Werth Null erhält“. Die zu Grunde gelegten Bedingungen sind ausreichend für die Integrirbarkeit des Differentials, bezw. für die Vertauschbarkeit der Reihenfolge der Integrationen seiner Ableitungen. Wir werden übrigens bald die aufgestellten Bedingungen einer genaueren Betrachtung zu unterziehen haben (vgl. § 7).

Zuerst benutzen wir zum Beweise den Satz aus § 1 über die Integration um die Seiten eines Rechteckes. Wir ziehen in beliebig kleinen Entfernungen δ von einander eine Reihe äquidistanter Parallelen zur X-Axe und zerlegen dadurch das gegebene Gebiet in einzelne Streifen; diese Streifen können wir, wenn nur δ hinlänglich klein ist, ohne merklichen Fehler durch Rechtecke ersetzt denken, welche die innerhalb des Gebietes liegenden Theile je einer Parallelen als Grundlinien haben. Integrirt man dann um jedes einzelne Rechteck so, dass seine Fläche zur Linken bleibt, dann ist die Summe der Integrale gleich Null. Bei den Integrationen zerstören sich diejenigen, welche längs der Parallelen zur X-Axe innerhalb des gegebenen Gebietes verlaufen, da jedesmal sowohl von rechts nach links wie von links nach rechts auf zwei benachbarten Streifen integrirt wird; es bleibt die Integration über eine gebrochene, abwechselnd der X- und der Y-Axe parallele Linie zurück, welche der Curve umbeschrieben ist. Die Integration über dF längs dieser Linie ist also Null. Bei abnehmender Grösse von δ nähert sich diese Linie der gegebenen Curve; und da F_1 und F_2 sich dabei in gleichmässiger Weise denjenigen Werthen nähern, die sie auf der Begrenzung erhalten, so gilt das Theorem, dass

$$\int dF = 0$$

sei, auch bei der Integration um die Curve herum.

Denselben Satz können wir mit Hülfe des Dreiecks-Satzes aus § 2 nachweisen. Wir zerlegen die Fläche in der Weise, dass wir von einem beliebigen in ihrem Innern gelegenen Punkte aus bis zu den Eckpunkten einer, der Curve einbeschriebenen, gebrochenen Linie Strahlen ziehen. Die einzelnen Seiten dieses Polygons sollen hinreichend klein angenommen werden. Die Summe der über alle so gebildeten Dreiecke sich erstreckenden Integrale hat nach § 2 den Werth 0. Hierbei zerstören sich aber die Integrationen längs der einzelnen Radii-Vectoren, da ja jedes einzelne Dreieck so umlaufen wird, dass seine Fläche zur Linken der Fortschrittsrichtung liegt. Es bleibt also nur die Integration längs der im gleichen Sinne durchlaufenen Curvensehnen zurück; diese liefert folglich auch den Werth 0. Der Uebergang von ihnen zur Curve selbst wird genau so vorgenommen, wie beim ersten Beweise*).

*) Vgl. Kronecker: „Ueber das Cauchy'sche Integral". Monatsber. der Akademie d. Wiss. in Berlin. 1885. S. 785 (30. Juli).

§ 4.

Wir wollen den in Rede stehenden wichtigen Satz auch rein analytisch ableiten. Hierbei mag man sich daran erinnern, dass zur Integration über die Hypotenuse eines rechtwinkligen Dreiecks die Gleichung dieser Geraden in der Form $x = \varphi(t)$, $y = \psi(t)$ benutzt werden musste. In einer solchen Form muss auch die Gleichung der Integrationscurve $G(x, y) = 0$ gegeben sein, wenn die Integration über den Umfang derselben wirklich ausgeführt werden soll. Dabei sind x und y als eindeutige Functionen von t vorauszusetzen. Diese Annahmen involviren keine besonderen Voraussetzungen; denn, wenn eine solche Darstellung nicht möglich ist, dann lässt sich über das Gebiet überhaupt nichts aussagen.

Den analytischen Beweis können wir bequem in etwas allgemeinerer Weise geben, indem wir statt des bisherigen Integrationsgebietes ein ringförmiges nehmen, dessen äussere Begrenzung durch die gegebene Curve dargestellt wird, während seine innere Begrenzung durch eine beliebige, innerhalb des Gebietes liegende, einfache Curve gebildet werden soll. Wir integriren dann von einem beliebigen Punkte A der äusseren Contour aus in der durch die Pfeile angezeigten Richtung um die äussere Begrenzung herum; dabei bleibt das Innere zur Linken. Ist man nach A zurückgelangt, dann integrirt man von da aus längs einer Strecke AB bis zur inneren Begrenzung; um diese wieder in der Weise, dass die Ringfläche zur linken Hand bleibt bis B; und dann endlich längs BA zum Ausgangspunkte A zurück. Die Integrationen über AB und über BA heben sich dabei auf; das Gesammtresultat ist also eine Integration über die innere und eine über die äussere Begrenzung, wobei diese beiden in entgegengesetztem Sinne ausgeführt sind. Kann man beweisen, dass das Gesammtresultat 0 beträgt, so ist hierin der Beweis des früheren Satzes enthalten. Denn wenn sich die innere Begrenzung auf einen unendlich kleinen Kreis reducirt, dessen Mittelpunkt x_0, y_0 und dessen Radius ϱ sein möge, dann stellt sich unter Einführung von Polarcoordinaten das innere Integral als

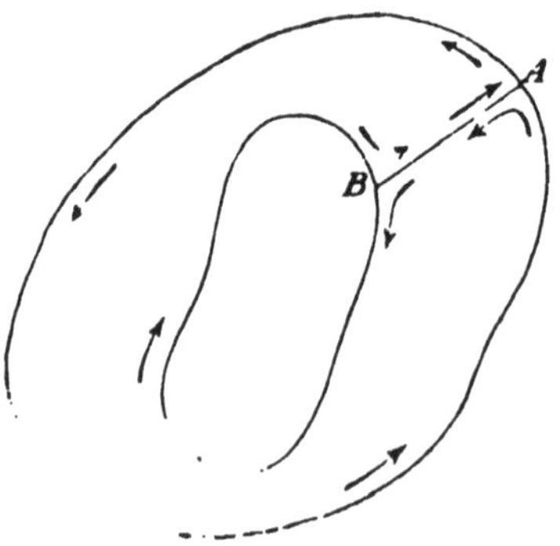

$$\int dF(x, y) = \int (- F_1(x_0 + \varrho \cos t,\ y_0 + \varrho \sin t) \sin t + F_2(x_0 + \varrho \cos t,\ y_0 + \varrho \sin t) \cos t) \varrho\, dt$$

dar. Folglich wird es unter unseren Voraussetzungen über F_1 und F_2 wegen des Factors ϱ unendlich klein; damit sind wir dann auf das Theorem des vorigen Paragraphen zurückgekommen.

§ 5.

Um den aufgestellten allgemeineren Satz zu beweisen, führt man am besten ein eigenthümliches Coordinaten-System ein, welches in der Potentialtheorie von Clausius zweckmässig und mit grossem Erfolge benutzt wurde; wir wollen diese Coordinaten als Clausius'sche Coordinaten bezeichnen. Die Benennung ist wohl gerechtfertigt, wenngleich schon Gauss das System der Coordinaten in seiner Abhandlung: Theoria attractionis corporum sphaeroidorum etc. (Werke IV, S. 1) benutzt.

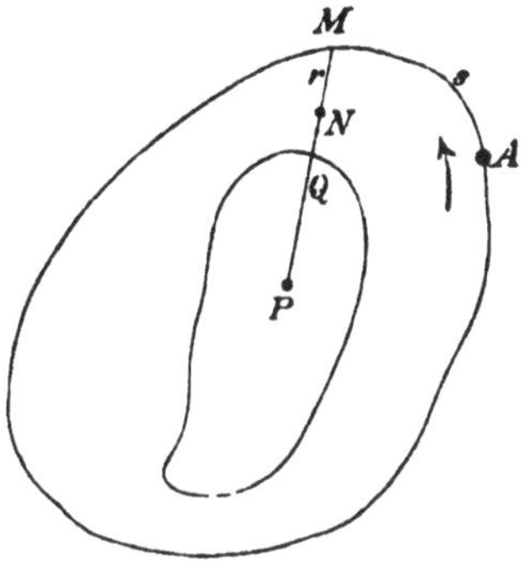

Wir nehmen auf der äusseren Begrenzung einen willkürlichen Punkt A an und rechnen von ihm aus auf der Curve in unserer gebräuchlichen Richtung die Bogenlängen $AM = s$. Dabei können wir den ganzen Umfang der Curve $= 1$ setzen, so dass also s von 0 bis 1 läuft, während M von A aus in der angegebenen Richtung die ganze Curve umkreist. Ferner nehmen wir im Innern der eingeschlossenen Begrenzung einen festen Punkt P an, ziehen den beweglichen, um P drehbaren Radius-Vector PM, welcher die innere Begrenzung in Q schneidet, und bestimmen den auf MQ beweglichen Punkt N durch die Coordinate $r = \frac{MN}{MQ}$. Für die Punkte innerhalb des Ringbereiches variirt somit r von 0 bis 1; alle Punkte der inneren Begrenzung haben $r = 1$, alle der äusseren haben $r = 0$. Dann ist also für jeden Punkt x, y des Ringgebietes

$$x = \varphi(r, s), \quad y = \psi(r, s)$$
$$(r, s = 0 \ldots 1).$$

Wir wollen übrigens, um geometrische Complicationen zu vermeiden, die Voraussetzung machen, dass jeder Radius-Vector nur ein Schnittpunkt-Paar M, Q aufweist. Diese Voraussetzung lässt sich stets durch geeignete Zerlegung des Ringgebietes und passende Wahl der Punkte P verwirklichen. Wir haben dann unter unseren Voraussetzungen φ und ψ als eindeutige Functionen von r, s bestimmt.

Eine solche Coordinaten-Bestimmung wird überall da angebracht sein, wo eine gewisse Begrenzung und ein gewisser Punkt im Innern derselben eine Rolle spielt. Man kann natürlich bei einem Raumgebiete ganz ähnlich die Lage eines Punktes im Innern bestimmen.

Integrirt man jetzt

$$\int \frac{\partial^2 F(\varphi(r,s),\ \psi(r,s))}{\partial r \partial s}\, dr\, ds \qquad (r, s = 0 \dots 1)$$

einmal zuerst nach r dann nach s, und ferner umgekehrt zuerst nach s dann nach r, so müssen wir die Gleichung erhalten

$$\int\limits_0^1 \left(\frac{\partial F}{\partial s}\right)_{r=0}^{r=1} ds = \int\limits_0^1 \left(\frac{\partial F}{\partial r}\right)_{s=0}^{s=1} dr\,.$$

Nun beziehen sich Anfangs- und Endwerth von $\frac{\partial F}{\partial r}$ für $s = 0$ und $s = 1$ auf denselben Punkt A der Curve. Nach den Voraussetzungen des ersten Paragraphen ist $F(x, y)$ nebst seinen ersten und zweiten Ableitungen im ganzen Gebiete eindeutig. Folglich ist der Integrand rechts $= 0$ und man erhält

$$\int\limits_0^1 \left(\frac{\partial F}{\partial s}\right)_{r=0}^{r=1} ds = \int\limits_0^1 \left(\frac{\partial F}{\partial s}\right)_{r=1} ds - \int\limits_0^1 \left(\frac{\partial F}{\partial s}\right)_{r=0} ds = 0\,.$$

Weil aber $ds\left(\frac{\partial F}{\partial s}\right)_{r=0}$ gleich dF für die äussere Begrenzung, und ebenso $ds\left(\frac{\partial F}{\partial s}\right)_{r=1}$ gleich dF für die innere Begrenzung ist, so drückt die letzte Gleichung den zu beweisenden Satz aus: „Wenn man längs zweier, ein „Ringgebiet umschliessender Curven in entgegengesetzten Richtungen „integrirt, so giebt die Summe der Integrations-Resultate Null; integrirt „man in derselben Richtung, so sind beide Integrations-Resultate „einander gleich.“

§ 6.

Wir schliessen hieran noch einen weiteren Beweis unseres Fundamentalsatzes. Die dabei benutzte Methode ist namentlich von den Italienern vielfach angewendet worden; sie ist im Grunde aber von der vorher gegebenen nicht wesentlich verschieden.

Soll das über jede geschlossene Curve genommene Integral gleich Null, also constant sein, so darf es seinen Werth nicht ändern, wenn man die Curve ändert. Wenn umgekehrt der Werth des Integrals von der Aenderung der Curve unabhängig ist, dann muss er gleich Null sein, weil dies bei der Curvenlänge 0 stattfindet. Der Beweis unseres Satzes ist also geführt, wenn wir zeigen, dass $\int dF(x, y)$ längs der Begrenzungscurve $G(x, y; p) = 0$ genommen (wobei p einen Parameter bedeutet), unabhängig von der Veränderung des p ist, d. h. wenn wir zeigen, dass man erhält:

$$\frac{\partial}{\partial p}\int dF(x, y) = 0 .$$

Wir wollen diesen Nachweis beim Rechtecke x_0, y_0; x_1, y_0; x_1, y_1; x_0, y_1 als Integrationsgebiet geben. Hier war (§ 1)

$$\int dF = \int_{x_0}^{x_1} F_1(x, y_0)dx + \int_{y_0}^{y_1} F_2(x_1, y)dy + \int_{x_1}^{x_0} F_1(x, y_1)dx$$
$$+ \int_{y_1}^{y_0} F_2(x_0, y)dy .$$

Wir ändern das Rechteck ab, indem wir eine Eck-Coordinate, etwa $x_0 = p$ ändern. Dann wird nach Vorlesung 2, § 1

$$\frac{\partial}{\partial p}\int dF = - F_1(x_0, y_0) + F_1(x_0, y_1) + \int_{y_1}^{y_0} \frac{\partial F_2(x_0, y)}{\partial x_0} dy .$$

Weil aber

$$\int_{y_1}^{y_0} \frac{\partial F_2(x_0, y)}{\partial x_0} dy = \int_{y_1}^{y_0} \frac{\partial^2 F(x_0, y)}{\partial x_0 \partial y} dy = (F_1(x_0, y))_{y_1}^{y_0}$$

ist, so erhält man für $\frac{\partial}{\partial p}\int dF$ in der That den Werth Null. Dasselbe Verfahren lässt sich auf die anderen Coordinaten anwenden.

§ 7.

So haben wir auf verschiedenen Wegen den Satz bewiesen: „Er„streckt man das Integral

$$\int dF = \int \left(\frac{\partial F}{\partial x} dx + \frac{\partial F}{\partial y} dy\right)$$

„über die Begrenzung eines Gebietes, so dass das Innere desselben stets „zur Linken der Fortschrittsrichtung bleibt, und sind für alle Punkte „des Gebietes und seiner Begrenzung

$$\frac{\partial F(x, y)}{\partial x}, \quad \frac{\partial F(x, y)}{\partial y}; \quad \frac{\partial^2 F(x, y)}{\partial x \partial y}$$

„endliche, eindeutige und im Allgemeinen stetige Functionen, dann ist „der Werth des Integrals gleich Null."

Die angeführten Bedingungen lassen sich noch umformen.

Wir setzen von F voraus, dass im betrachteten Gebiete und auf seinen Grenzen

$$\frac{\partial F}{\partial x}, \quad \frac{\partial F}{\partial y}; \quad \frac{\partial^2 F}{\partial x^2}, \quad \frac{\partial^2 F}{\partial x \partial y}, \quad \frac{\partial^2 F}{\partial y^2}$$

endlich und eindeutig seien. Dann folgt aus der Endlichkeit der drei zweiten Ableitungen, dass die beiden ersten Ableitungen für denselben Bereich auch stetig sind. Es ersetzen folglich unsere jetzigen Bedingungen die früheren höchstens an denjenigen Stellen nicht, wo $F_{12}(x, y)$ aufhört, eine stetige Function zu sein.

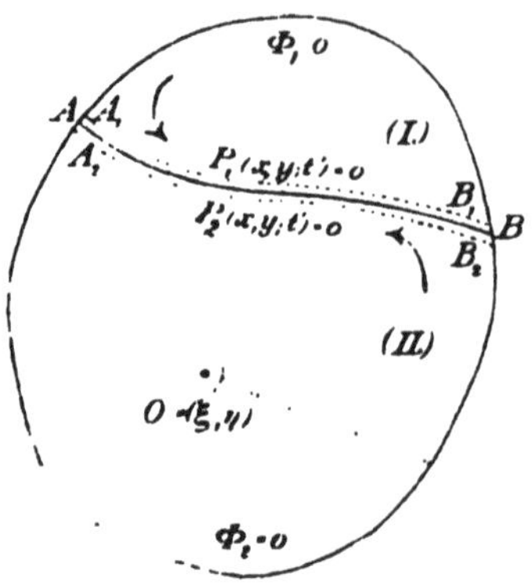

Gesetzt die Stetigkeit von F_{12} hörte in einem Punkte O auf; dann können wir nach dem allgemeineren Satze aus § 5 verfahren und zum Integrale über die äussere Begrenzung noch ein solches über einen beliebig kleinen Kreis hinzu nehmen, der den Punkt O umschliesst. Der Punkt O möge die Coordinaten ξ, η, der Kreis um O den Radius ϱ, und seine Punkte die Coordinaten

$$x = \xi + \varrho \cos v, \quad y = \eta + \varrho \sin v \qquad (v = 0 \ldots 2\pi)$$

besitzen; dann wird das um den Kreis erstreckte Integral

$$\int_0^{2\pi} (-F_1 \cdot \sin v + F_2 \cdot \cos v) \varrho dv$$

wegen der Endlichkeit von F_1 und F_2 und der unendlich kleinen Grösse von ϱ selbst unendlich klein. Der Beitrag, welchen dieses Integral liefert, wenn man um die äussere Begrenzug und um O herum integrirt, verschwindet also; es ersetzen daher in diesem Falle die neuen Bedingungen jene alten. Dasselbe findet statt, wenn in beliebig vielen discreten Punkten des Gebietes die Function F_{12} aufhört, stetig zu sein.

Wenn zweitens die Stetigkeit von F_{12} längs einer Curve AB unterbrochen ist, so zerlegen wir das Gebiet durch zwei dem AB benachbarte Curven A_1B_1 und A_2B_2, deren Gleichungen

$$P_1(x, y; t) = 0, \quad P_2(x, y; t') = 0$$

sind, in drei Theile; t, t' bedeuten dabei zwei Parameter, die so beschaffen sind, dass

$$P_1(x, y; 0) = P_2(x, y; 0) = 0$$

die Gleichung der ausgeschlossenen Curve AB darstellt. Gilt jetzt unser Satz für die Gebiete (I.) und (II.), dann ist

$$\int\limits_{\Phi_1=0} dF + \int\limits_{P_1=0} dF = 0; \quad \int\limits_{P_2=0} dF + \int\limits_{\Phi_2=0} dF = 0,$$

und also folgt für die Summe:

$$\int\limits_{\Phi_1=0} dF + \int\limits_{\Phi_2=0} dF + \Big(\int\limits_{P_1=0} dF + \int\limits_{P_2=0} dF\Big) = 0.$$

Da nun $F_1(x, y)$ und $F_2(x, y)$ stetige Functionen sind, so werden sich bei hinreichend kleinen t, t' die Werthe von dF für $P_1 = 0$ und für $P_2 = 0$ an benachbarten Stellen um beliebig wenig von einander unterscheiden; und weil A_1B_1 und A_2B_2 in entgegengesetzten Richtungen durchlaufen werden, so erhält man

$$\lim_{t=0} \int\limits_{P_1=0} dF + \lim_{t'=0} \int\limits_{P_2=0} dF = 0.$$

Es gilt deshalb der zu beweisende Satz auch für das ganze Gebiet. Dasselbe findet statt, wenn in beliebig vielen discreten Linien des Gebietes F_{12} aufhört, stetig zu sein.

Wir können also unseren Satz auch so formuliren:

„Erstreckt man das Integral

$$\int dF = \int \left(\frac{\partial F}{\partial x} dx + \frac{\partial F}{\partial y} dy\right)$$

„über die Begrenzung eines Gebietes, so dass das Innere desselben „stets zur Linken der Fortschrittsrichtung bleibt, und sind für alle „Punkte des Gebietes und seiner Begrenzung die Ableitungen

$$\frac{\partial F(x, y)}{\partial x}, \quad \frac{\partial F(x, y)}{\partial y}; \quad \frac{\partial^2 F(x, y)}{\partial x^2}, \quad \frac{\partial^2 F(x, y)}{\partial x \partial y}, \quad \frac{\partial^2 F(x, y)}{\partial y^2}$$

„endliche und eindeutige Functionen, dann ist der Werth des Integrals „gleich Null."

Diesem Satze kann man noch eine andere Wendung geben, wenn man die Begriffe der Eindeutigkeit und der Mehrdeutigkeit einer Function zweier Variabeln berücksichtigt. Bestimmt man die Werthe einer Function $f(x, y)$ dadurch, dass man aus dem Werthe $f(x_0, y_0)$ für einen bestimmten Punkt x_0, y_0 durch eine eindeutige Operation den für einen benachbarten Punkt x_1, y_1 berechnet, aus diesem ebenso den für einen benachbarten x_2, y_2, u. s. w., und gelangt man beim Fortschreiten nach x_0, y_0 zurück, so kann der erhaltene Werth dem ursprünglichen gleich oder von ihm verschieden sein. Ist das Erste der Fall, wie man auch die Zwischenwerthe innerhalb des Gebietes wählt, dann heisst die Function für dieses Gebiet eindeutig. Erhält man dagegen auf irgend einem Wege statt des ursprünglichen Werthes einen davon verschiedenen, dann heisst die Function in dem Gebiete mehrdeutig.

Daraus, dass in unserem Falle das über eine geschlossene Begrenzung genommene Integral $\int dF$ gleich Null ist, geht hervor, dass die durch die Integration sich ergebende Function F in dem Ausgangspunkte und in dem Endpunkte denselben Werth hat. Und da derselbe Umstand bei jeder geschlossenen Integration innerhalb des Gebietes gewahrt bleibt, so folgt, dass F in diesem Gebiete eindeutig ist. Unser Theorem kann demnach auch so ausgesprochen werden: „Wenn von „einer Function $F(x, y)$ vorausgesetzt wird, dass ihre ersten und zweiten „Ableitungen in einem von einer geschlossenen Curve umgrenzten Ge„biete durchweg endlich und eindeutig sind, so ist die Function $F(x, y)$ „selbst in dem bezeichneten Gebiete eindeutig."

Der Satz ist in dieser Form so einfach und durchsichtig, dass man glauben sollte, er müsste sich auch ohne jede Integralbetrachtung beweisen lassen; doch ist ein solcher Beweis bisher noch nicht geliefert. Es würde ausreichen, seine Gültigkeit bei der Theilung des Gebietes in lauter kleine Quadrate für ein solches darzuthun; aber gerade hierin liegen bisher noch nicht gehobene Schwierigkeiten.

Beschränkt man freilich den Kreis der Functionen auf solche, bei denen Unstetigkeiten nur in discreten Punkten vorkommen, so ist der Beweis leicht zu führen.

Gesetzt, $\varphi(x, y)$ habe sich bei der Umkreisung einer bestimmten Curve als mehrdeutig erwiesen, und das eingeschlossene Gebiet sei so klein, dass höchstens ein einziger Unstetigkeitspunkt in ihm liegt, dann kann man zeigen, dass wirklich ein solcher im Innern vorkommen muss. Wir theilen das Gebiet in eine Anzahl kleiner Quadrate und durchlaufen die Umgrenzung eines jeden einzelnen. Dann ist es unmöglich, dass man bei jedem dieser Einzelumläufe zu demselben Werthe zurückgelangt, von dem man ausging. Denn wäre dies der Fall, so müsste man auch beim Umlauf um die ganze Begrenzungscurve zum Ausgangswerthe zurückgelangen, da dieser sich aus jenen zusammensetzen lässt. Es muss also der Umlauf mindestens um ein Quadrat eine endliche Differenz zwischen Anfangs- und Endwerth liefern. Da wir die Quadrate so klein machen können als wir irgend wollen, so heisst dies, in dem betreffenden Quadrate liegt ein Punkt, in dem $\varphi(x, y)$ eine Unstetigkeit besitzt.

Es kann aber auch vorkommen, dass die Function in dem ganzen Gebiete stetig ist, und dass sich an einer Stelle eine unendlich grosse Anzahl von Punkten findet, bei deren Einzelumlauf man unendlich kleine Werthdifferenzen, bei deren Gesammtumlauf man aber eine endliche Werthdifferenz zwischen Anfangs- und Endwerth erhält. Gerade dabei würde es sich dann fragen, wie der Satz zu fassen ist.

§ 8.

Das behandelte Theorem lässt sich auch auf die Fälle ausdehnen, in denen die ersten und die zweiten Ableitungen der Function nur mit Ausschluss gewisser im Innern des Gebietes liegender Theilgebiete endlich bleiben. In solchen Fällen erlangt man ein Gebiet, in welchem die aufgestellten Voraussetzungen gelten, wenn man die Begrenzungen der Ausnahmegebiete durch einfache Linien in geeigneter Weise mit der äusseren Umgrenzung verbindet und darauf die Integration nach der in § 4 gegebenen Art ausführt. Die Integrationen über die Hülfslinien zerstören sich dabei, weil über jede Verbindungslinie hin und zurück integrirt wird. Es ist demnach die Summe der Integrale über das äussere und über die inneren Contouren gleich Null. Die letzten sind aber in entgegengesetztem Sinne durchlaufen wie das erste. „Wenn „man einmal über die äussere und dann über alle inneren Begrenzungen „so integrirt, dass jedesmal die umschlossene Fläche zur Linken der „Fortschrittsrichtung bleibt, dann ist das erste Integral gleich der „Summe der übrigen."

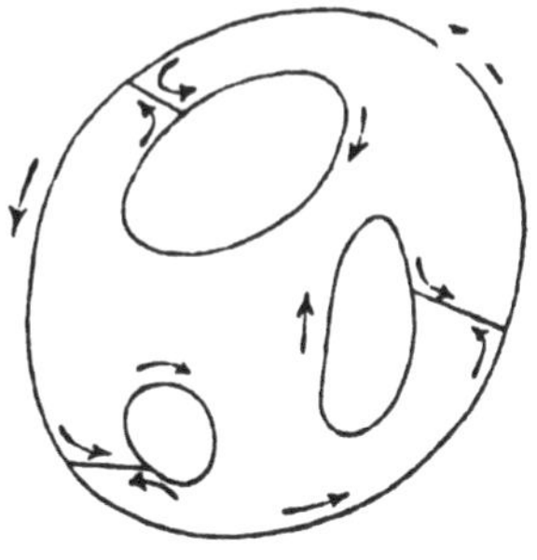

Wenn sich nicht ganze Gebiete, sondern nur einzelne Punkte im Innern des Integrationsbereiches befinden, an denen die für unseren Satz nothwendigen Voraussetzungen nicht erfüllt sind, so verfahren wir ähnlich, indem wir derartige Punkte durch beliebig kleine Kreise umschliessen und dieselben im Sinne der obigen Auseinandersetzungen zu den Grenzen des Bereiches hinzunehmen.

Solche, durch die Beschaffenheit der Differentialquotienten der Function gegebene Begrenzungen nennen wir insgesammt die natürliche Begrenzung im Gegensatz zu der willkürlich angenommenen äusseren Begrenzung. Wir können übrigens die Function $F(x, y)$ so umgestalten, dass auch die äussere Begrenzung zu einer natürlichen wird. Ist nämlich $F(x, y)$ längs der Curve $h(x, y) = 0$ zu integriren, wobei innerhalb des Gebietes $h(x, y) < 0$ und ausserhalb desselben $h(x, y) > 0$ ist, dann können wir eine Function $H(x, y)$ hergestellt denken, so dass

$$H(x, y) = F(x, y) \qquad (h(x, y) \leqq 0)$$
$$H(x, y) = 0 \qquad (h(x, y) > 0)$$

wird; und im Allgemeinen sind dann die Ableitungen von H längs $h(x, y) = 0$ unendlich gross. Nun stimmen die Integrale $\int dF$ und

$\int dH$ mit einander überein, und das Integrationsgebiet des zweiten wird durch seine natürliche Begrenzung bestimmt. Praktisch wird freilich durch unsere Festsetzungen nur insofern ein Vortheil erlangt, als diese Einführung, wie sich gleich zeigen wird, eine kürzere Ausdrucksweise erlaubt.

§ 9.

Wir betrachten jetzt eine Function $f(z)$ von z, in der wir für die Veränderliche z den complexen Werth $x + iy$ setzen. Dann können wir $f(z)$ in einen reellen und einen imaginären Theil zerlegen

$$f(z) = f(x + iy) = \varphi(x, y) + i\psi(x, y),$$

und es ist

$$f'(z) = \frac{df(x + iy)}{d(x + iy)} = \frac{df(x + iy)}{dx} = \frac{1}{i}\,\frac{df(x + iy)}{dy}$$

d. h.

$$\frac{\partial\varphi(x, y)}{\partial x} + i\,\frac{\partial\psi(x, y)}{\partial x} = \frac{1}{i}\left(\frac{\partial\varphi(x, y)}{\partial y} + i\,\frac{\partial\psi(x, y)}{\partial y}\right)$$

oder

$$i\,\frac{\partial\varphi(x, y)}{\partial x} - \frac{\partial\psi(x, y)}{\partial x} = \frac{\partial\varphi(x, y)}{\partial y} + i\,\frac{\partial\psi(x, y)}{\partial y}.$$

Durch Trennung des reellen vom imaginären Theile ergiebt sich

$$\frac{\partial\varphi(x, y)}{\partial x} = \frac{\partial\psi(x, y)}{\partial y}; \quad \frac{\partial\varphi(x, y)}{\partial y} = -\frac{\partial\psi(x, y)}{\partial x}$$

oder in unserer früheren, kürzeren Bezeichnungsweise

(3) $$\varphi_1 = \psi_2; \quad \varphi_2 = -\psi_1.$$

Die weitere Differentiation der letzten beiden Gleichungen liefert noch, in derselben Bezeichnungsart geschrieben,

(4) $$\varphi_{11} + \varphi_{22} = 0, \quad \psi_{11} + \psi_{22} = 0;$$

(5) $$\frac{d^2 f}{dx^2} + \frac{d^2 f}{dy^2} = (\varphi_{11} + \varphi_{22}) + i(\psi_{11} + \psi_{22}) = 0.$$

Betrachten wir nun die beiden Ausdrücke

$$g = a\varphi + b\psi,$$
$$h = b\varphi - a\psi,$$

in denen a und b willkürliche reelle Constanten sind, dann wird

$$\frac{\partial g}{\partial y} = a\varphi_2 + b\psi_2 = b\varphi_1 - a\psi_1 = \frac{\partial h}{\partial x},$$

d. h. es ist der Ausdruck

(6) $$g\,dx + h\,dy = (a\varphi + b\psi)dx + (b\varphi - a\psi)dy$$

ein vollständiges Differential. Wir können daher auf (6) die Integration anwenden, wie wir sie in den früheren Paragraphen an dF ausübten;

erstreckt man sie nach den Festsetzungen des vorigen Paragraphen über die natürliche Begrenzung der Function, so erkennt man, dass das Integral

$$(7) \qquad \int^{\bullet} \{(a\varphi + b\psi)dx + (b\varphi - a\psi)dy\}$$

den Werth Null hat. In dem besonderen Falle

$$a = 1, \quad b = i$$

liefert (7) die Gleichung

$$(8) \quad \int (\varphi(x, y) + i\psi(x, y))(dx + idy) = \int f(x + iy)d(x + iy) = 0.$$

„Es ist das Integral jeder Function $f(x + iy)$ einer complexen Ver-„änderlichen, erstreckt über seine natürliche Begrenzung, gleich Null.“ Zu erwähnen ist, dass der Bezirk der natürlichen Begrenzung erst festgestellt werden kann, wenn man den Bereich des Complexen verlässt und in den der zwei Veränderlichen x, y hineingeht; die Umgrenzung ist eine Function der getrennten Variabeln x und y, nicht von $x + iy$.

In der Form (8) ist der Satz unmittelbar ersichtlich, sobald wir

$$\int f(z)dz = F(z)$$

einführen; denn dadurch wird der Integrand von (8) gleich $dF(x + iy)$.

Es handelt sich noch darum, festzustellen, wie die Bedingungen für die natürliche Begrenzung hier zu fassen sind. Im Falle zweier reeller Variablen mussten die ersten und die zweiten Ableitungen von F eindeutig und endlich sein. Hier ist nun

$$\frac{\partial F(x, y)}{\partial x} = \quad \varphi(x, y) + i\psi(x, y) = \varphi + i\psi,$$

$$\frac{\partial F(x, y)}{\partial y} = -\psi(x, y) + i\varphi(x, y) = -\psi + i\varphi;$$

$$\frac{\partial^2 F}{\partial x^2} = \varphi_1 + i\psi_1, \quad \frac{\partial^2 F}{\partial x \partial y} = \varphi_2 + i\psi_2 = -\psi_1 + i\varphi_1, \quad \frac{\partial^2 F}{\partial y^2} = -\psi_2 + i\varphi_2.$$

Um die Endlichkeit und Eindeutigkeit der ersten Ableitungen von F zu haben, müssen wir dieselben Eigenschaften hinsichtlich der Function

$$f(x + iy) = \varphi + i\psi = \frac{1}{i}(-\psi + i\varphi)$$

voraussetzen; weiter fordern die Voraussetzungen über die zweiten Ableitungen von F, dass die erste Ableitung

$$f'(x + iy) = \varphi_1 + i\psi_1 = \frac{1}{i}(-\psi_1 + i\varphi_1) = -(-\psi_2 + i\varphi_2)$$

endlich und eindeutig sei. Also sieht man:

„Die natürliche Begrenzung für

$$\int f(x+iy)\,d(x+iy)$$

„wird von denjenigen Punkten und Linien gebildet, in welchen $f(x+iy)$ „oder $f'(x+iy)$ aufhört, endlich und eindeutig zu sein."

§ 10.

In der Form (8) wird unser Satz am meisten benutzt; so wurde er 1814 zuerst von Cauchy veröffentlicht; diesem also gebührt das Verdienst, ihn in die Analysis eingeführt zu haben. Er war freilich schon vorher Gauss bekannt, der ihn in seinem Briefwechsel mit Bessel (18. Dec. 1811) ausdrücklich erwähnt; aber es ist doch ein grosser Unterschied, ob Jemand eine mathematische Wahrheit mit vollem Beweise und der Darlegung ihrer ganzen Tragweite veröffentlicht, oder ob ein Anderer sie nur so nebenher einem Freunde unter Discretion mittheilt. Deshalb können wir den Satz mit Recht als das Cauchy'sche Theorem bezeichnen. — Riemann hat den Satz zuerst auf die schwierigeren Theile der Analysis angewendet und die ersten wichtigen Resultate gewonnen.

Am Schlusse des vorigen Paragraphen haben wir gezeigt, dass der Satz in der Cauchy'schen Form nichts ist als ein formales Corollar des früher von uns abgeleiteten; wir wollen deshalb auch jenen, auf zwei Veränderliche bezüglichen, als Cauchy'schen Satz bezeichnen.

Die neueren Fortschritte der Analysis beruhen wesentlich auf dem Cauchy'schen Satze. Diese sind aber nicht, wie man es gewöhnlich ausdrückt, auf die Benutzung von complexen Variabeln zurückzuführen, sondern einzig und allein auf den Fortschritt von Functionen einer Variabeln zu solchen mit zwei Variabeln. Nicht einer mystischen Verwendung von $\sqrt{-1}$ hat die Analysis ihre wirklich bedeutenden Erfolge des letzten Jahrhunderts zu verdanken, sondern dem ganz natürlichen Umstande, dass man unendlich viel freier in der mathematischen Bewegung ist, wenn man die Grössen in einer Ebene statt nur in einer Linie variiren lässt. Die Functionen einer Veränderlichen treten als Grenzfall derer mit zwei Veränderlichen auf; und gerade an diesen Grenzen, diesen Ufern finden sich die Klippen, von denen das hohe Meer frei ist. Gauss hat den Sachverhalt in dem erwähnten Briefwechsel vollkommen klar dargelegt.

Solche Ueberlegungen sind auch für uns die Veranlassung geworden, in unseren Vorlesungen gleich anfangs den Uebergang zum zweifachen Integrale zu vollziehen und uns nicht unnütz mit der Beschränkung auf Functionen einer Variabeln abzumühen.

§ 11.

Wir geben schliesslich noch ein Paar Beispiele für die Gültigkeit bezw. Nicht-Gültigkeit des Cauchy'schen Satzes.

I. Erstreckt man das Integral

$$(9) \qquad n\int (x+iy)^{n-1}\cdot(dx+idy) \qquad (n \geqq 2)$$

über einen Kreis um den Coordinaten-Anfangspunkt als Mittelpunkt mit dem Radius r, so dass man

$$x = r\cos v, \quad y = r\sin v$$

setzen kann, dann erhält man

$$n\int_0^{2\pi} r^{n-1}e^{(n-1)vi}\cdot re^{vi}i\,dv = nr^n i\int_0^{2\pi} e^{nvi}dv$$

$$= \left(r^n e^{nvi}\right)_0^{2\pi} = r^n - r^n = 0\,.$$

Hier gilt also der Cauchy'sche Satz für jedes r, wie es sein muss, da die natürliche Begrenzung von $r = \infty$ geliefert wird.

II. Aus der directen Berechnung des Integrals (9) erkennt man, dass der Cauchy'sche Satz auch für wesentlich positive n gilt, die kleiner als 2 sind, obwohl dabei der Nullpunkt zur natürlichen Begrenzung gerechnet werden muss. Diese ist hier aber nur eine unwesentliche, wie wir sie nennen wollen, da die Integration über einen unendlich kleinen den Anfangspunkt umgebenden Kreis den Werth Null ergiebt. Als wesentliche natürliche Begrenzung wollen wir nur solche betrachten, über welche die Integration wirklich erstreckt werden muss, weil sie einen von Null verschiedenen Werth liefert.

III. Wir integriren jetzt

$$\int \frac{dx+idy}{x+iy}$$

längs eines Kreises um den Nullpunkt mit dem Radius r.

Die schon oben benutzten Polarcoordinaten liefern

$$i\int_0^{2\pi} dv = 2\pi i\,.$$

Hier gilt der Satz nicht; der Nullpunkt bildet die wesentliche natürliche Begrenzung für das Integral. Es ist also der Logarithmus einer complexen Veränderlichen mehrdeutig; er ändert sich um $2\pi i$ bei einmaliger Umkreisung des Nullpunktes, falls dieser zur Linken bleibt. Dieser Ausspruch muss aber präcisirt werden. $\log(x+iy)$ ist in Wahrheit nur ein zusammenfassendes Zeichen für die Summe zweier reellen Theile, von denen der eine mit $\sqrt{-1}$ multiplicirt ist. Man hat nämlich

$$\int \frac{dx+idy}{x+iy} = \int \frac{(x-iy)(dx+idy)}{x^2+y^2} = \tfrac{1}{2}\log(x^2+y^2) + i\,\mathrm{arc\,tang}\,\frac{y}{x}\,;$$

bei dieser Zerlegung ist zu erkennen, dass die Mehrdeutigkeit des ganzen Ausdruckes nur vom imaginären Theile desselben herrührt. Denn $\int d\tfrac{1}{2}\log(x^2+y^2)$ über eine beliebige geschlossene, den Nullpunkt umgebende Curve erstreckt, liefert 0. Dies erkennt man, wenn man $x = \Theta(v)\cdot\cos v$, $y = \Theta(v)\cdot\sin v$ setzt, wobei $\Theta(v)$ eine eindeutige von der Curve abhängige Function von v ist, so dass der Radius-Vector nach einem Punkte der Begrenzung diese nur einmal trifft. Dann folgt

$$\int d\tfrac{1}{2}\log(x^2+y^2) = \int_0^{2\pi} d\log\Theta(v) = \log\frac{\Theta(2\pi)}{\Theta(0)} = 0\,.$$

Der Factor von i wird dagegen bei dieser Substitution

$$\begin{aligned}\int \frac{x\,dy - y\,dx}{x^2+y^2} &= \int_0^{2\pi} \frac{dv}{\Theta^2(v)}\,[\Theta(v)\cos v\,(\Theta'(v)\sin v + \Theta(v)\cos v) \\ &\qquad - \Theta(v)\sin v\,(\Theta'(v)\cos v - \Theta(v)\sin v)] \\ &= \int_0^{2\pi} dv = 2\pi\,.\end{aligned}$$

Bei diesem letzten Integral wird der Integrand in $x = 0$, $y = 0$ mehrdeutig. Zu beachten ist, dass $\int_0^{\xi} \frac{dx}{1+x^2} = \mathrm{arc\,tang}\,\xi$ durchaus nicht in unserem gewöhnlichen Sinne mehrdeutig ist. Die Function durchläuft, wenn ξ von 0 bis ∞ geht, die Werthe 0 bis $\frac{\pi}{2}$; nimmt man die Grenzen $-\infty$ und $+\infty$, so geht die Function von $-\frac{\pi}{2}$ bis $+\frac{\pi}{2}$. Erst der Uebergang zum Complexen, d. h. eigentlich zu zwei Variabeln, ruft Mehrdeutigkeit hervor.

Vierte Vorlesung.

Der erste Mittelwerthsatz. — Der zweite Mittelwerthsatz. — Beweis durch partielle Integration. — Abel'scher Hülfssatz. — Beispiel. — Zweiter Beweis des zweiten Mittelwerthsatzes. — Erweiterung. — Beispiel für die Nothwendigkeit der aufgestellten Bedingungen.

§ 1.

Bevor wir den Cauchy'schen Satz auf die Berechnung von Integralen anwenden können, müssen wir Methoden angeben, durch die man Integrale ihrem Grössenwerthe nach abschätzen kann, wenn unter dem Integralzeichen das Product zweier Functionen steht. Die hierauf bezüglichen Sätze heissen Mittelwerthsätze; sie beschäftigen sich unserer Erklärung nach mit Grenzen für den Werth eines Integrals

$$\int_{x_0}^{x'} \varphi(x)\cdot\psi(x)dx\,. \tag{1}$$

Dabei sollen, damit die betrachteten Integrale überhaupt einen Sinn haben, ein- für allemal die Functionen $\varphi(x)$ und $\psi(x)$ als im Bereiche $(x_0 \ldots x')$ eindeutig vorausgesetzt werden.

Wir wollen zunächst annehmen, dass für jedes x zwischen x_0 und x' stets $\psi(x)$ positiv oder gleich Null sei, und dass der Werth von $\varphi(x)$ stets zwischen einer unteren Grenze M_0 und einer oberen M liege. M_0, M brauchen dabei nicht mit dem Minimum und Maximum von $\varphi(x)$ innerhalb $(x_0 \ldots x')$ zusammenzufallen. Es besteht dann die Ungleichung

$$M_0\sum_1^n(-x_{2\varkappa-2}+x_{2\varkappa})\psi(x_{2\varkappa-1})\leqq\sum_1^n(-x_{2\varkappa-2}+x_{2\varkappa})\varphi(x_{2\varkappa-1})\psi(x_{2\varkappa-1})$$
$$\leqq M\sum_1^n(-x_{2\varkappa-2}+x_{2\varkappa})\psi({}_{2\varkappa-1})\,,$$

in der wir unter $x_0, x_1, x_2, \ldots x_{2n-1}, x_{2n} = x'$ Theilpunkte des Intervalles $(x_0 \ldots x')$ verstehen, wie wir sie bei den Integral-Definitionen der ersten Vorlesung verwendet haben. Wenn man diese Annahme bei stets wachsendem n beibehält, dann ergiebt sich

(2) $$M_0\int_{x_0}^{x'}\psi(x)dx \leqq \int_{x_0}^{x'}\varphi(x)\psi(x)dx \leqq M\int_{x_0}^{x'}\psi(x)dx$$

oder auch

$$\int_{x_0}^{x'}\varphi(x)\psi(x)dx = M_0\int_{x_0}^{x'}\psi(x)dx + \vartheta(M-M_0)\int_{x_0}^{x'}\psi(x)dx \qquad (0 \leqq \vartheta \leqq 1)$$
$$= M_0(1-\vartheta)\int_{x_0}^{x'}\psi(x)dx + M\vartheta\int_{x_0}^{x'}\psi(x)dx,$$

d. h.

(3) $$\int_{x_0}^{x'}\varphi(x)\psi(x)dx = (\delta_0 M_0 + \delta M)\int_{x_0}^{x'}\psi(x)dx$$
$$(0 \leqq \delta_0,\ \delta \leqq 1;\ \delta_0 + \delta = 1).$$

Falls man annimmt, dass M_0, M mit dem Minimum und Maximum von $\varphi(x)$ in dem Intervalle $(x_0 \ldots x')$ zusammenfallen, und dass $\varphi(x)$ das Intervall $(M_0 \ldots M)$ stetig durchläuft, muss auch $\delta_0 M_0 + \delta M$ unter den Functionswerthen vorkommen, d. h. es muss ein ξ geben, für welches die Gleichung gilt:

(4) $$\int_{x_0}^{x'}\varphi(x)\psi(x)dx = \varphi(\xi)\int_{x_0}^{x'}\psi(x)dx \qquad (x_0 \leqq \xi \leqq x').$$

Nothwendig ist hierfür, dass $\varphi(x)$ im Intervalle stetig ist, und dass $\psi(x)$ sein Zeichen nicht ändert.

Man nennt den hierin ausgesprochenen Satz nach P. du Bois-Reymond den ersten Mittelwerthsatz. Der Sache nach ist dieser Satz schon seit langer Zeit bekannt; Cauchy und Dirichlet benutzen ihn häufig. Am geringsten sind seine Voraussetzungen, wenn wir ihm eine der Formen (2) oder (3) geben.

§ 2.

Hieran schliesst sich der auf ein Integral derselben Form (1) bezügliche zweite Mittelwerthsatz. Sehen wir davon ab, die Voraussetzungen so allgemein zu fassen, wie es möglich ist, dann können wir den Satz als Corollar zu (4) auffassen. Dabei wird aber, wie gesagt, wohl die Form, nicht aber der wesentliche Inhalt des Theorems gegeben.

Wir nehmen zu den Voraussetzungen von § 1 noch die hinzu, dass $\varphi(x)$, $\psi(x)$ differentiirbar seien und bezeichnen

$$\int_{x_0}^{x} \psi(x)\,dx = \Psi(x).$$

Dann wird [Vorlesung 1; § 10; VI), (18)]

$$\int_{x_0}^{x'} \varphi(x)\,d\Psi(x) = (\varphi(x)\,\Psi(x))_{x_0}^{x'} - \int_{x_0}^{x'} \Psi(x)\,d\varphi(x),$$

$$(5)\quad \int_{x_0}^{x'} \varphi(x)\psi(x)\,dx = \left(\varphi(x)\int_{x_0}^{x} \psi(x)\,dx\right)_{x_0}^{x'} - \int_{x_0}^{x'} \left(\varphi'(x)\int_{x_0}^{x} \psi(x)\,dx\right)dx.$$

Setzt man in (4)

für $\varphi(x)$ und $\psi(x)$ ein $\int_{x_0}^{x} \psi(x)\,dx$ und $\varphi'(x)$,

so geht (4) in

$$\int_{x_0}^{x'} \left(\varphi'(x)\int_{x_0}^{x} \psi(x)\,dx\right)dx = \left(\int_{x_0}^{\xi} \psi(x)\,dx\right)\left(\int_{x_0}^{x'} \varphi'(x)\,dx\right)$$

$$= (\varphi(x') - \varphi(x_0))\int_{x_0}^{\xi} \psi(x)\,dx$$

über, und wenn man dies in (5) einträgt, erhält man

$$\int_{x_0}^{x'} \varphi(x)\psi(x)\,dx = \varphi(x')\int_{x_0}^{x'} \psi(x)\,dx - (\varphi(x') - \varphi(x_0))\int_{x_0}^{\xi} \psi(x)\,dx.$$

So gelangen wir zu der Form des zweiten Mittelwerthsatzes

$$(6)\quad \int_{x_0}^{x'} \varphi(x)\psi(x)\,dx = \varphi(x_0)\int_{x_0}^{\xi} \psi(x)\,dx + \varphi(x')\int_{\xi}^{x'} \psi(x)\,dx \qquad (x_0 \leqq \xi \leqq x').$$

§ 3.

Man kann aber von den, bei dieser Herleitung des höchst wichtigen Satzes gemachten Voraussetzungen absehen, wenn man ihn auf eine andere Weise ermittelt, die von einer ganz principiellen Anwendbarkeit ist. Sie stützt sich auf eine von Abel in der Abhandlung über die binomische Reihe II, Théorème III gegebene Formel (vgl. S. 21).

Sind $a_0, a_1, \ldots a_{n-1}, a_n$ positive, nicht zunehmende Grössen, $a_{\varkappa-1} \geqq a_\varkappa \geqq 0$, und liegen alle Grössen $b_0, b_1, \ldots b_{n-1}, b_n$ zwischen den Grenzen M_0 und M, so dass $M_0 \leqq b_\varkappa \leqq M$ ist, dann folgt, wenn wir in die Identität

$$a_0 b_0 + \sum_1^n a_{\varkappa-1}(b_\varkappa - b_{\varkappa-1}) = \sum_1^n (a_{\varkappa-1} - a_\varkappa) b_\varkappa + a_n b_n$$

rechts für alle $b_\varkappa$ einmal ihren kleinsten Werth M_0 und einmal ihren grössten Werth M eintragen, die für uns wichtige Formel

$$(7) \qquad M_0 a_0 \leqq a_0 b_0 + \sum_1^n a_{\varkappa-1}(b_\varkappa - b_{\varkappa-1}) \leqq M a_0 .$$

Bevor wir mit ihrer Hülfe den zweiten Mittelwerthsatz ableiten, wollen wir sie auf ein Beispiel anwenden.

Wir setzen, indem wir unter n eine beliebig hohe Zahl verstehen,

$$a_0 = c_{m+1}, \quad a_1 = c_{m+2}, \quad \ldots \quad a_n = c_{m+n+1};$$

dabei sollen die c eine Reihe abnehmender, positiver Grössen bilden, für die wir überdies

$$\lim_{n=\infty} c_{m+n} = 0$$

voraussetzen wollen. Ferner setzen wir

$$b_0 = \frac{\sin(2m+1)v}{\sin v}, \quad b_1 = \frac{\sin(2m+3)v}{\sin v}, \quad \ldots \quad b_n = \frac{\sin(2m+2n+1)v}{\sin v},$$

wobei wir $\sin v$ von Null verschieden und etwa positiv annehmen. Es wird dann

$$b_\varkappa - b_{\varkappa-1} = 2\cos 2(m+\varkappa)v;$$

für M_0, M können wir die Werthe

$$-\frac{1}{\sin v}, \quad +\frac{1}{\sin v}$$

wählen. Dadurch geht (7) über in

$$-\frac{c_{m+1}}{\sin v} \leqq \frac{c_{m+1}\sin(2m+1)v}{\sin v} + \sum_{\varkappa=1}^n 2c_{m+\varkappa}\cos 2(m+\varkappa)v \leqq +\frac{c_{m+1}}{\sin v},$$

$$-\frac{2c_{m+1}}{\sin v} \leqq \sum_{\varkappa=1}^n 2c_{m+\varkappa}\cos 2(m+\varkappa)v \leqq \frac{2c_{m+1}}{\sin v}.$$

Diese letzte Ungleichung zeigt, dass die Reihen

$$c_0 + 2c_1\cos 2v + 2c_2\cos 4v + 2c_3\cos 6v + \cdots$$

unter den Bedingungen, dass die c positive, abnehmende, nach der Null hin convergirende Grössen sind, und dass $0 < v < \pi$ ist, convergent werden. Das gilt also z. B. von

$$\sum_{\varkappa=1}^{\infty} \frac{2\cos 2\varkappa v}{\varkappa^\delta}$$

für jeden positiven Werth von δ.

Genau in derselben Art und unter den gleichen Bedingungen ergiebt sich die Convergenz der Reihen von der Form

$$c_1 \sin 2v + c_2 \sin 4v + c_3 \sin 6v + \cdots$$

§ 4.

Wir können jetzt (7) zu unserem Zwecke für den Beweis des zweiten Mittelwerthsatzes benutzen. Ueber $\varphi(x)$ setzen wir voraus, dass es eine zwischen x_0 und x' beständig abnehmende, positiv bleibende Function sei; dann dürfen wir

$$a_\varkappa = \varphi(x_{2\varkappa+1})$$

einführen; über $\psi(x)$ nehmen wir an, dass

$$\int_{x_0}^{x'} \psi(x)dx$$

endlich sei; dann dürfen wir

$$b_0 = 0,$$
$$b_\varkappa = (x_2 - x_0)\psi(x_1) + (x_4 - x_2)\psi(x_3) + \cdots + (x_{2\varkappa} - x_{2\varkappa-2})\psi(x_{2\varkappa-1}),$$
$$b_\varkappa - b_{\varkappa-1} = (x_{2\varkappa} - x_{2\varkappa-2})\psi(x_{2\varkappa-1})$$

einführen; M_0 und M seien, wie oben, dadurch bestimmt, dass man

$$M_0 \leqq b_\varkappa \leqq M$$

hat. Dadurch wird (7) in

$$M_0\varphi(x_1) \leqq \sum_1^n \varphi(x_{2\varkappa-1})\psi(x_{2\varkappa-1})(x_{2\varkappa} - x_{2\varkappa-2}) \leqq M\varphi(x_1)$$

umgeformt. Lässt man bei festem Werthe von $x_{2n} = x'$ die Zahl n wachsen während die Intervalle kleiner werden, dann kann man auch x_1 mit x_0 zusammenfallen lassen und erhält so

$$(8)\qquad M_0\varphi(x_0) \leqq \int_{x_0}^{x'} \varphi(x)\psi(x)dx \leqq M\varphi(x_0).$$

Durch die Substitution $\varphi(x) - \varphi(x')$ statt $\varphi(x)$ werden die Voraussetzungen nicht verletzt; die Formel lautet dann

$$(9)\qquad \begin{aligned} M_0[\varphi(x_0) - \varphi(x')] + \varphi(x')\int_{x_0}^{x'} \psi(x)dx &\leqq \int_{x_0}^{x'} \varphi(x)\psi(x)dx \\ &\leqq M[\varphi(x_0) - \varphi(x')] + \varphi(x')\int_{x_0}^{x'} \psi(x)dx. \end{aligned}$$

Aus der ersten, bequemeren Form geht die Gleichung

$$(10)\qquad \int_{x_0}^{x'} \varphi(x)\psi(x)dx = (\delta_0 M_0 + \delta M)\varphi(x_0)$$

$$(0 \leqq \delta_0,\ \delta \leqq 1;\ \delta_0 + \delta = 1)$$

hervor, welche sich besonders einfach gestaltet, wenn das Integral $\int_{x_0}^{x} \psi(x)dx$ eine stetige Function seiner oberen Grenze bleibt. Nimmt man für M_0, M das Minimum und Maximum der Integralwerthe innerhalb der Strecke $(x_0 \ldots x')$, so erkennt man die Existenz eines Werthes ξ, für welchen

$$(11)\qquad \int_{x_0}^{x'} \varphi(x)\psi(x)dx = \varphi(x_0)\int_{x_0}^{\xi} \psi(x)dx \qquad (x_0 \leqq \xi \leqq x')$$

ist. Macht man dieselbe Operation mit (9), so folgt

$$(12)\int_{x_0}^{x'} \varphi(x)\psi(x)dx = \varphi(x_0)\int_{x_0}^{\xi} \psi(x)dx + \varphi(x')\int_{\xi}^{x'} \psi(x)dx \qquad (x_0 \leqq \xi \leqq x').$$

Das ξ in (12) braucht natürlich nicht denselben Werth, wie das in (11) auftretende ξ zu haben.

In dieser endgültigen Form (12) ist der Satz als der zweite Mittelwerthsatz von P. du Bois-Reymond bezeichnet und im LXIX. Bande des Journals f. d. reine und angewandte Mathematik vom Jahre 1868 veröffentlicht worden. Der Kern des dort gegebenen, etwas mühsamen aber lehrreichen Beweises stimmt mit dem unsrigen überein. O. Bonnet hat einen andern geliefert, welcher die partielle Integration zu Hülfe nimmt.

§ 5.

Aus (11) lässt sich unter Erweiterung der Voraussetzungen über $\varphi(x)$ sofort (12) ableiten. Es sei $\varphi(x)$ eine stets abnehmende Function, die aber dabei auch das Zeichen wechseln kann; dann unterliegt $\varphi(x) - \varphi(x')$ den obigen engeren Voraussetzungen; führt man diese Differenz statt $\varphi(x)$ in (11) ein, so entsteht (12). Dasselbe gilt von (9).

Es sei ferner $\varphi(x)$ eine in unserem Intervalle $(x_0 \ldots x')$ stets zunehmende Function; dann ist $\varphi(x') - \varphi(x)$ eine von x_0 bis x' stets abnehmende, positiv bleibende Function. Setzt man sie statt $\varphi(x)$ in (11) ein, so entsteht wiederum die Form (12).

Es gilt daher (12), sobald $\varphi(x)$ zwischen den Grenzen x_0 und x' entweder nicht zu- oder nicht abnimmt, und wenn das Integral

$$\int_{x_0}^{x} \psi(x)\,dx$$

für jeden Werth x des Intervalles $(x_0 \ldots x')$ endlich und stetig bleibt.

Endlich lässt sich unserem Satze eine noch grössere Verallgemeinerung auf folgende Art verleihen: Man kann zulassen, dass die Function $\varphi(x)$ abwechselnd steigt und fällt, wenn nur endliche Intervalle zwischen jedem Maximum und Minimum liegen. Man muss also angeben können, ob bei einem beliebigen Werthe x die Function $\varphi(x)$ steigt oder fällt; das ist nicht immer möglich, wie z. B. bei $\frac{1}{x}$ sich für $x = 0$ weder sagen lässt, dass es steigt, noch dass es fällt. Diese Begriffe verlieren hier den Sinn. An Stelle unserer Bedingung pflegt man häufig zu sagen: „$\varphi(x)$ hat an keiner Stelle unendlich viele Maxima und Minima"; allein dabei kann man sich nichts vorstellen. Unter der gemachten Voraussetzung lässt sich $(x_0 \ldots x')$ in eine endliche Zahl von Intervallen $(\xi_0 = x_0 \ldots \xi_2)$; $(\xi_2 \ldots \xi_4)$; $\ldots$; $(\xi_{2r-2} \ldots \xi_{2r} = x')$ zerlegen, so dass in jedem einzelnen Intervalle die Function $\varphi(x)$ durchweg steigt oder durchweg fällt. Dann können wir für ein jedes Intervall der Formel (12) entsprechend einen Mittelwerth bestimmen, der Art, dass für $\varkappa = 0, 1, \ldots r-1$ jedesmal

$$\int_{\xi_{2\varkappa}}^{\xi_{2\varkappa+2}} \varphi(x)\psi(x)\,dx = \varphi(\xi_{2\varkappa})\int_{\xi_{2\varkappa}}^{\xi_{2\varkappa+1}} \psi(x)dx + \varphi(\xi_{2\varkappa+2})\int_{\xi_{2\varkappa+1}}^{\xi_{2\varkappa+2}} \psi(x)dx$$

wird. Bezeichnen wir durch $\Psi(x)$ die Integralfunction von $\psi(x)$, dann geht die letzte Gleichung in

$$\int_{\xi_{2\varkappa}}^{\xi_{2\varkappa+2}} \varphi(x)\Psi'(x)dx = \varphi(\xi_{2\varkappa})(\Psi(\xi_{2\varkappa+1}) - \Psi(\xi_{2\varkappa}))$$
$$+ \varphi(\xi_{2\varkappa+2})(\Psi(\xi_{2\varkappa+2}) - \Psi(\xi_{2\varkappa+1}))$$

über. Summirt man von $\varkappa = 0$ bis $\varkappa = r-1$, so kommt heraus:

$$(13) \qquad \int_{x_0}^{x'} \varphi(x)\Psi'(x)dx = \sum_{0}^{r} \varphi(\xi_{2\varkappa})(\Psi(\xi_{2\varkappa+1}) - \Psi(\xi_{2\varkappa-1}))$$
$$(\xi_{-1} = \xi_0, \quad \xi_{2r+1} = \xi_{2r}),$$

oder in Integralform geschrieben:

$$(14)\qquad \int_{x_0}^{x'} \varphi(x)\psi(x)dx = \sum_0^r \varphi(\xi_{2\varkappa}) \int_{\xi_{2\varkappa-1}}^{\xi_{2\varkappa+1}} \psi(x)dx$$

$$(\xi_{-1} = x_0, \quad \xi_{2r+1} = x').$$

Natürlich kann man auf der rechten Seite von (14) das constante $\varphi(\xi_{2\varkappa})$ unter das Integral ziehen.

Definirt man eine Function $\Phi(x)$, welche für $\xi_{2\varkappa-1} \leqq x < \xi_{2\varkappa+1}$ den constanten Werth $\varphi(\xi_{2\varkappa})$ hat und also geometrisch eine Reihe von Strecken darstellt, deren jede der Abscissen-Axe parallel läuft und die Curve $y = \varphi(x)$ in dem Punkte $x = \xi_{2\varkappa}$ berührt, der einem Maximum oder einem Minimum angehört, so kann man auch schreiben:

$$\int_{x_0}^{x'} \varphi(x)\psi(x)dx = \int_{x_0}^{x'} \Phi(x)\psi(x)dx.$$

Es lassen sich danach Punkte $\xi_1, \xi_3, \ldots$, je einer zwischen einem Maximum und einem benachbarten Minimum finden, der Art, dass das Integral über $\varphi(x)\psi(x)$ nicht geändert wird, wenn man die Curve $y = \varphi(x)$ durch eine gebrochene Linie ersetzt, deren Theile abwechselnd der X- und der Y-Axe parallel laufen. Die ersteren Stücke $y = \Phi(x)$ berühren die Curve abwechselnd in den Punkten ihrer Maxima und Minima und sind daher durch $\varphi(x)$ allein bestimmt. Von den Seiten, welche der Y-Axe parallel sind, weiss man lediglich, dass sie in den Punkten, die zu $\xi_1, \xi_3, \ldots$ gehören, die Curve durchschneiden. Man kann also von dem gefundenen Resultate nur da Nutzen ziehen, wo die Thatsache der Existenz solcher Zwischenwerthe selbst bereits weitere Schlüsse zulässt.

§ 6.

Zum Schlusse dieser Vorlesung wollen wir zeigen, dass die über $\varphi(x)$ bei der Formel (11) gemachte Voraussetzung sich nicht beseitigen lässt. Wir werden ein Beispiel geben, für welches der zweite Mittelwerthsatz nicht mehr gilt, weil die Function $\varphi(x)$ nicht im ganzen Integrationsbereiche entweder niemals steigt oder niemals fällt.

Für $\psi(x)$ setzen wir Folgendes fest: Es sei

$$\psi(x) = x + 1 \qquad (-\tfrac{3}{2} < x < -\tfrac{1}{2}),$$
$$\psi(x) = x \qquad (-\tfrac{1}{2} < x < +\tfrac{1}{2}),$$
$$\psi(x) = x - 1 \qquad (+\tfrac{1}{2} < x < +\tfrac{3}{2}),$$

dann wird, wie ja auch geometrisch ersichtlich ist,

$$0 \leqq \int_{-1}^{\xi} \psi(x)dx \leqq \frac{1}{8} \qquad (\xi > -1).$$

Ferner nehmen wir für den Verlauf von $\varphi(x)$ bei wachsendem x an, dass es für die Werthe des Argumentes zwischen -1 und $-\frac{1}{2}$ nahezu

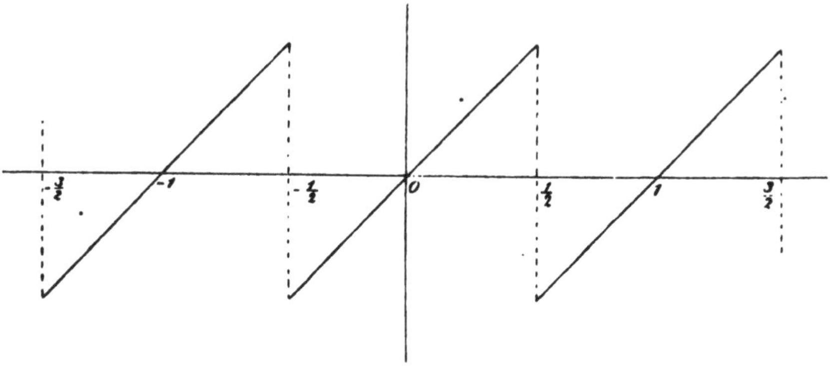

1 sei; dass es sofort hinter $x = -\frac{1}{2}$ rapid falle und nahezu 0 bleibe bis zu $x = 0$; dass es sofort hinter $x = 0$ rapid steige und nahezu 1 bleibe bis $x = +\frac{1}{2}$; u. s. f. Dann sieht man:

$$\int_{-1}^{-\frac{1}{2}} \varphi(x)\psi(x)dx \quad \text{ist wenig von } \tfrac{1}{8} \text{ verschieden,}$$

$$\int_{-\frac{1}{2}}^{0} \varphi(x)\psi(x)dx \quad \text{ist wenig von 0 verschieden,}$$

$$\int_{0}^{\frac{1}{2}} \varphi(x)\psi(x)dx \quad \text{ist wenig von } \tfrac{1}{8} \text{ verschieden,}$$

$$\int_{\frac{1}{2}}^{1} \varphi(x)\psi(x)dx \quad \text{ist wenig von 0 verschieden.}$$

Hieraus ergiebt sich, dass

$$\int_{-1}^{1} \varphi(x)\psi(x)dx \quad \text{wenig von } \tfrac{1}{4} \text{ verschieden}$$

ist, während

$$\varphi(-1)\int_{-1}^{\xi} \psi(x)dx \quad \text{kleiner als } \tfrac{1}{8}$$

sein wird. Der zweite Mittelwerthsatz versagt also hier, weil die Voraussetzungen über $\varphi(x)$, die für (11) gemacht wurden, nicht mehr zutreffen.

Fünfte Vorlesung.

Besonderer Fall des Dirichlet'schen Integrals. — Das allgemeine Dirichlet'sche Integral. — Discussion der Voraussetzungen. — Nothwendige Bedingungen. — Geometrische Deutung. — Fluctuirende Functionen. — Das Fourier'sche Doppelintegral. — Reciprocitäts-Satz desselben. — Das Poisson'sche Integral. — Vertauschbarkeit zweier Grenzübergänge.

§ 1.

In dem Integrale

(1) $$\int_a^b \frac{\sin x}{x}\,dx \qquad (0 < a < b)$$

können wir, um den zweiten Mittelwerthsatz anzuwenden, die zwischen a und b stets abnehmende Function $\frac{1}{x}$ gleich $\varphi(x)$ setzen und $\sin x$ gleich $\psi(x)$ annehmen. Denn das von a bis b über $\psi(x)$ erstreckte Integral liegt zwischen $M_0 = -2$ und $M = +2$. Es ist also

$$\int_a^b \frac{\sin x}{x}\,dx = \frac{1}{a}(-2\delta_0 + 2\delta)$$

(2) $$\lim_{a=\infty} \int_a^b \frac{\sin x}{x}\,dx = 0 \qquad (0 < a < b).$$

Daraus folgt, dass (1) für ein constantes a und wachsende b ein convergentes Integral ist, indem ja ein weit entfernter, über eine noch so grosse Strecke genommener Theil desselben beliebig klein wird.

Wir betrachten jetzt

(3) $$J = \int_0^\infty \frac{\sin x}{x}\,dx = \lim_{c=\infty} \int_0^c \frac{\sin x}{x}\,dx = \int_0^{\frac{\pi}{2}} \frac{\sin x}{x}\,dx + \lim_{c=\infty} \int_{\frac{\pi}{2}}^c \frac{\sin x}{x}\,dx.$$

Der erste Theil des letzten Ausdrucks ist, da der Integrand endlich bleibt, selbst endlich, und die Existenz des zweiten Theils haben wir soeben gezeigt; folglich ist auch J ein convergentes Integral.

Wir wollen den Werth dieses Integrals zu berechnen versuchen.

Dabei sei bemerkt, dass die bis ins Unendliche erstreckte Integration nichts anderes bedeutet, als das, was der zweite Grenzausdruck aussagt. — Aus dem Resultate (2) geht hervor, dass wir statt des stetig wachsenden c eine Reihe von steigenden, ganzen, positiven Zahlen substituiren können, ohne den Werth zu ändern, da das Integral zwischen c und der nächst tieferen ganzen Zahl nach (2) bei wachsendem c die Grenze Null hat. Wir gestalten J zunächst um, indem wir für x eintragen πx; auch die dann entstehende obere Grenze wollen wir durch c bezeichnen und können uns auch dafür wiederum ganze Zahlen eingesetzt denken:

$$J = \lim_{c=\infty} \int_0^c \frac{\sin x\pi}{x}\, dx \qquad (c \text{ wächst ganzzahlig}).$$

Weiter setzen wir $-x$ statt x ein; das giebt [vgl. Vorlesung 1, § 10; V)]

$$J = -\lim_{c=\infty} \int_0^{-c} \frac{\sin x\pi}{x}\, dx = \lim_{c=\infty} \int_{-c}^{0} \frac{\sin x\pi}{x}\, dx,$$

$$2J = \int_{-\infty}^{\infty} \frac{\sin x\pi}{x}\, dx = \lim_{m,\, n=\infty} \int_{-m}^{n} \frac{\sin x\pi}{x}\, dx.$$

Die m, n bedeuten hierbei positive, ganze Zahlen. Das letzte Integral zerlegen wir in eine Summe von Integralen mit demselben Integranden, deren Grenzen von $-m$ ab bis $+n$ in der Differenz $+1$ fortschreiten:

$$2J = \lim_{m,\, n=\infty} \sum_{-m}^{n-1} \int_{\varkappa}^{\varkappa+1} \frac{\sin x\pi}{x}\, dx;$$

und wenn wir für x einsetzen $x+\varkappa$ und bedenken, dass

$$\sin(x+\varkappa)\pi = (-1)^{\varkappa} \sin x\pi$$

ist, dann formt sich das Integral in

$$2J = \lim_{m,\, n=\infty} \sum_{-m}^{n-1} \int_0^1 \frac{(-1)^{\varkappa} \sin x\pi}{x+\varkappa}\, dx$$

um. Hier ist die Vertauschung der beiden Grenzübergänge — Integral und unendliche Summe — erlaubt, weil die Summe eine gleichmässig convergirende ist (vgl. Harnack: Die Elemente der Differential- und Integralrechnung § 130, S. 239; und das Kriterium für die gleichmässige Convergenz einer Reihe mit alternirenden Gliedern, ibid. § 127, S. 233):

$$(4) \qquad 2J = \lim_{m,\, n = \infty} \int_0^1 \sin x\pi \cdot dx \sum_{-m}^{n-1} \frac{(-1)^\varkappa}{x+\varkappa}.$$

Die ganze Schwierigkeit bei der Berechnung von J liegt also in der Auswerthung der letzten Summe.

§ 2.

Wir gehen, um diese Schwierigkeit zu überwinden, von der schon Euler bekannten Formel

$$\frac{\sin x\pi}{x\pi} = \prod_{-\infty}^{+\infty}{}' \left(1 + \frac{x}{\varkappa}\right)$$

aus; der Accent an dem Productzeichen bedeutet, dass der Factor für den Werth $\varkappa = 0$ bei der Productbildung ausgeschlossen werden soll. Setzt man darin für x ein $\frac{x}{2}$, erhebt die entstehende Formel ins Quadrat und dividirt dann durch die ursprüngliche, so folgt

$$\frac{\operatorname{tang} \frac{x}{2}\pi}{\frac{x}{2}\pi} = \frac{\prod' \left(1 + \frac{x}{2\varkappa}\right)}{\prod \left(1 + \frac{x}{2\varkappa + 1}\right)} \qquad (\varkappa = -\infty, \cdots + \infty).$$

Differentiirt man dies logarithmisch, dann ergiebt sich

$$\frac{\pi}{\sin x\pi} = \frac{1}{x} + \sum{}' (-1)^\varkappa \frac{\frac{1}{\varkappa}}{1 + \frac{x}{\varkappa}} = \frac{1}{x} + \sum{}' (-1)^\varkappa \frac{1}{x+\varkappa};$$

die Summe erstreckt sich über alle positiven und negativen ganzen Zahlen, die Null ausgenommen; aber gerade der in der letzten Summenform hierfür fehlende Summand findet sich vor derselben. Man kann folglich schreiben

$$(5) \qquad \frac{\pi}{\sin x\pi} = \sum_{-\infty}^{+\infty} \frac{(-1)^\varkappa}{x+\varkappa}.$$

Tragen wir dies als Grenzwerth der Summe in (4) ein, so erhalten wir

$$(6) \qquad J = \int_0^\infty \frac{\sin x}{x} dx = \frac{\pi}{2}.$$

Im Anschlusse hieran wollen wir noch eine Formel ableiten, deren wir bald bedürfen. Differentiirt man die erste Formel dieses Paragraphen logarithmisch, so kommt

$$\pi \operatorname{cotg} x\pi = \sum_{-\infty}^{\infty} \frac{1}{x+\varkappa} = \frac{1}{x} - \sum_{1}^{\infty} \frac{2x}{\varkappa^2 - x^2}$$

heraus. Setzt man nun $0 < x < 1$ voraus, so ergiebt dies

$$\pi x < \operatorname{tang} x\pi, \quad \pi x \cos x\pi < \sin x\pi,$$

$$\frac{\pi \cos x\pi}{x} - \frac{\sin x\pi}{x^2} < 0.$$

Die linke Seite der letzten Ungleichung ist die Ableitung von $\frac{\sin x\pi}{x}$; diese Function nimmt also für positive x, die kleiner als 1 sind, mit wachsendem Argumente ab. Da für sehr kleine Werthe von x der Quotient sich der Grenze π nähert, so folgt

$$\left| \frac{\sin x\pi}{x} \right| < \pi$$

für positive x, die kleiner sind als 1. Offenbar gilt aber dieselbe Beziehung auch für grössere x, da ja dann der absolute Werth des Bruches die Einheit nicht überschreiten kann.

§ 3.

Wir kommen jetzt zu einer Verallgemeinerung des bisher betrachteten Integrals, nämlich zu

$$J_1(w) = \int_0^{x'} f(x) \frac{\sin wx\pi}{x} dx \qquad (x' > 0, \; w > 0),$$

welches wir als das Dirichlet'sche Integral bezeichnen wollen. Wir machen folgende Voraussetzungen: x' und w seien grösser als Null, und $f(x)$ sei eindeutig und nehme im Integrationsintervalle entweder niemals ab oder niemals zu. Dann können wir den zweiten Mittelwerthsatz in seiner Form (12) Vorlesung 4 anwenden, da nach dem vorigen Paragraphen das Integral über $\psi(x) = \frac{\sin wx\pi}{x}$ endlich bleibt, und erhalten

$$\begin{aligned} J_1(w) &= f(0) \int_0^{\xi} \frac{\sin wx\pi}{x} dx + f(x') \int_{\xi}^{x'} \frac{\sin wx\pi}{x} dx \\ &= f(0) \int_0^{w\xi} \frac{\sin x\pi}{x} dx \;\; + f(x') \int_{w\xi}^{wx'} \frac{\sin x\pi}{x} dx \,. \end{aligned} \qquad (0 \leq \xi \leq x')$$

Gehen wir nun zu $w = \infty$ und machen dabei die Voraussetzung, dass ξ von Null verschieden bleibt, dann ergeben die Resultate von § 1 und § 2 dieser Vorlesung

$$\lim_{w=\infty} J_1(w) = J_1 = f(0)\int_0^\infty \frac{\sin x\pi}{x}\,dx + f(x')\lim_{w=\infty}\int_{w\xi}^{wx'} \frac{\sin x\pi}{x}\,dx$$

$$(7)\qquad J_1 = \lim_{w=\infty}\int_0^{x'} f(x)\,\frac{\sin wx\pi}{x}\,dx = f(0)\,\frac{\pi}{2}\,.$$

Es fragt sich aber hierbei noch, ob nicht $\xi = 0$ werden könnte; denn bei diesem Werthe würde der vorgenommene Grenzübergang unstatthaft sein. Wenn es möglich wäre, dass $\xi = 0$ ist, dann gäbe der obige Ausdruck für $J_1(w)$

$$\int_0^{x'} f(x)\,\frac{\sin wx\pi}{x}\,dx - f(x')\int_0^{x'}\frac{\sin wx\pi}{x}\,dx = 0\,.$$

Wir hatten über $f(x)$ vorausgesetzt, dass es innerhalb der Integrationsgrenzen entweder niemals ab- oder niemals zunehme. Je nachdem der erste oder der zweite Fall eintritt, setzen wir

$$f(x') - f(x) = g(x) \quad \text{bezw.} \quad f(x) - f(x') = g(x)\,.$$

Dann wird $g(x)$ in unserem Intervalle niemals wachsen und es wird an seiner oberen Grenze den Werth 0 besitzen. Die letzte Gleichung würde dann aussagen, wenn man beide Integrale vereinigt,

$$\int_0^{x'} g(x)\,\frac{\sin wx\pi}{x}\,dx = 0\,.$$

Wenn nun $g(x)$ im ganzen Intervalle nicht beständig gleich Null ist, dann setzen wir $wx = y$ und zerlegen das entstehende Integral in einzelne Theile mit demselben Integranden, deren Grenzen $0, 1, 2, \ldots r, wx'$ sind ($r < wx' \leq r + 1$). Endlich tragen wir für y in das zweite dieser Integrale $z + 1$, in das dritte $z + 2$, ... ein und erhalten dadurch

$$\int_0^{x'} g(x)\,\frac{\sin wx\pi}{x}\,dx = \int_0^{wx'} g\left(\frac{y}{w}\right)\frac{\sin y\pi}{y}\,dy$$

$$= \int_0^1 g\left(\frac{z}{w}\right)\frac{\sin z\pi}{z}\,dz + \int_0^1 g\left(\frac{z+1}{w}\right)\frac{\sin (z+1)\pi}{z+1}\,dz + \cdots$$

$$= \int_0^1 g\left(\frac{z}{w}\right)\frac{\sin z\pi}{z}\,dz - \int_0^1 g\left(\frac{z+1}{w}\right)\frac{\sin z\pi}{z+1}\,dz + \int_0^1 g\left(\frac{z+2}{w}\right)\frac{\sin z\pi}{z+2}\,dz - \cdots$$

In der letzten Form sind alle Integranden positiv, und für ein und dasselbe z ist jeder folgende kleiner als der vorhergehende wegen der über die Function g gemachten Voraussetzung. Man erhält demnach eine

Reihe von abwechselnd positiven und negativen Gliedern abnehmender Grösse; ein solches Aggregat ist nothwendiger Weise von Null verschieden.

Die Annahme $\xi = 0$ kann also nur dadurch verwirklicht werden, dass $g(x)$ im Intervalle beständig Null ist; dann wäre $f(x) = f(x')$ d. h. constant und auch gleich $f(0)$; das Resultat (7) ergäbe sich dabei unmittelbar.

§ 4.

Ueber die Function $f(x)$, welche der Gleichung (7) genügt, haben wir die Voraussetzungen gemacht, dass sie eindeutig sei und im Integrationsintervalle entweder niemals ab- oder niemals zunehme. Es entsteht nun die Frage, ob man den Umfang dieser Bedingungen nicht verringern könne. Es lässt sich leicht zeigen, dass die Annahme ausreicht: „$f(x)$ besitzt im ganzen Intervalle nur eine endliche Anzahl „von Maximis und Minimis"; und dies genügt, um die Anwendbarkeit der Formel bei physikalischen Fragen darzuthun. Aber die Frage nach den geringsten Voraussetzungen ist gleichwohl theoretisch von hohem Interesse. P. du Bois-Reymond, der sich besonders eingehend mit ihr beschäftigt hat, verallgemeinerte den Bereich der Gültigkeit von (7) immer mehr, fand aber schliesslich doch Functionen, auf die der Satz nicht mehr passt. Wir wollen hier nicht bis zur Grenze des Erreichbaren vorgehen, sondern vielmehr die Bedeutung gewisser sehr allgemeiner, hinreichender Bedingungen ans Licht setzen, dann die nothwendigen und hinreichenden Bedingungen angeben und diese endlich geometrisch deuten.

Es ergiebt sich sofort aus (7), dass der Werth des Integrals von der oberen Grenze x' unabhängig ist, so dass

$$\lim_{w=\infty} \int_a^b \frac{f(x)}{x} \sin w x \pi dx = 0 \qquad (0 < a < b)$$

wird. Hier hat der Nenner x keine Daseinsberechtigung mehr; diese bestand nur, so lange die untere Grenze 0 war. Wir können also ohne Weiteres $\varphi(x)$ statt $f(x):x$ einsetzen; dann gilt die Formel

$$(8) \qquad \lim_{w=\infty} \int_a^b \varphi(x) \sin w x \pi dx = 0$$

nach den bisherigen Untersuchungen, so lange $x\varphi(x)$ im Bereiche $(a \ldots b)$ kein Maximum oder Minimum besitzt. Wir wollen allgemeinere Bedingungen für (8) aufzustellen suchen.

Zunächst sei nur vorausgesetzt, dass $\varphi(x)$ im Integrationsgebiet eindeutig und endlich, und zwar $< M$ bleibt; die Frage nach den Maximis oder Minimis berühren wir nicht. Jetzt führen wir zuvörderst in das Integral (8) $w = \frac{1}{\sigma}$ ein

$$\lim_{\sigma=0} \int_a^b \varphi(x) \sin \frac{x\pi}{\sigma}\, dx\,,$$

und substituiren $x = \sigma y$, dann geht es in

$$\lim_{\sigma=0} \sigma \int_{\frac{a}{\sigma}}^{\frac{b}{\sigma}} \varphi(\sigma y) \sin y\pi \cdot dy$$

über. Setzen wir ferner r, s als die grössten ganzen Zahlen voraus, die in $\frac{a}{\sigma}$, $\frac{b}{\sigma}$ enthalten sind, und bezeichnen

$$\frac{a}{\sigma} = r + \delta, \quad \frac{b}{\sigma} = s + \delta' \qquad (0 \leqq \delta,\ \delta' < 1)\,,$$

so bekommen wir

$$\lim_{\sigma=0} \sigma \int_{\frac{a}{\sigma}}^{\frac{b}{\sigma}} \varphi(\sigma y) \sin y\pi \cdot dy$$

$$= \lim_{\sigma=0} \sigma \int_r^s \varphi(\sigma y) \sin y\pi \cdot dy - \lim_{\sigma=0} \sigma \int_r^{r+\delta} \varphi(\sigma y) \sin y\pi \cdot dy$$

$$+ \lim_{\sigma=0} \sigma \int_s^{s+\delta'} \varphi(\sigma y) \sin y\pi \cdot dy\,.$$

Die Integranden wie die Intervalle der beiden letzten Integrale sind endlich, und ihr Werth bleibt unterhalb einer bestimmten Grösse; da zu beiden der Factor σ hinzutritt, so nähern sich die beiden letzten Glieder der Grenze Null, und für unser Integral bleibt zurück

$$\lim_{\sigma=0} \sigma \int_r^s \varphi(\sigma y) \sin y\pi \cdot dy\,.$$

Dies wandeln wir in der schon mehrfach angewendeten Art um:

$$\lim_{\sigma=0}\sum_r^{s-1}\sigma\int_x^{x+1}\varphi(\sigma y)\sin y\pi\cdot dy=\lim_{\sigma=0}\sum_r^{s-1}\sigma\int_0^1(-1)^x\varphi(\sigma y+\sigma x)\sin y\pi\cdot dy$$

$$=\lim_{\sigma=0}\int_0^1\sin y\pi\cdot dy\cdot\sum_r^{s-1}\sigma(-1)^x\varphi(\sigma y+\sigma x)$$

$$=\int_0^1\sin y\pi\cdot dy\cdot\lim_{\sigma=0}\sum_r^{s-1}\sigma(-1)^x\varphi(\sigma y+\sigma x).$$

Wir wollen jetzt weiter voraussetzen, dass $\varphi(x)$ im Integrations-Intervalle bis auf eine endliche Anzahl ν von Stellen gleichmässig stetig ist. Dann können wir, wenn τ eine gegebene, beliebig kleine Grösse bedeutet, eine andere Grösse σ so klein wählen, dass für jedes x mit Ausnahme derjenigen, welche auf eine der ν Stellen führen, stets

$$|\varphi(\sigma y+2x\sigma)-\varphi(\sigma y+(2x+1)\sigma)|<\tau$$

wird. Solcher Summanden hat die Summe unter dem letzten Integralzeichen höchstens $\frac{s-r}{2}=\frac{b-a}{2\sigma}$, wenn man den kleinen Unterschied zwischen $\frac{b}{\sigma}$ und s vernachlässigt. Die ν Stellen ferner liefern einen Beitrag, der nicht grösser als $2M\nu$ sein kann; somit wird die Summe unter dem Integrale

$$\sigma\sum_r^{s-1}(-1)^x\varphi(\sigma y+\sigma x)<\sigma\tau\,\frac{b-a}{2\sigma}+2M\nu\sigma$$

$$<\tau\,\frac{b-a}{2}+2M\nu\sigma,$$

und daher ergiebt sich

$$\lim_{\sigma=0}\sum_r^{s-1}\sigma\int_x^{x+1}\varphi(\sigma y)\sin\pi y\,dy=0.$$

„Es gilt (8), wenn $\varphi(x)$ zwischen a und b endlich bleibt und nur „an einer endlichen Anzahl von Stellen aufhört, gleichmässig stetig „zu sein.“

„Wenn also $f(x)$ im Intervalle $(0\ldots x')$ dieselben Eigenschaften „hat und zudem in der Nähe von 0 auf beliebig kleiner aber endlicher „Strecke entweder nicht ab- oder nicht zunimmt, dann gilt

$$(7)\qquad J_1=\lim_{\kappa=\infty}\int_0^{x'}f(x)\,\frac{\sin\kappa x\pi}{x}\,dx=f(0)\cdot\frac{\pi}{2}.\text{“}$$

Denn wir können dann das Intervall in zwei Theile zerlegen, in deren erstem die früheren engeren Bedingungen gelten, während für den zweiten Theil des Intervalles die Formel (8) eintritt.

Genügt $g(x)$ den eben aufgestellten Bedingungen, dann genügt ihnen auch die Function

$$f(x) = g(x) \frac{x}{\sin x\pi}.$$

Führen wir diese in (7) und in (8) ein, dann entsteht die Dirichlet'sche Form der Integralsätze

$$(7^*) \qquad \lim_{w=\infty} \int_0^{x'} g(x) \frac{\sin w x \pi}{\sin x\pi} dx = \tfrac{1}{2} g(0) \qquad (x' > 0)$$

$$(8) \qquad \lim_{w=\infty} \int_a^{b} g(x) \frac{\sin w x \pi}{\sin x\pi} dx = 0 \qquad (0 < a < b).$$

§ 5.

Wir gehen jetzt auf die Gleichung (7) noch genauer ein.

$f(x)$ möge eine eindeutige, reelle, integrirbare Function von x bedeuten, die ihrem absoluten Werthe nach in dem Intervalle $(0 \ldots X)$ stets unter einer bestimmten Grösse M bleibt und sich für Werthe von x, die bis zur Null abnehmen, einem bestimmten Grenzwerthe $f(0)$ nähert. Setzt man nun

$$f(x) - f(0) = f_0(x),$$

dann geht wegen

$$\lim_{w=\infty} \int_0^{x'} \frac{\sin w x \pi}{x} dx = \lim_{w=\infty} \int_0^{w x'} \frac{\sin y\pi}{y} dy = \frac{\pi}{2}$$

die Formel (7) in

$$\lim_{w=\infty} \int_0^{x'} f_0(x) \frac{\sin w x \pi}{x} dx = 0$$

über.

Es handelt sich nun darum, zu bestimmen, wann der Werth der linken Seite für alle $x' < X$ gleich Null wird. Hier setzen wir $w = \frac{1}{\sigma}$ und tragen σx an Stelle der Integrationsvariablen x in das Integral ein; dadurch erhalten wir für die linke Seite

$$(9) \qquad \lim_{\sigma=0} \int_0^{\frac{x'}{\sigma}} f_0(\sigma x) \frac{\sin x\pi}{x} dx.$$

Da nun auf Grund der Definition von f_0 für irgend eine gegebene, beliebig kleine, positive Grösse τ und für irgend eine gegebene positive Grösse ξ der Werth x_0 so klein angenommen werden kann, dass für alle Werthe von x, die kleiner als x_0 sind,

$$|f_0(x)| < \frac{\tau}{\pi\xi}$$

wird; und da für alle positiven Werthe von x, wie wir in § 2 gezeigt haben,

$$\left|\frac{\sin x\pi}{x}\right| < \pi$$

ist, so wird für alle positiven Werthe von x, die kleiner als ξ sind, und für alle positiven Werthe von σ, die kleiner als $\frac{x_0}{\xi}$ sind,

$$\left| f_0(\sigma x)\frac{\sin x\pi}{x}\right| < \frac{\tau}{\xi},$$

und also der absolute Werth des Integrals

$$(10) \qquad \int_0^{\xi} f_0(\sigma x)\frac{\sin x\pi}{x}\,dx$$

kleiner als τ. Der Grenzwerth dieses Integrals für abnehmende Werthe von σ ist daher Null. Wir suchten nun die Bedingungen dafür, dass (9) den Werth 0 habe; die Frage verwandelt sich durch unser jetziges Resultat, wenn wir von (9) den Werth (10) abziehen, in die, wann

$$(11) \qquad \lim_{\sigma=0}\int_{\xi}^{\frac{x'}{\sigma}} f_0(\sigma x)\frac{\sin x\pi}{x}\,dx = \lim_{\sigma=0}\int_{\xi\sigma}^{x'} f_0(x)\sin\frac{x\pi}{\sigma}\frac{dx}{x} = 0$$

erfüllt ist.

Mittels des Integrals (10) haben wir die untere Grenze von (9) durch einen beliebigen positiven Werth ξ ersetzt; ebenso kann man auch die obere Grenze von (9) ändern.

Denn für irgend welche positiven Werthe von x' und ξ' nähert sich das Integral

$$(12) \qquad \int_{\frac{x'}{\sigma}}^{\frac{x'}{\sigma}+\xi'} f_0(\sigma x)\frac{\sin x\pi}{x}\,dx$$

mit abnehmendem σ dem Werthe Null. Es verwandelt sich dies nämlich, wenn man $x = \frac{x'}{\sigma} + z$ setzt, in

$$\sigma \int_0^{\xi'} f_0(\sigma z + x') \sin\left(z + \frac{x'}{\sigma}\right)\pi \frac{dz}{\sigma z + x'} .$$

Das mit σ multiplicirte Integral ist seinem absoluten Werthe nach kleiner als $\frac{\xi' M_0}{x'}$, sobald σ so gewählt wird, dass $\sigma z + x' < X$ bleibt, und man unter M_0 den Werth $M + |f(0)|$ versteht; das Product wird demnach mit dem Factor σ nach Null gehen.

Addirt man nun (12) zu (11), so entsteht

$$(13) \qquad \lim_{\sigma=0} \int_0^{\frac{x'}{\sigma}} f_0(\sigma x) \sin\frac{x\pi}{x}\, dx = \lim_{\sigma=0} \int_{\xi}^{\frac{x'}{\sigma}+\xi'} f_0(\sigma x) \frac{\sin x\pi}{x}\, dx .$$

„Man kann demnach in dem Integrale (9), ohne den Werth, dem es „sich für $\sigma = 0$ nähert, zu ändern, die Grenzen 0 und $\frac{x'}{\sigma}$ durch die „Grenzen ξ und $\frac{x'}{\sigma} + \xi'$ ersetzen, wo ξ und ξ' willkürlich anzunehmende „positive Grössen bedeuten."

§ 6.

Nachdem wir den Ausdruck, der zu untersuchen ist, umgeformt haben, setzen wir in die Formel (13) für ξ irgend eine ungerade Zahl $2m + 1$ und wählen dann ξ' so, dass $\frac{x'}{\sigma} + \xi'$ der nächsten über dem Werthe von $\frac{x'}{\sigma}$ liegenden geraden Zahl $2n$ gleich wird. Dann lässt sich der Ausdruck auf der rechten Seite von (13) als Grenze einer Summe von Integralen

$$\lim_{\sigma=0} \sum_{2m+1}^{2n-1} \int_h^{h+1} f_0(\sigma x) \sin x\pi \frac{dx}{x}$$

$$= \lim_{\sigma=0} \int_0^1 \sum_{2m+1}^{2n-1} (-1)^h f_0(\sigma x + \sigma h) \sin x\pi \frac{dx}{x+h}$$

darstellen. Nehmen wir davon die Hälfte des ersten und die Hälfte des letzten Gliedes fort, die wegen $\lim_{\sigma=0} f_0(\sigma x + \sigma h) = 0$ beliebig klein gemacht werden können, dann lässt sich der letzte Ausdruck auch folgendermassen schreiben:

$$(14) \qquad \tfrac{1}{2} \lim_{\sigma=0} \int_0^1 \sum_{2m+1}^{2n-1} (-1)^h \left\{ \frac{f_0(\sigma x + \sigma h)}{x+h} - \frac{f_0(\sigma x + \sigma h + \sigma)}{x+h+1} \right\} \sin x\pi\, dx .$$

Das Verschwinden desselben liefert also die nothwendigen und hinreichenden Bedingungen für das Bestehen von (7). Natürlich müssen hieraus alle hinreichenden Kriterien entnommen werden können, und — wie wir schon früher hervorgehoben haben — liegt darin gerade das Wichtige: praktisch brauchbare und dabei umfassende hinreichende Bedingungen aufzustellen. Wir begnügen uns nach dieser Seite aber hier mit dem in § 4 Gegebenen und wollen jetzt nur noch die geometrische Deutung unserer letzten Bedingung darlegen.

Setzt man voraus, — was freilich als Voraussetzung ziemlich viel sagen will, — dass die Gleichung $y = \frac{f_0(x)}{x}$ in rechtwinkligen Coordinaten x, y eine Curve $\mathfrak{C}$ repräsentirt, so kann man dazu für jeden bestimmten Werth von σ eine zweite Curve $\mathfrak{C}_\sigma$ construiren, welche durch die Gleichung

$$y = \frac{f_0(x)}{x} + \left(\frac{f_0(x)}{x} - \frac{f_0(x+\sigma)}{x+\sigma}\right) \sin \frac{x\pi}{\sigma}$$

für die Werthe von $x = (2m+1)\sigma$ bis $x = 2n\sigma$ dargestellt wird. Jede solche Curve $\mathfrak{C}_\sigma$, deren Ordinaten für einen zwischen σh und $\sigma(h+1)$ gelegenen Abscissenwerth $\sigma x + \sigma h$ auch durch

$$\frac{f_0(\sigma x + \sigma h)}{\sigma x + \sigma h} + (-1)^h \left(\frac{f_0(\sigma x + \sigma h)}{\sigma x + \sigma h} - \frac{f_0(\sigma x + \sigma h + \sigma)}{\sigma x + \sigma h + \sigma}\right) \sin x\pi$$

$$(0 < x \leqq 1)$$

dargestellt werden, schneidet die ursprüngliche Curve $\mathfrak{C}$ in den Punkten, deren Abscissen ganze Vielfache von σ sind. Denkt man sich in diesen Schnittpunkten die Curve $\mathfrak{C}_\sigma$ abwechselnd über und unter der Curve $\mathfrak{C}$ verlaufend, so „umschlingt" sie die Curve $\mathfrak{C}$ desto enger, je kleiner σ wird. Drückt man den von den beiden Curven $\mathfrak{C}$ und $\mathfrak{C}_\sigma$ umschlossenen, in üblicher Weise positiv oder negativ zu rechnenden Flächenraum durch ein Integral aus, so entsteht das Doppelte von (14). Die Bedeutung des Verschwindens von (14) mit abnehmenden σ lässt sich also dahin formuliren: „Es soll die Umschlingung der Curve $\mathfrak{C}_\sigma$ um „die Curve $\mathfrak{C}$ mit abnehmenden σ eine immer engere werden, und zwar „in der Weise, dass dabei der Gesammt-Zwischenraum beliebig verkleinert wird."

Die Untersuchungen über die aus (14) zu ziehenden hinreichenden Bedingungen haben wir in dem Aufsatze: „Ueber das Dirichlet'sche Integral" (Monatsber. d. Berl. Akad. d. W. 1885 (9. Juli) S. 641—665) genauer dargelegt.

§ 7.

Wir wollen jetzt das Dirichlet'sche Integral nach der Richtung hin verallgemeinern, dass wir an die Stelle des Sinus eine allgemeinere

Function einführen, welche mit dem Sinus die Eigenschaft gemein hat, dass sich in jedem Intervalle von einer bestimmten endlichen Grösse mindestens zwei Argumentwerthe befinden, für welche die Function ihr Zeichen wechselt. Mit dieser Verallgemeinerung beschäftigte sich P. du Bois-Reymond in der Arbeit: „Ueber die allgemeinen Eigenschaften der Klasse von Doppelintegralen, zu welcher das Fourier'sche Doppelintegral gehört" (Journ. f. d. r. u. a. M. LIX, S. 65—108; 1868): aber schon vor ihm hat der berühmte Mathematiker W. R. Hamilton, ganz in die Tiefen seines eigenen Geistes versenkt, die Dirichlet'schen Sätze in dieser Allgemeinheit aufgestellt. Die betreffende Arbeit, die wie es scheint, bisher gar nicht beachtet ist, befindet sich in Band XIX S. 264 ff. der irischen Akademie (1843). Vermuthlich hat er den 1829 erschienenen Dirichlet'schen Aufsatz gar nicht gekannt. Seine Arbeiten, welche etwas schwer zu lesen sind, weil er ganz und gar seine eigenen Methoden hat, sind erst zum Theil gehörig ans Licht gezogen; so sein „System of rays" aus den Transactions of the R. Irish Acad. Bd. XVI durch Herrn Kummer's Untersuchungen über die Strahlensysteme, und das sogenannte Hamilton'sche Princip durch Jacobi.

Wir wollen uns im Folgenden an die Hamilton'sche Arbeit anlehnen, jedoch die von uns benutzten Methoden auch hier beibehalten. Hamilton nennt Functionen mit der oben präcisirten Eigenschaft fluctuating functions. Wir wollen solche fluctuirenden Functionen mit $fl(x)$ bezeichnen.

$\varphi(x)$ sei eine Function, welche die Bedingungen der Endlichkeit und der gleichmässigen Stetigkeit erfüllt. Es soll dann festgestellt werden, welches die nothwendigen Eigenschaften von $fl(x)$ sind, denen zufolge

$$\lim_{w=\infty}\int_a^b \varphi(x) fl(wx)\,dx = 0 \tag{15}$$

wird. Setzen wir wieder $w = \frac{1}{\sigma}$, $\frac{x}{\sigma} = y$, dann geht die linke Seite von (15) in

$$\lim_{\sigma=0}\sigma\int_{\frac{a}{\sigma}}^{\frac{b}{\sigma}} \varphi(\sigma y) fl(y)\,dy = \lim_{\sigma=0}\sigma\sum_r^{s-1}\left\{\int_{y_{2\varkappa}}^{y_{2\varkappa+1}} \varphi(\sigma y) fl(y)\,dy + \int_{y_{2\varkappa+1}}^{y_{2\varkappa+2}} \varphi(\sigma y) fl(y)\,dy\right\}$$

über; hierin sollen mit $y_{2\varkappa}$, $y_{2\varkappa+1}$, ... diejenigen Argumentwerthe bezeichnet werden, für die $fl(y)$ sein Zeichen wechselt; y_{2r} ist derjenige, welcher nächst grösser als $\frac{a}{\sigma}$ ist, y_{2s} derjenige, welcher nächst kleiner als $\frac{b}{\sigma}$ ist. Dass dabei am Anfang und am Ende je ein Stückchen weggelassen wird, macht wegen des Factors σ nichts aus. Durch diese Zerlegung hat man es erreicht, dass unter jedem einzelnen Integralzeichen $fl(y)$ sein Zeichen nicht ändert, dass aber beim Uebergang von einem jeden zum folgenden eine Zeichenänderung eintritt. Auf jeden der beiden Theile der Klammer kann man den ersten Mittelwerthsatz anwenden:

$$\lim_{\sigma=0} \sigma \sum_{r}^{s-1} \Big\{ \varphi(\sigma\delta_{2\varkappa} y_{2\varkappa} + \sigma\delta_{2\varkappa+1} y_{2\varkappa+1}) \int_{y_{2\varkappa}}^{y_{2\varkappa+1}} fl(y)dy \qquad (\delta_{2\varkappa} + \delta_{2\varkappa+1} = 1)$$

$$+ \varphi(\sigma\delta'_{2\varkappa+1} y_{2\varkappa+1} + \sigma\delta'_{2\varkappa+2} y_{2\varkappa+2} \int_{y_{2\varkappa+1}}^{y_{2\varkappa+2}} fl(y)dy \Big\} \qquad (\delta'_{2\varkappa+1} + \delta'_{2\varkappa+2} = 1)$$

$$= \lim_{\sigma=0} \sigma \sum_{r}^{s-1} \Big\{ \Delta\Phi \int_{y_{2\varkappa}}^{y_{2\varkappa+1}} fl(y)dy + \varphi(\sigma\delta'_{2\varkappa+1} y_{2\varkappa+1} + \sigma\delta'_{2\varkappa+2} y_{2\varkappa+2} \int_{y_{2\varkappa}}^{y_{2\varkappa+2}} fl(y)dy \Big\},$$

wobei $\Delta\Phi$ den Ausdruck

$$\varphi(\sigma\delta_{2\varkappa} y_{2\varkappa} + \sigma\delta_{2\varkappa+1} y_{2\varkappa+1}) - \varphi(\sigma\delta'_{2\varkappa+1} y_{2\varkappa+1} + \sigma\delta'_{2\varkappa+2} y_{2\varkappa+2})$$

bedeutet.

Aus der Annahme der gleichmässigen Stetigkeit von $\varphi(y)$ folgt, dass die Differenz, welche mit $\Delta\Phi$ bezeichnet ist, durch geeignete Wahl von σ kleiner als eine vorgeschriebene Grösse τ gemacht werden kann, wie auch $\varkappa$ angenommen wird. Setzen wir voraus, dass $|fl(y)| < c$ ist, wobei c eine endliche Grösse bedeutet, dann wird der erste Theil der Summe kleiner als

$$\sigma \cdot \tau \cdot c \left[\frac{b}{\sigma} - \frac{a}{\sigma}\right] = \tau c\,(b - a),$$

also beliebig klein. Danach bleibt als nothwendige Bedingung für das Bestehen von (15) noch zurück:

$$\lim_{\sigma=0} \sum_{r}^{s-1} \varphi(\sigma\delta'_{2\varkappa+1} y_{2\varkappa+1} + \sigma\delta'_{2\varkappa+2} y_{2\varkappa+2}) \sigma \int_{y_{2\varkappa}}^{y_{2\varkappa+2}} fl(y)dy = 0,$$

oder, weil φ endlich bleibt,

$$(16) \qquad \lim_{\sigma=0} \sum_{r}^{s-1} \int_{y_{2\varkappa}}^{y_{2\varkappa+2}} \sigma fl(y)dy = \lim_{\sigma=0} \sigma \int_{\frac{a}{\sigma}}^{\frac{b}{\sigma}} fl(y)dy = 0.$$

Diese Bedingung wird von der Sinusfunction erfüllt, da

$$\int_{y_{2\varkappa}}^{y_{2\varkappa+1}} \sin y\,dy = -\int_{y_{2\varkappa+1}}^{y_{2\varkappa+2}} \sin y\,dy \qquad (y_\mu = \mu\pi)$$

ist. Aber (16) ist viel weiter greifend; es reicht z. B. für die Richtigkeit von (15) schon aus, wenn das Integral von keiner höheren Ordnung unendlich gross wird als $\frac{1}{\sqrt{\sigma}}$.

§ 8.

Ist die Bedingung (16) erfüllt, so wissen wir, dass

$$\lim_{\sigma=0}\int_a^b \varphi(x) fl\left(\frac{x}{\sigma}\right) dx = 0$$

ist. Für $\varphi(x) = 1$ liefert dies

$$\lim_{\sigma=0}\int_a^b fl\left(\frac{x}{\sigma}\right) dx = 0 .$$

Hieraus folgt dann sofort wieder die Gleichung

$$(17) \qquad \lim_{\sigma=0}\int_0^{\mathfrak{p}} \varphi(x) fl\left(\frac{x}{\sigma}\right) dx = \lim_{\delta=0}\varphi(\delta)\cdot\lim_{\sigma=0}\int_0^{\mathfrak{p}} fl\left(\frac{x}{\sigma}\right) dx,$$

wobei $\mathfrak{p}$ eine beliebige positive Grösse und $\varphi(x)$ eine im Intervalle $(0\ldots\mathfrak{p})$ entweder nur steigende oder nur abnehmende Function bezeichnet, sobald angenommen wird, dass für alle p

$$\lim_{\sigma=0}\int_0^p fl\left(\frac{x}{\sigma}\right) dx \qquad (0 < p \leqq \mathfrak{p})$$

zwischen bestimmten endlichen Grenzen liegt. Denn dann darf man auf die linke Seite von (17) den zweiten Mittelwerthsatz in der Form Vorles. 4 § 4 (11) anwenden; durch ihn erhalten wir

$$\int_0^{\mathfrak{p}} \varphi(x) fl\left(\frac{x}{\sigma}\right) dx = \lim_{\delta=0}\varphi(\delta)\int_0^{\mathfrak{p}_0} fl\left(\frac{x}{\sigma}\right) dx \qquad (0 \leqq \mathfrak{p}_0 \leqq \mathfrak{p});$$

und da, wie wir eben sahen,

$$0 = \lim_{\delta=0}\varphi(\delta)\int_{\mathfrak{p}_0}^{\mathfrak{p}} fl\left(\frac{x}{\sigma}\right) dx$$

ist, so folgt hieraus (17) durch Addition der beiden letzten Gleichungen.

Unsere Erörterungen über die nothwendigen Bedingungen lassen sich gleichfalls auf die allgemeinen fluctuirenden Functionen übertragen.

§ 9.

Die Dirichlet'schen Sätze wenden wir jetzt auf das Integral

$$\lim_{w=\infty} \int_{-b'}^{+b} F(x+u) \frac{\sin wx\pi}{x} dx \qquad (b, b' > 0)$$

an. Wir zerlegen es in zwei Theilintegrale, von $-b'$ bis 0 und von 0 bis $+b$ und tragen im ersten von beiden die Variable $-x$ statt x ein; dadurch resultirt

$$\lim_{w=\infty} \int_0^{b'} F(u-x) \frac{\sin wx\pi}{x} dx + \lim_{w=\infty} \int_0^{b} F(u+x) \frac{\sin wx\pi}{x} dx .$$

Setzen wir also von $F(u+x)$ voraus, dass es in dem Intervalle $(-b' \ldots b)$ bis auf eine endliche Anzahl von Stellen gleichmässig stetig, eindeutig und endlich sei, und dass bei einem bestimmten u für hinreichend kleine, positive, beständig abnehmende δ, δ' die Werthereihen

$$F(u-\delta'), \quad F(u+\delta) \qquad (\lim \delta, \delta' = 0)$$

kein Maximum und kein Minimum aufweisen, dann sind alle Bedingungen für das Bestehen des Dirichlet'schen Integrals erfüllt, und man erhält für einen solchen Werth von u

$$(18) \quad \lim_{w=\infty} \int_{-b'}^{+b} F(x+u) \frac{\sin wx\pi}{x} dx = \frac{\pi}{2} [\lim_{\delta=0} F(u+\delta) + \lim_{\delta'=0} F(u-\delta')] .$$

Diese Gleichung gilt deshalb für jeden Punkt u von den festgesetzten Eigenschaften und auch für jeden Werth u innerhalb eines Bereiches $(c_0 \ldots c')$, für welches $F(u)$ in jedem Punkte die angegebenen Eigenschaften besitzt; natürlich muss die Function für den Bereich

$$(-b' + u \ldots + b + u)$$

eindeutig, endlich und bis auf einzelne Punkte gleichmässig stetig sein.

Setzen wir jetzt $x + u = v$, so geht (18) in

$$\lim_{w=\infty} \int_{-b'+u}^{b+u} F(v) \frac{\sin w(v-u)\pi}{v-u} dv = \frac{\pi}{2} [\lim_{\delta=0} F(u+\delta) + \lim_{\delta'=0} F(u-\delta')] \cdot$$

über. Hier sind die Grenzen des Integrals so beschaffen, dass u zwischen ihnen liegt, da $-b' + u < u < b + u$ ist; im Uebrigen sind sie beliebig. Wir können also auch schreiben

$$(18^*) \quad \lim_{w=\infty} \int_{a_0}^{a'} F(v) \frac{\sin w(v-u)\pi}{v-u} dv = \frac{\pi}{2} [\lim_{\delta=0} F(u+\delta) + \lim_{\delta'=0} F(u-\delta')],$$

$$(a_0 < u < a')$$

wobei a_0 nicht negativ zu sein braucht.

Jedenfalls findet sich u zwischen den Grenzen $-\infty$ und $+\infty$; folglich gilt auch

$$(19)\quad \lim_{w=\infty} \int_{-\infty}^{+\infty} F(v) \frac{\sin w(v-u)\pi}{v-u} dv = \frac{\pi}{2} [\lim_{\delta=0} F(u+\delta) + \lim_{\delta'=0} F(u-\delta')],$$

„wenn $F(v)$ beständig endlich, eindeutig und bis auf eine endliche Anzahl „von Stellen gleichmässig stetig ist, für jeden Werth u, für den sich „angeben lässt, ob die Function für ihn steigt oder fällt". Ist $F(u)$ für einen solchen Werth stetig, dann nimmt (19) die einfachere Gestalt

$$(20)\quad \lim_{w=\infty} \int_{-\infty}^{+\infty} F(v) \frac{\sin w(v-u)\pi}{v-u} dv = \pi \cdot F(u)$$

an.

Hinsichtlich der Bezeichnung sei erwähnt, dass Dirichlet und Riemann manchmal kürzer

$$\begin{aligned} &F(u+0) \quad \text{statt} \quad \lim_{\delta=0} F(u+\delta), \\ &F(u-0) \quad \text{„} \quad \lim_{\delta'=0} F(u-\delta') \end{aligned} \qquad (\delta,\ \delta' > 0)$$

schreiben. Wir wollen aber von dieser Schreibart keinen Gebrauch machen, weil dadurch demselben Zeichen, der Null, zwei verschiedene Bedeutungen gegeben würden, die der „vollendeten" Null, wie sonst, und die der „erst werdenden", wie jetzt hier. Wir haben ferner verschiedene δ gewählt, um nicht unnöthiger Weise die Vorstellung zu erwecken, als ob die Annäherung an u von grösseren wie von kleineren Werthen her in derselben Art vor sich gehen müsse.

Weil nun

$$\frac{\pi}{2} \int_{-w}^{+w} \cos(v-u) z\pi \cdot dz = \frac{\sin w(v-u)\pi}{v-u}$$

ist, so gestaltet sich (19) in

$$(21)\quad \int_{-\infty}^{+\infty} F(v) dv \int_{-\infty}^{+\infty} \cos(v-u) z\pi \cdot dz = \lim_{\delta=0} F(u+\delta) + \lim_{\delta'=0} F(u-\delta')$$

um. Dies ist das Fourier'sche Doppelintegral. In ihm bedeutet $F(v)$ eine endliche, eindeutige, bis auf eine endliche Anzahl von Stellen gleichmässig stetige Function; und (21) gilt für jeden Werth u, für welchen angegeben werden kann, ob die Function bei wachsendem und bei abnehmendem Argumente steigt, oder ob sie fällt.

Dieses sogenannte Fourier'sche Doppelintegral hat bei seiner Entdeckung einen ungeheuren Eindruck auf die mathematische Welt gemacht.

Zum ersten Male wurde gezeigt, wie sich eine nahezu beliebige Function, die nur den erwähnten Bedingungen zu genügen braucht, in mathematische Formen fügt. Die Formel (21) behält auch, wie P. du Bois-Reymond in seiner erwähnten Arbeit zeigt, für beliebige fluctuirende Functionen, die an die Stelle des Cosinus gesetzt werden, ihre Gültigkeit.

Bei (21) wie bei dem Dirichlet'schen Integrale ist es interessant, dass der Werth des Integrals durch den Functionalwerth $F(u)$ einer einzigen Stelle festgelegt wird; der Inhalt des Integrals ist gewissermassen in der Umgebung eines einzigen Punktes concentrirt.

Unsere Betrachtungen weisen das Fourier'sche Doppelintegral als Corollar des Dirichlet'schen Integrals nach. Diesen innigen Zusammenhang hat wohl P. du Bois-Reymond zuerst erkannt.

Die Bedeutung von (21) liegt darin, dass das Argument u nicht mehr unter dem Functionalzeichen, sondern nur unter dem Cosinuszeichen vorkommt; dadurch werden viele Schwierigkeiten gehoben, die sich sonst bei der Behandlung von Aufgaben namentlich aus der Wärmetheorie einstellen. Dazu hat Fourier das Integral auch verwendet und eine Reihe von Problemen erst dadurch lösbar gemacht.

§ 10.

Wir hatten die Formel aufgestellt:

$$(18^*)\quad \lim_{\varkappa=\infty}\int_{a_0}^{a'} F(v)\frac{\sin\varkappa(v-u)\pi}{v-u}\,dv = \frac{\pi}{2}\,[\lim_{\delta=0} F(u+\delta)+\lim_{\delta'=0} F(u-\delta')]$$

$$(a_0 < u < a');$$

hieran knüpft sich die Frage nach dem Werthe der linken Seite von (18*) unter der Voraussetzung, dass u ausserhalb des Gebietes $(a_0 \ldots a')$ liegt. Gesetzt u läge oberhalb a', und es wäre a'' grösser als u gewählt, so dass man $a' < u < a''$ hätte, dann würde aus (18*)

$$\lim_{\varkappa=\infty}\int_{a'}^{a''} F(v)\frac{\sin\varkappa(v-u)\pi}{v-u}\,dv = \frac{\pi}{2}\,[\lim_{\delta=0} F(u+\delta)+\lim_{\delta'=0} F(u-\delta')].$$

$$\lim_{\varkappa=\infty}\int_{a_0}^{a''} F(v)\frac{\sin\varkappa\pi(v-u)}{v-u}\,dv = \frac{\pi}{2}\,[\lim_{\delta=0} F(u+\delta)+\lim_{\delta'=0} F(u-\delta')]$$

folgen, und wenn man die erste Gleichung von der zweiten subtrahirt:

$$(18^{**})\quad \lim_{\varkappa=\infty}\int_{a_0}^{a'} F(v)\frac{\sin\varkappa\pi(v-u)}{v-u}\,dv = 0\quad \begin{pmatrix}a_0 < a' < u\\ u < a_0 < a'\end{pmatrix}.$$

Wir haben die Gültigkeit von (18**) eigentlich nur unter der Annahme

$a_0 < a' < u$ bewiesen; offenbar können wir aber die zweite Möglichkeit $u < a_0 < a'$ in derselben Art behandeln. (18**) ist die Ergänzungsformel zu (18*). Wir könnten sie auch direct beweisen, doch übergehen wir dies hier. Natürlich müssen die über $F(u)$ gemachten Voraussetzungen auch in dem erweiterten Gebiete gelten.

§ 11.

Das Fourier'sche Doppelintegral lässt sich in einer sehr merkwürdigen Form darstellen, die von Cauchy gefunden worden ist.

Es ist nach Vorlesung 1, § 10, V)

$$\int_{-\infty}^{+\infty} \sin(v-u)z\pi \cdot dz = 0,$$

und also auch

$$\int_{-\infty}^{+\infty} F(v)dv \int_{-\infty}^{+\infty} i \cdot \sin(v-u)z\pi \cdot dz = 0.$$

Addirt man diese Gleichung zu (21) und setzt $F(u)$ als bei u stetig voraus, so entsteht

$$\int_{-\infty}^{+\infty} F(v)dv \int_{-\infty}^{+\infty} e^{(v-u)z\pi i} dz = 2F(u).$$

Für z wollen wir $2z$ einsetzen, die Exponentialfunction zerlegen und die Integrationsordnung verändern:

$$\int_{-\infty}^{\infty} e^{-2uz\pi i} dz \int_{-\infty}^{\infty} F(v)e^{2vz\pi i} dv = F(u).$$

Das innere Integral, welches eine Function von z ist, bezeichnen wir mit $G(z)$; schreiben wir dann y statt z und x statt u, dann erhalten wir das bemerkenswerthe Gleichungssystem

$$(22) \qquad \begin{aligned} \int_{-\infty}^{\infty} F(x)e^{+2xy\pi i} dx &= G(y), \\ \int_{-\infty}^{\infty} G(y)e^{-2xy\pi i} dy &= F(x). \end{aligned}$$

Die Reciprocität, welche zwischen $F(x)$ und $G(x)$ besteht, wird vollständig, wenn man unter $F(x)$ eine gerade Function versteht. Denn in diesem Falle gehen die Formeln (22) wieder unter Berücksichtigung von Vorlesung 1, § 10, V) in

$$(23)\qquad \begin{aligned} 2\int_0^\infty F(x)\cos 2xy\pi\cdot dx &= G(y)\,,\\ 2\int_0^\infty G(y)\cos 2xy\pi\cdot dy &= F(x) \end{aligned}$$

über.

Wir brauchen übrigens zum Zweck dieser Beweise das Gebiet der reellen Grössen nicht zu verlassen. Der Glaube an die Unwirksamkeit des Imaginären trügt auch hier wie anderweitig gute Früchte. Wir führen in (21) $2z$ statt z ein:

$$\int_{-\infty}^{\infty} F(v)dv\int_{-\infty}^{\infty}\cos 2(v-u)z\pi\, dz = F(u)\,,$$

und schreiben hierin einmal $-v$ für v und dann zweitens $-u$ für u; dadurch entsteht

$$\int_{-\infty}^{\infty} F(-v)dv\int_{-\infty}^{\infty}\cos 2(v+u)z\pi\cdot dz = F(u)\,,$$

$$\int_{-\infty}^{\infty} F(v)dv\quad\int_{-\infty}^{\infty}\cos 2(v+u)z\pi\cdot dz = F(-u)\,.$$

Verbindet man diese beiden Gleichungen durch Addition und durch Subtraction und setzt

$$\tfrac{1}{2}(F(x)+F(-x)) = F_0(x)\,,$$
$$\tfrac{1}{2}(F(x)-F(-x)) = F_1(x)\,,$$

wobei F_0 eine gerade und F_1 eine ungerade Function wird, so entsteht

$$\int_{-\infty}^{\infty} F_0(v)dv\int_{-\infty}^{\infty}\cos 2(v+u)z\pi\cdot dz = F_0(u)\,,$$

$$\int_{-\infty}^{\infty} F_1(v)dv\int_{-\infty}^{\infty}\cos 2(v+u)z\pi\cdot dz = -F_1(u)\,.$$

Hierin entwickelt man den Cosinus, vertauscht die Integrationsordnung und berücksichtigt Vorlesung 1, § 10, V; dann kommt

$$\int_{-\infty}^{\infty}\cos 2uz\pi\cdot dz\int_{-\infty}^{\infty} F_0(v)\cos 2vz\pi\cdot dv = F_0(u)\,,$$

$$\int_{-\infty}^{\infty}\sin 2uz\pi\cdot dz\int_{-\infty}^{\infty} F_1(v)\sin 2vz\pi\cdot dv = F_1(u)$$

heraus. Dieses Resultat ergiebt die folgenden beiden Gleichungs-Systeme:

$$\int_{-\infty}^{\infty} F_0(x)\cos 2xy\pi \cdot dx = G_0(y) \qquad \int_{-\infty}^{\infty} F_1(x)\sin 2xy\pi \cdot dx = G_1(y),$$

$$\int_{-\infty}^{\infty} G_0(y)\cos 2xy\pi \cdot dy = F_0(x) \qquad \int_{-\infty}^{\infty} G_1(y)\sin 2xy\pi \cdot dy = F_1(x),$$

oder in ein System zusammengefasst, die reciproke Beziehung

$$(24)\qquad \begin{aligned} \int_{-\infty}^{\infty} F_\alpha(x)\cos(2xy - \tfrac{1}{2}\alpha)\pi \cdot dx &= G_\alpha(y) \\ \int_{-\infty}^{\infty} G_\alpha(y)\cos(2xy - \tfrac{1}{2}\alpha)\pi \cdot dy &= F_\alpha(x). \end{aligned} \qquad (\alpha = 0, 1)$$

§ 12.

Das jetzt zu behandelnde, sogenannte Poisson'sche Integral unterscheidet sich von dem Dirichlet'schen Integrale wesentlich nur durch die verschiedene Folge zweier Grenzübergänge.

Setzen wir in (7*) $2n + 1$ für w ein, wobei wir unter n eine ganze positive Zahl verstehen, und nehmen ferner statt x die Variable v, so können wir schreiben

$$\begin{aligned} \tfrac{1}{2}\lim_{\delta=0} f(\delta) &= \lim_{n=\infty} \sum_{-n}^{+n} \int_0^{\delta'} f(v)\cos 2\varkappa v\pi \cdot dv \\ &= \lim_{n=\infty}\lim_{r=1} \sum_{-n}^{n} \int_0^{\delta'} f(v) r^{|\varkappa|}\cos 2\varkappa v\pi \cdot dv\,; \end{aligned} \qquad (\delta' > 0)^*$$

denn die endliche, von $-n$ bis $+n$ erstreckte Summe wird durch den hinzugefügten Factor, der bei jedem Summanden den Werth 1 annimmt, nicht geändert. Nun ist aber

$$\sum_1^{\infty} r^\varkappa e^{\varkappa v i} = \frac{re^{vi}}{1 - re^{vi}} = \frac{r\cos v - r^2}{1 - 2r\cos v + r^2} + i\,\frac{r\sin v}{1 - 2r\cos v + r^2},$$

also

$$1 + 2\sum_1^{\infty} r^\varkappa \cos 2\varkappa v\pi = \frac{1 - r^2}{1 - 2r\cos 2v\pi + r^2},$$

und demnach liefert die Dirichlet'sche Reihe für

$$\lim_{n=\infty}\lim_{r=1}\sum_{-n}^{+n}\int_0^{\delta'} f(v)r^{|\varkappa|}\cos 2\varkappa v\pi\cdot dv$$

$$=\lim_{r=1}\lim_{n=\infty}\sum_{-n}^{+n}\int_0^{\delta'} f(v)r^{|\varkappa|}\cos 2\varkappa v\pi\cdot dv$$

$$=\lim_{r=1}\int_0^{\delta'} f(v)\frac{1-r^2}{1-2r\cos 2v\pi+r^2}\,dv$$

den Werth

$$\tfrac{1}{2}\lim_{\delta=0} f(\delta),$$

„wenn es erlaubt ist, die Folge der Grenzübergänge $n=\infty$ und „$r=1$ zu vertauschen". Das Integral

$$\lim_{r=1}\int_0^{\delta'} f(v)\frac{1-r^2}{1-2r\cos 2v\pi+r^2}\,dv$$

ist das Poisson'sche. Ob es aber den angegebenen Werth hat, muss noch dahingestellt bleiben; denn die vorgenommene Vertauschung ist bisher nicht gerechtfertigt.

Wir gehen behufs der Auswerthung des Poisson'schen Integrals folgendermassen vor:

Es ist identisch

$$\frac{1-r^2}{1-2r\cos 2v\pi+r^2}=\frac{1-r^2}{(1-r\cos 2v\pi)^2+r^2\sin^2 2v\pi},$$

und daraus ersieht man, dass dieser Ausdruck für constantes r und veränderliches v sein Zeichen nicht ändert. Demnach kann man auf das Poisson'sche Integral den ersten Mittelwerthsatz anwenden; das liefert uns

$$\lim_{r=1}\int_0^{\delta'} f(v)\frac{1-r^2}{1-2r\cos 2v\pi+r^2}\,dv=\lim_{r=1} f(\varepsilon)\int_0^{\delta'}\frac{1-r^2}{1-2r\cos 2v\pi+r^2}\,dv.$$

Durch Differentiation erkennt man die Richtigkeit der Gleichung

$$\int_\alpha^\beta \frac{1-r^2}{1-2r\cos 2v\pi+r^2}\,dv=\left(\frac{1}{\pi}\operatorname{arc\,tang}\left(\frac{1+r}{1-r}\operatorname{tang} v\pi\right)\right)_\alpha^\beta,$$

und so wird

$$\lim_{r=1}\int_0^{\delta'} f(v)\frac{1-r^2}{1-2r\cos 2v\pi+r^2}\,dv=\lim_{r=1} f(\varepsilon)\frac{1}{\pi}\operatorname{arc\,tang}\left(\frac{1+r}{1-r}\operatorname{tang}\delta'\pi\right)$$

$$=\tfrac{1}{2}f(\varepsilon)\qquad(0\leq\varepsilon<\delta').$$

Die Anwendung des Mittelwerthsatzes fordert dabei die Voraussetzung, dass $f(v)$ im Intervalle $(0\ldots\delta')$ endlich bleibt. Setzen wir in der letzten Gleichung $f(v)=1$, so folgt, wie auch aus der vorletzten,

$$\lim_{r=1}\int_0^{\delta'}\frac{1-r^2}{1-2r\cos 2v\pi+r^2}\,dv=\tfrac{1}{2};$$

das Integral ist demnach von δ' unabhängig, und es wird folglich

$$\lim_{r=1}\int_{\delta_0}^{\delta'}\frac{1-r^2}{1-2r\cos 2v\pi+r^2}\,dv=0 \qquad (0<\delta_0<\delta');$$

$$\lim_{r=1}\int_{\delta_0}^{\delta'}f(v)\frac{1-r^2}{1-2r\cos 2v\pi+r^2}\,dv=\lim_{r=1}f(\eta)\int_{\delta_0}^{\delta'}\frac{(1-r^2)dv}{1-2r\cos 2v\pi+r^2}=0$$
$$(\delta_0\leq\eta\leq\delta');$$

$$\lim_{r=1}\int_0^{\delta'}f(v)\frac{1-r^2}{1-2r\cos 2v\pi+r^2}\,dv$$
$$=\lim_{r=1}\int_0^{\delta_0}f(v)\frac{1-r^2}{1-2r\cos 2v\pi+r^2}\,dv+\lim_{r=1}\int_{\delta_0}^{\delta'}f(v)\frac{1-r^2}{1-2r\cos 2v\pi+r^2}\,dv$$
$$=\tfrac{1}{2}f(\varepsilon) \qquad (0\leq\varepsilon\leq\delta_0).$$

Lässt man jetzt bei unverändertem δ' den Werth δ_0 nach Null gehen, dann resultirt der Werth des Poisson'schen Integrals

$$(25)\qquad \lim_{r=1}\int_0^{\delta'}f(v)\frac{1-r^2}{1-2r\cos 2v\pi+r^2}\,dv=\tfrac{1}{2}\lim_{\varepsilon=0}f(\varepsilon),$$

und dies stimmt mit dem oben erhaltenen Werthe überein. Ueber $f(v)$ ist hier nicht so viel vorausgesetzt, wie beim Dirichlet'schen Integrale. Denn während dieses fordert, dass $f(v)$ in der Nähe von $v=0$ nicht unendlich viele Maxima und Minima hat, und ausserdem, dass $f(\delta)$ mit abnehmendem δ sich einem bestimmten Werthe nähert, genügt bei dem Poisson'schen Integrale die letzte Bedingung. Im Uebrigen reicht es auch hier aus, wenn $f(v)$ in dem Integrationsintervalle endlich und bis auf eine endliche Anzahl von Stellen gleichmässig stetig ist.

Die Formel (25) kann man auch folgendermassen schreiben:

$$(26)\qquad \begin{aligned}\lim_{r=1}\sum_0^\infty r^\varkappa c_\varkappa&=\lim_{\varepsilon=0}\tfrac{1}{2}f(\varepsilon),\\ \sum_0^\infty c_\varkappa&=\lim_{\varepsilon=0}\tfrac{1}{2}f(\varepsilon).\end{aligned}\qquad \left(c_\varkappa=\int_0^{\delta'}f(v)\cos 2\varkappa v\pi\cdot dv\right)$$

§ 13.

Die Vertauschbarkeit der Grenzübergänge können wir aber auch direct beweisen und damit die aus (26) hervorgehende Formel

$$\lim_{r=1} \sum_0^\infty r^x c_x = \sum_0^\infty c_x$$

ableiten. Wir gehen von der schon früher bei den Mittelwerthsätzen benutzten Abel'schen Identität (S. 58)

$$a_0 b_0 + \sum_1^n a_{x-1}(b_x - b_{x-1}) = \sum_1^n (a_{x-1} - a_x) b_x + a_n b_n$$

aus und nehmen wie dort an, dass

$$a_{x-1} \geq a_x\,,$$
$$M_0 \leq b_x \leq M$$

sei, wobei M_0 und M endliche, feste Grössen bedeuten. Nun verstehen wir unter

$$\alpha_0 + \alpha_1 + \alpha_2 + \cdots \quad \text{(in inf.)}$$

eine convergente Reihe. Dann ist die Bedingung, welche wir den b_x auferlegt haben, erfüllt, wenn

$$b_x = -(\alpha_x + \alpha_{x+1} + \cdots)$$

angenommen wird. Dabei folgt zugleich

$$-b_{x-1} + b_x = \alpha_{x-1} \quad \text{und} \quad \lim_{x=\infty} b_x = 0\,.$$

Hierdurch geht die Abel'sche Gleichung in

$$-a_0 \sum_0^\infty \alpha_x + \sum_1^n a_{x-1}\alpha_{x-1} = (\delta_0 M_0 + \delta M)\sum_1^n (a_{x-1} - a_x) - a_n \sum_n^\infty \alpha_x$$
$$= (\delta_0 M_0 + \delta M)(a_0 - a_n) - a_n \sum_n^\infty \alpha_x\,,$$

und wenn wir n ins Unendliche wachsen lassen, in

$$-a_0 \sum_0^\infty \alpha_x + \sum_1^\infty a_{x-1}\alpha_{x-1} = (\delta_0 M_0 + \delta M)(a_0 - \lim_{n=\infty} a_n)$$

oder. Für die a setzen wir jetzt Functionen einer Veränderlichen r

$$a_x = f_x(r)\,,$$

welche die Eigenschaft besitzen sollen, dass für jedes x und λ

$$\lim_{r=1} f_x(r) = \lim_{r=1} f_\lambda(r)$$

wird. c bedeutet dabei eine beliebige Constante. Dann ist insbesondere

$$\lim_{r=c} f_0(r) = \lim_{r=c} f_n(r), \quad \text{d. h.} \quad a_0 = a_n = \lim_{m=\infty} a_m$$

und wir erlangen die Gleichung

$$\lim_{r=c} \sum_0^\infty \alpha_\varkappa f_\varkappa(r) = \lim_{r=c} f_0(r) \sum_0^\infty \alpha_\varkappa. \tag{27}$$

Das ist die Verallgemeinerung der am Beginn dieses Paragraphen aufgestellten Gleichung. Setzt man

$$f_\varkappa(r) = r^\varkappa,$$

so erhält man jene Gleichung als Specialfall von (27).

Dass die Reihenfolge der Grenzübergänge hier nicht ohne Weiteres vertauscht werden darf, ist mitunter übersehen worden, so z. B. in dem berühmten Lehrbuche von Thomson und Tait. Dagegen hat Hamilton es wohl beachtet und das Dirichlet'sche Integral sehr genau von dem Poisson'schen unterschieden.

Sechste Vorlesung.

Fourier'sche Reihen. — Historisches. — Lagrange's Beweis. — Dirichlet's Beweis. — Willkürliche Functionen. — Eindeutigkeit der Darstellung. — Aenderung der Coefficienten. — Beschränkung und Erweiterung der Grenzen. — Summenformeln. — Gliedweise Differentiation.

§ 1.

Fourier ist auf das nach ihm benannte Doppelintegral durch die, gleichfalls seinen Namen tragenden, unendlichen Reihen gekommen, welche nach den Sinus und Cosinus der Vielfachen des Argumentes fortschreiten. Diese Reihen traten schon bei Euler auf und sind dann von Lagrange eingehend behandelt worden. Lagrange glaubte auch, einen Beweis dafür gegeben zu haben, dass eine beliebige Function von x sich immer nach Sinus und Cosinus der Vielfachen von x entwickeln lasse. Er ging dabei von der Betrachtung aus, dass man nach seiner Interpolationsformel eine ganze Function finden kann, die mit einer beliebigen Function für beliebig viele Werthe des Argumentes übereinstimmt. Aehnlich versuchte er eine lineare, nach den Sinus und Cosinus von Vielfachen der Variablen fortschreitende, abbrechende Reihe zu bilden, welche sich in der charakterisirten Weise einer Function anschliesst. Ist die Function $f(x)$ etwa eine ungerade Function, dann reichen die Sinus für die Darstellung aus, und die Aufgabe wäre, Coefficienten $C_1^{(n)}, C_2^{(n)}, \ldots C_{n-1}^{(n)}$ so zu bestimmen, dass

$$\sum_{k=1}^{n-1} C_k^{(n)} \sin kx\pi = f(x) \quad \left(\text{für } x = \frac{h}{n}\,;\ h = 1, 2, \ldots n-1\right)$$

wird. Dabei werden also nur Argumente betrachtet, welche kleiner als 1 sind. Lagrange hat diese Gleichungen zuerst aufgelöst.

Multiplicirt man die Gleichungen für $h = 1, 2, \ldots n-1$ der Reihe nach mit $2 \sin \frac{k\pi}{n}$, $2 \sin \frac{2k\pi}{n}$, $\ldots 2 \sin \frac{(n-1)k\pi}{n}$, summirt die Resultate, zerlegt die Sinus-Producte in Cosinus-Summen und wendet die Formel aus Vorlesung 1, § 11 (2) an, dann erhält man

$$(1) \qquad C_k^{(n)} = \frac{2}{n} \sum_{h=1}^{n-1} f\left(\frac{h}{n}\right) \sin \frac{hk\pi}{n} \qquad (k = 1, 2, \ldots n),$$

und hieraus als Annäherungs-Formel für die Function $f(x)$

(2) $$f(x) = \frac{2}{n}\sum_{k=1}^{n-1}\sum_{h=1}^{n-1} f\left(\frac{h}{n}\right)\sin\frac{hk\pi}{n}\sin kx\pi .$$

Lagrange lässt nun in den Formeln (1) die Zahl n ins Unendliche wachsen; dann entsteht

(3) $$C_k^{(\infty)} = 2\int_0^1 \sin kz\pi f(z)dz ,$$

und, wenn man dies in (2) einträgt, mit „unendlicher" Annäherung

(4) $$f(x) = \lim_{n=\infty} 2\sum_1^{n-1} \sin kx\pi \cdot \int_0^1 \sin kz\pi f(z)dz .$$

Jetzt stellt die unendliche Reihe rechts die beliebige Function links in aller Strenge zwischen den Grenzen -1 und 1 dar. Da $f(z)$ ungerade ist, kann man den Factor 2 weglassen und die untere Grenze $= -1$ machen; setzt man nun $z = 2u - 1$ und für $f(2x-1)$ ein neues Functionszeichen, so erhält man

(4*) $$f(x) = \lim_{n=\infty} \sum_{-n}^{+n} \sin 2kx\pi \int_0^1 \sin 2kz\pi f(z)dz .$$

Mit diesem Resultate hatte Lagrange vollkommen Recht, und man ist lange Zeit in dem Gedanken befangen gewesen, dass auch der eingeschlagene Weg der richtige sei. Vergegenwärtigen wir uns aber, in welcher Weise der Grenzübergang vollführt worden ist, so erkennen wir leicht, dass begründete Zweifel sich geltend machen. (2) forderte den Grenzübergang

$$\lim_{n=\infty} \frac{2}{n}\sum_{k=1}^{n-1}\sum_{h=1}^{n-1} f\left(\frac{h}{n}\right)\sin\frac{hk\pi}{n}\sin kx\pi ;$$

statt desselben haben wir den doppelten Grenzübergang

$$\lim_{n=\infty}\sum_{k=1}^{n-1}\sin kx\pi \lim_{m=\infty}\frac{2}{m}\sum_{h=1}^{m-1} f\left(\frac{h}{m}\right)\sin\frac{hk\pi}{m}$$

gemacht. Ob beide Resultate übereinstimmen, bedarf also durchaus noch einer besonderen Untersuchung.

Lagrange wusste nichts von diesem Bedenken, und auch Fourier wandte die Reihen schlechthin an. Beachtet wurde die erwähnte Schwierigkeit zuerst von Cauchy; allein auch seine beiden Beweise für die Richtigkeit der Formel sind nicht genügend. Dann wurde der Gegenstand im vierten Bande des Journals f. d. reine und angewandte Mathematik (1829) von Dirksen und von Dirichlet behandelt. Dirichlet erledigte die Frage, indem er die bekannte Integraldarstellung der Coefficienten unter dem Integralzeichen zu Grunde legte, bis zum n^{ten} Gliede summirte und zeigte, dass die erhaltene Summe sich mit wachsendem n der angenommenen willkürlichen Function mehr und mehr nähere.

§ 2.

Die Lagrange'sche sowie die Fourier'sche Methode ergiebt

$$f(x) = \lim_{n=\infty} \sum_{-n}^{n} \cos 2\varkappa x\pi \int_0^1 \cos 2\varkappa s\pi \cdot f(s)ds$$

$$+ \lim_{n=\infty} \sum_{-n}^{n} \sin 2\varkappa x\pi \int_0^1 \sin 2\varkappa s\pi \cdot f(s)ds$$

$$= \lim_{n=\infty} \sum_{-n}^{n} \int_0^1 \cos 2\varkappa(s-x)\pi \cdot f(s)ds$$

als Entwickelung einer Function $f(x)$ in eine Sinus-Cosinus-Reihe. Wir werden nach Dirichlet zur strengen Begründung der Formel den angedeuteten Weg einschlagen, indem wir umgekehrt von der Summe auf der rechten Seite ausgehen. Man findet

$$\lim_{n=\infty} \int_0^1 f(z) \sum_{-n}^{n} \cos 2\varkappa(z-x)\pi \cdot dz = \lim_{n=\infty} \int_0^1 f(z) \frac{\sin(2n+1)(z-x)\pi}{\sin(z-x)\pi} dz;$$

aus diesem Ausdrucke wird, wenn man $z - x = z'$ und $2n + 1 = w$ setzt,

$$\lim_{w=\infty} \int_{-x}^{1-x} f(z+x) \frac{\sin wz\pi}{\sin z\pi} dz$$

$$= \lim_{w=\infty} \int_{-x}^{0} f(x+z) \frac{\sin wz\pi}{\sin z\pi} dz + \lim_{w=\infty} \int_0^{1-x} f(x+z) \frac{\sin wz\pi}{\sin z\pi} dz.$$

Es sei zunächst $0 < x < 1$; dann kann man im ersten Integrale $-z$ statt z schreiben und die Grenzen vertauschen; das giebt

$$\lim_{w=\infty} \int_0^{x} f(x-z) \frac{\sin wz\pi}{\sin z\pi} dz + \lim_{w=\infty} \int_0^{1-x} f(x+z) \frac{\sin wz\pi}{\sin z\pi} dz,$$

und nach der vorigen Vorlesung § 4, (7*) folgt hierdurch der Werth

$$\lim_{n=\infty} \int_0^1 f(z) \sum_{-n}^{n} \cos 2\varkappa(z-x)dx = \tfrac{1}{2}[\lim_{\delta=0} f(x-\delta) + \lim_{\delta'=0} f(x+\delta')].$$

Ist $x = 0$ oder $x = 1$, so gilt die letzte Gleichung nicht mehr, weil wir zu ihrer Ableitung Werthe $f(-\delta)$ und $f(1+\delta')$ benutzten, welche im ersten bezw. im zweiten Falle keine Bedeutung haben. Denn $f(x)$ war nur für die Werthe zwischen 0 und 1 gegeben.

In diesen Grenzfällen muss man das Integral

$$\int_0^1 f(z)\,\frac{\sin(2n+1)(z-x)\pi}{\sin(z-x)\pi}\,dz$$

in zwei andere, von 0 bis δ und von δ bis 1 zerlegen. Im zweiten Theile führt man $1-z$ statt z ein, vertauscht die Grenzen und reducirt die Sinus; dann geht der Limes des obigen Ausdrucks in

$$\lim_{n=\infty}\int_0^{\delta} f(z)\,\frac{\sin(2n+1)(z-x)\pi}{\sin(z-x)\pi}\,dz+\lim_{n=\infty}\int_0^{1-\delta} f(1-z)\,\frac{\sin(2n+1)(z+x)\pi}{\sin(z+x)\pi}\,dz$$

über; für $x=0$ und für $x=1$ wird hieraus

$$\lim_{n=\infty}\int_0^{\delta} f(z)\,\frac{\sin(2n+1)z\pi}{\sin z\pi}\,dz+\lim_{n=\infty}\int_0^{1-\delta} f(1-z)\,\frac{\sin(2n+1)z\pi}{\sin z\pi}\,dz\,.$$

Jetzt sind beide Summanden Dirichlet'sche Integrale und also resultirt schliesslich

$$\tfrac{1}{2}\lim_{\varepsilon=0} f(\varepsilon)+\tfrac{1}{2}\lim_{\varepsilon=0} f(1-\varepsilon) \qquad (\varepsilon \geq 0)\,.$$

Wir können demnach, die Ergebnisse zusammenfassend, schreiben

$$\lim_{n=\infty}\sum_{-n}^{+n}\int_0^1 \cos 2\varkappa(z-x)\pi f(z)\,dz$$

(5)
$$=\lim_{n=\infty}\Big[\sum_{-n}^{n}\cos 2\varkappa\pi x\int_0^1 f(z)\cos 2\varkappa z\pi\,dz$$

$$+\sum_{-n}^{n}\sin 2\varkappa\pi x\int_0^1 f(z)\sin 2\varkappa z\pi\cdot dz\Big]$$

$$=\tfrac{1}{2}\lim_{\varepsilon=0}\,[f(x-\varepsilon)+f(x+\varepsilon)] \qquad (0<x<1);$$

oder
$$=\tfrac{1}{2}\lim_{\varepsilon=0}\,[f(\varepsilon)+f(1-\varepsilon)] \qquad (x=0,\,1)\,.$$

§ 3.

Die trigonometrische Reihe stellt also beständig einen Mittelwerth dar; im ersten Falle $(0<x<1)$ den zwischen zwei unendlich nahen, den Werth $f(x)$ umschliessenden Functionswerthen; im zweiten Falle $(x=0,1)$ den zwischen

$$\lim_{\varepsilon=0} f(\varepsilon) \text{ und } \lim_{\varepsilon=0} f(1-\varepsilon),$$

wo ε positiv ist.

Die Bedingungen für die Darstellbarkeit einer willkürlichen Function, so wie wir sie vorausgesetzt haben, nämlich dass die Function endlich und eindeutig sein, und dass sie an allen Stellen des Gebietes entweder nicht zunehmen oder nicht abnehmen soll, lassen sich noch etwas erweitern. Die Vermuthung jedoch, dass sie sich ganz beseitigen lassen, ist durch P. du Bois-Reymond erschüttert worden; von ihm wurden Functionen der Art bestimmt, dass bei denselben das Dirichlet'sche Integral nicht mehr gilt; ferner setzte er Functionen zusammen, die sich überhaupt nicht in eine Fourier'sche Reihe entwickeln lassen. Es kann jedoch zweifelhaft erscheinen, ob solche durch lauter Grenzübergänge erlangten Ausdrücke überhaupt noch als Functionen angesehen werden können.

Jedenfalls aber sind diese Fragen auf die mathematische Physik ohne allen Einfluss, da in ihrem Bereiche die Functionen, um zur Lösung einschlägiger Fragen brauchbar sein zu können, noch viel weiter beschränkt werden müssen, als die Gültigkeit der Fourier'schen Entwickelung es verlangt.

Die Eigenschaft der behandelten Reihen, willkürliche Functionen darzustellen, hat die Mathematiker äusserst frappirt. Es ist jedoch zu bedenken, dass auch diese Willkür nur in mathematischem Sinne zu verstehen ist. Sie ist immer noch viel gesetzmässiger als das schärfste Gesetz der Praxis. Die Willkür liegt nur darin, dass wir das der Function unbedingt vorzuschreibende Gesetz ihres Verlaufes für verschiedene Stellen verschieden wählen können. Wenn man öfters annimmt, man könne willkürlich irgend eine Curve hinzeichnen und sie dann auch analytisch durch die Fourier'sche Reihe ausdrücken, so ist dagegen einzuwenden, dass man ja doch niemals alle Ordinaten der Curve ausmessen und ihre Grösse zur Bestimmung der Coefficienten benutzen kann. Damit fällt dann auch der Begriff des Integrals weg; es tritt nur eine Summe auf, und wir kommen auf die Lagrange-schen angenäherten Functionen zurück.

Eine in dieses Gebiet gehörige Frage verdient grosse Beachtung: „Lässt sich eine Function auf verschiedene Arten durch eine trigono-„metrische Reihe darstellen?“ oder was dasselbe ist: „Kann man die „Null durch eine trigonometrische Reihe darstellen, deren Coefficienten „nicht sämmtlich verschwinden?“ Sollte die Antwort hierauf „Nein!“ lauten, dann müsste der folgende positive Satz gelten: „Wenn in

$$\sum_{-\infty}^{\infty} a_\varkappa \cos 2\varkappa x\pi + \sum_{-\infty}^{\infty} b_\varkappa \sin 2\varkappa x\pi$$

„nicht alle Coefficienten verschwinden, dann lässt sich ein Werth von x

„angeben, für den der absolute Werth der Reihe grösser ist als eine „positive, von Null verschiedene, sonst aber beliebig kleine Grösse." Dass der Beweis dieses Satzes keineswegs leicht ist, geht schon daraus hervor, dass eine trigonometrische Reihe eine Function darstellen kann, welche überall Null ist ausser in einigen wenigen Stellen. Diese müssten dann als Functionen der Coefficienten a_ν, b_ν aufgesucht werden. Bei der Darstellung von Functionen durch Potenzreihen lässt sich der Beweis des entsprechenden Satzes thatsächlich so wenden. So lange dies bei den trigonometrischen Reihen noch nicht gelungen ist, muss es erlaubt sein, die Frage als eine noch offene anzusehen.

§ 4.

Wir können die Formel (5) noch mannigfach umgestalten. So entsteht z. B., wenn man

$$\int_0^1 f(z) \cos 2\varkappa z\pi \cdot dz = c_\varkappa \cos 2\varkappa \xi_\varkappa \pi$$

und

$$\int_0^1 f(z) \sin 2\varkappa z\pi \cdot dz = c_\varkappa \sin 2\varkappa \xi_\varkappa \pi$$

oder auch

$$\int_0^1 f(z) e^{2\varkappa z\pi i} dz = c_\varkappa e^{2\varkappa \xi_\varkappa \pi i}$$

setzt, die schöne Form für die linke Seite von (5)

$$\lim_{n=\infty} \sum_{-n}^{+n} c_\varkappa \cos 2\varkappa(\xi_\varkappa - x)\pi .$$

Eine andere Umgestaltung ergiebt sich durch die Benutzung der Gleichung

$$\sum_{-n}^{n} \int_0^1 \sin 2\varkappa(z-x)\pi f(z) dz = 0 ,$$

deren Richtigkeit ersichtlich wird, wenn man je zwei Summanden zusammenfasst, die zu entgegengesetzt gleichen Werthen von $\varkappa$ gehören. Multiplicirt man diese Gleichung mit $\pm i$ und addirt das Product zu (5), so folgt

$$(6) \qquad \lim_{n=\infty} \sum_{-n}^{+n} \int_0^1 f(z) e^{\pm 2\varkappa(z-x)\pi i} dz$$

als Ausdruck der linken Seite. Die neue Form ist für manche Zwecke bequemer als (5).

§ 5.

Wir gehen jetzt dazu über, in den Integralen, durch welche die Coefficienten der Fourier'schen Reihe dargestellt werden, das Integrations-Intervall einerseits zu beschränken, andererseits zu erweitern.

Es ist nach § 2

$$\lim_{n=\infty}\sum_{-n}^{n}\int_0^1 f(z)\cos 2\varkappa(z-x)\pi\cdot dz = \tfrac{1}{2}\lim_{\varepsilon=0}[f(x-\varepsilon)+f(x+\varepsilon)]$$

$$(0<x<1),$$

(5)

$$\text{oder} \quad = \tfrac{1}{2}\lim_{\varepsilon=0}[f(\varepsilon)+f(1-\varepsilon)]$$

$$(x=0,\,1),$$

so dass sich das Integrations-Intervall von 0 bis 1 erstreckt.

Die Formel (7*) der fünften Vorlesung liefert

$$\lim_{n=\infty}\int_0^{\delta'} f(x+y)\,\frac{\sin(2n+1)y\pi}{\sin y\pi}\,dy = \tfrac{1}{2}\lim_{\varepsilon=0} f(x+\varepsilon)$$

für ein beliebig kleines δ'. Setzen wir $y=z-x$ und verwandeln den Sinus-Quotienten in eine Summe von Cosinus, so ergiebt dies

$$\lim_{n=\infty}\sum_{-n}^{n}\int_x^{x+\delta'} f(z)\cos 2\varkappa(z-x)\pi\cdot dz = \tfrac{1}{2}\lim_{\varepsilon=0} f(x+\varepsilon). \tag{7}$$

Hier haben wir die Integrationsgrenzen auf die beliebig kleine Strecke von x bis $x+\delta'$ eingeengt. Dann liefert die Fourier'sche Reihe den zum Argumente x gehörigen Werth der Function, dividirt durch 2. —

Wenn wir andererseits in (5) statt $f(z)$ eintragen $\varphi(z+a)$, dann unter dem Integralzeichen $z+a$ durch z ersetzen, für $x+a$ wieder x und für φ wieder f einführen, dann ergeben diese Operationen

$$\lim_{n=\infty}\sum_{-n}^{+n}\int_a^{a+1} f(z)\cos 2\varkappa(z-x)\pi\cdot dz = \tfrac{1}{2}\lim_{\varepsilon=0}[f(x-\varepsilon)+f(x+\varepsilon)]$$

(8)

$$(a<x<a+1),$$

$$\text{oder} \quad = \tfrac{1}{2}\lim_{\varepsilon=0}[f(a+\varepsilon)+f(a+1-\varepsilon)]$$

$$(x=a,\,a+1).$$

Daraus folgt sofort durch Summation

(9)

$$\lim_{n=\infty}\sum_{-n}^{+n}\int_a^{a+h} f(z)\cos 2\varkappa(z-a)\pi\cdot dz$$

$$= \tfrac{1}{2}\lim_{\varepsilon=0}[f(a+\varepsilon)+f(a+1-\varepsilon)+f(a+1+\varepsilon)$$
$$+f(a+2-\varepsilon)+\cdots+f(a+h-\varepsilon)];$$

hierbei bedeutet h eine positive ganze Zahl. Dieses Resultat lässt sich erweitern. Es sei $b = a + h + \delta'$, wobei h wieder eine positive ganze Zahl und δ' einen positiven echten Bruch bedeutet. Nach (7) wird

$$\lim_{n=\infty} \sum_{-n}^{n} \int_{a+h}^{a+h+\delta'} f(z) \cos 2\varkappa(z-a)\pi \cdot dz = \tfrac{1}{2} \lim_{\varepsilon=0} f(a+h+\varepsilon).$$

Addirt man diese Gleichung zu (9), so entsteht

$$(9^*)\quad \begin{aligned} &\lim_{n=\infty} \sum_{-n}^{+n} \int_{a}^{b} f(z) \cos 2\varkappa(z-a)\pi \cdot dz \\ &= \tfrac{1}{2} \lim_{\varepsilon=0} [f(a+\varepsilon) + f(a+1-\varepsilon) + f(a+1+\varepsilon) \\ &\qquad + \cdots + f(a+h-\varepsilon) + f(a+h+\varepsilon)], \\ &(a+h < b < a+h+1). - \end{aligned}$$

Wenn wir in (8) für a der Reihe nach $0, 1, 2, \ldots h-1$ einsetzen und die Resultate addiren, dann resultirt für $x = a$

$$(10)\quad \begin{aligned} &\lim_{n=\infty} \sum_{-n}^{+n} \int_{0}^{h} f(z) \cos 2\varkappa z\pi dz \\ &= \tfrac{1}{2} \lim_{\varepsilon=0} [f(0) + f(1-\varepsilon) + f(1+\varepsilon) + \cdots + f(h-1+\varepsilon) + f(h-\varepsilon)]. \end{aligned}$$

Dabei bedeutet h eine positive ganze Zahl. Ist $f(z)$ an den Stellen $0, 1, 2, \ldots h$ stetig, dann wird die rechte Seite

$$= \tfrac{1}{2} f(0) + f(1) + f(2) + \cdots + f(h-1) + \tfrac{1}{2} f(h).$$

Diese Formel hat Poisson durch einen nicht ganz correcten Grenzübergang abgeleitet. —

Ist $b = h + \delta'$, wobei δ' einen echten positiven Bruch bezeichnet, dann liefert (7) für $x = h$

$$\lim_{n=\infty} \sum_{-n}^{+n} \int_{h}^{b} f(z) \cos 2\varkappa z\pi \cdot dz = \tfrac{1}{2} \lim_{\varepsilon=0} f(h+\varepsilon),$$

und wenn man dies zu (10) addirt, so folgt die allgemeine Formel

$$(10^*)\quad \begin{aligned} &\lim_{n=\infty} \sum_{-n}^{+n} \int_{0}^{b} f(z) \cos 2\varkappa z\pi \cdot dz = \tfrac{1}{2} \lim_{\varepsilon=0} [f(0) + f(1-\varepsilon) + f(1+\varepsilon) \\ &\qquad + \cdots + f(h-1+\varepsilon) + f(h-\varepsilon) + f(h+\varepsilon)], \\ &(h < b < h+1). - \end{aligned}$$

Setzt man endlich in (10*) statt der Grenze b die Grösse a, benennt die grösste ganze in a steckende Zahl g und subtrahirt das Resultat der Substitution von (10*), so ergiebt sich

$$\begin{aligned}
&\lim_{n=\infty}\sum_{-n}^{n}\int_a^b f(z)\cos 2\varkappa z\pi\cdot dz \\
(10^{**})\quad &= \tfrac{1}{2}\lim_{\varepsilon=0}\left[f(g+1-\varepsilon)+f(g+1+\varepsilon)+\cdots+f(h-\varepsilon)+f(h+\varepsilon)\right] \\
&(g<a<g+1;\quad h<b<h+1).
\end{aligned}$$

Die Aenderungen, welche vorgenommen werden müssen, wenn a oder b ganze Zahlen sind, folgen leicht aus (10) und (10*). —

Die erhaltene Formel können wir dadurch erweitern, dass wir statt z setzen $z-x$ und statt des dann entstehenden $f(z-x)$ wieder $f(z)$ eintragen:

$$\begin{aligned}
&\lim_{n=\infty}\sum_{-n}^{n}\int_{a+x}^{b+x} f(z)\cos 2\varkappa(z-x)\pi\cdot dz \\
(11)\quad &= \tfrac{1}{2}\lim_{\varepsilon=0}\left[f(x+g+1-\varepsilon)+f(x+g+1+\varepsilon)+\cdots\right. \\
&\qquad \left.+f(x+h-\varepsilon)+(f(x+h+\varepsilon)\right] \\
&(g<a<g+1;\quad h<b<h+1).
\end{aligned}$$

Ueber ganzzahlige Grenzen a oder b gilt das eben Gesagte.

§ 6.

Wir behandeln zum Schlusse die Frage, wann man durch gliedweise Differentiation der Fourier'schen Reihe die Ableitung der durch sie dargestellten Function erlangt. Wir gehen dabei von der Form (5) aus und denken uns zugleich auch die Ableitung von $f(x)$ nämlich $f'(x)$ auf gleiche Art in eine Fourier'sche Reihe entwickelt. Diese wird

$$f'(x)=\lim_{n=\infty}\sum_{-n}^{+n}\int_0^1 \cos 2\varkappa(z-x)\pi\cdot f'(z)dz\,.$$

Es fragt sich, wann diese Reihe mit dem Differentialquotienten der durch gliedweise Differentiirung von (5) erhaltenen Reihe identisch ist. Wendet man auf die rechte Seite der letzten Gleichung die Formel für die partielle Integration an, dann folgt

$$\begin{aligned}
(x)&=\lim_{n=\infty}\Big[\sum_{-n}^{n}\int_0^1 2\varkappa\pi\sin 2\varkappa(z-x)\pi f(z)dz \\
&\qquad+\sum_{-n}^{n}\left(f(z)\cos 2\varkappa(z-x)\pi\right)_0^1\Big] \\
&=\lim_{n=\infty}\sum_{-n}^{n}\frac{\partial}{\partial x}\int_0^1 f(z)\cos 2\varkappa(z-x)\pi dz+\lim_{n=\infty}\sum_{-n}^{n}\cos 2\varkappa x\pi(f(1)-f(0)) \\
&=\frac{\partial}{\partial x}\lim_{n=\infty}\sum_{-n}^{n}\int_0^1\cos 2\varkappa(z-x)\pi f(z)dz+(f(1)-f(0))\lim_{n=\infty}\sum_{-n}^{n}\cos 2\varkappa x\pi\,.
\end{aligned}$$

$$\sum_{-n}^{n} \cos 2\varkappa x\pi = \frac{\sin (2n+1)x\pi}{\sin x\pi}$$

nähert sich bei wachsendem n keiner festen Grenze, so dass sich also die verlangte Ableitung von $f(x)$ nur ergiebt, wenn der andere Factor des zweiten Gliedes in der obigen Gleichung, nämlich

$$(f(1) - f(0))$$

verschwindet. Wir haben daher den Satz: „Dann und nur dann, wenn „die Function $f(x)$ an den Gültigkeits-Grenzen 0 und 1 der für sie be-„stehenden Fourier'schen Reihe denselben Werth hat, wird ihre Ab-„leitung durch diejenige Reihe dargestellt, welche bei gliedweiser Diffe-„rentiation der ersten Reihe entsteht. Dabei ist zugleich vorausgesetzt, „dass die Function überhaupt eine Ableitung besitzt."

Siebente Vorlesung.

Anwendungen der Fourier'schen Reihe. — Leibnitz'sche Reihe. — Entwickelung von x. — Neuer Beweis für die Fourier'sche Reihe. — Entwickelung von x^2. — Summirung von Reihen. — Bernoulli'sche Zahlen. — Bernoulli'sche Functionen. — Berechnung der Gauss'schen Summe. — Quadratisches Reciprocitäts-Gesetz. — Historisches.

§ 1.

Es sollen jetzt einige Anwendungen der Fourier'schen Reihe besprochen werden. Wir nehmen zunächst für die Formel (8) Vorlesung 6, als Gesetz, dem $f(x)$ unterworfen ist,

$$f(x) = 1 \quad \text{für} \quad \alpha < x < \alpha + \tfrac{1}{2},$$
$$f(x) = -1 \quad \text{für} \quad \alpha + \tfrac{1}{2} < x < \alpha + 1;$$

dann folgt für diese Function die Entwickelung

$$\lim_{n=\infty} \sum_{-n}^{n} \left[\int_{\alpha}^{\alpha+\frac{1}{2}} \cos 2\varkappa(z - x)\pi\, dz - \int_{\alpha+\frac{1}{2}}^{\alpha+1} \cos 2\varkappa(z - x)\pi\, dz \right].$$

Hierin lässt sich das zweite Integral mit dem ersten vereinigen, wenn wenn man in ihm $z + \frac{1}{2}$ statt z setzt; es geht dann in

$$(-1)^{\varkappa} \int_{\alpha}^{\alpha+\frac{1}{2}} \cos 2\varkappa(z - x)\pi\, dz$$

über, und in der eckigen Klammer zerstören sich die zu geraden Werthen von $\varkappa$ gehörigen Integrale. Es bleibt nur zurück

$$f(x) = 2 \lim_{n=\infty} \sum_{-n}^{n} \int_{\alpha}^{\alpha+\frac{1}{2}} \cos 2r(z - x)\pi\, dz \qquad (r \text{ ist ungerade})$$

$$= 2 \sum_{-\infty}^{\infty} \frac{\sin 2r(\alpha + \frac{1}{2} - x)\pi - \sin 2r(\alpha - x)\pi}{2r\pi}$$

$$= \frac{2}{\pi} \sum_{-\infty}^{\infty} \frac{\sin 2r(x - \alpha)\pi}{r}$$

$$= \frac{4}{\pi} \sum \frac{\sin 2\varkappa(x - \alpha)\pi}{\varkappa} \qquad (\varkappa = 1, 3, 5, 7, \ldots).$$

Diese Summe hat also für $\alpha < x < \alpha + \frac{1}{2}$ den Werth 1; für $\alpha + \frac{1}{2} < x < \alpha + 1$ den Werth -1; für $x = \alpha$, $\alpha + \frac{1}{2}$, $\alpha + 1$ nimmt sie, wie man sofort sieht, den Werth 0 an. Es stimmt dies mit unseren Resultaten überein. Für $x = \alpha + \frac{1}{4}$ und $x = \alpha + \frac{3}{4}$ erhält man eine bekannte Formel, nämlich die Leibnitz'sche Reihe

$$\frac{\pi}{4} = 1 - \frac{1}{3} + \frac{1}{5} - \frac{1}{7} + \cdots$$

Die abgeleitete Formel lässt eine Differentiation nach den einzelnen Gliedern nicht zu.

§ 2.

An zweiter Stelle betrachten wir

$$f(x) = x - a \text{ für } \alpha < x < \alpha + 1;$$

dann folgt für diese Function die Entwickelung

$$\lim_{n=\infty} \sum_{-n}^{n} \int_{\alpha}^{\alpha+1} (z - a) \cos 2\varkappa(z - x)\pi dz.$$

Wir setzen hier z statt $z - x$ ein und wenden die Formel für die partielle Integration an; da nun

$$\int_{\alpha-x}^{\alpha+1-x} (z + x - a) \cos 2\varkappa z\pi \cdot dz = \left(\frac{(z + x - a)\sin 2\varkappa z\pi}{2\varkappa\pi}\right)_{\alpha-x}^{\alpha+1-x} - \int_{\alpha-x}^{\alpha+1-x} \frac{\sin 2\varkappa z\pi}{2\varkappa\pi} dz$$

ist, und da das zweite Glied rechts den Werth 0 hat, während das erste gleich $\sin 2\varkappa(\alpha - x)\pi : 2\varkappa\pi$ wird, so ergiebt der obige Ausdruck, in unsere Entwickelung eingetragen, wenn man $\varkappa = 0$ besonders nimmt und jedesmal die beiden zu $\varkappa = +\mu$ und $\varkappa = -\mu$ gehörigen Summanden vereinigt,

$$\int_{\alpha-x}^{\alpha+1-x} (z + x - a) dz + \sum_{1}^{\infty} \frac{\sin 2\varkappa(\alpha - x)\pi}{\varkappa\pi} = \alpha - a + \frac{1}{2} + \sum_{1}^{\infty} \frac{\sin 2\varkappa(\alpha - x)\pi}{\varkappa\pi}$$

d. h. also

$$(1) \quad \alpha - x = -\frac{1}{2} - \sum_{1}^{\infty} \frac{\sin 2\varkappa(\alpha - x)\pi}{\varkappa\pi} \qquad (\alpha < x < \alpha + 1)$$

oder

$$(2) \qquad \pi\left(\frac{1}{2} - v\right) = \sum_{1}^{\infty} \frac{\sin 2\varkappa v\pi}{\varkappa} \qquad (0 < v < 1),$$

indem man $x - \alpha = v$ setzt. Diese Formel lässt sich sehr leicht auch ohne Zuhülfenahme der Fourier'schen Sätze ableiten; sie kommt schon bei Euler vor. Für $v = 0$ und $v = 1$ wird die Formel ungültig, denn man erhält links $\pm\frac{\pi}{2}$ und rechts 0; das stimmt aber mit unserer Regel über die Mittelwerthe überein [Formel (5) der vorigen Vorlesung]. Für $v = \frac{1}{4}$ erscheint wieder die Leibnitz'sche Reihe.

Auch hier ist eine Differentiation nach den einzelnen Gliedern nicht möglich.

§ 3.

Wir wollen den Beweis für (2) noch einmal auf anderem Wege geben und die erhaltene Formel dann zu einer neuen Ableitung der Fourier'schen Reihe benutzen.

Ist r eine reelle Zahl und $|r| < 1$, dann gilt die Reihenentwickelung

$$\log(1 - re^{2v\pi i}) = \frac{1}{2}\log(1 - 2r\cos 2v\pi + r^2) + i \operatorname{arc\,tang} \frac{-r\sin 2v\pi}{1 - r\cos 2v\pi}$$

$$= -\sum_1^\infty \frac{r^\varkappa e^{2\varkappa v\pi i}}{\varkappa},$$

aus der wir durch Trennung des Reellen vom Imaginären die Resultate

$$\begin{aligned} \sum_1^\infty \frac{r^\varkappa \cos 2\varkappa v\pi}{\varkappa} &= -\frac{1}{2}\log(1 - 2r\cos 2v\pi + r^2), \\ & \qquad\qquad (|r| < 1) \\ \sum_1^\infty \frac{r^\varkappa \sin 2\varkappa v\pi}{\varkappa} &= \operatorname{arc\,tang} \frac{r\sin 2v\pi}{1 - r\cos 2v\pi} \end{aligned}$$

entnehmen. Wir können für $0 < v < 1$ den in der fünften Vorlesung § 10, (27) bewiesenen Satz anwenden, weil, wie wir früher sahen (Vorlesung 4 § 3),

$$\sum_1^\infty \frac{\cos 2\varkappa v\pi}{\varkappa}, \qquad \sum_1^\infty \frac{\sin 2\varkappa v\pi}{\varkappa} \qquad (0 < v < 1)$$

convergente Reihen sind. Das liefert uns für $r = 1$ [vgl. Formel (2)]

$$(3) \qquad \begin{aligned} \sum_1^\infty \frac{\cos 2\varkappa v\pi}{\varkappa} &= -\log(2\sin v\pi), \\ & \qquad\qquad (0 < v < 1) \\ \sum_1^\infty \frac{\sin 2\varkappa v\pi}{\varkappa} &= \operatorname{arc\,tang} \frac{\sin 2v\pi}{1 - \cos 2v\pi} = \operatorname{arc\,tang}(\operatorname{cotg} v\pi) \\ &= \pi\left(\frac{1}{2} - v\right). \end{aligned}$$

Um hieraus die Fourier'sche Entwickelung abzuleiten, setzen wir

$$\Theta_n(v) = (2v-1)\pi + \sum_{-n}^{+n}{}' \frac{\sin 2\varkappa v\pi}{\varkappa} \qquad (0 \leq v < 1),$$

wo der Accent bedeuten soll, dass bei der Summation der Werth $\varkappa = 0$ auszunehmen ist. Durch Differentiation entsteht

$$\Theta_n'(v) = 2\pi + 2\pi \sum_{-n}^{n}{}' \cos 2\varkappa v\pi = 2\pi \sum_{-n}^{n} \cos 2\varkappa v\pi \qquad (0 \leq v < 1),$$

und die Definitionsgleichung liefert wegen (2) die Beziehungen

$$\lim_{n=\infty} \Theta_n(v) = 0 \qquad (0 < v < 1),$$
$$\lim_{n=\infty} \Theta_n(v) = -\pi \qquad (v = 0).$$

Aus der Formel der partiellen Integration

$$\left(g(x)\Theta_n(x)\right)_0^{x'} = \int_0^{x'} g'(x)\Theta_n(x)dx + \int_0^{x'} g(x)\Theta_n'(x)dx \qquad (0 < x' < 1),$$

in welcher $g(x)$ eine beliebige Function bedeutet, die wir nur unseren gewöhnlichen Bedingungen unterwerfen, folgt dann, wenn wir n ins Unendliche wachsen lassen,

$$\pi g(0) = \lim_{n=\infty} 2\pi \int_0^{\delta'} g(z) \sum_{-n}^{n} \cos 2\varkappa z\pi \cdot dz \qquad (0 < \delta' < 1).$$

Setzen wir hierin $z - x$ statt x und $f(z)$ statt $g(z - x)$, so erscheint die Formel (7) von S. 96

$$\frac{1}{2} f(x) = \lim_{n=\infty} \sum_{-n}^{n} \int_x^{x+\delta'} f(z) \cos 2\varkappa(z - x)\pi dz \qquad (0 < \delta' < 1).$$

§ 4.

Nach dieser Digression gehen wir zu weiteren Beispielen über, und zwar wollen wir die Entwickelung von x^2 unternehmen. Es ist

$$x^2 = \lim_{n=\infty} \sum_{-n}^{+n} \int_0^1 z^2 \cos 2\varkappa(z - x)\pi dz \qquad (0 < x < 1).$$

Sondert man das Glied für $\varkappa = 0$ aus und integrirt die übrigen zweimal partiell, dann entsteht, wenn der Accent am Σ die gewöhnliche Bedeutung hat,

$$x^2 = \left(\frac{z^3}{3}\right)_0^1 + \lim_{n=\infty} \sum_{-n}^{n}{}' \left(\frac{z^2 \sin 2\varkappa(z-x)\pi}{2\varkappa\pi}\right)_0^1 + \lim_{n=\infty} \sum_{-n}^{n}{}' \left(\frac{z \cos 2\varkappa(z-x)\pi}{2\varkappa^2\pi^2}\right)_0^1$$
$$- \lim_{n=\infty} \sum_{-n}^{n}{}' \int_0^1 \frac{\cos 2\varkappa(z-x)\pi}{2\varkappa^2\pi^2}\, dz\,.$$

Hier wird jedes Glied des letzten Summanden zu Null; der zweite und der dritte Summand vereinfachen sich, und es entsteht

$$x^2 = \frac{1}{3} - \lim_{n=\infty} \sum_{-n}^{n}{}' \frac{\sin 2\varkappa x\pi}{2\varkappa\pi} + \lim_{n=\infty} \sum_{-n}^{n}{}' \frac{\cos 2\varkappa x\pi}{2\varkappa^2\pi^2}$$
$$= \frac{1}{3} - \lim_{n=\infty} \sum_{1}^{n} \frac{\sin 2\varkappa x\pi}{\varkappa\pi} + \lim_{n=\infty} \sum_{1}^{n} \frac{\cos 2\varkappa x\pi}{\varkappa^2\pi^2}\,;$$

weil nun aber der zweite Summand nach unserem vorigen Beispiele den Werth $x - \frac{1}{2}$ besitzt, so ergiebt sich

$$(4) \qquad x^2 - x + \frac{1}{6} = \frac{1}{\pi^2} \sum_{1}^{\infty} \frac{\cos 2\varkappa x\pi}{\varkappa^2} \qquad (0 < x < 1)\,.$$

Da die Function auf der linken Seite für $x = 0$ und für $x = 1$ denselben Werth $\frac{1}{6}$ hat, so ist auch ihr arithmetisches Mittel $\frac{1}{6}$, und folglich gilt die Entwickelung noch an den Grenzen, d. h. es ist

$$(5) \qquad \frac{\pi^2}{6} = \sum_{1}^{\infty} \frac{1}{\varkappa^2}\,.$$

Der Ausdruck $x^2 - x + \frac{1}{6}$ besitzt an den beiden Grenzen 0 und 1 gleiche Werthe, somit ist gliedweise Differentiation gestattet. In der That erhält man dabei eine im vorigen Beispiele als richtig erkannte Gleichung.

§ 5.

In den beiden letzten Beispielen haben wir die Werthe der Summen

$$\sum_{1}^{\infty} \frac{\sin 2\varkappa v\pi}{\varkappa\pi}\,, \qquad \sum_{1}^{\infty} \frac{\cos 2\varkappa v\pi}{(\varkappa\pi)^2}$$

bestimmt. Man könnte versuchen, die ähnlich gebildeten Summen

$$\sum_{1}^{\infty} \frac{\sin 2\varkappa v\pi}{(\varkappa\pi)^{2n-1}}\,, \qquad \sum_{1}^{\infty} \frac{\cos 2\varkappa v\pi}{(\varkappa\pi)^{2n}}$$

durch successive Integration der ersten Formeln zu erlangen; doch würde es sich dabei immer noch um den Werth einer Constanten, nämlich um den der Cosinus-Summen für $v = 0$ handeln, um die Bestimmung zu vollenden. Wir wollen deswegen anders verfahren.

Wir benutzen die Formel (6) § 4 der vorigen Vorlesung; diese giebt

$$e^{2vw\pi i} = \lim_{n=\infty} \sum_{-n}^{+n} \int_0^1 e^{2\varkappa v\pi i} e^{2(w-\varkappa)z\pi i} dz$$

$$= \lim_{n=\infty} \sum_{-n}^{+n} e^{2\varkappa v\pi i} \left(\frac{e^{2(w-\varkappa)z\pi i}}{2(w-\varkappa)\pi i} \right)_0^1 \qquad (0 < v < 1)$$

$$= \lim_{n=\infty} \sum_{-n}^{+n} e^{2\varkappa v\pi i} \frac{e^{2w\pi i} e^{-2\varkappa\pi i} - 1}{2(w-\varkappa)\pi i}$$

und, da $\varkappa$ eine ganze Zahl ist,

$$= \frac{e^{2w\pi i} - 1}{2\pi i} \lim_{n=\infty} \sum_{-n}^{+n} \frac{e^{2\varkappa v\pi i}}{w - \varkappa},$$

worin w auch complex, aber keine ganze Zahl sein darf. Folglich ist*)

$$(6) \qquad \frac{2\pi i \cdot e^{2vw\pi i}}{e^{2w\pi i} - 1} = \lim_{n=\infty} \sum_{-n}^{+n} \frac{e^{2\varkappa v\pi i}}{w - \varkappa} \qquad (0 < v < 1).$$

Nehmen wir nach der Formel (5) der vorigen Vorlesung links den Mittelwerth für $v = 0$ und $v = 1$ und rechts $v = 0$ oder $= 1$, so ergiebt sich

$$(7) \qquad \pi \operatorname{cotg} w\pi = \lim_{n=\infty} \sum_{-n}^{+n} \frac{1}{w - \varkappa}.$$

Diese Formel liefert die bekannte Cotangens-Entwickelung von S. 68.

Die Formel (6) können wir mannigfach umgestalten. So lässt sie sich durch Einführung von $z = e^{2v\pi i}$ auf die Form

$$(6^*) \qquad \frac{2\pi i}{e^{2w\pi i} - 1} = \sum_{-\infty}^{+\infty} \frac{z^{\varkappa - w}}{w - \varkappa} \qquad (|z| = 1)$$

bringen, die dadurch interessant ist, dass die Summe rechts nur scheinbar von z abhängt. Statt (6) lässt sich auch schreiben:

$$\frac{\pi e^{-w\pi i}}{\sin w\pi} = \sum_{-\infty}^{\infty} \frac{e^{2v(\varkappa - w)\pi i}}{w - \varkappa};$$

trennen wir Reelles und Imaginäres, dann zerfällt die Gleichung in

---

*) Vgl. R. Lipschitz: Untersuchung einer aus vier Elementen gebildeten Reihe. Crelle's J. f. d. r. u. a. Math. LIV, S. 320.

$$
(8)\qquad \begin{aligned} \pi \operatorname{cotg} w\pi &= \sum_{-\infty}^{+\infty} \frac{\cos 2v(w-\varkappa)\pi}{w-\varkappa}, \\ 1 &= \sum_{-\infty}^{+\infty} \frac{\sin 2v(w-\varkappa)\pi}{\pi(w-\varkappa)}. \end{aligned} \qquad (0 < v < 1)
$$

Die erste dieser Formeln gilt auch noch für $v = 0, 1$; sie führt dann nämlich auf (7) zurück. Die zweite Formel (8) ist eine Verallgemeinerung von (2), in welche sie für $w = 0$ übergeht. Man hat für $w = 0$:

$$
1 = \lim_{w=0} \frac{\sin 2vw\pi}{w\pi} + 2\sum_{1}^{\infty} \frac{\sin 2\varkappa v\pi}{\varkappa\pi}.
$$

Der Formel (6) kann man noch eine andere Gestalt geben. Es folgte aus ihr (vgl. die letzte Formel auf S. 105)

$$
e^{(2v-1)w\pi i} = \frac{\sin w\pi}{\pi} \sum_{-\infty}^{\infty} \frac{e^{2\varkappa v\pi i}}{w-\varkappa} \qquad (0 < v < 1)
$$

und daraus, wenn man $v + \frac{1}{2}$ statt v einträgt, weiter

$$
e^{2vw\pi i} = \frac{\sin w\pi}{\pi} \sum_{-\infty}^{\infty} \frac{(-1)^\varkappa e^{2\varkappa v\pi i}}{w-\varkappa} \qquad \left(-\tfrac{1}{2} < v < \tfrac{1}{2}\right).
$$

Hier trennen wir nun wieder das Reelle vom Imaginären:

$$
(9)\qquad \begin{aligned} \sin 2vw\pi &= \frac{\sin w\pi}{\pi} \sum_{-\infty}^{\infty} \frac{(-1)^\varkappa \sin 2\varkappa v\pi}{w-\varkappa} \\ \cos 2vw\pi &= \frac{\sin w\pi}{\pi} \sum_{-\infty}^{\infty} \frac{(-1)^\varkappa \cos 2\varkappa v\pi}{w-\varkappa}. \end{aligned} \qquad \left(-\tfrac{1}{2} < v < \tfrac{1}{2}\right)
$$

Der Gültigkeitsbereich der rechten Seiten von (9) hinsichtlich der Variablen v lässt sich folgendermassen erweitern.

Bedeutet $R(v)$ den absolut kleinsten Rest von v (mod. 1), d. h. die kleinere der beiden Differenzen

$$
v - [v] \quad \text{und} \quad [v+1] - v,
$$

dann gilt

$$
-\tfrac{1}{2} < R(v) < +\tfrac{1}{2},
$$

so lange v kein ungerades Vielfaches von $\frac{1}{2}$ ist; diesen Fall wollen wir ausschliessen. Für jedes andere v wird daher

$$(9^*)\quad \begin{aligned} \sin 2R(v)w\pi &= \frac{\sin w\pi}{\pi}\sum_{-\infty}^{+\infty}\frac{(-1)^\varkappa \sin 2\varkappa v\pi}{w-\varkappa} \\ \cos 2R(v)w\pi &= \frac{\sin w\pi}{\pi}\sum_{-\infty}^{+\infty}\frac{(-1)^\varkappa \cos 2\varkappa v\pi}{w-\varkappa} \end{aligned}\quad \left(v \text{ kein ungerades Vielfaches von } \frac{1}{2}\right).$$

Die Formel (6) liefert endlich die Lösung einer Aufgabe, welche die zu Anfang des Paragraphen gestellte in sich schliesst.

Setzen wir

$$\frac{2\pi i}{e^{2w\pi i}-1} = u; \quad \frac{d^\lambda u}{dw^\lambda} = (2v\pi i)^{\lambda+1}U^{(\lambda)}; \quad U^{(0)} = \frac{u}{2v\pi i};$$

$$\frac{(\lambda-1)!}{(2v\pi i)^\lambda}\sum_{\varkappa=-\infty}^{+\infty}\frac{e^{2v(\varkappa-w)\pi i}}{(w-\varkappa)^\lambda} = S_{\lambda-1},$$

dann erhält man durch (6) und seine Ableitungen noch w, deren Bildung durch gliedweise Differentiation erlaubt ist (vgl. Harnack, Elem. d. Diff.- u. Int.-Rechn. § 129 S. 236):

$$\begin{aligned} U^{(0)} &= S_0, \\ -U' &= S_0 + S_1, \\ U'' &= S_0 + 2S_1 + S_2, \\ &\dots\dots\dots \\ (-1)^\mu U^{(\mu)} &= S_0 + \mu_1 S_1 + \mu_2 S_2 + \mu_3 S_3 + \cdots + S_\mu, \\ &\dots\dots\dots \end{aligned}$$

und hieraus ergiebt sich durch Auflösung nach den S

$$\begin{aligned} (-1)^\mu S_\mu &= \frac{(-1)^\mu\cdot\mu!}{(2v\pi i)^{\mu+1}}\sum_{\varkappa=-\infty}^{+\infty}\frac{e^{2v(\varkappa-w)\pi i}}{(w-\varkappa)^{\mu+1}} \\ &= U^{(0)} + \mu_1 U' + \mu_2 U'' + \mu_3 U''' + \cdots + U^{(\mu)}. \end{aligned}$$

Trennt man hierin das Reelle vom Imaginären, dann resultiren die Formeln für

$$\sum_{\varkappa=-\infty}^{\infty}\frac{\cos 2v(w-\varkappa)\pi}{(w-\varkappa)^n}, \quad \sum_{\varkappa=-\infty}^{\infty}\frac{\sin 2v(w-\varkappa)\pi}{(w-\varkappa)^n} \quad (0<v<1),$$

für jedes ganzzahlige positive n und für jedes beliebige, nur nicht ganzzahlige w.

§ 6.

Wir können unsere Aufgabe vom Beginn des § 5 auch durch die Einführung der Bernoulli'schen Zahlen lösen. Die Bernoulli'schen Zahlen $B_1, B_2, \dots B_h, \dots$ werden durch die Gleichung

$$(10)\qquad \sum_{1}^{\infty} B_h \frac{(2x)^{2h}}{(2h)!} = 1 - x \operatorname{cotg} x$$

definirt. Wir nehmen noch als Ergänzung eine Zahl

$$(10^*)\qquad B_0 = -1$$

hinzu.

Setzt man in (10) $\frac{x}{2}$ statt x ein, dividirt dann durch x^2, ersetzt x durch $x \cdot i$ und wandelt die trigonometrische Function in eine Exponential-Function um, dann erhält man zuerst

$$\sum_{1}^{\infty} (-1)^{h-1} B_h \frac{x^{2h-2}}{(2h)!} = \frac{e^x+1}{2x(e^x-1)} - \frac{1}{x^2},$$

und daraus mittels leichter Umformungen die Gleichung

$$(11)\qquad 1 - \frac{x}{2} + \frac{B_1}{2!} x^2 - \frac{B_2}{4!} x^4 + \frac{B_3}{6!} x^6 - \cdots = \frac{x}{e^x - 1},$$

welche ebenfalls als Definitions-Gleichung benutzt werden kann.

Aus (10) geht ferner noch

$$(12)\qquad \sum_{0}^{\infty} \frac{2(2^{2h-1}-1)x^{2h}}{(2h)!} B_h = \frac{x}{\sin x}$$

hervor. Denn statt der rechten Seite lässt sich schreiben:

$$\frac{x}{\sin x} = 1 + (1 - x \operatorname{cotg} x) - 2\left(1 - \frac{x}{2} \operatorname{cotg} \frac{x}{2}\right),$$

und so kann man (12) aus (10) ableiten. —

Wir wollen auch eine independente Darstellung für die B_h geben. Dazu dient uns (7), welches wir in der Gestalt

$$x \operatorname{cotg} x = \lim_{n=\infty} \sum_{-n}^{n} \frac{x}{x - \varkappa\pi}$$

$$= 1 + \lim_{n=\infty} \sum_{1}^{n} \frac{2x^2}{x^2 - \varkappa^2\pi^2}$$

schreiben. Setzt man $|x| < \pi$ voraus, dann lässt sich die Summe nach Potenzen von $\frac{x}{\varkappa\pi}$ entwickeln, und dies giebt

$$1 - x \operatorname{cotg} x = 2 \sum_{\varkappa=1}^{\infty} \sum_{h=1}^{\infty} \frac{x^{2h}}{\varkappa^{2h}\pi^{2h}}.$$

Gemäss der Gleichung (10) ergiebt sich demnach, wenn wir rechts die Summationsfolge verändern,

$$\sum_1^\infty B_h \frac{(2x)^{2h}}{(2h)!} = 2\sum_{h=1}^\infty \frac{x^{2h}}{\pi^{2h}} \sum_{\varkappa=1}^\infty \frac{1}{\varkappa^{2h}},$$

und wenn man hierin die Coefficienten von x^{2h} auf beiden Seiten einander gleich setzt,

$$(13) \qquad B_h = \frac{(2h)!}{2^{2h-1} \cdot \pi^{2h}} \sum_{\varkappa=1}^\infty \frac{1}{\varkappa^{2h}}.$$

Hiernach können auch umgekehrt die Bernoulli'schen Zahlen zur Summation der Reihen

$$\sum_{\varkappa=1}^\infty \frac{1}{\varkappa^{2h}}$$

der reciproken geraden Potenzen aller ganzen Zahlen benutzt werden.

Die Werthe der B_h für die niedrigsten Indices sind:

$$B_1 = \frac{1}{6}, \quad B_2 = \frac{1}{30}, \quad B_3 = \frac{1}{42}, \quad B_4 = \frac{1}{30},$$

$$B_5 = \frac{5}{66}, \quad B_6 = \frac{691}{2730}, \quad B_7 = \frac{7}{6}, \ \cdots$$

Jetzt bringen wir (6) in die Form

$$-\frac{w\pi}{\sin w\pi} e^{(2v-1)w\pi i} = \sum_{-\infty}^\infty e^{2v\varkappa\pi i} \frac{w}{\varkappa - w}$$

$$= -1 - \sum_1^\infty \frac{we^{-2v\varkappa\pi i}}{\varkappa + w} + \sum_1^\infty \frac{we^{2v\varkappa\pi i}}{\varkappa - w},$$

und dies liefert, wenn man $|w| < 1$ annimmt, wodurch dann $|w| < \varkappa$ wird,

$$1 - \frac{w\pi}{\sin w\pi} e^{(2v-1)w\pi i} = \sum_{\varkappa=1}^\infty \sum_{n=1}^\infty \frac{w^n}{\varkappa^n} \left(e^{2v\varkappa\pi i} + (-1)^n e^{-2v\varkappa\pi i}\right)$$

$$(|w| < 1).$$

Die rechte Seite wird hierbei

$$2\sum_{\varkappa=1}^\infty \cos 2v\varkappa\pi \sum_{n=1}^\infty \frac{w^{2n}}{\varkappa^{2n}} + 2i\sum_{\varkappa=1}^\infty \sin 2v\varkappa\pi \sum_{n=1}^\infty \frac{w^{2n-1}}{\varkappa^{2n-1}}.$$

Für die linke Seite benutzen wir (12) sowie die Entwickelung

$$e^{(2v-1)w\pi i} = \sum_0^\infty \frac{(2v-1)^\varkappa (w\pi i)^\varkappa}{\varkappa!}.$$

Dann erhält man

$$\frac{1}{2} - \sum_{h=0}^{\infty} \sum_{k=0}^{\infty} \frac{(2v-1)^k (w\pi i)^k (2^{2h-1}-1)(w\pi)^{2h}}{k!\,(2h)!} B_h$$

$$= \sum_{\varkappa=1}^{\infty} \cos 2v\varkappa\pi \sum_{n=1}^{\infty} \frac{w^{2n}}{\varkappa^{2n}} + i \sum_{\varkappa=1}^{\infty} \sin 2v\varkappa\pi \sum_{n=1}^{\infty} \frac{w^{2n-1}}{\varkappa^{2n-1}};$$

die Trennung des Reellen vom Imaginären giebt die Resultate

$$(14)\quad \begin{cases} \displaystyle\sum_{\varkappa=1}^{\infty} \frac{\cos 2\varkappa v\pi}{(\varkappa\pi)^{2n}} = -\sum_{h=0}^{n} \frac{(2v-1)^{2n-2h}(2^{2h-1}-1)(-1)^{n-h}}{(2h)!\,(2n-2h)!} B_h, & (0<v<1) \\ \displaystyle\sum_{\varkappa=1}^{\infty} \frac{\sin 2\varkappa v\pi}{(\varkappa\pi)^{2n-1}} = +\sum_{h=0}^{n-1} \frac{(2v-1)^{2n-2h-1}(2^{2h-1}-1)(-1)^{n-h}}{(2h)!\,(2n-2h-1)!} B_h. \end{cases}$$

Uebrigens ist eine jede dieser Gleichungen die unmittelbare Folge der anderen. Denn da die linken Seiten einzeln für $v = 0$ und $v = 1$ denselben Werth liefern, so darf man die Gleichungen gliedweise differentiiren, und das führt von der einen auf die andere.

Die rechten Seiten von (14) werden Bernoulli'sche Functionen genannt. Dieselben sind jedoch nur für das Intervall $(0\ldots 1)$ den linken Seiten gleich. Setzt man aber wieder rechts $R(v)$ d. h. $v - [v]$ bezw. $[v+1] - v$ statt v ein, so gelten die Formeln für jedes v.

Für den Fall $n = 1$ ergiebt sich aus der ersten Formel (14)

$$\frac{(2v-1)^2(2^{-1}-1)B_0}{0!\,2!} - \frac{(2-1)B_1}{2!\,0!} = \frac{1}{4}(4v^2 - 4v + 1) - \frac{1}{12} = v^2 - v + \frac{1}{6},$$

und aus der zweiten

$$-\frac{(2v-1)(2^{-1}-1)B_0}{0!\,1!} = (1-2v)\frac{1}{2} = \frac{1}{2} - v.$$

Beides stimmt mit früheren Resultaten überein.

Da die linken Seiten von (14) für $v = 0$ und $v = 1$ gleiche Werthe geben, so gelten diese Formeln auch noch für die Grenzen. Vergleicht man dies mit (13), so folgt eine Recursionsformel für die B_h, nämlich

$$-\frac{2^{2n-1}\cdot B_n}{(2n)!} = \sum_{h=0}^{n} \frac{(2^{2h-1}-1)(-1)^{n-h}}{(2h)!\,(2n-2h)!} B_h.$$

§ 7.

Wir kommen jetzt zu einer ebenso wichtigen wie interessanten Anwendung des Fourier'schen Satzes, welche sich auf die Summationsformel (10) § 5 Vorlesung 6 stützt. Für $f(x)$ setzen wir

$$e^{-\frac{x^2\lambda\pi i}{\mu}} f(x);$$

λ, μ sollen positive ganze Zahlen bedeuten, die zu einander relativ prim sind, und $f(x)$ eine Function mit der Periode 2μ, so dass

$$f(x + 2\varkappa\mu) = f(x)$$

für jedes ganzzahlige $\varkappa$ ist. Aus dem letzten Umstande folgt

$$f(2\mu)e^{-\frac{4\mu^2\lambda\pi i}{\mu}} = f(0)e^0,$$

und somit kann man

$$\sum_{\varkappa=0}^{2\mu-1} f(\varkappa)e^{-\frac{\varkappa^2\lambda\pi i}{\mu}} = \frac{1}{2}f(0)\cdot e^0 + \sum_{\varkappa=1}^{2\mu-1} f(\varkappa)e^{-\frac{\varkappa^2\lambda\pi i}{\mu}} + \frac{1}{2}f(2\mu)e^{-\frac{4\mu^2\lambda\pi i}{\mu}}$$

setzen, und die angezogene Formel (10) § 5 Vorlesung 6 liefert

$$\sum_{\varkappa=0}^{2\mu-1} f(\varkappa)e^{-\frac{\varkappa^2\lambda\pi i}{\mu}} = \lim_{n=\infty}\sum_{\varkappa=-n}^{n}\int_0^{2\mu} f(z)e^{-\frac{z^2\lambda\pi i}{\mu} - 2\varkappa z\pi i}dz,$$

falls wir eine ähnliche Umformung machen, wie dies bei der Formel (6) § 4 der vorigen Vorlesung geschehen ist.

Die rechte Seite gestalten wir dadurch um, dass wir $\varkappa = 2m\lambda + h$ setzen und von dem Summationsbuchstaben h die Werthe $0, 1, \ldots, 2\lambda - 1$ sowie von m die Werthe $0, \pm 1, \pm 2, \ldots$ durchlaufen lassen, so weit die Grenzen $+n$, $-n$ für $\varkappa$ es gestatten. Dann entsteht rechts

$$\lim_{N=\infty}\sum_{m=-N}^{+N}\sum_{h=0}^{2\lambda-1}\int_0^{2\mu} f(z)e^{-\frac{z^2\lambda\pi i}{\mu} - 2(2m\lambda+h)z\pi i}dz,$$

und wenn man in die einzelnen Glieder der über m erstreckten Summe $z = x - 2m\mu$ einführt und die Periodicität von $f(z)$ bedenkt,

$$\lim_{N=\infty}\sum_{m=-N}^{+N}\sum_{h=0}^{2\lambda-1}\int_{2m\mu}^{2(m+1)\mu} f(x)e^{-\frac{x^2\lambda\pi i}{\mu} - 2hx\pi i}dx.$$

Hier sind in dem Exponenten von e die Summanden weggelassen, welche ganze Vielfache von $2\pi i$ waren. Jetzt kann man die Summation nach m ausführen und erhält

(15) $$\sum_{h=0}^{2\lambda-1}\int_{-\infty}^{\infty} f(x)e^{-\frac{x^2\lambda\pi i}{\mu} - 2hx\pi i}dx = \sum_{\varkappa=0}^{2\mu-1} f(\varkappa)e^{-\frac{\varkappa^2\lambda\pi i}{\mu}}.$$

§ 8.

Die eben gefundene Formel wollen wir auf die Summe

(16) $$G\left(\frac{\lambda i}{\mu}\right) = \frac{1}{2}\sum_{\varkappa=0}^{2\mu-1} e^{-\frac{\varkappa^2\lambda\pi i}{\mu}}$$

anwenden, in der λ und μ ganze positive oder negative Zahlen sein sollen. Diese Summe wollen wir als Gauss'sche Summe bezeichnen. Es ist klar, dass G seinen Werth nicht ändert, wenn man bei λ und μ gleichzeitig die Vorzeichen ändert. Wie schon oben, so setzen wir auch hier λ und μ als relativ prim zu einander voraus. Es ist also ausgeschlossen, dass λ und μ gerade seien. Der Fall, dass λ und μ ungerade seien, hat kein Interesse; denn das zugehörige G wird dabei gleich Null. Es folgt dies aus

$$\sum_{x=0}^{2\mu-1} e^{-\frac{x^2\lambda\pi i}{\mu}} = \sum_{x=0}^{\mu-1}\left(e^{-\frac{x^2\lambda\pi i}{\mu}} + e^{-\frac{(x+\mu)^2\lambda\pi i}{\mu}}\right)$$

$$= \sum_{x=0}^{\mu-1}\left(e^{-\frac{x^2\lambda\pi i}{\mu}} + (-1)^{\lambda\mu} e^{-\frac{x^2\lambda\pi i}{\mu}}\right)$$

$$= 0 \qquad (\text{wenn } \lambda\cdot\mu \equiv 1 \ (\text{mod. } 2));$$

$$\text{oder} \quad = 2\sum_{x=0}^{\mu-1} e^{-\frac{x^2\lambda\pi i}{\mu}}, \qquad (\text{wenn } \lambda\cdot\mu \equiv 0 \ (\text{mod. } 2)).$$

Es bleibt also nur übrig, anzunehmen, dass eine der beiden Zahlen λ oder μ gerade, die andere ungerade ist.

Ueber G leiten wir folgende Eigenschaften ab:

A) Es ist für ganze Zahlen h, wie man sofort erkennt,

$$G\left(\frac{\lambda i}{\mu} + 2hi\right) = G\left(\frac{\lambda i}{\mu}\right). \tag{17}$$

B) Es ist, wenn n als zu μ relativ prim vorausgesetzt wird,

$$G\left(\frac{\lambda n^2 i}{\mu}\right) = G\left(\frac{\lambda i}{\mu}\right). \tag{18}$$

Denn, wenn zuerst μ als gerade angenommen wird, dann ist n auch zu 2μ relativ prim, und folglich stimmen die Reste der beiden Reihen

$$1, 2, \ldots 2\mu-1 \quad \text{und} \quad n, 2n, \ldots (2\mu-1)n \qquad (\text{mod. } 2\mu)$$

und also auch die von

$$1^2, 2^2, \ldots (2\mu-1)^2 \quad \text{und} \quad n^2, (2n)^2, \ldots ((2\mu-1)n)^2 \qquad (\text{mod. } 2\mu)$$

bis auf ihre Folge überein, damit ist dieser Fall des Satzes bewiesen.

Wenn zweitens μ als ungerade angenommen wird, dann betrachten wir die oben abgeleitete Form der Gauss'schen Summe

$$G\left(\frac{\lambda i}{\mu}\right) = \sum_{x=0}^{\mu-1} e^{-\frac{x^2\lambda\pi i}{\mu}}.$$

Nun sind die Reste der beiden Reihen

$$1, 2, \ldots \mu-1 \quad \text{und} \quad 1n, 2n, \ldots (\mu-1)n \qquad (\text{mod. } \mu)$$

$$1^2 \cdot \lambda, 2^2 \cdot \lambda, \ldots (\mu-1)^2 \cdot \lambda \text{ und } (1 \cdot n)^2 \cdot \lambda, (2 \cdot n)^2 \cdot \lambda, \ldots ((\mu-1)n)^2 \cdot \lambda \pmod{2\mu}$$

bis auf ihre Folge identisch. Da λ eine gerade Zahl ist, so folgt hieraus der Beweis.

C) Es ist für relative Primzahlen λ, μ, ν

$$G\left(\frac{\lambda i}{\mu\nu}\right) = G\left(\frac{\lambda\nu i}{\mu}\right) G\left(\frac{\lambda\mu i}{\nu}\right). \tag{19}$$

Denn bei der in der Definitionsgleichung (16) auftretenden Summation kann man $x \equiv r\mu + s\nu \pmod{2\mu\nu}$ setzen ($r = 0, 1, \ldots 2\nu - 1$; $s = 0, 1, \ldots 2\mu - 1$), wobei dann jeder Summand durch genau zwei Combinationen von r, s repräsentirt wird. So entsteht

$$2\sum_x e^{-\frac{x^2\lambda\pi i}{\mu\nu}} = \sum_{r,s} e^{-\frac{(r\mu+s\nu)^2\lambda\pi i}{\mu\nu}} = \sum_r e^{-\frac{r^2\mu\lambda\pi i}{\nu}} \sum_s e^{-\frac{s^2\nu\lambda\pi i}{\mu}},$$

und diese Gleichung ist bis auf den Factor 4 mit (19) identisch.

D) Es wird, wenn $s \equiv t \pmod{\mu}$, μ ungerade und λ gerade ist,

$$G\left(\frac{s\lambda i}{\mu}\right) = G\left(\frac{t\lambda i}{\mu}\right). \tag{20}$$

Denn setzt man $t = s + \varrho\mu$, wobei ϱ eine ganze Zahl ist, so entsteht

$$\sum_{x=0}^{2\mu-1} e^{-\frac{x^2 t\lambda\pi i}{\mu}} = \sum_{x=0}^{2\mu-1} e^{-\frac{x^2 s\lambda\pi i}{\mu}} \cdot e^{-x^2\varrho\lambda\pi i}.$$

Der letzte Exponent ist ein ganzes Vielfaches von $2\pi i$, weil λ gerade ist; also hat der zweite Factor unter der Summe den Werth 1, und so entsteht die Formel (20).

E) Es ist

$$G\left(\frac{\lambda i}{\mu}\right) G\left(-\frac{\lambda i}{\mu}\right) = \mu. \tag{21}$$

Denn die linke Seite wird zunächst:

$$\frac{1}{4}\sum_{h,k=0}^{2\mu-1} e^{(h^2-k^2)\frac{\lambda\pi i}{\mu}} = \frac{1}{4}\sum_{h,k=0}^{2\mu-1} e^{(h+k)(h-k)\frac{\lambda\pi i}{\mu}}.$$

Nun sieht man, dass man ohne Werthänderung rechts statt $h+k$ und $h-k$ einführen kann $h+k-2\mu$ bezw. $h-k+2\mu$, sobald $h+k \geqq 2\mu$ oder $h-k<0$ geworden ist. Für $h-k=s$ erhält man demnach bei constantem s die $2\mu-1$ Werthe von $h+k$, welche aus

$h = s + \alpha$, $k = \alpha$ $\quad(\alpha = 0, 1, \ldots 2\mu - s - 1)$

$h = \beta$, $k = 2\mu - s + \beta$ $\quad(\beta = 0, 1, \ldots s - 1)$

entstehen; diese Werthe sind, falls s gerade ist: $0, 2, 4, \ldots (2\mu - 2)$ jeder zweimal genommen, und falls s ungerade ist: $1, 3, 5, \ldots (2\mu - 1)$ jeder zweimal genommen. Führt man zuerst die Summation bei constantem s aus, so erhält man jedesmal eine geometrische Reihe mit der Summe 0, ausgenommen bei $s = 0$ und $s = \mu$. Hier wird, für gerades wie für ungerades μ, jeder der 2μ Summanden $= 1$, und man bekommt 4μ für die Doppelsumme.

§ 9.

Wenden wir nun (15) auf unsere Function G an, so haben wir $f(x) = \frac{1}{2}$ zu setzen und müssen λ und μ positiv nehmen. Es entsteht eine Vereinfachung der Formel durch die Substitution

$$x = y \left| \sqrt{\frac{\mu}{\lambda}} \right| - h \frac{\mu}{\lambda}.$$

Man erhält dadurch

$$G\binom{\lambda i}{\mu} = \int_{-\infty}^{\infty} e^{-y^2 \pi i} dy \cdot \left[\frac{1}{2} \left| \sqrt{\frac{\mu}{\lambda}} \right| \sum_{h=0}^{2\lambda - 1} e^{\frac{h^2 \mu \pi i}{\lambda}} \right]$$

$$= \left| \sqrt{\frac{\mu}{\lambda}} \right| G\binom{-\mu i}{\lambda} \int_{-\infty}^{\infty} e^{-y^2 \pi i} dy,$$

und kann den Werth des Integrals durch besondere Werthe für λ und μ ermitteln. So wird für $\lambda = 2$, $\mu = 1$

$$G\binom{2i}{1} = \frac{1}{2}\left(e^0 + e^{-\frac{2\pi i}{1}}\right) = 1,$$

$$G\binom{-1i}{2} = \frac{1}{2}\left(e^0 + e^{\frac{\pi i}{2}} + e^{\frac{4\pi i}{2}} + e^{\frac{9\pi i}{2}}\right) = 1 + i,$$

und das liefert, in die Gleichung eingetragen,

$$1 = \left| \sqrt{\frac{1}{2}} \right| \cdot (1 + i) \int_{-\infty}^{\infty} e^{-y^2 \pi i} dy,$$

$$(22) \qquad \int_{-\infty}^{\infty} e^{-y^2 \pi i} dy = \frac{\sqrt{2}}{1 + i} = \frac{1 - i}{\sqrt{2}} = e^{-\frac{\pi i}{4}}.$$

Daraus entsteht, nebenbei bemerkt,

$$(23) \qquad \int_{-\infty}^{\infty} \cos(y^2 \pi) dy = \frac{1}{\sqrt{2}}; \quad \int_{-\infty}^{\infty} \sin(y^2 \pi) dy = \frac{1}{|\sqrt{2}|}.$$

Unsere Formel nimmt gemäss (22) die Gestalt

$$G\left(\frac{\lambda i}{\mu}\right)=\left|\sqrt{\frac{\mu}{\lambda}}\right|e^{-\frac{\pi i}{4}}\cdot G\left(\frac{-\mu i}{\lambda}\right)$$

an. Verstehen wir nun unter der eingeklammerten Quadratwurzel aus einer complexen Grösse

$$(\sqrt{re^{\nu\pi i}})$$

den absoluten Werth von $\sqrt{r}$ multiplicirt mit demjenigen Werthe von $e^{v i}$, bei welchem $-\pi < v \leq \pi$ ist, dann können wir kürzer

(24)
$$G\left(\frac{\lambda i}{\mu}\right)\cdot\left(\sqrt{\frac{\lambda i}{\mu}}\right)=G\left(\frac{\mu}{\lambda i}\right)$$

schreiben. „Dies ist das Reciprocitätsgesetz für die Gauss'schen Reihen." Bei der Ableitung hatten wir λ und μ als positiv vorausgesetzt. Das ist unwesentlich. Denn ist z. B. λ negativ, dann setzen wir in (24) für λ ein μ, und für μ ebenso $(-\lambda)$. Daraus entsteht, weil μ und $(-\lambda)$ jetzt positiv sind, gemäss (24)

$$G\left(\frac{\mu i}{-\lambda}\right)=\left(\sqrt{\frac{-\lambda}{\mu i}}\right)\cdot G\left(\frac{-\lambda}{\mu i}\right)$$

oder in formaler Umwandlung

$$G\left(\frac{\lambda i}{\mu}\right)\left(\sqrt{\frac{\lambda i}{\mu}}\right)=G\left(\frac{\mu}{\lambda i}\right),$$

und es kommt also auch bei negativem λ die obige Formel heraus. Wir können statt (24) auch schreiben

(24*)
$$G(\varrho)\cdot(\sqrt{\varrho})=G\left(\frac{1}{\varrho}\right),$$

wo ϱ jeden rationalen, rein imaginären Werth $\frac{\lambda i}{\mu}$ bedeuten darf.

Aus (24*) und (18) folgt für jedes ganze, positive m, welches zu λ relativ prim ist,

$$\left(\frac{\sqrt{\varrho}}{m}\right)G\left(\frac{\varrho}{m^2}\right)=G\left(\frac{m^2}{\varrho}\right)=G\left(\frac{1}{\varrho}\right)=(\sqrt{\varrho})\,G(\varrho);$$

und wenn nun n zu μ relativ prim ist, hieraus

(25)
$$G(\varrho n^2)=G(\varrho)=\frac{1}{m}\,G\left(\frac{\varrho}{m^2}\right)\qquad\left(\begin{array}{l}\varrho=\frac{\lambda i}{\mu}\\ m \text{ relativ prim zu } \lambda\\ n \quad " \quad " \quad " \ \mu\end{array}\right).$$

§ 10.

Aus (18) und (20) entnimmt man, wenn a unterschiedslos alle quadratischen Reste, b oder b' alle quadratischen Nichtreste der ungeraden Primzahl μ bedeuten, und wenn 2λ statt der als gerade anzunehmenden Zahl λ eingesetzt wird, und λ positiv ist,

$$
(26)\qquad
\begin{aligned}
G\left(\frac{2a\lambda i}{\mu}\right) &= G\left(\frac{2\lambda i}{\mu}\right),\\
G\left(\frac{2b'\lambda i}{\mu}\right) &= G\left(\frac{2b\lambda i}{\mu}\right).
\end{aligned}
$$

Bildet man die Summe

$$\sum_{h=1}^{\mu-1} G\left(\frac{2h\lambda i}{\mu}\right) = \frac{1}{2}\sum_{k=0}^{2\mu-1}\sum_{h=1}^{\mu-1} e^{-\frac{2k^2\lambda\pi i}{\mu}h},$$

so erhält man bei der Summation nach h für constante k eine geometrische Reihe, deren Werth für $k=0$ und μ gleich $\mu-1$, sonst aber stets gleich -1 ist. Es wird sonach

$$\sum_{h=1}^{\mu-1} G\left(\frac{2h\lambda i}{\mu}\right) = 0.$$

Da μ eine Primzahl ist, so kommen unter den $(\mu-1)$ Werthen von h gleichviele Reste a und Nichtreste b vor; also liefert die letzte Gleichung in Verbindung mit (26)

$$(27)\qquad G\left(\frac{2b\lambda i}{\mu}\right) = -G\left(\frac{2a\lambda i}{\mu}\right) = -G\left(\frac{2\lambda i}{\mu}\right).$$

Führt man das Legendre'sche Zeichen

$$\left(\frac{\nu}{\mu}\right)$$

ein, welches den Werth $+1$ oder -1 hat, je nachdem ν quadratischer Rest oder quadratischer Nichtrest für μ ist, dann erhält man durch (27) die einfache Beziehung

$$(28)\qquad G\left(\frac{2\nu\lambda i}{\mu}\right) = \left(\frac{\nu}{\mu}\right) G\left(\frac{2\lambda i}{\mu}\right).$$

Aus ihr und aus (24) ergiebt sich

$$
\begin{aligned}
G\left(\frac{2\lambda i}{\mu}\right) &= \left(\frac{\lambda}{\mu}\right) G\left(\frac{2i}{\mu}\right) = \left(\frac{\lambda}{\mu}\right)\left(\sqrt{\frac{\mu}{2i}}\right) G\left(\frac{\mu}{2i}\right)\\
&= \left(\frac{\lambda}{\mu}\right)\left(\sqrt{\frac{\mu}{2i}}\right) G\left(-\frac{\mu i}{2}\right):
\end{aligned}
$$

und also, weil

$$(29)\qquad G\left(-\frac{\mu i}{2}\right) = \frac{1}{2}\left(e^0 + e^{\frac{\mu\pi i}{2}} + e^{\frac{4\mu\pi i}{2}} + e^{\frac{9\mu\pi i}{2}}\right) = 1 + i^\mu$$

ist, und $(\sqrt{2i}) = 1 + i$ gesetzt werden kann.

$$G\left(\frac{2\lambda i}{\mu}\right) = \left(\frac{\lambda}{\mu}\right)(\sqrt{\mu})\,\frac{1+i^{\mu}}{1+i}$$

(29*) $$= \left(\frac{\lambda}{\mu}\right)(\sqrt{\mu}); \qquad \text{(wenn } \mu \equiv 1 \text{ mod. 4 ist)}$$

$$\text{oder} = -i\left(\frac{\lambda}{\mu}\right)(\sqrt{\mu}) \quad \text{(wenn } \mu \equiv 3 \text{ mod. 4 ist).}$$

„Hierdurch ist der Werth der Gauss'schen Reihe bestimmt."

Setzt man jetzt in die Gleichung (19) $-\mu$, λ, 2 für λ, μ, ν ein, und versteht auch unter λ eine ungerade Primzahl, so erhält man

$$G\left(\frac{-\mu i}{2\lambda}\right) = G\left(\frac{-2\mu i}{\lambda}\right) G\left(\frac{-\lambda\mu i}{2}\right);$$

dies verwandelt sich bei Verwendung von (21), (29) und (29*) in

$$G\left(\frac{\mu}{2\lambda i}\right) = \frac{\lambda}{G\left(\frac{2\mu i}{\lambda}\right)}\,(1+i^{\lambda\mu})$$

$$= \frac{\lambda}{\left(\frac{\mu}{\lambda}\right)(\sqrt{\lambda})}\,\frac{(1+i)(1+i^{\lambda\mu})}{1+i^{\lambda}}$$

$$= \left(\frac{\mu}{\lambda}\right)(\sqrt{\lambda})\,\frac{(1+i)(1+i^{\lambda\mu})}{1+i^{\lambda}}.$$

Vergleicht man damit (24) und benutzt (29), so kommt

$$\left(\sqrt{\frac{2\lambda i}{\mu}}\right) G\left(\frac{2\lambda i}{\mu}\right) = \left(\frac{\lambda}{\mu}\right)\left(\sqrt{\frac{\lambda}{\mu}}\right)(\sqrt{\mu})(1+i^{\mu}) = \left(\frac{\mu}{\lambda}\right)(\sqrt{\lambda})\,\frac{(1+i)(1+i^{\lambda\mu})}{1+i^{\lambda}},$$

(30) $$\left(\frac{\lambda}{\mu}\right)\left(\frac{\mu}{\lambda}\right) = \frac{(1+i)(1+i^{\lambda\mu})}{(1+i^{\lambda})(1+i^{\mu})}$$

heraus. „Diese Gleichung liefert das Reciprocitätsgesetz für quadratische „Reste bei zwei ungeraden Primzahlen λ und μ." Ist eine $\equiv 1$ (mod. 4), so kommt rechts $+1$, ist jede von beiden $\equiv 3$ (mod. 4), so kommt rechts -1 heraus; man kann also statt (30) auch schreiben, und erhält so die gewöhnliche Form des quadratischen Reciprocitätsgesetzes

(30*) $$\left(\frac{\lambda}{\mu}\right)\left(\frac{\mu}{\lambda}\right) = (-1)^{\frac{\lambda-1}{2}\cdot\frac{\mu-1}{2}}.$$

§ 11.

In den vorhergehenden Untersuchungen wurde die Form der Gauss-schen Summe gegen die sonst gebräuchliche etwas geändert; die Herleitung der Resultate wird dadurch einigermassen vereinfacht. Der Kernpunkt für die Betrachtung der Reihen und die gesammte Schwierigkeit lag in der Summirung von

$$\sum_{0}^{p-1} \cos \frac{2h^2\pi}{p} \quad \text{und} \quad \sum_{0}^{p-1} \sin \frac{2h^2\pi}{p} \quad (p \text{ Primzahl})$$

oder vereinigt, von

$$\sum_{0}^{p-1} e^{\frac{2h^2\pi i}{p}},$$

aus welcher dann das quadratische Reciprocitätsgesetz leicht zu entnehmen war. Gauss hat wahrscheinlich schon in seinem siebzehnten Jahre den Werth der Reihen, abgesehen vom Vorzeichen gefunden, dessen Bestimmung ihm, wie aus der Abhandlung „Summatio quarumdam serierum singularium" (Werke, Bd. II, S. 11) und aus einem Briefe an Sophie Germain hervorgeht, unsägliche Mühe machte. Nach sechsjähriger andauernder Beschäftigung mit dem Gegenstande glückte ihm die Feststellung des Zeichens, und zwar, wie er in bewundernswerther Bescheidenheit sagt, nur durch eine Art Eingebung. Ueber seinen Gedankengang hat er uns völlig im Dunkel gelassen, und in der That ist seine Beweisart auch noch heute ein Räthsel. Er hat gleichsam aus einer Projection die ganze Figur erhalten, indem er nämlich aus der specielleren eine allgemeinere Reihe errieth und diese dann als ein Sinus-Product darstellte. Bisher ist es übrigens noch nicht gelungen, eine Summe von Sinus, wie sie in der Reihe vorliegt, direct in ein solches Product umzuformen. Ausserdem ist es merkwürdig, dass Gauss, obwohl er nahe daran war, doch nicht darauf gekommen ist, die ihm bekannte Θ-Reihe zur Berechnung seiner Summe zu benutzen.

Dies hat erst Cauchy gethan, der im Liouville'schen Journale zwei Methoden zur Bestimmung des Zeichens der Gauss'schen Reihe angegeben hat. Die eine derselben ist auf Primzahlen beschränkt und hat nur den Werth einer Verification. Die andere hingegen geht sehr tief, indem sie eben die Θ-Reihen verwendet. Die Jacobi'sche Reihe

$$\sum_{n=-\infty}^{\infty} q^{n^2} = \sum_{n=-\infty}^{\infty} e^{-\pi(x+iy)n^2}$$

lässt sich nämlich so umwandeln, dass unter dem Summenzeichen nur noch $e^{-\frac{\pi n^2}{x+iy}}$ steht. Diese Reihe wird an der Grenze der Convergenz, bei $|q| = 1$, wenn y ein rationaler Bruch $= \frac{\lambda}{\mu}$ ist, in bestimmter Weise unendlich, nämlich wie $\frac{1}{\sqrt{x}}$ für $x = 0$. Multiplicirt man daher die Reihe mit $\sqrt{x}$, so bleibt der Grenzwerth des Productes endlich und liefert eine Gauss'sche Reihe. Die Reciprocitätsgleichung der Gauss'schen Reihen erscheint hierbei als Resultat der Grenzoperation bei der

Transformation der Jacobi'schen Θ-Reihen. Da übrigens diese Transformation von Jacobi mittels derselben Methode hergeleitet wird, welche Dirichlet auf die Summation specieller Gauss'scher Reihen verwendet, so unterscheidet sich das Cauchy'sche Verfahren von dem Dirichlet'schen nur dadurch, dass bei jenem nach der Transformation zur Grenze übergegangen wird, bei diesem dagegen vorher.

Ueberhaupt giebt es bisher für die Bestimmung des Werthes der Gauss'schen Reihe nur die Gauss'sche algebraische, die Dirichlet'sche und die beiden Cauchy'schen Methoden. Das Feld scheint also ziemlich unzugänglich zu sein*).

*) Vgl. Monatsber. d. Berl. Akad. d. Wissensch. 1880, 29. Juli, S. 686—698 und 28. October, S. 854—860.

Achte Vorlesung.

Mechanische Quadratur mittels eines Polygons. — Benutzung einer parabolischen Curve. — Günstigste Wahl der Abscissen. — Jacobi's Methode. — Hülfsformel für die Umwandlung mehrfacher Integrale. — Die Euler-Maclaurin'sche Summenformel. — Abschätzung des Restes. — Inductionsbeweis für die Summenformel. — Maxima und Minima der Bernoulli'schen Functionen.

§ 1.

In der ersten Vorlesung ergab sich durch die Definition des Integrals als Grenze einer Summe zugleich eine Methode zur näherungsweisen Berechnung von Integralen. Die Methoden, welche diesen Zweck verfolgen, pflegt man als die der „mechanischen Quadratur" zu bezeichnen. Man will damit einmal anzeigen, dass es sich um Quadriren d. h. um das Berechnen eines Flächeninhaltes handelt, andrerseits diese Methoden in einen, vielleicht etwas herabsetzenden Gegensatz zur Theorie bringen. Gleichwohl eröffnet sich hier die Aussicht auf ein sehr interessantes Problem: „wie verwirklicht man die Ausrechnung am besten, d. h. möglichst sicher und möglichst schnell?" Das Letztere ist durchaus nicht zu unterschätzen; die Schnelligkeit, mit der eine Methode zum Ziele führt, ist, wie es auch Gauss ansah, eine eminent theoretische Frage.

Wir hatten für das Integral angenähert

$$\int_a^b f(x)dx = \sum_0^{n-1} (-x_{2\lambda} + x_{2\lambda+2}) f(x_{2\lambda+1}) \qquad \begin{pmatrix} x_0 = a \\ x_{2n} = b \end{pmatrix},$$

und die hierin liegende, sehr alte Methode ist trotz aller späteren Untersuchungen noch immer die bequemste. Sie liefert um so genauere Resultate, je kleiner die Ausdehnung der Intervalle ist. Ihr Wesen besteht darin, dass man statt der Curve $y = f(x)$ eine gebrochene Linie nimmt, deren einzelne Theile abwechselnd der X- und der Y-Axe parallel laufen.

§ 2.

Der erste weitere Schritt beruht darauf, dass man die gebrochene Linie durch eine Curve $y = f_0(x)$ ersetzt, welche sich der durch die

Gleichung $y = f(x)$ gegebenen Curve möglichst anschmiegt und dabei eine genaue Quadratur zulässt. Dies heisst analytisch: „$|f(x) - f_0(x)|$ „soll innerhalb des Integrationsbereiches möglichst klein werden, und

$$\int_a^b f_0(x)dx$$

„soll eine genaue Integration gestatten."

Wir wählen $f_0(x)$ als ganze Function $(n - 1)^{\text{ten}}$ Grades, und also $y = f_0(x)$ als parabolische Curve und schreiben vor, dass in n willkürlichen Punkten mit den Abscissen $\xi_1, \xi_2, \ldots \xi_n$ beide Cuven $y = f(x)$ und $y = f\ (x)$ sich schneiden, so dass also in ihnen

$$f(x) = f_0(x) \quad \text{d. h.} \quad f(\xi_\varkappa) = f_0(\xi_\varkappa) \qquad (\varkappa = 1, 2, \ldots n)$$

sein soll. Mit Hülfe der Lagrange'schen Interpolationsformel lässt sich eine ganze Function $(n - 1)^{\text{ten}}$ Grades finden, welche diese letzte Bedingung erfüllt. Bezeichnen wir

$$P(x) = (x - \xi_1)(x - \xi_2)\ldots(x - \xi_n),$$

so brauchen wir nur die Summe

$$f_0(x) = \sum_1^n \frac{f(\xi_\varkappa)}{P'(\xi_\varkappa)} \, \frac{P(x)}{x - \xi_\varkappa}$$

zu bilden, um unsere Forderung befriedigt zu sehen. Jetzt ist $f_0(x)$ zu integriren. Zu diesem Zwecke denken wir uns $P(x)$ nach Potenzen von x entwickelt:

$$P(x) = c_0 + c_1 x + c_2 x^2 + \cdots + c_n x^n,$$

dann folgt

$$\frac{P(x)}{x - \xi_\varkappa} = \frac{P(x) - P(\xi_\varkappa)}{x - \xi_\varkappa} = \sum_{\mu=1}^n \frac{c_\mu (x^\mu - \xi_\varkappa^\mu)}{x - \xi_\varkappa} = \sum_{\mu=1}^n \sum_{\nu=0}^{\mu-1} c_\mu x^{\mu-\nu-1} \xi_\varkappa^\nu$$

$$= \sum_{r=1}^n x^{r-1} \sum_{\nu=0}^{n-r} c_{\nu+r} \xi_\varkappa^\nu,$$

und dann ergiebt die Integration

$$\sum_{r=1}^n \frac{x^r}{r} (c_r + c_{r+1} \xi_\varkappa + \cdots + c_n \xi_\varkappa^{n-r}).$$

Bezeichnen wir jetzt der Kürze halber

$$\Theta_r(\xi) = \frac{c_r + c_{r+1}\xi + \cdots + c_n \xi^{n-r}}{r \cdot P'(\xi)},$$

so ist

(1) $$\int_a^b f_0(x)dx = \left(\sum_{\varkappa=1}^n f(\xi_\varkappa) \sum_{r=1}^n x^r \Theta_r(\xi_\varkappa)\right)_a^b.$$

$$\left(\sum_{r=1}^{n} x^r \Theta_r(\xi_x)\right)_a^b$$

von der Natur der gegebenen Function $f(x)$ völlig unabhängig; der Ausdruck hängt allein von der Wahl der ξ_x und von den Grenzen a, b ab. Er kann also ein- für allemal im Voraus berechnet werden, und diese Rechnung wird noch schematischer, wenn wir insbesondere $a = 0$, $b = 1$ setzen. Dass in dieser Annahme keine Beschränkung liegt, zeigt die Substitution

$$x = a + (b - a)y,$$

in Folge deren y von 0 bis 1 geht, während x sich von a bis b ändert. Unter der Voraussetzung dieser besonderen Grenzen haben wir

$$\int_0^1 f_0(x)dx = \sum_1^n \frac{f(\xi_x)}{P'(\xi_x)} \Big\{ \Big(c_1 + \frac{1}{2}c_2 + \cdots + \frac{1}{n}c_n\Big) + \Big(c_2 + \frac{1}{2}c_3 + \cdots + \frac{1}{n-1}c_n\Big)\xi_x$$
$$+ \cdots + \Big(c_{n-1} + \frac{1}{2}c_n\Big)\xi_x^{n-2} + c_n \xi_x^{n-1} \Big\}.$$

Wählen wir nun auch für die ξ_x specielle Werthe, z. B. solche in gleichen Abständen von einander, so lässt sich die angenäherte Integration möglichst concentrirt durchführen.

Für $n = 3$ und $\xi_1 = 0$, $\xi_2 = \frac{1}{2}$, $\xi_3 = 1$ ergiebt sich

$$\int_0^1 f_0(x)dx = \frac{1}{6} f(0) + \frac{2}{3} f\Big(\frac{1}{2}\Big) + \frac{1}{6} f(1).$$

Weiter findet man für $n = 4$ und $\xi_1 = 0$, $\xi_2 = \frac{1}{3}$, $\xi_3 = \frac{2}{3}$, $\xi_4 = 1$

$$\int_0^1 f_0(x)dx = \frac{1}{8} f_0(0) + \frac{3}{8} f\Big(\frac{1}{3}\Big) + \frac{3}{8} f\Big(\frac{2}{3}\Big) + \frac{1}{8} f(1)$$

u. s. f.

Newton hat diese Methode bereits benutzt, und Roger Cotes hat in seiner „Harmonia mensurarum; de methodo differentiali Newtoniana; 1722" die Coefficienten bis auf $n = 11$ angegeben. Man findet sie bis $n = 10$ in Gauss' Abhandlung „Methodus nova integralium valores per approximationem inveniendi; § 4" abgedruckt.

Eine andere sehr übersichtliche und bequeme Form für $f_0(x)$ können wir einer Newton'schen Interpolationsformel (Principia; Buch III, Lemma V) entnehmen*):

*) Vgl. auch Jacobi: „Ueber die Darstellung einer Reihe gegebener Werthe durch eine gebrochene rationale Function"; Werke III, S. 492.

$$f_0(x)=f(\xi_1)+(x-\xi_1)\left[\frac{f(\xi_1)}{\xi_1-\xi_2}+\frac{f(\xi_2)}{\xi_2-\xi_1}\right]$$

$$2)\quad +(x-\xi_1)(x-\xi_2)\left[\frac{f(\xi_1)}{(\xi_1-\xi_2)(\xi_1-\xi_3)}+\frac{f(\xi_2)}{(\xi_2-\xi_1)(\xi_2-\xi_3)}+\frac{f(\xi_3)}{(\xi_3-\xi_1)(\xi_3-\xi_2)}\right]+\cdots$$

$$+(x-\xi_1)\ldots(x-\xi_{n-1})\left[\frac{f(\xi_1)}{(\xi_1-\xi_2)\ldots(\xi_1-\xi_n)}+\cdots+\frac{f(\xi_n)}{(\xi_n-\xi_1)\ldots(\xi_n-\xi_{n-1})}\right].$$

Man beweist diese Formel leicht, indem man den Ansatz

$$\frac{(x-\xi_\alpha)(x-\xi_{\alpha+1})\ldots(x-\xi_n)}{(\xi_{\alpha-1}-\xi_\alpha)(\xi_{\alpha-1}-\xi_{\alpha+1})\ldots(\xi_{\alpha-1}-\xi_n)}=c_0^{(\alpha)}+c_1^{(\alpha)}\frac{x-\xi_\alpha}{\xi_{\alpha-1}-\xi_\alpha}$$

$$+c_2^{(\alpha)}\frac{(x-\xi_\alpha)(x-\xi_{\alpha+1})}{(\xi_{\alpha-1}-\xi_\alpha)(\xi_{\alpha-1}-\xi_{\alpha+1})}$$

$$+\cdots+c_{n-\alpha+1}^{(\alpha)}\frac{(x-\xi_\alpha)\ldots(x-\xi_n)}{(\xi_{\alpha-1}-\xi_\alpha)\ldots(\xi_{\alpha-1}-\xi_n)}$$

macht, wobei die $c^{(\alpha)}$ sich durch die Methode der strengen Induction sämmtlich $=1$ ergeben; dann nimmt man $\alpha=1, 2, \ldots$ und formt dadurch die Lagrange'sche Interpolationsformel um.

In der neuen Gestalt lässt $f_0(x)$ gleichfalls eine bequeme Integration zu. Ihr Hauptvorzug besteht darin, dass die ξ allmählich in die Summanden eintreten.

§ 3.

Wir haben die $\xi_\varkappa$ aequidistant von einander genommen. Es fragt sich aber, ob man nicht durch eine andere Wahl dieser Abscissen die Genauigkeit der Annäherung vergrössern könne. Gauss hat diese Frage im Jahre 1815 in der Abhandlung: „Methodus nova integralium valores per approximationem inveniendi“ (Werke Bd. III, 163—196) beantwortet; er bestimmt mit Hülfe der nach ihm benannten Reihe die Functionen, welche bei der Integration dem $f(x)$ am vortheilhaftesten substituirt werden.

Wir hatten, wenn wir die Grenzen des Integrals wieder allgemein lassen, die Formel (1)

$$\int_a^b f_0(x)\,dx=\sum_1^n f(\xi_\varkappa)\sum_{r=1}^n \Theta_r(\xi_\varkappa)(b^r-a^r)$$

oder, wenn wir die innere Summe durch $\gamma_\varkappa$ bezeichnen, kürzer

$$=\sum_1^n \gamma_\varkappa f(\xi_\varkappa).$$

Es sollen jetzt die $\gamma_\varkappa$ vorläufig ganz unbestimmt sein, und wir wollen versuchen, sie so fest zu legen, dass die Summe sich dem Integrale

$$\int_a^b f(x)dx$$

möglichst genau anschmiegt. Hierbei wollen wir voraussetzen, dass auch $y = f(x)$ eine parabolische Curve und also $f(x)$ eine ganze Function von der Form

$$f(x) = \alpha_0 + \alpha_1 x + \alpha_2 x^2 + \cdots$$

sei. Ist $f(x)$ von nicht höherem als dem $(n-1)^{\text{ten}}$ Grade, dann stimmt bei jeder Wahl der ξ die Function $f_0(x)$ mit $f(x)$ überein, und die obige Summe wird dem Integrale gleich. Möglicherweise findet genaue Uebereinstimmung der Summe und des Integrals aber auch noch statt, wenn der Grad von $f(x)$ ein höherer ist, falls nur die ξ passend gewählt sind. Es müsste dabei also

$$\int_a^b f(x)dx = \sum_{h=0,1,\ldots} \frac{\alpha_h}{h+1}(b^{h+1} - a^{h+1})$$

$$= \sum_{x=1}^{n} \gamma_x f(\xi_x) = \sum_{x=1}^{n} \gamma_x \sum_{h=0,1,\ldots} \alpha_h \xi_x^h$$

sein; wenn dies bei geschickter Wahl der ξ für jede Function $f(x)$ statthaben soll, dann müssen die Coefficienten von α_h im zweiten und im vierten Ausdrucke einander gleich sein, d. h. für jeden vorkommenden Werth von h muss die Gleichung gelten:

$$(3) \qquad \sum_{x=1}^{n} \gamma_x \xi_x^h = \frac{1}{h+1}(b^{h+1} - a^{h+1}) \qquad (h = 0, 1, 2, \ldots).$$

Hierbei sind die γ und die ξ Unbekannte; ihre Zahl ist $2n$; also dürfen wir dem h der Reihe nach die Werthe $0, 1, \ldots (2n-1)$ geben, und wir sehen, dass für jede Function, deren Grad höchstens $(2n-1)$ ist, unsere Forderung erfüllt werden kann. Bezeichnen wir mit

$$(4) \qquad c_0 + c_1\xi + c_2\xi^2 + \cdots + c_n\xi^n = 0$$

die Gleichung, welcher die n unbekannten Grössen ξ_x als Wurzeln genügen, so folgt, wenn man in (3) die α^{te} Gleichung mit c_0, die $(\alpha+1)^{\text{te}}$ mit $c_1, \ldots,$ die $(\alpha+n)^{\text{te}}$ mit c_n multiplicirt, die Producte addirt, und dabei der Kürze wegen

$$\frac{1}{h+1}(b^{h+1} - a^{h+1}) = \zeta_h$$

setzt, unter Berücksichtigung von (4) die Gleichungsreihe

$$(5) \qquad c_0\zeta_\alpha + c_1\zeta_{\alpha+1} + \cdots + c_n\zeta_{\alpha+n} = 0 \qquad (\alpha = 0, 1, \ldots n-1).$$

Aus (4) und (5) fliesst dann die Bestimmung der c und die Gleichung für die ξ selbst. Es ergiebt sich für sie die Determinanten-Form

$$(6)\qquad \begin{vmatrix} 1 & \xi & \xi^2 & \dots & \xi^n \\ \zeta_0 & \zeta_1 & \zeta_2 & \dots & \zeta_n \\ \zeta_1 & \zeta_2 & \zeta_3 & \dots & \zeta_{n+1} \\ \cdot & \cdot & \cdot & \cdot & \cdot \\ \zeta_{n-1} & \zeta_n & \zeta_{n+1} & \dots & \zeta_{2n-1} \end{vmatrix} = 0\,.$$

Dies ist also das Eliminationsresultat der γ aus (3). Damit die Methode anwendbar sei, muss offenbar (6) n reelle Wurzeln besitzen, und alle diese müssen zwischen a und b liegen. Wir dürfen eine kleine Vereinfachung dadurch eintreten lassen, dass wir, wie oben, $a = 0$, $b = 1$ und also

$$\zeta_h = \frac{1}{h+1}$$

setzen. Trotzdem macht der Nachweis, dass die beiden Forderungen erfüllt seien, einige Schwierigkeiten. Man könnte hier den Sturm'schen Satz anwenden, wie dies zuerst Joachimsthal (Bemerkungen über den Sturm'schen Satz; Crelle's Journ. f. d. r. u. a. M. XXXXVIII S. 386) gezeigt hat. Wir wollen das aber nicht thun, sondern den Weg einschlagen, den Jacobi im ersten Bande des Crelle'schen Journals (Werke VI, S. 1—11) angegeben hat.

§ 4.

Es mögen wieder $\xi_1, \xi_2, \dots \xi_n$ die unbekannten Abscissen sein; dann setzt Jacobi

$$(\xi - \xi_1)(\xi - \xi_2)\dots(\xi - \xi_n) = c_0 + c_1\xi + c_2\xi^2 + \dots + c_n\xi^n = P(\xi)$$

und bildet durch Division von $f(x)$ durch $P(x)$

$$(7)\qquad f(x) = Q(x)P(x) + g(x)\,.$$

Hierbei darf, wie oben festgestellt wurde, $f(x)$ bis zum Grade $(2n-1)$ aufsteigen, $g(x)$ dagegen soll als Rest der Division höchstens vom Grade $(n-1)$ sein. Damit nun für jedes $f(x)$

$$(8)\qquad \int_a^b f(x)dx = \int_a^b g(x)dx$$

werde, muss für jedes $Q(x)$ das Integral

$$\int_a^b P(x)Q(x)dx = 0$$

sein; diese Bedingung kann man in n andere, nämlich in

$$(8^*)\qquad \int\limits_a^b x^h P(x)dx = 0 \qquad (h = 0, 1, \ldots n-1)$$

zerlegen, und man erkennt, dass, wenn diese n Bedingungen für ein bestimmtes $P(x)$ erfüllt sind, die Gleichung (8) für alle $f(x)$ und $g(x)$ gilt, welche durch eine Gleichung (7) mit einander verbunden sind. Aus der letzten Gleichungsreihe (8*) ist also $P(x)$ zu bestimmen.

Zu diesem Zwecke leiten wir eine Hülfsformel über bestimmte Integrale her. Wir stellen uns die Aufgabe, das $(n+1)$-fache Integral

$$\int\limits_0^x dx \int\limits_0^x dx \int\limits_0^x dx \ldots \int\limits_0^x f(x)dx,$$

welches wir in kürzerer, übersichtlicher Bezeichnung

$$\int^{x(n+1)} f(x)dx^{n+1}$$

schreiben, durch einfache Integrale auszudrücken. Wir wollen dabei successive verfahren und betrachten zuerst das Doppelintegral

$$\int\limits_0^x dx \int\limits_0^x f(x)dx.$$

Setzen wir hier für den Augenblick

$$\int\limits_0^x f(x)dx = F(x),$$

so folgt die Lösung unserer Aufgabe im Falle $n = 1$ durch partielle Integration:

$$\int^{x(2)} f(x)dx^2 = \int\limits_0^x F(x)dx = (xF(x))_0^x - \int\limits_0^x xF'(x)dx$$

$$= x\int\limits_0^x f(x)dx - \int\limits_0^x xf(x)dx.$$

Setzen wir ferner zur Behandlung der Aufgabe bei $n = 2$

$$\int\limits_0^x dx \int\limits_0^x f(x)dx = F(x),$$

dann folgt durch partielle Integration und mit Hülfe des eben erhaltenen Resultates

$$\int_0^{x(3)} f(x)dx^3 = \int_0^x F(x)dx = (xF(x))_0^x - \int_0^x xF'(x)dx$$

$$= x\int_0^x dx\int_0^x f(x)dx - \int_0^x x\,dx\int_0^x f(x)dx$$

$$= \left(x^2\int_0^x f(x)dx - x\int_0^x xf(x)dx\right) - \left(\frac{1}{2}x^2\int_0^x f(x)dx - \frac{1}{2}\int_0^x x^2f(x)dx\right)$$

$$= \frac{1}{2!}\left(x^2\int_0^x f(x)dx - 2x\int_0^x xf(x)dx + \int_0^x x^2f(x)dx\right).$$

Ebenso ergiebt sich weiter

$$\int_0^{x(4)} f(x)dx^4$$

$$= \frac{1}{3!}\left(x^3\int_0^x f(x)dx - 3x^2\int_0^x xf(x)dx + 3x\int_0^x x^2f(x)dx - \int_0^x x^3f(x)dx\right),$$

und durch Induction lässt sich allgemein die Richtigkeit der Formel

$$(9)\quad \begin{aligned} n!\int_0^{x(n+1)} f(x)dx^{n+1} &= x^n\int_0^x f(x)dx - n_1x^{n-1}\int_0^x xf(x)dx + n_2x^{n-2}\int_0^x x^2f(x)dx \\ &\quad - \cdots \pm \int_0^x x^nf(x)dx \end{aligned}$$

darthun. Wandelt man auf der rechten Seite von (9) den Integrationsbuchstaben x in z um, dann kann man die Factoren vor den Integralzeichen hinter diese setzen und erhält

$$(10)\qquad n!\int_0^{x(n+1)} f(x)dx^{n+1} = \int_0^x f(z)(x-z)^n dz.$$

Löst man umgekehrt die Gleichungen (9) für $n = 0, 1, 2, \ldots$ nach den Integralen auf der rechten Seite auf, so folgt

$$(9^*)\quad \begin{aligned} \int_0^x x^n f(x)dx &= x^n\int_0^{x(1)} f(x)dx - 1!\,n_1x^{n-1}\int_0^{x(2)} f(x)dx^2 + 2!\,n_2x^{n-2}\int_0^{x(3)} f(x)dx^3 \\ &\quad - 3!\,n_3x^{n-3}\int_0^{x(4)} f(x)dx^4 + \cdots \pm n!\int_0^{x(n+1)} f(x)dx^{n+1}. \end{aligned}$$

§ 5.

Diese Formeln lassen sich jetzt auf unser Integral

$$\int_a^b x^h P(x)dx = 0 \qquad (h = 0, 1, \ldots n-1)$$

anwenden. Wir setzen zunächst

$$x = a + (b-a)z, \quad P(x) = f(z),$$

wodurch die Grenzen wieder in 0 und 1 übergehen, zerlegen das transformirte Integral in einzelne Theile von der Form

$$\text{cst.} \int_0^1 z^k f(z)dz$$

und wandeln jeden derselben mit Hülfe von (9*) um. Dann gehen wir von z auf x zurück und erkennen, dass unsere Bedingungen am Beginn des Paragraphen sich folgendermassen umformen lassen.

Wir bezeichnen das n-fache Integral, welches mit Hülfe der noch unbekannten Function $P(x)$ gebildet ist, durch

$$\int^{x\,(n)} P(x)dx^n = \Pi(x)$$

und seine Ableitungen nach x der Reihe nach durch

$$\Pi'(x), \quad \Pi''(x), \quad \ldots \; \Pi^{(n-1)}(x);$$

dann werden unsere Forderungen die Gestalt

$$(\Pi(x))_a^b = 0, \quad (\Pi'(x))_a^b = 0, \quad (\Pi''(x))_a^b = 0, \quad \ldots (\Pi^{(n-1)}(x))_a^b = 0$$

annehmen. Diese Gleichungen lassen sich jetzt ausserordentlich leicht zur Bestimmung von $\Pi(x)$ benutzen.

Setzen wir zunächst

$$\Pi(x) = [(x-a)(x-b)]^r V(x),$$

wo r eine unbestimmte, positive ganze Zahl und $V(x)$ eine beliebige Function von x ist, welche für $x = a$ und $x = b$ nicht unendlich gross wird, so sieht man, dass sich für jedes $\varrho < r$

$$(\Pi^{(\varrho)}(x))_a^b = 0$$

ergiebt. Wir werden daher $\varrho = n$ annehmen. Ferner soll $P(x)$ d. h. die n^{te} Ableitung von $\Pi(x)$ vom Grade n sein; wir werden daher $V(x)$ gleich einer Constanten setzen und haben damit

$$P(x) = C\frac{d^n}{dx^n}[(x-a)(x-b)]^n \tag{11}$$

als eine Function, welche die gestellten Ansprüche befriedigt. Wir zeigen nun, dass es bis auf Functionen mit verändertem C keine anderen derselben Eigenschaften giebt. Wäre dies doch der Fall, und wäre $Q(x)$ eine zweite solche Function n^{ten} Grades, so hätte man

$$\int_a^b x^h P(x)dx = 0 \quad \text{und} \quad \int_a^b x^h Q(x)dx = 0 \qquad (h = 0, 1, 2, \ldots n-1),$$

also

$$\int_a^b (\alpha_0 + \alpha_1 x + \cdots + \alpha_{n-1}x^{n-1})(\beta P(x) - \gamma Q(x))dx = 0,$$

wo in der letzten Gleichung die α, β, γ beliebige Constanten bedeuten. β und γ kann man so wählen, dass in $\beta P - \gamma Q$ das Glied höchster Dimension wegfällt; und die α dann so, dass der erste Factor unter dem Integrale dem zweiten gleich wird, der ja jetzt nur bis zum Gliede x^{n-1} aufsteigt. Das würde

$$\int_a^b (\beta P(x) - \gamma Q(x))^2 dx = 0$$

ergeben; und diese Gleichung ist, da das Vorzeichen des Integranden niemals wechselt, nur dann möglich, wenn $\beta P = \gamma Q$ ist. So folgt, dass (11) die einzige Lösung der Aufgabe liefert. Es stimmt also $P(\xi)$ bis auf einen constanten Factor mit der linken Seite der Determinanten-Gleichung (6) überein.

Bei unserer neuen Form kann der Nachweis, dass $P(x) = 0$ genau n reelle, zwischen a und b liegende Wurzeln hat, sofort geliefert werden. $\Pi(x) = 0$ ist vom Grade $2n$, hat n Wurzeln gleich a und ebenso viele gleich b. Die erste Ableitung $\Pi'(x)$, vom Grade $(2n-1)$, gleich Null gesetzt, hat $(n-1)$ Wurzeln gleich a und ebenso viele gleich b. Weil aber Π zwischen a und b ein Maximum oder ein Minimum haben muss, so verschwindet Π' zwischen diesen Grenzen mindestens einmal und wegen der Ordnung von $\Pi'(x) = 0$ auch nur einmal. Dies geschehe in c'. Die zweite Ableitung $\Pi''(x)$ vom Grade $(2n-2)$ hat, gleich Null gesetzt, $(n-2)$ Wurzeln gleich a und ebenso viele gleich b. Weil aber Π' bei a, c', b verschwindet, so hat es zwischen a, c' und zwischen c', b je ein Maximum oder ein Minimum; somit hat $\Pi''(x) = 0$ in jedem von beiden Intervallen je eine Wurzel und wegen der Ordnung von Π'' auch nur eine. Diese seien c'' und d''. Für die dritte

Ableitung findet man a, b als $(n-3)$fache Wurzeln und ausserdem noch drei, für die n^{te} Ableitung genau n zwischenliegende Wurzeln.

Nimmt man in (11)

$$C = \frac{1}{(n+1)(n+2)\ldots 2n},$$

so wird, wenn $a=0$ und $b=1$ gesetzt wird,

$$P(x) = x^n + \sum_{h=1}^{n} (-1)^h \frac{n^2(n-1)^2\ldots(n-h+1)^2}{h!\,2n(2n-1)\ldots(2n-h+1)} x^{n-h}.$$

Die so erlangte Function $P(x)$ stimmt mit der aus der Determinanten-Entwickelung hervorgehenden bis auf einen constanten Factor überein. Die Wurzeln von $P=0$ sind die für die Integration günstigsten Abscissen.

§ 6.

Wir wollen uns jetzt mit einer zweiten Formel beschäftigen. Auch diese kann, unserer bisherigen Auffassung gemäss so gedeutet werden, dass sie ein Integral durch eine Summe von Functionalwerthen ausdrückt; man kann sie aber auch umgekehrt als Summenformel auffassen, der Art, dass eine Summe von Functionalwerthen in ein Integral umgewandelt erscheint.

Aus den leicht ersichtlichen Umformungen

$$\int_0^{x(n)} f^{(n)}(x+\xi)dx^n = \int_0^{x(n-1)} dx^{n-1}\int_0^{x} f^{(n)}(x+\xi)dx$$

$$= \int_0^{x(n-1)} f^{(n-1)}(x+\xi)dx^{n-1} - \int_0^{x(n-1)} f^{(n-1)}(\xi)dx^{n-1}$$

$$= \int_0^{x(n-1)} f^{(n-1)}(x+\xi)dx^{n-1} - f^{(n-1)}(\xi)\frac{x^{n-1}}{(n-1)!}$$

$$= \int_0^{x(n-2)} f^{(n-2)}(x+\xi)dx^{n-2} - f^{(n-2)}(\xi)\frac{x^{n-2}}{(n-2)!} - f^{(n-1)}(\xi)\frac{x^{n-1}}{(n-1)!}$$

$$= \cdots$$

folgt der Taylor'sche Satz in der Form

$$f(x+\xi) - f(\xi) - xf'(\xi) - \cdots - \frac{x^{n-1}}{(n-1)!} f^{(n-1)}(\xi) = \int_0^{x(n)} f^{(n)}(x+\xi)dx^n.$$

Das rechts stehende Restglied kann man nach § 4, (10) in

$$\int_0^x \frac{(x-z)^{n-1}}{(n-1)!} f^{(n)}(z+\xi)\,dz$$

umgestalten. In die so zubereitete Reihe setzen wir $f^{(h)}(x)$ statt $f(x)$ ein, ersetzen n durch $(n-h)$, multipliciren mit $c_h x^h$ und summiren über h von 0. bis $n-2$. Dann entsteht

$$\int_0^x \sum_0^{n-2} c_h x^h \frac{(x-z)^{n-h-1}}{(n-h-1)!} f^{(n)}(z+\xi)\,dz$$

$$=\sum_0^{n-2} c_h x^h \left(f^{(h)}(x+\xi)\right)_0^x - \sum_{h=0}^{n-2} \sum_{\varkappa=1}^{n-h-1} \frac{c_h x^{h+\varkappa}}{\varkappa!} f^{(h+\varkappa)}(\xi)\,.$$

In der Doppelsumme durchläuft $h+\varkappa$ die Werthereihe $1, 2, \ldots n-1$; führt man demnach $\lambda = h+\varkappa$ als Summationsbuchstaben ein und ändert die Summationsfolge, so sieht man, dass λ von 1 bis $n-1$ geht, und dass h sich von 0 bis $\lambda - 1$ ändert. Dadurch wird die obige Doppelsumme zu

$$\sum_{\lambda=1}^{n-1} \sum_{h=0}^{\lambda-1} c_h \frac{x^\lambda}{(\lambda-h)!} f^{(\lambda)}(\xi)\,.$$

Aus ihr nehmen wir das Glied mit $\lambda = 1$, $h = 0$ heraus, setzen in ihm die willkürliche Constante $c_0 = 1$ und bestimmen die übrigen Constanten c so, dass die Coefficienten von $f''(\xi)$, $f'''(\xi)$, ... verschwinden. Zu diesem Zwecke müssen wir die c durch die Gleichungen

$$\sum_{h=0}^{\lambda-1} \frac{c_h}{(\lambda-h)!} = 0 \qquad \begin{pmatrix} \lambda = 1, 2, \ldots \\ c_0 = 1 \end{pmatrix}$$

festlegen. Für die c ist der Quotient

$$\frac{x}{e^x - 1}$$

nach Borchardt die erzeugende Function; wenn wir nämlich

$$\frac{x}{e^x-1} = \gamma_0 + \gamma_1 x + \gamma_2 x^2 + \cdots,$$

entwickeln, so folgt

$$x = (\gamma_0 + \gamma_1 x + \gamma_2 x^2 + \cdots)\left(x + \frac{x^2}{2!} + \frac{x^3}{3!} + \cdots\right)$$

$$= \sum_{\lambda=1}^{\infty} x^\lambda \sum_{h=0}^{\lambda-1} \frac{\gamma_h}{(\lambda-h)!} \qquad (\gamma_0 = 1)\,,$$

und daraus ergiebt sich, dass die γ mit den c übereinstimmen.

Die c sind also durch die aus der Gleichung

$$\sum_0^\infty c_h x^h = \frac{x}{e^x - 1} \tag{12}$$

fliessenden Beziehungen bestimmt. Derselben Entwickelung begegneten wir bereits in der siebenten Vorlesung § 6, Formel (11); wir entnehmen von dort als Resultat

$$\begin{gathered} c_0 = 1,\ c_1 = -\frac{1}{2},\ c_2 = \frac{B_1}{2!},\ c_3 = 0,\ c_4 = -\frac{B_2}{4!},\ c_5 = 0,\ \ldots \\ c_{2\mu+1} = 0,\quad c_{4\mu} = -\frac{B_{2\mu}}{(4\mu)!},\quad c_{4\mu+2} = +\frac{B_{2\mu+1}}{(4\mu+2)!} \qquad (\mu > 0). \end{gathered} \tag{12*}$$

Die Einführung der so bestimmten Coefficienten ergiebt dann

$$\sum_0^{n-2} c_h x^h (f^{(h)}(x+\xi))_0^x - xf'(\xi) = \int_0^x \sum_0^{n-2} c_h x^h \frac{(x-z)^{n-h-1}}{(n-h-1)!} f^{(n)}(z+\xi)\,dz$$

oder

$$\int_0^x \sum_0^{n-2} c_h x^h f^{(h+1)}(z+\xi)\,dz$$

$$= xf'(\xi) + \int_0^x \sum_0^{n-2} c_h \frac{x^h (x-z)^{n-h-1}}{(n-h-1)!} f^{(n)}(z+\xi)\,dz.$$

In diese Gleichung setzen wir $\xi + kx$ für ξ und dann in das Integral der linken Seite $z - kx$ für z ein, so dass seine Grenzen kx und $(k+1)x$ werden. Summirt man nun nach k von 0 bis $(r-1)$, so resultirt

$$\int_0^{rx} \sum_0^{n-2} c_h x^h f^{(h+1)}(z+\xi)\,dz$$

$$= x\sum_0^{r-1} f'(\xi+kx) + \int_0^x \sum_{h=0}^{n-1} c_h \frac{x^h (x-z)^{n-h-1}}{(n-h-1)!} \sum_{k=0}^{r-1} f^{(n)}(z+\xi+kx)\,dz.$$

Hierin schreiben wir unter dem Integrale links wieder z statt $z+\xi$ und ersetzen $f'(x)$ durch $f(x)$. Ferner möge zur Abkürzung

$$rx + \xi = \eta,\quad r = \frac{\eta - \xi}{x}$$

genommen werden, wodurch also x als aliquoter Theil von $\eta - \xi$ aufgefasst wird, da r eine ganze Zahl ist. Dadurch geht die Gleichung in

$$\int_\xi^\eta \sum_0^{n-2} c_h x^h f^{(h)}(z)\,dz$$

$$= x\sum_{z=\xi}^{\eta} f(z) + \int_0^x \sum_{h=0}^{n-2} c_h \frac{x^h (x-z)^{n-h-1}}{(n-h-1)!} \sum_{z_0=\xi}^{\eta} f^{(n-1)}(z+z_0)\,dz$$

über. In ihr ist das erste und letzte Summenzeichen rechts durch

$$\sum_{z=\xi}^{\eta} g(z) = g(\xi) + g(\xi + x) + g(\xi + 2x) + \cdots + g(\xi + (r-1)x)$$

zu definiren. Zur Abkürzung setzen wir ferner noch

$$(13)\qquad \begin{aligned} \Psi_n(u) &= \sum_0^{n-1} c_h \frac{u^{n-h}}{(n-h)!} \\ &= \frac{u^n}{n!} - \frac{1}{2}\frac{u^{n-1}}{(n-1)!} + \frac{B_1}{2!}\frac{u^{n-2}}{(n-2)!} - \frac{B_2}{4!}\frac{u^{n-4}}{(n-4)!} + \cdots; \end{aligned}$$

dann nimmt unsere Formel die Gestalt

$$(14)\qquad \begin{aligned} &\int_\xi^\eta \sum_{h=0}^{n-2} c_h x^h f^{(h)}(z)dz \\ &= x\sum_{z=\xi}^{\eta} f(z) + \int_0^x x^{n-1}\Psi_{n-1}\left(\frac{x-z}{x}\right) \sum_{z_0=\xi}^{\eta} f^{(n-1)}(z+z_0)dz \end{aligned}$$

an. Auf der linken Seite behält man jetzt nur das erste Glied der Summe zurück und bringt ihre anderen Glieder auf die rechte Seite. Dann führt man bei ihnen die Integration aus, ändert ferner $n-1$ in n und im letzten Integrale rechts z in $x(1-v)$ um, wodurch v die Grenzen 1 und 0 bekommt und dz in $-xdv$ übergeht; so erhält man

$$(15)\qquad \begin{aligned} \int_\xi^\eta f(z)dz - x\sum_{z=\xi}^{\eta} f(z) &= \sum_{h=1}^{n-1} c_h x^h [f^{(h-1)}(\xi) - f^{(h-1)}(\eta)] \\ &+ \int_0^1 x^{n+1}\Psi_n(v) \sum_{z_0=\xi}^{\eta} f^{(n)}(z_0 + x - xv)dv. \end{aligned}$$

Die Bedeutung der Formeln (14) und (15) erkennt man aus Folgendem: Denkt man sich x durch $\frac{\eta-\xi}{r}$ ersetzt, dann giebt die linke Seite von (15) die Differenz aus einem Integral und seiner, im Anfange dieser Vorlesung besprochenen Näherungssumme. Die rechte Seite von (15) zeigt also den hierbei begangenen Fehler an.

Die historisch ursprüngliche Bedeutung der Formel war eine andere. C. Maclaurin hat (14) in seinem „Treatise on fluxions" Buch II, Cap. IV § 828 als Näherungssumme bei der Summirung von Reihen aufgestellt; doch fehlte dabei das Integral, welches rechts in (14) als Restglied auftritt. Aber erst dieses ermöglicht, wie Jacobi in seiner Abhandlung „de usu legitimo formulae summatoriae Maclaurinianae" hervorhebt, da es in Gestalt eines bestimmten Integrals auftritt, in vielen Fällen die Abschätzung der Grösse des Fehlers.

Uebrigens hat Herr G. Eneström gefunden, dass Euler der erste war, der diese, gewöhnlich C. Maclaurin zugeschriebene Formel veröffentlicht hat. Wir könnten daher (14) und (15) als Euler-Maclaurin'sche Formeln bezeichnen. (Vgl. § 6 der folgenden Vorlesung.)

§ 7.

Um der Frage nach dem Fehler näher zu treten, betrachten wir zunächst die Function $\Psi_n(v)$, also den Theil unter dem Restintegral, der von der Natur der Function $f(x)$ unabhängig ist. Wir stellen auch für sie die erzeugende Function auf:

$$\sum_1^\infty \Psi_n(v)u^n = \sum_{n=1}^\infty \sum_{h=0}^{n-1} \frac{c_h v^{n-h} u^n}{(n-h)!} = \sum_{h=0}^\infty \sum_{k=1}^\infty \frac{c_h v^k u^{h+k}}{k!}$$

$$= \sum_{h=0}^\infty c_h u^h \sum_{k=1}^\infty \frac{(uv)^k}{k!} = u\,\frac{e^{uv}-1}{e^u-1}.$$

Aus dieser Entwickelung kann man, wie Jacobi es auch that, die Ψ ganz einfach herleiten.

Wir setzen behufs weiterer Einsicht

$$u = 2w\pi i$$

und erhalten durch die Formeln aus Vorlesung 7, § 5, (6) und § 6, (10)

$$\sum_1^\infty \Psi_n(v)(2w\pi i)^n = -\frac{2w\pi i}{e^{2w\pi i}-1} + 2w\pi i\,\frac{e^{2vw\pi i}}{e^{2w\pi i}-1}$$

$$= w\pi i - w\pi \operatorname{cotg} w\pi + w \lim_{\nu=\infty} \sum_{-\nu}^{\nu} \frac{e^{2\varkappa v\pi i}}{w-\varkappa}$$

$$= w\pi i - 1 + \sum_1^\infty \frac{B_h}{(2h)!}(2w\pi)^{2h} + w\sum_{-\infty}^{\infty} \frac{e^{2\varkappa v\pi i}}{w-\varkappa}.$$

Hierfür ist aber, gemäss den Bedingungen, die dort aufgestellt wurden, unter v eine reelle Grösse zu verstehen, für welche

$$0 \leqq v \leqq 1$$

ist; wenn wir dann weiter noch

$$|w| < 1$$

voraussetzen, aus der letzten Summe den zu $\varkappa = 0$ gehörigen Summanden $\frac{1}{w}$ herausheben und ferner $\frac{w}{w-\varkappa}$ nach Potenzen von w entwickeln, dann folgt

$$\sum_1^\infty \Psi_n(v)(2w\pi i)^n = w\pi i + \sum_1^\infty \frac{B_h}{(2h)!}(2w\pi)^{2h} - \sum_{m=1}^\infty \sum_{\varkappa=-\infty}^{\infty}{}' w^m \frac{e^{2\varkappa v\pi i}}{\varkappa^m}.$$

Der Accent an der letzten Summe soll bedeuten, dass $\varkappa = 0$ von der Summation auszuschliessen ist. Die Doppelsumme wandeln wir der Art um, dass wir je zwei ihrer Terme, den für $+\varkappa$ und den für $-\varkappa$ zusammenziehen; dadurch geht sie in

$$-\sum_{m=1}^\infty \sum_{\varkappa=1}^\infty \frac{2\cos 2\varkappa v\pi}{\varkappa^{2m}} w^{2m} - i\sum_{m=1}^\infty \sum_{\varkappa=1}^\infty \frac{2\sin 2\varkappa v\pi}{\varkappa^{2m-1}} w^{2m-1}$$

über. Jetzt vergleichen wir die Coefficienten gleicher Potenzen von w rechts und links; das ergiebt

$$\text{(16)}\quad \begin{aligned} \Psi_{2m}(v)(-1)^{m+1} &= -\frac{B_m}{(2m)!} + \sum_1^\infty \frac{2\cos 2\varkappa v\pi}{(2\varkappa\pi)^{2m}} \\ \Psi_{2m+1}(v)(-1)^{m+1} &= \sum_1^\infty \frac{2\sin 2\varkappa v\pi}{(2\varkappa\pi)^{2m+1}} \end{aligned} \quad (m \geq 1),$$

$$\Psi_1(v) = \frac{1}{2} - \frac{1}{\pi}\sum_1^\infty \frac{\sin 2\varkappa v\pi}{\varkappa}.$$

Die Functionen Ψ_ν stehen also in innigstem Zusammenhange mit den Bernoulli'schen Functionen.

Die letzte Formel stimmt mit der in Vorlesung 4, § 4, II abgeleiteten überein, da ja $\Psi_1(v) = v$ ist.

Aus der Definitionsgleichung (13)

$$\Psi_n(u) = \sum_0^{n-1} c_h \frac{u^{n-h}}{(n-h)!}$$

fliesst, dass $\Psi_{2m}(0) = 0$ ist; demnach liefert die erste der Formeln (16)

$$\text{(17)}\qquad \frac{B_m}{(2m)!} = \sum_1^\infty \frac{2}{(2\varkappa\pi)^{2m}},$$

und also wird die erste Formel (16) selbst hierdurch:

$$\text{(16*)}\quad \begin{aligned} \Psi_{2m}(v)(-1)^{m+1} &= \sum_1^\infty \frac{2(\cos 2\varkappa v\pi - 1)}{(2\varkappa\pi)^{2m}}, \\ \Psi_{2m}(v)(-1)^m &= \sum_1^\infty \frac{4\sin^2 \varkappa v\pi}{(2\varkappa\pi)^{2m}}. \end{aligned}$$

Aus dieser letzten Gestaltung ergiebt sich, dass $\Psi_{2m}(v)$ zwischen $v = 0$ und $v = 1$ sein Zeichen nicht wechselt und für jedes gerade m stets positiv, für jedes ungerade m stets negativ bleibt. Das wird uns gestatten, über die Grösse des Restintegrals eine Abschätzung zu gewinnen.

Zuvor wollen wir aber die erhaltenen Resultate für einen directen Inductionsbeweis der Euler-Maclaurin'schen Formel verwenden.

§ 8.

Wir führen zunächst eine neue Function oder vielmehr eine neue Bezeichnung für die bereits benutzten Bernoulli'schen Functionen mit geradem Index ein (vgl. S. 110):

$$C_m(v) = (-1)^m \sum_{\varkappa=1}^{\infty} \frac{2\cos 2\varkappa v\pi}{(2\varkappa\pi)^{2m}}, \qquad (m = 1, 2, \ldots).$$

Für sie ist nach (13) auf S. 109 und nach (12*) auf S. 132

$$C''_{m+1}(v) = C_m(v),$$

$$C_m(0) = (-1)^m \frac{B_m}{(2m)!} = -c_{2m},$$

und nach (16) auf S. 135

(18) $$\Psi_{2m}(v) = C_m(0) - C_m(v).$$

Jetzt setzt man in (15) $2m$ für n ein und benutzt (18). Dann nimmt man aus der ersten Summe rechts das dem $h = 1$ entsprechende Glied

$$+\tfrac{1}{2}x(f(\eta) - f(\xi))$$

heraus, vereinigt dies mit der Summe links, so dass dieselbe nunmehr zu

$$\tfrac{1}{2}f(\xi) + f(\xi + x) + \cdots + f(\xi + (r-1)x) + \tfrac{1}{2}f(\xi + rx)$$

wird und benutzt für die neue Summe die Bezeichnung S. Man zieht ferner aus dem letzten Integrale das mit $C_m(0)$ multiplicirte Glied

$$C_m(0)\int_0^1 x^{2m+1} \sum_{z_0=\xi}^{\eta} f^{(2m)}(z_0 + x - xv)\,dv$$

$$= -C_m(0)x^{2m} \sum_{z_0=\xi}^{\eta} (f^{(2m-1)}(z_0) - f^{(2m-1)}(z_0 + x))$$

$$= C_m(0)x^{2m}(f^{(2m-1)}(\eta) - f^{(2m-1)}(\xi))$$

zur vorhergehenden Summe. Dann wird wegen $c_{2m+1}=0$, $c_{2m}=-C_m(0)$

(15*) $$\int_\xi^\eta f(z)dz - x \mathop{\mathrm{S}}_{z=\xi}^{\eta} f(z) = \sum_1^m C_h(0)x^{2h}(f^{(2h-1)}(\eta) - f^{(2h-1)}(\xi)) - \int_0^1 x^{2m+1} C_m(v) \sum_{z_0=\xi}^{\eta} f^{(2m)}(z_0 + x - xv)\,dv.$$

Die Summenformel in der so umgewandelten Gestalt wollen wir durch Induction verificiren.

Wir greifen ein Glied des Restintegrals heraus und schreiben es

$$-\int_0^1 x^{2m-1} C_{m+1}(v) f^{(2m)}(z_0 + x - xv)\,dv\,.$$

Wir wenden darauf die partielle Integration an: das giebt

$$\left(-x^{2m+1} C'_{m+1}(v) f^{(2m)}(z_0 + x - xv)\right)_0^1$$

$$- x^{2m+2}\int_0^1 C'_{m+1}(v) f^{(2m+1)}(z_0 + x - xv)\,dv\,.$$

Weil $C'_{m+1}(v)$ eine Summe ist, deren Glieder $\sin 2\varkappa v\pi$ enthalten, so verschwindet es für $v=0$ und $v=1$. Also bleibt nur der zweite Summand zurück, und auf ihn wenden wir wieder die partielle Integration an. Diese liefert

$$\left(-x^{2m+2} C_{m+1}(v) f^{(2m+1)}(z_0 + x - xv)\right)_0^1$$

$$- x^{2m+3}\int_0^1 C_{m+1}(v) f^{(2m+2)}(z_0 + x - xv)\,dv\,.$$

Summirt man nun, so nimmt die Summe der Integrale die Form des letzten Gliedes in (15*) an, nur dass m durch $(m+1)$ ersetzt ist. Die Summe über die erste Klammer reducirt sich dadurch, dass $C_{m+1}(1) = C_{m+1}(0)$ ist, auf

$$- x^{2m+2} C_{m+1}(0)\,[f^{(2m+1)}(\xi) - f^{(2m+1)}(\xi + x)$$
$$+ f^{(2m+1)}(\xi + x) - \cdots + f^{(2m+1)}(\xi + (r-1)x) - f^{(2m+1)}(\eta)]$$
$$= C_{m+1}(0) x^{2m+2} (f^{(2m+1)}(\eta) - f^{(2m+1)}(\xi))\,;$$

wirft man dies in die Summe rechts in (15*), so tritt nur $(m+1)$ an die Stelle von m. Die rechte Seite von (15*) ändert sich also nicht, wenn man m durch $(m+1)$ ersetzt. Ist demnach die Formel für $m=1$ richtig, so gilt sie überhaupt.

Bei $m=1$ hat man für die rechte Seite von (15*) den Werth

$$C_1(0)\,x^2 (f'(\eta) - f'(\xi)) - \int_0^1 x^3 C_1(v) \sum_{z_0=\xi}^{\eta} f''(z_0 + x - xv)\,dv\,.$$

Nun ist nach Vorlesung 7, § 4' (4)

$$C_1(v) = -\sum_1^{\infty} \frac{2\cos 2\varkappa v\pi}{(2\varkappa\pi)^2} = -\tfrac{1}{2}\left(v^2 - v + \tfrac{1}{6}\right),$$

$$C_1(0) = -\tfrac{1}{12}\,;$$

durch Integration ergiebt sich ferner die Gleichung

$$\int_0^1 x^3 C_1(0) \sum_{z_0=\xi}^{\eta} f''(z_0 + x - xv)dv = C_1(0)x^2(f'(\eta) - f'(\xi)).$$

Somit geht für $m = 1$ die rechte Seite von (15*) in das Integral

$$-\int_0^1 x^3(C_1(v) - C_1(0)) \sum_{z_0=\xi}^{\eta} f''(z_0 + x - xv)dv$$

$$= \tfrac{1}{2}\int_0^1 x^3(v^2 - v) \sum_{z_0=\xi}^{\eta} f''(z_0 + x - xv)dv$$

über, und dies ist identisch mit

$$-\tfrac{1}{2}\left(x^2(v^2 - v)\sum_{z_0=\xi}^{\eta} f'(z_0 + x - xv)\right)_0^1$$

$$+ \tfrac{1}{2}\int_0^1 x^2(2v - 1) \sum_{z_0=\xi}^{\eta} f'(z_0 + x - xv)dv.$$

Hier verschwindet der erste Summand, und nochmalige partielle Integration ergiebt für die zweiten Summanden die Form

$$-\tfrac{1}{2}\left(x(2v - 1)\sum_{z_0=\xi}^{\eta} f(z_0 + x - xv)\right)_0^1 + \int_0^1 x \sum_{z_0=\xi}^{\eta} f(z_0 + x - xv)dv.$$

Dadurch ist unmittelbar als Resultat für die rechte Seite

$$-(\tfrac{1}{2}f(\xi) + f(\xi + x) + \cdots + \tfrac{1}{2}f(\eta))x + \int_\xi^\eta f(z)dz$$

zu erkennen, und dies stimmt mit der linken Seite von (15*) überein. Die Formel ist somit verificirt.

§ 9.

Wir kommen jetzt zu der in § 6 aufgeworfenen Frage nach der Fehlerabschätzung des Restgliedes in der Euler-Maclaurin'schen Formel.

Zunächst erinnern wir an die in der vierten Vorlesung abgeleiteten Mittelwerthsätze:

$$(19)\qquad \int_{x_0}^{x'} \varphi(x)\psi(x)dx = \varphi(\xi)\int_{x_0}^{x'} \psi(x)dx \qquad \left(\begin{array}{r} x_0 \leqq \xi \leqq x' \\ \psi(x) \geqq 0 \\ \text{oder } \psi(x) \leqq 0 \end{array}\right);$$

(20) $$\int_{x_0}^{x'} \varphi(x)\psi(x)dx = \varphi(x_0)\int_{x_0}^{\xi} \psi(x)dx + \varphi(x')\int_{\xi}^{x'} \psi(x)dx$$

($x_0 < \xi \leq x'$, $\varphi(x)$ steigt nur oder fällt nur):

(21) $$\int_{x_0}^{x'} \varphi(x)\psi(x)dx = \sum_{0}^{r} \varphi(\xi_{2\varkappa})\int_{\xi_{2\varkappa-1}}^{\xi_{2\varkappa+1}} \psi(x)dx \qquad \begin{pmatrix} \xi_{2\varkappa} \leq \xi_{2\varkappa+1} \leq \xi_{2\varkappa+2} \\ \xi_{-1} = x_0,\ \xi_{2r+1} = x' \end{pmatrix}$$

($\varphi(x)$ steigt nur oder fällt nur in jedem Intervalle $(\xi_{2\varkappa} \ldots \xi_{2\varkappa+2})$).

Schreiben wir jetzt den Rest der Euler-Maclaurin'schen Reihe in der Form, wie er sich mittels (18) für $n = 2m$ aus (15*) ergiebt:

$$-\int_0^1 x^{2m+1}(C_m(v) - C_m(0)) \sum_{\xi}^{\eta} f^{(2m)} \cdot dv,$$

so können wir (19) anwenden und wollen dabei

$$\psi(v) = C_m(v) - C_m(0)$$

setzen. Das ist erlaubt, denn aus der Definition der C_m folgt, dass $C_m(v) - C_m(0)$ im Bereiche $(0 \ldots 1)$ das Vorzeichen nicht ändert. Bezeichnen wir einmal einen Mittelwerth durch vorgesetztes M, so entsteht

$$-x^{2m+1} M\left[\sum_{\xi}^{\eta} f^{(2m)}\right] \int_0^1 (C_m(v) - C_m(0))dv.$$

Schreibt man für $C_m(v)$ noch $C''_{m+1}(v)$, so lässt sich wirklich integriren, und weil $C'_{m+1}(0) = C'_{m+1}(1) = 0$ ist, erhält man

$$C_m(0)x^{2m+1} M\left[\sum_{\xi}^{\eta} f^{(2m)}\right].$$

Hiernach lautet die gesammte Formel:

(22) $$\begin{aligned} &\int_{\xi}^{\eta} f(z)dz - x[f(\xi) + f(\xi + x) + \cdots + f(\eta - x)] \\ &= \sum_{h=1}^{2m-1} c_h x^h [f^{(h-1)}(\xi) - f^{(h-1)}(\eta)] - c_{2m}x^{2m+1} \sum_{z_0=\xi}^{\eta} f^{(2m)}(z_0 + xv') \end{aligned}$$

$$(0 < v' < 1).$$

„So haben wir eine erste Form des Restes; bei ihr ist über $f(x)$ „gar keine Voraussetzung gemacht."

Um zu einer zweiten Form zu kommen, machen wir die Voraussetzung, dass $\sum f^{(2m)}$ im Integrationsgebiete niemals das Zeichen wechselt; dann können wir wieder (19) anwenden und jetzt

$$\psi(v) = \sum_{z_0=\xi}^{\eta} f^{(2m)}(z_0 + x - xv), \qquad \varphi(v) = C_m(v)$$

setzen. Dabei legen wir die Form (15*)

$$\int_{\xi}^{\eta} f(z)dz - x[\tfrac{1}{2}f(\xi) + f(\xi + x) + \cdots + f(\eta - x) + \tfrac{1}{2}f(\eta)]$$
$$= \sum_{h=1}^{m} C_h(0)\,[f^{(2h-1)}(\eta) - f^{(2h-1)}(\xi)]x^{2h}$$
$$- \int_0^1 x^{2m+1} C_m(v) \sum_{z_0=\xi}^{\eta} f^{(2m)}(z_0 + x - xv)dv$$

zu Grunde. Hier entsteht für das letzte Glied durch den Mittelwerthsatz

$$-C_m(v')\int_0^1 x^{2m+1} \sum_{z_0=\xi}^{\eta} f^{(2m)} \cdot dv = + C_m(v')x^{2m}\Big(\sum_{z_0=\xi}^{\eta} f^{(2m-1)}(z_0 + x - xv)\Big)_0^1$$
$$= - C_m(v')x^{2m}(f^{(2m-1)}(\eta) - f^{(2m-1)}(\xi))$$
$$(0 \leqq v' \leqq 1),$$

und die gesammte Formel lautet mit der zweiten Form des Restes

$$\int_{\xi}^{\eta} f(z)dz - x[\tfrac{1}{2}f(\xi) + f(\xi + x) + \cdots + f(\eta - x) + \tfrac{1}{2}f(\eta)]$$

(22*)
$$= \sum_{h=1}^{m} C_h(0)\,[f^{(2h-1)}(\eta) - f^{(2h-1)}(\xi)]x^{2h}$$
$$- C_m(v')[f^{(2m-1)}(\eta) - f^{(2m-1)}(\xi)]x^{2m}$$
$$(0 \leqq v' \leqq 1).$$

Diese Formel ist trotz der einschränkenden Voraussetzung besonders bequem, weil das Restglied kleiner ist als das letzte Glied der Summe rechts, so dass man eine überaus leichte Abschätzung des Fehlers hat. Sollte die Voraussetzung über $f(x)$ nicht erfüllt sein, so könnte man das Integrationsintervall in einzelne Theile zerlegen, für die unsere Voraussetzung gilt, und dann die Summe der Reste betrachten. Das hier eingeschlagene Verfahren rührt von Poisson her.

§ 10.

Um zu weiteren Restausdrücken zu gelangen, behalten wir die Voraussetzung bei, dass $\sum f^{(2m)}(z_0 + x - xv)$ im Integrationsintervalle entweder nie steigt oder nie fällt. Dann können wir den Mittelwerthsatz (20) anwenden und dabei

$$\varphi(v) = \sum_{z_0=\xi}^{\eta} f^{(2m)}(z_0 + x - xv)$$

setzen. Den umzuformenden Rest entnehmen wir aus (15*) in der Gestalt

$$-\int_0^1 x^{2m+1} C_m(v) \sum_{z_0=\xi}^{\eta} f^{(2m)}(z_0 + x - xv)\,dv$$

und finden für ihn, wenn $0 \leq v_0 \leq 1$ ist,

$$-x^{2m+1}\sum_{\xi}^{\eta} f^{(2m)}(z_0+x)\int_0^{v_0} C_m(v)\,dv - x^{2m+1}\sum_{\xi}^{\eta} f^{(2m)}(z_0)\int_{v_0}^1 C_m(v)\,dv\,.$$

Die Integration kann man wegen $C_m(v) = C''_{m+1}(v)$ wieder durchführen. Da $C'_{m+1}(0) = C'_{m+1}(1) = 0$ ist, erhält man

$$-x^{2m+1}C'_{m+1}(v_0)\left\{\sum_{\xi}^{\eta} f^{(2m)}(z_0+x) - \sum_{\xi}^{\eta} f^{(2m)}(z_0)\right\}$$
$$= -x^{2m+1}C'_{m+1}(v_0)\left(f^{(2m)}(\eta) - f^{(2m)}(\xi)\right).$$

Hiernach lautet die gesammte Formel

$$\begin{aligned}\int_{\xi}^{\eta} f(z)dz - x[\tfrac{1}{2}f(\xi) + f(\xi+x) + \cdots + f(\eta-x) + \tfrac{1}{2}f(\eta)]\\ \text{(22**)}\qquad = \sum_{h=1}^{m} C_h(0)x^{2h}\left(f^{(2h-1)}(\eta) - f^{(2h-1)}(\xi)\right)\\ - x^{2m+1}C'_{m+1}(v_0)\left(f^{(2m)}(\eta) - f^{(2m)}(\xi)\right),\end{aligned}$$

wobei

$$C'_m(v_0) = (-1)^{m-1}\sum_{x=1}^{\infty}\frac{2\sin 2x v_0\pi}{(2x\pi)^{2m-1}} \qquad (0 \leq v_0 < 1)$$

bedeutet. „So haben wir eine dritte Form des Restes erlangt."

§ 11.

Um zu einer vierten Restform zu gelangen, wollen wir unsere Voraussetzungen etwas erweitern. Es möge die Summe unter dem Integrale zwischen 0 und v_1 beständig wachsen und zwischen v_1 und 1 beständig abnehmen, oder umgekehrt. Dann könnten wir (21) verwenden.

Eleganter werden unsere Resultate, wenn wir auf den Rest

$$-\int_0^1 x^{2m+1}(C_m(v) - C_m(0))\sum_{\xi}^{\eta} f^{(2m)} \cdot dv$$

zurückgreifen, (21) anwenden und dabei $C_m(v) - C_m(0)$ statt $\varphi(v)$ nehmen. Hierzu ist es nöthig, zu untersuchen, wie oft dies $\varphi(v)$ aus dem Wachsen ins Abnehmen übergeht, oder umgekehrt; und das hängt davon ab, wie viele Maxima oder Minima $C(v)$ zwischen 0 und 1 besitzt.

Da $C_m(0) = C_m(1)$ von Null verschieden ist, und da $C_m(v)$ für jedes v zwischen 0 und 1 einen kleineren absoluten Betrag hat als $C_m(0)$, so besitzt $C_m(v)$ innerhalb $(0\ldots 1)$ eine ungerade Anzahl von Maximis oder Minimis, etwa $2\mu + 1$. Dann kann $C_m(v)$ innerhalb dieser Grenzen höchstens $2\mu + 2$ mal verschwinden. Dasselbe findet für $C''_{m+1}(v) = C_m(v)$ statt. Folglich hat $C'_{m+1}(v)$ innerhalb dieser Grenzen höchstens $2\mu + 2$ Maxima oder Minima. Nun ist $C'_{m+1}(0) = C'_{m+1}(1) = 0$, da $C'_{m+1}(v)$ eine Sinusreihe ohne constantes Glied ist. Daher verschwindet $C'_{m+1}(v)$ zwischen 0 und 1 höchstens $2\mu + 1$ mal. $C_{m+1}(0)$ hat also innerhalb dieser Grenzen höchstens $2\mu + 1$ Maxima oder Minima, d. h. höchstens so viele, als $C_m(v)$ ebendaselbst besass. Von $C_m(v)$ gilt dasselbe hinsichtlich $C_{m-1}(v)$, u. s. w.

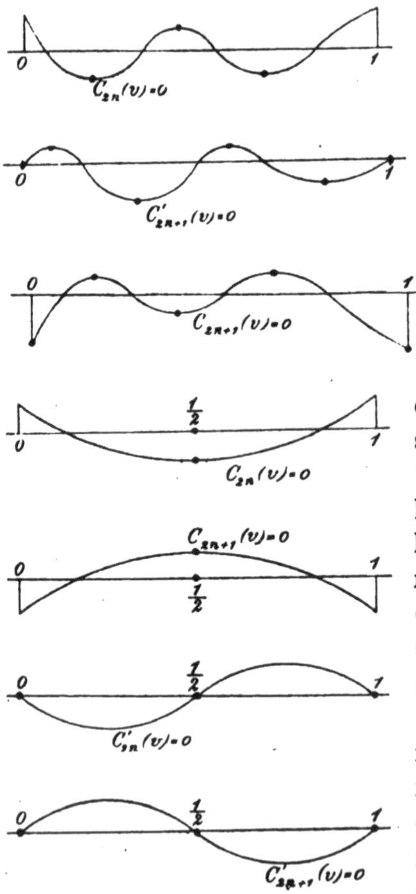

Weil $C_1(v) = -\frac{1}{2}v^2 + \frac{1}{2}v - \frac{1}{12}$ nur ein einziges Maximum besitzt, nämlich für $v = \frac{1}{2}$, so hat also auch $C_m(v)$ für jedes m höchstens ein Maximum oder ein Minimum. In der That tritt bei jedem $C_m(v)$ für $v = \frac{1}{2}$ ein Maximum oder ein Minimum ein; denn für dieses Argument ist $C_m(v) = C''_m(v) = C_{m-1}(v)$ von Null verschieden, während $C'_m(\frac{1}{2}) = 0$ wird.

Aus den Formeln zu Anfang von § 8 ersieht man, dass für ein gerades m bei $v = \frac{1}{2}$ ein Minimum, dagegen für ein ungerades m bei $v = \frac{1}{2}$ ein Maximum entsteht.

Die C_m sind im Wesentlichen nichts als die Bernoulli'schen Functionen mit geradem Index; für die mit ungeradem Index, bezw. für die $C'_m(v)$ treten ähnliche Verhältnisse auf, welche durch ähnliche Schlüsse zu begründen sind. —

Unseren Resultaten zufolge wird nun der Rest, weil $C_m(1) = C_m(0)$ ist,

$$- x^{2m+1}(C_m(0) - C_m(0)) \int_0^{v'} \sum_{\xi}^{\eta} f^{(2m)} \cdot dv$$

$$- x^{2m+1}(C_m(\tfrac{1}{2}) - C_m(0)) \int_{v'}^{v''} \sum_{\xi}^{\eta} f^{(2m)} \, dv$$

$$- x^{2m+1}(C_m(1) - C_m(0)) \int_{v''}^{1} \sum_{\xi}^{\eta} f^{(2m)} \cdot dv$$

$$= - x^{2m+1}(C_m(\tfrac{1}{2}) - C_m(0)) \int_{v'}^{v''} \sum_{\xi}^{\eta} f^{(2m)} \cdot dv$$

$$(0 \leq v' \leq \tfrac{1}{2} \leq v'' \leq 1).$$

Die Differenz in der Klammer lässt sich noch umformen, und das Integral kann man auswerthen. Zunächst ist

$$C_m(0) - C_m(\tfrac{1}{2}) = (-1)^m \sum_{\varkappa=1}^{\infty} \frac{2(1-(-1)^{\varkappa})}{(2\varkappa\pi)^{2m}} = (-1)^m \sum_{\varkappa=1}^{\infty} \frac{4}{(2(2\varkappa+1)\pi)^{2m}};$$

statt die Summation über alle ungeraden Zahlen $(2\varkappa + 1)$, führen wir sie über sämmtliche ganzen Zahlen aus und subtrahiren die über alle geraden Zahlen erstreckte Summe:

$$= (-1)^m \sum_{\varkappa=1}^{\infty} \left[\frac{4}{(2\varkappa\pi)^{2m}} - \frac{4}{(4\varkappa\pi)^{2m}}\right] = (-1)^m \sum_{\varkappa=1}^{\infty} \frac{2}{(2\varkappa\pi)^{2m}} (2(1-2^{-2m}))$$

$$= 2(1-2^{-2m}) C_m(0) = (-1)^m \frac{2(1-2^{-2m})}{(2m)!} B_m.$$

Ferner ist

$$x^{2m+1} \int_{v'}^{v''} \sum f^{(2m)} dv = - x^{2m} \Big(\sum_{z_0=\xi}^{\eta} f^{(2m-1)}(z_0 + x - xv) \Big)_{v'}^{v''}.$$

Hiernach lautet die gesammte Formel mit der vierten Restform:

$$\int_{\xi}^{\eta} f(z)dz - x[f(\xi) + f(\xi + x) + \cdots + f(\eta - x)]$$

$$(23) \quad = \sum_{h=1}^{2m-1} c_h x^h [f^{(h-1)}(\xi) - f^{(h-1)}(\eta)]$$

$$- (-1)^m \frac{2(1-2^{-2m})}{(2m)!} B_m x^{2m} \left(\sum_{z_0=\xi}^{\eta} f^{(2m-1)}(z_0 + x - xv) \right)_{v'}^{v''},$$

oder auch nach der Umwandlung auf S. 136

$$\int_{\xi}^{\eta} f(z)dz - x[\tfrac{1}{2}f(\xi) + f(\xi + x) + \cdots + f(\eta - x) + \tfrac{1}{2}f(\eta)]$$

$$(23^*) \quad = \sum_{h=1}^{m-1} C_h(0)[f^{(2h-1)}(\eta) - f^{(2h-1)}(\xi)]x^{2h}$$

$$+ (-1)^{m-1} x^{2m} \frac{2(1-2^{-2m})}{(2m)!} B_m \left(\sum_{z_0=\xi}^{\eta} f^{(2m-1)}(z_0 + x - xv) \right)_{v'}^{v''}.$$

Hier hat die letzte Klammer im Reste die Bedeutung der Gesammtschwankung für die Summe der linken Seite von (23), wenn in ihr einmal für ξ gesetzt wird $\xi + x(1 - v')$ und einmal $\xi + x(1 - v'')$. Dabei ist $1 - v' > \frac{1}{2}$ und $1 - v'' \leq \frac{1}{2}$, d. h. $v' \leq \frac{1}{2}$ und $v'' \geq \frac{1}{2}$.

Neunte Vorlesung.

Schema der partiellen Integration. — Anwendungen. — Allgemeine Summenformel. — Andere Gestaltungen derselben. — Euler-Maclaurin'sche oder Poisson'sche Formel. — Willkürlichkeit in der allgemeinen Formel. — Verbindung zwischen der Poisson'schen und der Dirichlet'schen Formel.

§ 1.

Im Laufe der letzten Vorlesung haben wir Gelegenheit gefunden, die Euler-Maclaurin'sche Summenformel durch partielle Integration zu verificiren. Es leuchtet ein, dass es auch möglich sein muss, auf diesem Wege eine naturgemässe Ableitung der Formel herzustellen. Das soll im Folgenden durch eine, bei der Anwendung der partiellen Integration nützliche Formel geschehen, welche uns gleichzeitig tiefere Einsicht in das Wesen der Summenformel gewähren wird.

Wenn $f(x)$ und $g(x)$ eindeutige Functionen der reellen Variabeln x, und wenn $f^{(h)}(x)$, $g^{(h)}(x)$ ihre h^{ten} Ableitungen bedeuten, so ist

$$f^{(h)}(x)\cdot g^{(n-h)}(-x) - f^{(h-1)}(x)\cdot g^{(n-h+1)}(-x) = \frac{d\left(f^{(h-1)}(x)\, g^{(n-h)}(-x)\right)}{dx}.$$

Nimmt man hierin $h = 1, 2, \ldots n$ und summirt, so resultirt die Differentialformel

$$f^{(n)}(x)g(-x) - f(x)g^{(n)}(-x) = \sum_{h=1}^{n} \frac{d\left(f^{(h-1)}(x)g^{(n-h)}(-x)\right)}{dx} \tag{1}$$

und aus ihr, unter Voraussetzung derjenigen Eigenschaften für $f(x)$ und $g(x)$ und die auftretenden Ableitungen, welche für die Möglichkeit der Integrationen erforderlich sind, die Integralformel

$$\begin{aligned}&\int_{x_0}^{x} f^{(n)}(x)g(-x)dx - \int_{x_0}^{x} f(x)g^{(n)}(-x)dx\\ &\quad = \sum_{h=1}^{n} \int_{x_0}^{x} d\left(f^{(h-1)}(x)g^{(n-h)}(-x)\right),\end{aligned} \tag{2}$$

durch welche die verschiedenen Anwendungen der partiellen Integration schematisirt werden. Rechts führen wir die Integration nicht aus, weil wir sonst die beschränkende Voraussetzung der Stetigkeit von $f(x)$ und $g(x)$ machen müssten.

§ 2.

Die Formel (2) geht unmittelbar in die Taylor'sche über, wenn man die Integrationsvariable z an Stelle von x nimmt und dann

$$F'(x) = f(x)\,, \quad F(x) - F(x_0) = \int_{x_0}^{x} f(z)\,dz, \quad g(z) = \frac{(x+z)^n}{n!}$$

setzt. Denn alsdann wird

$$\int_{x_0}^{x} f^{(n)}(z)\,g(-z)\,dz = \frac{1}{n!}\int_{x_0}^{x} (x-z)^n F^{(n+1)}(z)\,dz\,,$$

$$-\int_{x_0}^{x} f(z)\,g^{(n)}(-z)\,dz = -F(x) + F(x_0)\,,$$

und wenn $f^{(h-1)}(x)$ in dem Intervalle $(x_0 \ldots x_1)$ stetig ist,

$$\int_{x_0}^{x} d\big(f^{(h-1)}(z)\,g^{(n-h)}(-z)\big) = \big(f^{(h-1)}(z)\,g^{(n-h)}(-z)\big)_{x_0}^{x} = -F^{(h)}(x_0)\frac{(x-x_0)^h}{h!}\,,$$

so dass in der That die Taylor'sche Formel

$$F(x) = F(x_0) + \sum_{1}^{n} \frac{(x-x_0)^h}{h!} F^{(h)}(x_0) + \frac{1}{n!}\int_{x_0}^{x} (x-z)^n F^{(n+1)}(z)\,dz$$

mit hinzugefügtem Restgliede resultirt.

§ 3.

Wenn die $f^{(h-1)}(x)\,g^{(n-h)}(-x)$ stetig sind, und jedes für x_0 und x_1 denselben Werth hat, dann wird die rechte Seite in (2) gleich Null, und es folgt

$$\int_{x_0}^{x_1} f^{(n)}(x)\,g(-x)\,dx = \int_{x_0}^{x_1} f(x)\,g^{(n)}(-x)\,dx\,.$$

Nimmt man also z. B.

$$g(x) = \big((x+x_0)(x+x_1)\big)^n\,,$$

so entsteht

$$\int_{x_0}^{x_1} f^{(n)}(x)\big((x-x_0)(x-x_1)\big)^n\,dx = \int_{x_0}^{x_1} f(x)\,\frac{d^n\big((x-x_0)(x-x_1)\big)^n}{dx^n}\,dx\,;$$

der Werth des Integrals auf der rechten Seite wird demnach für irgend welche ganzen Functionen $(n-1)^{\text{ten}}$ Grades $f(x)$ zu Null. Dies ist aber jene Eigenschaft, welche wir im § 5 der vorigen Vorlesung zum Zwecke der mechanischen Quadratur benutzten, und die von Jacobi auf eine Formel für die Darstellung von $\int uv\,dx$ basirt wird, welche von der Gleichung (2) nur formal verschieden ist und aus ihr hervorgeht, wenn $u = f(x)$ und $v = g^{(n)}(-x)$ gesetzt wird.

§ 4.

Wir nehmen in der Formel (2) für $f(x)$ eine Function, welche nebst ihren Ableitungen $f'(x), f''(x), \ldots f^{(n-1)}(x)$ in dem ganzen Intervalle von x_0 bis x_r endlich und stetig ist, für $g(x)$ aber eine solche, deren $(n-1)^{\text{te}}$ Ableitung an einzelnen, durch die Werthe

$$-x = x_1, x_2, \ldots x_{r-1} \qquad (x_0 < x_1 < x_2 < \cdots < x_{r-1} < x_r)$$

bezeichneten Stellen des Intervalls $(x_0 \ldots x_r)$ unstetig, dabei jedoch durchweg endlich ist, wodurch dann offenbar die Functionen $g(x)$, $g'(x)$, $\ldots g^{(n-2)}(x)$ als endlich und stetig festgesetzt werden. Dadurch verwandelt sich die Gleichung (2) in eine ganz allgemeine Summenformel, und hierin besteht wohl die merkwürdigste Anwendung, welche man von jener Integralformel (2) machen kann.

Unter der angegebenen Voraussetzung wird nämlich das erste, dem Werthe $h = 1$ entsprechende Integral auf der rechten Seite von (2)

$$\int_{x_0}^{x_r} d(f(x)g^{(n-1)}(x))$$

gleich der Summe

$$-f(x_0)g^{(n-1)}(-x_0) + \sum_{k=1}^{r-1} f(x_k) \lim_{\varepsilon=0} [g^{(n-1)}(\varepsilon^2 - x_k) - g^{(n-1)}(-\varepsilon^2 - x_k)]$$
$$+ f(x_r)g^{(n-1)}(-x_r),$$

und diese wird daher gemäss der Integralformel (2) durch den Ausdruck

$$\int_{x_0}^{x_r} f^{(n)}(x)g(-x)dx - \int_{x_0}^{x_r} f(x)g^{(n)}(-x)dx + \sum_{h=1}^{n} (f^{(h-1)}(x)g^{(n-h)}(-x))_{x_r}^{x_0}$$

dargestellt, wenn die Function $g^{(n-1)}(-x)$ innerhalb jedes einzelnen Intervalles $(x_k \ldots x_{k+1})$, in welchem sie stetig ist, zugleich Ableitungen $g^{(n)}(-x)$ mit endlichen Werthen besitzt.

Diese Bedingungen für die Function $g^{(n-1)}(x)$ sind sehr gering. Man kann irgend welche r stetigen, differentiirbaren Functionen

$$\varphi_1(x),\ \varphi_2(x),\ \ldots\ \varphi_r(x)$$

annehmen und alsdann die Function $g^{(n-1)}(x)$ durch die Bedingung

$$g^{(n-1)}(-x) = \varphi_k(x) \quad \text{für } x_{k-1} < x < x_k \qquad (k = 1, 2, \ldots r),$$

d. h. also dadurch definiren, dass sie in jedem der r Intervalle

$$x_{k-1} < x < x_k \qquad (k = 1, 2, \ldots r)$$

mit der bezüglichen Function $\varphi_k(x)$ übereinstimmen soll.

Es ist dann auch

$$-g^{(n)}(-x) = \varphi_k'(x) \quad \text{für } x_{k-1} < x < x_k \qquad (k = 1, 2, \ldots r)$$

zu setzen, wobei $\varphi_k'(x)$ die erste Ableitung von $\varphi_k(x)$ bedeutet; die Functionen $g^{(n-2)}(x)$, $g^{(n-3)}(x)$, $\ldots g(x)$ sind durch die Gleichung

$$\int_{u_h}^{x} g^{(h)}(x)dx = g^{(h-1)}(x) \tag{3}$$

zu bestimmen, wenn man darin der Reihe nach $h = n - 1,\ n - 2, \ldots 1$ und die unteren Grenzen $u_{n-1}, u_{n-2}, \ldots u_1$ ganz beliebig annimmt.

Da nun bei den angegebenen Bestimmungen

$$\lim_{\varepsilon=0} g^{(n-1)}(\varepsilon^2 - x_k) = \varphi_k(x_k)\,, \quad \lim_{\varepsilon=0} g^{(n-1)}(-\varepsilon^2 - x_k) = \varphi_{k+1}(x_k)$$
$$(k = 1,\ 2, \ldots r)$$

wird, so erhält man die ganz allgemeine Summenformel

$$\begin{aligned}\sum_0^r f(x_k)[\varphi_k(x_k) - \varphi_{k+1}(x_k)] &= \sum_1^r \int_{x_{k-1}}^{x_k} f(x)\varphi_k'(x)dx + \int_{x_0}^{x_r} f^{(n)}(x)g(-x)dx \\ &+ \sum_{h=2}^{n} \left(f^{(h-1)}(x_0)g^{(n-h)}(-x_0) - f^{(h-1)}(x_r)g^{(n-h)}(-x_r)\right),\end{aligned} \tag{4}$$

in welcher

$$\varphi_0(x_0) = 0, \quad \varphi_{r+1}(x_r) = 0$$

zu setzen ist.

Diese sehr allgemeine Formel kann dazu dienen, um die mit gewissen Differenzen multiplicirten Functionswerthe $f(x_0), f(x_1), \ldots f(x_r)$ zu summiren. Will man die Functionswerthe selbst summiren, so hat man nur die φ_k so zu wählen, dass

$$\varphi_k(x_k) - \varphi_{k+1}(x_k) = 1 \qquad (k = 0,\ 1, \ldots r)$$

ist. Wie man sieht, bleibt dabei noch eine grosse Willkürlichkeit für $\varphi_k(x)$ zurück, und es kann daher bei unveränderter linker Seite die rechte Seite in (4) von mannigfacher Gestalt sein (vgl. § 7).

Die Integralsumme auf der rechten Seite ist im Grunde nur ein einziges Integral, da man z. B. in den meisten Fällen anstatt der verschiedenen $\varphi_k'(x)$ eine einzige Fourier'sche Reihe einführen kann. Ist nun ein solches Integral vorgelegt, so erlaubt die Gleichung (4) seine näherungsweise Auswerthung mittels einer Summe von Functionswerthen $f(x_k)$, zweitens einer Summe, in der die Ableitungen von $f(x)$ auftreten, und endlich dem Restintegrale

$$\int_{x_0}^{x_r} f^{(n)}(x) g(-x) dx .$$

So erfüllt also die Formel (4) einen doppelten Zweck.

§ 5.

Um die Differenzen $\varphi_k(x_k) - \varphi_{k+1}(x_k)$ sämmtlich einander gleich zu machen, wählen wir eine Function $\psi(x)$ mit denselben Eigenschaften, die wir für $g^{(n-1)}(-x)$ als erforderlich aufgestellt hatten, und setzen

$$\psi(x) - \int_0^1 \psi(x) dx = g^{(n-1)}(-x) .$$

Dann besitzt $g^{(n-1)}(-x)$ natürlich alle Eigenschaften, um in eine Fourier'sche Reihe entwickelt zu werden, und man erhält diese etwa in der auf S. 95 angegebenen Form

$$g^{(n-1)}(-x) = \sum_1^\infty a_\varkappa \cos(2\varkappa x + v_\varkappa + \tfrac{1}{2})\pi \qquad (0 < x < 1) .$$

Hier ist nicht von $\varkappa = 0$ an, sondern nur von $\varkappa = 1$ an summirt; für $\varkappa = 0$ erhält man nämlich nach S. 92 als das constante Glied:

$$\int_0^1 g^{(n-1)}(-x) dx = \int_0^1 \psi(x) dx - \int_0^1 dx \int_0^1 \psi(y) dy = 0 .$$

Von $\psi(x)$ wollen wir noch voraussetzen, dass $\psi(0) \neq \psi(1)$ ist, so dass also auch

$$\lim_{\delta=0} g^{(n-1)}(-1 + \delta^2) \neq \lim_{\delta=0} g^{(n-1)}(-\delta^2)$$

wird.

Die Entwickelung in die Fourier'sche Reihe gilt nur für das Intervall $0 < x < 1$. Wir wollen aber umgekehrt jetzt jene Entwickelung als Definition für $g^{(n-1)}(-x)$ im Gebiete von $x = 0$ bis $x = r$ ansehen, wobei r irgend eine positive, ganze Zahl bedeutet. Wir brauchen jedoch im Folgenden nur die Werthe von $g^{(n-1)}(-x)$ für

$$x = \lim_{\delta=0} (\varkappa \pm \delta^2) \qquad (\varkappa = 0, 1, 2, \ldots r).$$

Auf diese Weise erreichen wir es, dass die Differenzen

$$\varphi_\varkappa(x) - \varphi_{\varkappa+1}(x) = \lim_{\delta=0} g^{(n-1)}(\delta^2 - \varkappa) - \lim_{\delta=0} g^{(n-1)}(-\delta^2 - \varkappa)$$

$$(\varkappa = 0, 1, 2, \ldots r)$$

unabhängig von $\varkappa$ gleiche Werthe annehmen, nämlich stets

$$\lim_{\delta=0} g^{(n-1)}(-1+\delta^2) - \lim_{\delta=0} g^{(n-1)}(-\delta^2).$$

Wir führen weiter eine Function $g^{(n-2)}(x)$ durch

$$\frac{dg^{(n-2)}(x)}{dx} = g^{(n-1)}(x)$$

oder durch

$$g^{(n-2)}(-x) - g^{(n-2)}(0) = -\int_0^x g^{(n-1)}(-x)dx$$

ein, für welche sich dann sofort

$$g^{(n-2)}(-1) - g^{(n-2)}(0) = 0,$$

$$\lim_{\delta=0} g^{(n-2)}(-1+\delta^2) - \lim_{\delta=0} g^{(n-2)}(-\delta^2) = 0$$

ergiebt. Denkt man sich nun $g^{(n-2)}(-x)$ in eine Fourier'sche Reihe entwickelt, dann reicht die letzte Eigenschaft aus, um die gliedweise Differentiation zu gestatten. Bisher ist aber $g^{(n-2)}(x)$ nur bis auf eine Constante bestimmt; diese wählen wir jetzt so, dass wieder

$$\int_0^1 g^{(n-2)}(-x)dx = 0$$

wird. Demnach fällt bei der Fourier'schen Entwickelung das constante Glied fort, und wegen der bereits bekannten Entwickelung von $g^{(n-1)}(-x)$ ergiebt sich, da gliedweise Differentiation möglich ist,

$$g^{(n-2)}(-x) = \sum_1^\infty \frac{a_\varkappa}{(2\varkappa\pi)^2} \cos\left(2\varkappa x + v_\varkappa + \frac{2}{2}\right)\pi.$$

In gleicher Weise führen wir eine Function $g^{(n-3)}(x)$ durch

$$\frac{dg^{(n-3)}(x)}{dx} = g^{(n-2)}(x)$$

ein, der wir noch die Bedingung auferlegen können, dass

$$\int_0^1 g^{(n-3)}(-x)dx = 0$$

sein soll. Dann ergiebt sich auf gleiche Art wie soeben

$$g^{(n-3)}(-x) = \sum_1^\infty \frac{a_\varkappa}{(2\varkappa\pi)^3} \cos\left(2\varkappa x + v_\varkappa + \frac{3}{2}\right)\pi$$

und ebenso allgemein:

$$g^{(n-h)}(-x)=\sum_{1}^{\infty}\frac{a_\varkappa}{(2\varkappa\pi)^h}\cos\left(2\varkappa x+v_\varkappa+\frac{h}{2}\right)\pi \qquad (h=1,2,\ldots n).$$

Dagegen ist für $g^{(n)}(-x)$ eine Ableitung durch Differentiation der Fourier'schen Reihe nicht möglich, weil der Annahme nach

$$\lim_{\delta=0} g^{(n-1)}(-1+\delta^2)-\lim_{\delta=0} g^{(n-1)}(-\delta^2)\neq 0$$

ist (vgl. S. 98). Hier hat man zu definiren:

$$g^{(n)}(-x)=-\frac{dg^{(n-1)}(-x)}{dx},$$

wo nun aber die Function $g^{(n-1)}(-x)$ selbst zu differentiiren ist, nicht aber die sie darstellende Fourier'sche Reihe gliedweise differentiirt werden kann. Den Voraussetzungen nach besteht ein Differentialquotient von $g^{(n-1)}(x)$. Die $g^{(h)}(x)$ sind jetzt für alle reellen Werthe von x definirt.

Setzt man diese Functionen $g^{(h)}(-x)$ in die Integralformel (2) ein, nimmt man ferner für $f(x)$ eine, nebst ihren ersten $(n-1)$ Ableitungen stetige Function, und für die Grenzen Null und die ganze Zahl r, so geht das erste Glied der rechten Seite in

$$-\sum_{k=0}^{r-1} f(k)\lim_{\varepsilon=0}\sum_{h=1}^{\infty}\frac{a_h}{2h\pi}\cos\left(2h(k+\varepsilon^2)+v_h+\frac{1}{2}\right)\pi$$

$$+\sum_{k=1}^{r} f(k)\lim_{\varepsilon=0}\sum_{h=1}^{\infty}\frac{a_h}{2h\pi}\cos\left(2h(k-\varepsilon^2)+v_h+\frac{1}{2}\right)\pi$$

über. Hier kann offenbar in den inneren Summen k getilgt werden, so dass der Limes gemeinsamer Factor aller Summanden wird; dadurch erhalten wir die Form

$$2\lim_{\varepsilon=0}\sum_{h=1}^{\infty}\frac{a_h}{2h\pi}\sin 2h\varepsilon^2\pi\cos v_h\pi\cdot\sum_{k=0}^{r-1} f(k)$$

$$+(f(r)-f(0))\lim_{\varepsilon=0}\sum_{k=1}^{\infty}\frac{a_k}{2k\pi}\cos\left(2k\varepsilon^2-v_k-\frac{1}{2}\right)\pi.$$

Die folgenden Glieder der rechten Seite liefern einfach, da die $g^{(n-h)}$ für $h>1$ stetig sind, und da $g^{(n-h)}(r)=g^{(n-h)}(0)$ wird,

$$\sum_{h=2}^{n}(f^{(h-1)}(r)-f^{(h-1)}(0))\sum_{k=1}^{\infty}\frac{a_k}{(2k\pi)^h}\cos\left(v_k+\frac{h}{2}\right)\pi.$$

Zu dieser Summe ziehen wir endlich noch das letzte obige Glied, so dass dies

$$\sum_{h=1}^{n}(f^{(h-1)}(r)-f^{(h-1)}(0))\lim_{\varepsilon=0}\sum_{k=1}^{\infty}\frac{a_k}{(2k\pi)^h}\cos\left(2k\varepsilon^2-v_k-\frac{h}{2}\right)\pi$$

ergiebt. Dadurch geht (2) in die allgemeine Summenformel über:

$$-2\lim_{\varepsilon=0}\sum_{k=1}^{\infty}\frac{a_k}{2k\pi}\sin 2k\varepsilon^2\pi\cos v_k\pi\cdot\sum_{h=0}^{r-1}f(h)$$

(6) $$=\int_0^r(f(x)g^{(n)}(-x)-f^{(n)}(x)g(-x))dx$$

$$+\sum_{h=1}^{n}(f^{(h-1)}(r)-f^{(h-1)}(0))\lim_{\varepsilon=0}\sum_{k=1}^{\infty}\frac{a_k}{(2k\pi)^h}\cos\left(2k\varepsilon^2-v_k-\frac{h}{2}\right)\pi.$$

§ 6.

Wir specialisiren nun die erhaltene Formel auf zwei Arten. Nimmt man in (6)

$$n=2m,\quad a_k=-2,\quad v_k=0,$$

so wird

$$g(-x)=(-1)^{m+1}\sum_{k=1}^{\infty}\frac{2}{(2k\pi)^{2m}}\cos 2kx\pi,$$

$$g^{(n-1)}(-x)=\sum_{1}^{\infty}\frac{\sin 2kx\pi}{k\pi}=\frac{1}{2}-x,\quad \text{also } g^{(n)}(-x)=1,$$
$$(0<x<1);$$

$$\lim_{\varepsilon=0}\sum_{1}^{\infty}\frac{a_k}{(2k\pi)^h}\cos\left(2k\varepsilon^2-v_k-\frac{h}{2}\right)\pi=0\qquad(h=3,5,\dots 2m-1),$$

$$\text{oder}=(-1)^{\frac{h}{2}}\sum_{1}^{\infty}\frac{-2}{(2k\pi)^h}\qquad(h=2,4,\dots 2m),$$

$$\text{oder}=-\frac{1}{2}\qquad(h=1);$$

$$-2\lim_{\varepsilon=0}\sum_{k=1}^{\infty}\frac{a_k}{2k\pi}\sin 2k\varepsilon^2\pi\cdot\cos v_k\pi=1.$$

Die beiden letzten Resultate folgen aus dem für $g^{(n-1)}(-x)$. Jetzt geht die allgemeine Summenformel in folgende specielle über

$$\tfrac{1}{2}f(0) + f(1) + f(2) + \cdots + f(r-1) + \tfrac{1}{2}f(r)$$

$$(7) \qquad = \int_0^r f(x)dx$$

$$\sum_{h=1}^{m} (f^{(2h-1)}(0) - f^{(2h-1)}(r)) \sum_{k=1}^{\infty} \frac{(-1)^h 2}{(2k\pi)^{2h}} + (-1)^m \int_0^r f^{(2m)}(x) \sum_1^{\infty} \frac{2\cos 2kx\pi}{(2k\pi)^{2m}} dx;$$

diese Formel wird meist als die Euler'sche, aber auch wohl als die Stirling'sche Summenformel bezeichnet. Es findet sich jedoch bei Keinem von Beiden eine Spur von dem Restgliede, wenngleich freilich Euler angegeben hat, wann die Reihe der Ableitungen convergirt. Reihen, wie die obige, die zwar nicht convergent sind, jedoch ein Restglied besitzen, welches bei jeder Auswerthung der Summe für irgend einen Werth von x den gemachten Fehler zu bestimmen ermöglicht, segeln unter dem unglücklich gewählten Namen „semiconvergenter Reihen".

Nach Euler ruhten die Untersuchungen über diese Reihe, bis ihre Theorie wieder von Poisson in seiner am 11. Decbr. 1826 in der Pariser Akademie gelesenen Abhandlung: „Sur le calcul numérique des Intégrales définies" entwickelt worden ist. Sie findet sich bei ihm genau in der obigen Gestalt und in allen wesentlichen Punkten richtig abgeleitet. Er hat die Formel also zuerst gegeben; denn ohne Restglied ist es keine Formel. Wir können sie deshalb als Poisson'sche Formel bezeichnen. Mit Unrecht hat Jacobi geringschätzig von der Poisson'schen Abhandlung gesprochen, als er sie am Schlusse seines Aufsatzes: „De usu legitimo formulae Maclaurianae" (Crelle's J. XII) in wenigen Zeilen erwähnte und von ihr sagte, die Frage sei dort in ganz anderer Weise behandelt. Das ist unzutreffend; denn im Grunde hatte der Poisson'sche Aufsatz die Jacobi'schen Untersuchungen überflüssig gemacht. Der Hauptunterschied liegt, abgesehen von der eleganteren Deduction Jacobi's darin, dass er die Bernoulli'schen Functionen statt der Summen

$$\sum_{k=1}^{\infty} \frac{\cos 2kx\pi}{(2k\pi)^{2m}}$$

einführt, wodurch dann das Restintegral der Formel (7) in eine Summe von r Restintegralen $\int_0^1 + \int_1^2 + \cdots$ auseinander gebrochen wird. Wahrscheinlich hatte Jacobi ohne Kenntniss der Poisson'schen Arbeit die Jahrhunderte alte Frage selbständig und gründlich gelöst und erfuhr erst während des Druckes seiner Arbeit durch Crelle von jenem Aufsatze; dies veranlasste ihn dann wohl zu jenem etwas ungerechten Schlusssatze.

Auch Dirichlet liebte, mancher Ungenauigkeiten wegen, die Art und Weise der Poisson'schen Deduction wenig. Aber diese Ungenauigkeiten sind auf das Hauptresultat ohne Einfluss und lassen sich übrigens auch mit geringer Mühe beseitigen.

Das Wesentliche der in der vorigen Vorlesung abgeleiteten Summenformel ist in (7) enthalten.

§ 7.

Es ist hervorzuheben, dass die Verallgemeinerung der Poisson'schen Summenformel, welche in der Gleichung (6) gegeben ist, nicht etwa eine bloss formale, sondern vielmehr eine wichtige sachliche Bedeutung hat. Soll nämlich, wie in jener Poisson'schen Formel (7), eine Summe

$$\tfrac{1}{2}f(0) + f(1) + f(2) + \cdots + f(r-1) + \tfrac{1}{2}f(r)$$

durch einen Ausdruck mit dem Haupttheile

$$\int_0^r f(x)\,dx$$

dargestellt werden, so enthält diese Aufgabe insofern eine wesentliche Unbestimmtheit, als bei der Summe $\frac{1}{2}f(0) + f(1) + \cdots$ nur die Werthe der Function $f(x)$ für $x = 0, 1, \ldots r$, bei dem Integrale $\int_0^r f(x)dx$ aber die Werthe für alle Argumente zwischen $x = 0$ und $x = r$ in Anwendung kommen.

Diesem Umstande, welcher offenbar bei jener Frage der Darstellung von Summen

$$\tfrac{1}{2}f(0) + f(1) + f(2) + \cdots + f(r-1) + \tfrac{1}{2}f(r)$$

eine besondere Beachtung verdient, wird in der allgemeinen Summenformel (6) bis zu einem gewissen Grade dadurch Rechnung getragen, dass in dem Haupttheile des Ausdrucks auf der rechten Seite

$$\int_0^r f(x)g^{(n)}(-x)\,dx$$

die Function $f(x)$ mit einer Function $g^{(n)}(-x)$ multiplicirt ist, welche in dem ersten Intervalle von $x = 0$ bis $x = 1$ ganz willkürlich angenommen werden kann, deren übrige Werthe aber alsdann durch die Periodicitätsgleichung

$$g^{(n)}(-x) = g^{(n)}(-x-1)$$

zu bestimmen sind.

Um die hier betonte Willkürlichkeit der Function $g^{(n)}(-x)$ genauer darzulegen, sei daran erinnert, dass den Entwickelungen in § 5 irgend eine für alle Werthe von $x = 0$ bis $x = 1$ endliche, stetige und differentiirbare, der Ungleichheitsbedingung $\psi(0) \neq \psi(1)$ genügende Function $\psi(x)$ zu Grunde gelegt, und dass dann

$$\psi(x) - \int_0^1 \psi(x)dx = g^{(n-1)}(-x),$$

$$g^{(n)}(-x) = -\frac{dg^{(n-1)}(-x)}{dx}$$

gesetzt worden ist. Geht man nun von irgend einer endlichen, integrirbaren Function $g^{(n)}(-x)$ aus, deren Wahl einzig und allein durch die Bedingung $\int_0^1 g^{(n)}(-x) \neq 0$ beschränkt wird, so hat man, um eine für die weitere Deduction geeignete Function $g^{(n-1)}(-x)$ daraus abzuleiten, nur $g^{(n-1)}(-x)$ durch die Differentialgleichung

$$g^{(n)}(-x) = -\frac{dg^{(n-1)}(-x)}{dx}$$

und die Constante der Integration durch die Bedingung

$$\int_0^1 g^{(n-1)}(-x)dx = 0$$

zu bestimmen.

§ 8.

Von besonderem Interesse ist auch der specielle Fall von (6), in dem ausser den Grössen v_λ noch eine Anzahl von den ersten Grössen a z. B. $a_1, a_2, \ldots a_{s-1}$ gleich Null sind, die folgenden Grössen a aber sämmtlich einen und denselben von Null verschiedenen Werth haben.

Nimmt man nämlich in (6) aus § 5

$$n = 2m;\ v_1 = v_2 = \cdots = 0,$$

$$a_1 = a_2 = \cdots = a_{s-1} = 0,$$

$$a_s = a_{s+1} = a_{s+2} = \cdots = -2,$$

so wird

$$g(-x) = (-1)^{m+1} \sum_{k=s}^{\infty} \frac{2\cos 2kx\pi}{(2k\pi)^{2m}},$$

$$g^{(2m-1)}(-x)=\sum_{s}^{\infty}\frac{\sin 2kx\pi}{k\pi}=\frac{1}{2}-x-\sum_{1}^{s-1}\frac{\sin 2kx\pi}{k\pi},$$

$$g^{(2m)}(-x)=\sum_{-s+1}^{s-1}\cos 2kx\pi=\frac{\sin(2s-1)x\pi}{\sin x\pi},$$

$$\lim_{s=0}\sum_{k=1}^{\infty}\frac{a_k}{(2k\pi)^h}\cos\left(2k\varepsilon^2-v_k-\frac{h}{2}\right)\pi=0\qquad(h=3,5,\ldots 2m-1)$$

$$\text{oder }=(-1)^{\frac{h}{2}}\sum_{k=s}^{\infty}\frac{-2}{(2k\pi)^h}\qquad(h=2,4,\ldots 2m)$$

$$\text{oder }=-\frac{1}{2}\qquad(h=1),$$

$$-2\lim_{s=0}\sum_{1}^{\infty}\frac{a_k}{2k\pi}\sin 2k\varepsilon^2\pi\cdot\cos v_k\pi=1,$$

und es resultirt die speciellere Summenformel

(8) $$\tfrac{1}{2}f(0)+f(1)+f(2)+\cdots+f(r-1)+\tfrac{1}{2}f(r)$$

$$=\int_0^r f(x)\frac{\sin(2s-1)x\pi}{\sin x\pi}dx+\sum_{h=1}^{m}\left(f^{(2h-1)}(0)-f^{(2h-1)}(r)\right)\sum_{k=s}^{\infty}\frac{(-1)^h 2}{(2k\pi)^{2h}}$$

$$+(-1)^m\int_0^r f^{(2m)}(x)\sum_{k=s}^{\infty}\frac{2\cos 2kx\pi}{(2k\pi)^m}dx.$$

Hier wird nicht nur das Restintegral, sondern auch jedes der übrigen Glieder auf der rechten Seite, mit Ausnahme des ersten, um so kleiner, je mehr man s wachsen lässt; und die Formel liefert daher auch einen immer besseren Ausdruck für den Werth der Summe

$$\tfrac{1}{2}f(0)+f(1)+f(2)+\cdots+f(r-1)+\tfrac{1}{2}f(r),$$

je grösser man die Zahl s annimmt. Vor Allem aber erscheint die Formel (8) wohl dadurch bemerkenswerth, dass sie eine Verbindung zwischen der Poisson'schen (oder Euler-Maclaurin'schen) und zwischen der Dirichlet'schen herstellt, welche wir in der sechsten Vorlesung § 5, (10) abgeleitet haben. Während nämlich (8) für $s=1$ mit der Poisson'schen Formel identisch wird, geht es andererseits für den Grenzwerth $s=\infty$, für welchen sich der Ausdruck der rechten Seite auf

$$\lim_{s=\infty}\int_0^r f(x)\frac{\sin(2s-1)x\pi}{\sin x\pi}dx$$

reducirt, in die erwähnte Dirichlet'sche Summenformel über.

Zehnte Vorlesung.

Anwendungen des Cauchy'schen Satzes. — Partialbruch-Zerlegung von $f(\zeta)\operatorname{cotg}\zeta\pi$. — Summen, durch Integrale ausgedrückt. — Gauss'sche Summen. — Das Cauchy'sche Integral. — Taylor'sche Reihe. — Das Cauchy'sche Residuum. — Zahl der Unendlichkeits- und Nullstellen. — Wurzelexistenz algebraischer Gleichungen. — Unendlichkeits- und Nullstellen einer doppelt-periodischen Function. — Functionentheoretische Anwendungen. — Entwickelung von Functionen in Potenzreihen. — Anwendung auf eine mehrdeutige Function. — Partialbruch-Zerlegung.

§ 1.

Wir knüpfen nunmehr an das Resultat unserer Untersuchungen in der dritten Vorlesung an, welches wir als den Cauchy'schen Satz bezeichnet haben. Dieser lautet: „Es ist das Integral

$$\int f(x+iy)d(x+iy)$$

„einer complexen Veränderlichen, erstreckt über seine natürliche Be- „grenzung, gleich Null. Die natürliche Begrenzung des Integranden „wird von den Punkten und Linien gebildet, in welchen $f(x+iy)$ oder „$f'(x+iy)$ aufhört, endlich oder eindeutig zu sein."

Wir verstehen unter z die complexe Variable $x+iy$ und betrachten als erstes Beispiel

$$\int \frac{f(z)}{z-\zeta}\pi \operatorname{cotg} z\pi\, dz\,.$$

$f(z)$ soll nebst seiner ersten Ableitung in der ganzen Ebene der x, y endlich und eindeutig bleiben, und der Integrand soll für unendlich grosse Werthe von z verschwinden. Dann wird die natürliche Begrenzung von kleinen Contouren gebildet, welche die Punkte $z=\zeta$ und $z=0,\pm 1, \pm 2, \pm 3, \ldots$ umgeben. Erstreckt man also das Integral einmal über einen unendlich grossen Kreis und andererseits in entgegengesetzter Richtung über jene Contouren, die als Kreise gewählt werden dürfen, so ist das Resultat gleich Null. Weil aber unserer Voraussetzung gemäss der Integrand im Unendlichen verschwindet, so erhalten wir

$$\sum_{-\infty}^{\infty}\int_{(x)} \frac{f(z)}{z-\zeta}\pi \operatorname{cotg} z\pi\, dz + \int_{(\zeta)} \frac{f(z)}{z-\zeta}\pi \operatorname{cotg} z\pi\, dz = 0\,.$$

Der Index $\varkappa$ durchläuft ganzzahlig alle Werthe von $-\infty$ bis $+\infty$, und das Integral mit dem Index $(\varkappa)$ bezieht sich auf einen kleinen um $z=\varkappa$, das mit dem Index (ζ) dagegen auf einen kleinen um $z=\zeta$ geschlagenen Kreis. Wir nehmen weiter an, dass ζ mit keinem der Punkte $z=\varkappa$ zusammenfällt. Wird nun im zweiten Integrale

$$z=\zeta+\varrho e^{\vartheta i}$$

gesetzt, so geht dieses Integral für $\lim\varrho=0$ in

$$\lim_{\varrho=0}\int_0^{2\pi} f(\zeta+\varrho e^{\vartheta i})\pi\operatorname{cotg}(\zeta+\varrho e^{\vartheta i})\pi\,\frac{\varrho i e^{\vartheta i}\,d\vartheta}{\varrho e^{\vartheta i}}$$
$$=\pi\operatorname{cotg}\zeta\pi f(\zeta)\cdot 2\pi i$$

über, und ebenso erhält man

$$\lim_{\varrho=0}\int_0^{2\pi}\frac{f(\varkappa+\varrho e^{\vartheta i})}{\varkappa+\varrho e^{\vartheta i}-\zeta}\,\pi\operatorname{cotg}(\varkappa+\varrho e^{\vartheta i})\pi\cdot\varrho i e^{\vartheta i}d\vartheta$$
$$=\frac{f(\varkappa)}{\varkappa-\zeta}\lim_{\varrho=0}\int_0^{2\pi}\frac{\pi\varrho i e^{\vartheta i}d\vartheta}{\sin(\pi\varrho e^{\vartheta i})}=\frac{f(\varkappa)}{\varkappa-\zeta}\int_0^{2\pi} i\,d\vartheta$$
$$=\frac{f(\varkappa)}{\varkappa-\zeta}\cdot 2\pi i\,.$$

Tragen wir beide Resultate in die obige Formel ein, so liefert diese

$$(1)\qquad \pi\operatorname{cotg}\zeta\pi\cdot f(\zeta)=\sum_{-\infty}^{\infty}\frac{f(\varkappa)}{\zeta-\varkappa}\qquad(\varkappa \text{ ist ganzzahlig}),$$

und dies ist nichts Anderes als die Zerlegung von $\pi\operatorname{cotg}\zeta\pi\cdot f(\zeta)$ in Partialbrüche.

Setzen wir, was unsere Voraussetzungen über den Integranden erlauben, $f(z)=1$, so kommen wir zu der auf S. 68 Z. 1 abgeleiteten Formel

$$(1^*)\qquad \pi\operatorname{cotg} z\pi=\sum_{-\infty}^{\infty}\frac{1}{z+\varkappa}\,.$$

Unsere Bedingungen sind ferner für

$$f(z)=\frac{e^{2vz\pi i}}{e^{2z\pi i}+1}\qquad(0<v<1),$$
$$f(z)\operatorname{cotg} z\pi=\frac{ie^{2vz\pi i}}{e^{2z\pi i}-1}=\frac{i}{e^{2(1-v)z\pi i}-e^{-2vz\pi i}}$$

erfüllt, sobald man bei der Umgrenzung die Punkte vermeidet, in denen der Nenner $e^{2z\pi i}-1$ gleich Null wird. Setzt man nämlich

$$z=R(\cos\varphi+i\sin\varphi)\,,$$

dann wird der Nenner von $f(z)$ cotg $z\pi$ in seiner letzten Gestalt

$$e^{-2(1-v)R\sin\varphi\cdot\pi}e^{-2(1-v)R\cos\varphi\cdot\pi i}-e^{2vR\sin\varphi\cdot\pi}e^{-2vR\cos\varphi\cdot\pi i}.$$

Was also φ auch für einen von 0 und π verschiedenen Werth haben mag, einer der beiden Exponenten von e

$$-2(1-v)R\pi\sin\varphi \quad \text{oder} \quad 2vR\pi\sin\varphi \qquad (0<v<1)$$

wird für unendlich grosse R positiv unendlich gross; der Werth von $f(z)$ cotg $z\pi$ wird daher Null, und deshalb dürfen wir die gewählte Function in (1) eintragen. Da nun bei ganzzahligen k der Werth des Nenners von $f(z)$ gleich 2 wird, so entsteht die Formel

$$\frac{2\pi i e^{2vz\pi i}}{e^{2z\pi i}-1}=\lim_{n=\infty}\sum_{-n}^{+n}\frac{e^{2\varkappa v\pi i}}{z-\varkappa} \qquad (0<v<1),$$

welche wir bereits auf anderem Wege unter (6) in § 5 der siebenten Vorlesung abgeleitet haben.

§ 2.

An zweiter Stelle wählen wir für das $f(z)$ in

$$\int f(z)dz=0 \qquad (z=x+iy)$$

eine Function, die innerhalb eines gewissen Bereiches nebst ihrer Ableitung $f'(z)$ endlich und eindeutig ist. Mit Hülfe von (1*) bilden wir

$$f(z)\,\pi\operatorname{cotg} z\pi=\sum_{-\infty}^{\infty}\frac{f(z)}{z-\varkappa} \qquad (\varkappa \text{ ist ganzzahlig}).$$

Dieses Product ist innerhalb desselben Bereiches gleichfalls eindeutig; und wenn man aus dem Bereiche alle Punkte der Abscissenaxe mit ganzzahligen Abscissen ausschliesst, dann bleibt im Restbereiche das Product nebst seiner ersten Ableitung eindeutig und endlich. Bezeichnen wir die natürliche Begrenzung von $f(z)$ durch (B), und integriren über das Product längs (B) und um alle innerhalb (B) liegenden Punkte $z=\varkappa$ der Art, dass die eingeschlossene Fläche zur Linken bleibt, so ist das eine Resultat gleich dem anderen, und es gilt die Gleichung

$$\int_{(B)} f(z)\pi\operatorname{cotg} z\pi\,dz=\sum_{\varkappa}\int_{(\varkappa)} f(z)\pi\operatorname{cotg} z\pi\,dz$$

$$=\sum_{\varkappa}\int_{(\varkappa)}\sum_{h=-\infty}^{\infty}\frac{f(z)}{z-h}\,dz.$$

Das Integral links wird über die natürliche Begrenzung von $f(z)$ erstreckt; rechts dagegen das Integral mit dem Index $(\varkappa)$ über eine kleine, den Punkt $x = \varkappa$, $y = 0$ umgebende Contour, beide in derselben Richtung genommen; dabei bezieht sich die Summe rechts auf alle ganzzahligen Werthe $\varkappa$, die innerhalb der natürlichen Begrenzung von $f(z)$ liegen. Aus der zweiten Form rechts ist ersichtlich, dass nur der Summand nach h, für welchen $h = k$ ist, ein von Null verschiedenes Resultat geben kann. So entsteht aus der obigen Gleichung

$$\int\limits_{(B)} f(z)\pi \operatorname{cotg} z\pi \cdot dz = \sum_{\varkappa} \int\limits_{(\varkappa)} \frac{f(z)}{z-\varkappa}\, dz \qquad (\varkappa \text{ ist ganzzahlig}).$$

Nehmen wir nun für die Contour, die den Punkt $z = \varkappa$ umschliesst, einen kleinen Kreis mit dem Radius ϱ und setzen

$$z - \varkappa = \varrho \cdot e^{2v\pi i},$$

dann wird

$$\int\limits_{(\varkappa)} \frac{f(z)}{z-\varkappa}\, dz = \lim_{\varrho=0} \int\limits_0^1 \frac{f(\varkappa + \varrho e^{2v\pi i})}{\varrho e^{2v\pi i}}\, \varrho e^{2v\pi i} \cdot 2\pi i dv$$

$$= 2\pi i \lim_{\varrho=0} \int\limits_0^1 f(\varkappa + \varrho e^{2v\pi i}) dv.$$

Wegen der Stetigkeit von f wird bei hinreichend kleinem ϱ

$$|f(\varkappa + \varrho e^{2v\pi i}) - f(\varkappa)| < \tau,$$

wie klein auch τ angenommen wird, für jedes v. So resultirt

$$\int\limits_{(\varkappa)} \frac{f(z)}{z-\varkappa} \cdot dz = 2\pi i f(\varkappa),$$

und daher erhält man die Formel

$$(2) \qquad \sum f(\varkappa) = \frac{1}{2i} \int\limits_{(B)} f(z) \operatorname{cotg} z\pi \cdot dz.$$

Hier wird die Summe wieder über alle ganzzahligen $z = \varkappa$ erstreckt, die innerhalb der natürlichen Begrenzung (B) von $f(z)$ liegen.

Durch die Darstellung mittels Exponentialfunctionen

$$\operatorname{cotg} z\pi = i \frac{e^{2z\pi i} + 1}{e^{2z\pi i} - 1}$$

ergiebt sich aus (2) die Formel

$$(3) \qquad \sum f(\varkappa) = \frac{1}{2} \int\limits_{(B)} f(z) \frac{e^{2z\pi i} + 1}{e^{2z\pi i} - 1}\, dz.$$

Setzt man hier $\varphi(z)$ statt $f(z)(e^{2z\pi i} + 1)$ ein, wobei die über $f(z)$ gemachten Voraussetzungen auch für $\varphi(z)$ gültig bleiben, dann geht $f(\varkappa)$

in $\frac{1}{2}\varphi(x)$ über; also entsteht, wenn man wiederum f für φ schreibt, aus (3) die Formel

$$(4)\qquad \sum f(x) = \int_{(B)} \frac{f(z)\,dz}{e^{2z\pi i}-1}.$$

§ 3.

Wir wollen nun das Gebiet (B) in folgender Weise festlegen: Es sei zunächst durch zwei Parallelen zur X-Axe begrenzt, die in den Entfernungen $-\eta$ und $+\eta$ verlaufen, so dass also die Integration für $x-\eta i$ von $x=-\infty$ bis $+\infty$ und diejenige für $x+\eta i$ von $x=+\infty$ bis $-\infty$ ausgeführt wird; die weitere Begrenzung bestehe aus zwei Strecken, welche senkrecht zur X-Axe in unendlich grosser Entfernung auf beiden Seiten die erstgenannten Parallelen verbinden. Damit eine derartige Integration möglich sei, müssen wir voraussetzen, dass $f(z)$ und $f'(z)$ in dem bezeichneten Streifen, welcher die X-Axe umschliesst, eindeutig und endlich ist, und dass sich $f(z)$ darin bei wachsenden Werthen von x der Null nähert. Es verschwinden dann die über $f(x+iy)\cot g(x+iy)\pi d(x+yi)$ für ein constantes, unendlich grosses, nicht ganzzahliges x von $y=-\eta$ bis $y=+\eta$ erstreckten Integrale, und (4) geht in

$$(5)\qquad \sum_{-\infty}^{\infty} f(x) = \int_{-\infty}^{\infty} \frac{f(x-\eta i)\,dx}{e^{2(x-\eta i)\pi i}-1} + \int_{\infty}^{-\infty} \frac{f(x+\eta i)\,dx}{e^{2(x+\eta i)\pi i}-1}$$

$$= \int_{-\infty}^{\infty} \frac{f(x-\eta i)\,dx}{e^{2(x-\eta i)\pi i}-1} - \int_{-\infty}^{\infty} \frac{f(-x+\eta i)\,dx}{e^{2(-x+\eta i)\pi i}-1}$$

$$= \int_{-\infty}^{\infty} \left(\frac{f(x-\eta i)e^{-(x-\eta i)\pi i}}{2i\sin(x-\eta i)\pi} - \frac{f(-x+\eta i)e^{-(-x+\eta i)\pi i}}{2i\sin(-x+\eta i)\pi} \right) dx$$

$$= \frac{1}{2i}\int_{-\infty}^{\infty} \left(f(x-\eta i)e^{-(x-\eta i)\pi i} + f(-x+\eta i)e^{+(x-\eta i)\pi i}\right) \frac{dx}{\sin(x-\eta i)\pi}$$

über. Die erste Umformung rechts ergiebt sich durch Einführung von $-x$ statt x in das zweite Integral.

Setzt man nun hier

$$f(u)+f(-u)=2\varphi(u),\qquad f(u)-f(-u)=2\psi(u),\qquad \text{also } f(u)=\varphi(u)+\psi(u),$$

so bedeuten $\varphi(u)$, $\psi(u)$ zwei, denselben Bedingungen wie $f(u)$ unterworfene Functionen, von denen die erste eine gerade, die zweite eine ungerade Function ist. Bei der Einführung von $f = \varphi + \psi$ in (5) trennt sich der auf φ bezügliche von dem auf ψ bezüglichen Theile, da ja φ und ψ von einander unabhängig sind; das Resultat für φ ist

$$\sum_{-\infty}^{\infty} \varphi(\varkappa) = \frac{1}{i} \int_{-\infty}^{\infty} \varphi(x - \eta i) \operatorname{cotg}(x - \eta i)\pi dx . \tag{6}$$

Allgemeinere Resultate erhält man, wenn zuerst in (5) $f(x)$ durch $f(x)e^{2vx\pi i}$ ersetzt wird, wo $0 < v < 1$ sein soll. Führt man dann für $f(x)$, wie soeben, $\varphi(x) + \psi(x)$ ein, so entsteht

$$(7)\quad \begin{aligned} i\sum_{-\infty}^{\infty} \varphi(\varkappa)\cos 2\varkappa v\pi &= \int_{-\infty}^{\infty} \varphi(x-\eta i)\cos(2v-1)(x-\eta i)\pi \frac{dx}{\sin(x-\eta i)\pi} \\ i\sum_{-\infty}^{\infty} \psi(\varkappa)\sin 2\varkappa v\pi &= \int_{-\infty}^{\infty} \psi(x-\eta i)\sin(2v-1)(x-\eta i)\pi \frac{dx}{\sin(x-\eta i)\pi} \end{aligned}$$

($\varphi(x)$ gerade; $\psi(x)$ ungerade; $0 < v < 1$).

Die aufgestellten Formeln rühren ihrem wesentlichen Inhalte nach von Abel her, der sie in dem Aufsatze: „L'intégrale finie $\sum^n \varphi(x)$ exprimée par une intégrale définie simple" ableitete. Dazu gehörte zu Abel's Zeit noch analytischer Erfindungsgeist, heute gehört dazu nur Geläufigkeit in der Benutzung der Cauchy'schen Formel.

§ 4.

Dem Cauchy'schen Theoreme gemäss ist

$$\int \frac{e^{\frac{2\pi i}{n}(x+iy)^2}}{1 - e^{2\pi i(x+iy)}} d(x + iy) = 0, \tag{8}$$

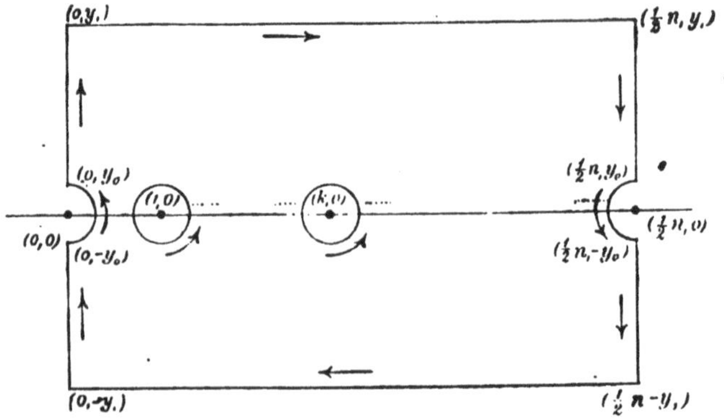

wenn vom Punkte $(0, -y_1)$ nach $(0, -y_0)$ in gerader Linie integrirt wird, alsdann um $(0, 0)$ als Mittelpunkt im Halbkreise, dessen Inneres links lassend, nach $(0, y_0)$, dann in gerader Linie von $(0, y_0)$ nach $(0, y_1)$, von da nach $(\frac{1}{2}n, y_1)$ und von da nach $(\frac{1}{2}n, y_0)$, alsdann um $(\frac{1}{2}n, 0)$ als Mittelpunkt im Halbkreise, dessen Inneres links lassend, nach $(\frac{1}{2}n, -y_0)$, ferner in gerader Linie von $(\frac{1}{2}n, -y_0)$ nach $(\frac{1}{2}n, -y_1)$ und von da nach $(0, -y_1)$; endlich um jeden der in der X-Axe liegenden Punkte $(k, 0)$, für welche k eine positive ganze Zahl und kleiner als $\frac{1}{2}n$ ist, in einem Kreise mit dem Radius y_0, das Innere zur Linken lassend. Dabei werden y_0 und y_1 als positiv vorausgesetzt, $y_1 > y_0$ und $y_0 < \frac{1}{2}$, n als ganze, positive Zahl. Lässt man nun y_0 nach Null hin abnehmen, dann folgt für die Integration um jeden der Punkte $(k, 0)$, wenn $x + iy = k + \varrho e^{\vartheta i}$ gesetzt wird, und man beim Grenzübergange die höheren Potenzen von ϱ vernachlässigt,

$$e^{\frac{2\pi i}{n}k^2} \lim_{\varrho=0} \int_0^{2\pi} \frac{i\varrho e^{\vartheta i}d\vartheta}{1 - e^{2\pi i\varrho e^{\vartheta i}}} = e^{\frac{2\pi i}{n}k^2} \int_0^{2\pi} \frac{d\vartheta}{-2\pi} = -e^{\frac{2\pi i}{n}k^2};$$

ferner für die Integration über den Halbkreis um $(0, 0)$

$$\lim_{\varrho=0} \int_{-\frac{\pi}{2}}^{\frac{\pi}{2}} \frac{i\varrho e^{\vartheta i}d\vartheta}{1 - e^{2\pi i\varrho e^{\vartheta i}}} = \int_{-\frac{\pi}{2}}^{\frac{\pi}{2}} \frac{d\vartheta}{-2\pi} = -\frac{1}{2};$$

endlich für die Integration über den Halbkreis um $\left(\frac{n}{2}, 0\right)$

$$e^{\frac{2\pi i}{n}\left(\frac{n}{2}\right)^2} \lim_{\varrho=0} \int_{\frac{\pi}{2}}^{\frac{3\pi}{2}} \frac{i\varrho e^{\vartheta i}d\vartheta}{1-(-1)^n(1+2\pi i\varrho e^{\vartheta i})} = 0 \text{ oder } = -\frac{1}{2} e^{\frac{2\pi i}{n}\left(\frac{n}{2}\right)^2},$$

je nachdem n ungerade oder gerade ist.

Da ferner

$$e^{\frac{2\pi i}{n}k^2} = e^{\frac{2\pi i}{n}(n-k)^2}$$

ist, so kann man die Summe der um die Kreise und die Halbkreise geführten Integrationen gleich

$$-\frac{1}{2}\sum_{x=0}^{n-1} e^{\frac{2\pi i}{n}k^2}$$

setzen.

Weiter betrachten wir in (8) die beiden Integrale, welche sich auf die Parallelen zur X-Axe beziehen; diese liefern

$$\int\limits_0^{\frac{1}{2}n} \frac{e^{\frac{2\pi i}{n}(x+y_1 i)^2}dx}{1-e^{2\pi i(x+y_1 i)}} + \int\limits_{\frac{1}{2}n}^{0} \frac{e^{\frac{2\pi i}{n}(x-y_1 i)^2}dx}{1-e^{2\pi i(x-y_1 i)}}.$$

Setzt man in das zweite dieser Integrale $\frac{n}{2} - x$ für x ein und multiplicirt Zähler und Nenner mit $e^{2\pi i(x+y_1 i)}$, dann geht die Summe in

$$\int\limits_0^{\frac{1}{2}n} \frac{e^{\frac{2\pi i}{n}(x+y_1 i)^2}dx}{1-e^{2\pi i(x+y_1 i)}} - \int\limits_0^{\frac{1}{2}n} \frac{i^n e^{\frac{2\pi i}{n}(x+y_1 i)^2}dx}{e^{2\pi i(x+y_1 i)}-(-1)^n}$$

$$= \int\limits_0^{\frac{1}{2}n} \frac{e^{\frac{2\pi i}{n}(x^2-y_1^2)}e^{-\frac{4\pi x y_1}{n}}dx}{1-e^{2\pi i x}e^{-2\pi y_1}} - \int\limits_0^{\frac{1}{2}n} \frac{i^n e^{\frac{2\pi i}{n}(x^2-y_1^2)}e^{-\frac{4\pi x y_1}{n}}dx}{-(-1)^n+e^{2\pi i x}e^{-2\pi y_1}}$$

über. Nun mag y_1 ins Unendliche wachsen; dann nähert sich der absolute Betrag des Integranden in jedem der beiden Integrale und damit die Summe der Integrale selbst dem Werthe Null.

Endlich bleiben in (8) noch die 4 Integrale zurück, welche sich auf die zur X-Axe senkrechten Strecken in $x = 0$ und $x = \frac{1}{2}n$ beziehen; die beiden ersten ergeben als Beitrag:

$$\int\limits_{y_0}^{y_1} \frac{e^{\frac{2\pi i}{n}(yi)^2}i\,dy}{1-e^{2\pi i(yi)}} - \int\limits_{-y_0}^{-y_1} \frac{e^{\frac{2\pi i}{n}(yi)^2}i\,dy}{1-e^{2\pi i(yi)}}.$$

Führt man statt y in das erste Integral $u\,|\sqrt{n}\,|$ und in das zweite $-u\,|\sqrt{n}\,|$ ein, dann erhält man

$$i\,|\sqrt{n}\,| \int\limits_{\frac{y_0}{|\sqrt{n}|}}^{\frac{y_1}{|\sqrt{n}|}} \frac{e^{-2\pi i u^2}du}{1-e^{-2\pi u|\sqrt{n}|}} + i\,|\sqrt{n}\,| \int\limits_{\frac{y_0}{|\sqrt{n}|}}^{\frac{y_1}{|\sqrt{n}|}} \frac{e^{-2\pi i u^2}du}{1-e^{2\pi u|\sqrt{n}|}}$$

$$= i\,|\sqrt{n}\,| \int\limits_{\frac{y_0}{|\sqrt{n}|}}^{\frac{y_1}{|\sqrt{n}|}} e^{-2\pi i u^2}du.$$

Die beiden anderen Integrale liefern

$$-\int\limits_{y_0}^{y_1} \frac{e^{\frac{2\pi i}{n}\left(\frac{n}{2}+yi\right)^2}\, i\,dy}{1-e^{2\pi i\left(\frac{n}{2}+yi\right)}} + \int\limits_{-y_0}^{-y_1} \frac{e^{\frac{2\pi i}{n}\left(\frac{n}{2}+yi\right)^2}\, i\,dy}{1-e^{2\pi i\left(\frac{n}{2}+yi\right)}}$$

$$= i^{n-1}\int\limits_{y_0}^{y_1} \frac{e^{\frac{2\pi i}{n}(yi)^2}\,dy}{e^{2\pi y}-(-1)^n} - i^{n-1}\int\limits_{-y_0}^{-y_1} \frac{e^{\frac{2\pi i}{n}(yi)^2}\,dy}{e^{2\pi y}-(-1)^n}\,.$$

Führt man hier wieder in das erste Integral $y = u\,|\sqrt{n}\,|$ und in das zweite $y = -u\,|\sqrt{n}\,|$ ein, dann erhält man

$$i^{n-1}|\sqrt{n}\,|\int\limits_{\frac{y_0}{|\sqrt{n}|}}^{\frac{y_1}{|\sqrt{n}|}} \frac{e^{-2\pi i u^2}du}{e^{2\pi u|\sqrt{n}|}-(-1)^n} + i^{n-1}|\sqrt{n}\,|\int\limits_{\frac{y_0}{|\sqrt{n}|}}^{\frac{y_1}{|\sqrt{n}|}} \frac{e^{-2\pi i u^2}du}{e^{-2\pi u|\sqrt{n}|}-(-1)^n}\,.$$

Hieraus folgt, da die Summe der beiden Integranden den Werth

$$(-1)^{n-1}e^{-2\pi i u^2} = i^{-2n+2}e^{-2\pi i u^2}$$

hat, für die Summe der beiden Integrale selbst der Ausdruck

$$i^{1-n}|\sqrt{n}\,|\int\limits_{\frac{y_0}{|\sqrt{n}|}}^{\frac{y_1}{|\sqrt{n}|}} e^{-2\pi i u^2}du\,.$$

Sammelt man die erlangten Resultate, nimmt $y_0 = 0$ und $y_1 = \infty$, so entsteht aus (8) die Gleichung

$$\sum_0^{n-1} e^{\frac{2h^2\pi i}{n}} = 2\,|\sqrt{n}\,|\,(i + i^{1-n})\int\limits_0^{\infty} e^{-2u^2\pi i}du\,.$$

Um den Werth des Integrals auf der rechten Seite zu bestimmen, ohne frühere Resultate zu benutzen, nehmen wir etwa $n = 3$ und erhalten für die linke Seite $i\,|\sqrt{3}\,|$, woraus dann

$$\int\limits_0^{\infty} e^{-2u^2\pi i}du = \frac{1}{2(1+i)}\,,$$

$$(9)\qquad \sum_0^{n-1} e^{\frac{2h^2\pi i}{n}} = |\sqrt{n}\,|\,\frac{i+i^{1-n}}{i+1}$$

folgt. Hierdurch ist die vollständige Summirung der Gauss'schen

Reihen geliefert; es ist dieses Resultat mit dem in der siebenten Vorlesung § 10, (29*) erhaltenen zusammenzustellen.

Da die Formel (8) leicht aus der Formel (A) in der schon aus dem Jahre 1814 stammenden Cauchy'schen Abhandlung „Mémoire sur les intégrales définies" (Œuvres complètes, Ire Série, T. I, p. 338) abgeleitet werden kann und ganz unmittelbar aus der Formel (11) p. 98 der „Exercices de Mathématiques" vom Jahre 1826 (Œuvres complètes, IIe Série, p. 128) hervorgeht, wenn darin für $f(x+yi)$ die in (7) unter dem Integralzeichen stehende Function von $x+yi$ genommen wird, so erscheint es auffallend — namentlich mit Rücksicht auf die Bemerkungen in der Einleitung zu der angeführten Abhandlung „Méthode simple et nouvelle etc." —, dass Cauchy darin nicht von seinen erwähnten Formeln Gebrauch gemacht hat. Aber auch Gauss, der doch wenigstens gegen das Ende des Jahres 1811, in dem die Abhandlung „Summatio quarundam serierum singularium" erschienen ist, das Theorem schon kannte, mittels dessen oben die Summirung der Reihen ausgeführt worden ist (vgl. S. 52), hat dasselbe, soviel uns bekannt ist, niemals dazu benutzt.

§ 5.

Die bisherigen Resultate dieser Vorlesung haben uns bereits die Wirksamkeit des Cauchy'schen Integralsatzes gezeigt; wir gehen jetzt von diesen Beispielen zu principiell wichtigen Betrachtungen und allgemein verwendbaren Formeln über.

In unsere Grundformel

$$\int f(z)\,dz = 0 \qquad (z = x + yi)$$

setzen wir $\frac{f(z)}{z-\zeta}$ statt $f(z)$ ein und erstrecken das Integral über irgend eine Begrenzung, innerhalb deren der Zähler $f(z)$ sowie seine Ableitung $f'(z)$ eindeutig und endlich ist; ζ sei $= \xi + \eta i$. Dann bleibt $f(z):(z-\zeta)$ in dem angegebenen Gebiete zwar immer eindeutig aber nicht immer endlich, falls nämlich ζ innerhalb desselben liegt. Nur wenn der Punkt $z=\zeta$ sich ausserhalb desselben befindet, ist die Begrenzung zugleich die natürliche; im anderen Falle müssen wir einen kleinen den Punkt ζ umgebenden Kreis zur natürlichen Begrenzung von $f(z)$ hinzu nehmen.

Wenn wir unter

$$F_0(x, y) = 0$$

die Integrationscurve verstehen, bei welcher das Zeichen der Function F_0 so gewählt ist, dass die Ungleichung

$$F_0(x, y) < 0$$

das Innere des Integrationsgebietes liefert, dann ist also

$$(10) \qquad \int\limits_{(F_0=0)} \frac{f(z)}{z-\zeta}\, dz = 0 \qquad (F(\xi, \eta) > 0).$$

Liegt $x = \xi$, $y = \eta$ innerhalb des Integrationsgebietes, so ist auf der linken Seite noch ein ähnliches Integral, erstreckt über einen kleinen Kreis mit dem Mittelpunkte ζ hinzuzufügen. Für Polarcoordinaten $z = \zeta + \varrho e^{vi}$ folgt

$$\int\limits_{2\pi}^{0} \frac{f(\zeta + \varrho e^{vi})\varrho i e^{vi}}{\varrho e^{vi}}\, dv = \int\limits_{2\pi}^{0} i f(\zeta + \varrho e^{vi}) dv.$$

Da nun f und f' für $\varrho = 0$ endlich und eindeutig bleiben, so ist dies

$$= -2\pi i f(\zeta)$$

für die Grenze $\varrho = 0$; dadurch entsteht

$$(10^*) \qquad \int\limits_{(F_0=0)} \frac{f(z)}{z-\zeta}\, dz = 2\pi i f(\zeta) \qquad (F_0(\xi, \eta) < 0).$$

Das hier abgeleitete Integral führt ganz insbesondere den Namen des **Cauchy'schen Integrals**. Es ist mit dem vorhergehenden allgemeinen $\int f(z)dz = 0$ zusammen von solcher Tragweite, dass man ohne Uebertreibung sagen kann, in diesen beiden Integralen liege die ganze jetzige Functionentheorie concentrirt vor.

§ 6.

Wir wollen die linke Seite von (10*) noch etwas umgestalten. Es sei $F_0(x_0, y_0) = 0$, $x_0 + iy_0 = z_0$, und z ein Punkt im Gebiete

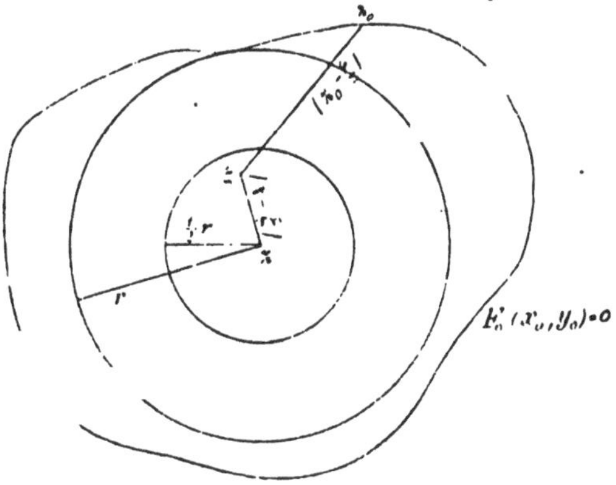

$F_0(z) < 0$. Dann bestimmen wir einen Punkt $\zeta = \xi + i\eta$, für den

$$|z - \zeta| < |z_0 - \zeta|$$

ist, was auch (x_0, y_0) für ein Werthepaar auf der Begrenzungscurve $F_0(x_0, y_0) = 0$ sein möge. Den Bereich, in welchem ζ bei gegebenem F_0 und gegebenem z gewählt werden darf, kann man leicht finden. Man zeichnet um z einen Kreis, welcher ganz im Innern von $F_0 < 0$ liegt und die Grenzcurve von Innen berührt. Sein Radius sei r; dann darf ζ beliebig innerhalb des mit $\frac{1}{2}r$ um z beschriebenen Kreises angenommen werden.

(10*) lässt sich jetzt folgendermassen umgestalten:

$$(11)\quad \begin{aligned} 2\pi i f(z) &= \int\limits_{(F_0(z_0)=0)} \frac{f(z_0)\,dz_0}{(z_0-\zeta)-(z-\zeta)} = \int\limits_{(F_0=0)} \frac{1}{z_0-\zeta}\,\frac{f(z_0)\,dz_0}{1-\dfrac{z-\zeta}{z_0-\zeta}} \\ &= \sum_0^\infty \int\limits_{(F_0=0)} (z-\zeta)^h \frac{f(z_0)\,dz_0}{(z_0-\zeta)^{h+1}}\,. \end{aligned}$$

Bricht man (11) mit dem n^{ten} Gliede ab, so kann man schreiben:

$$(11^*)\quad 2\pi i f(z) = \sum_0^{n-1} (z-\zeta)^h \int\limits_{(F_0=0)} \frac{f(z_0)\,dz_0}{(z_0-\zeta)^{h+1}} \int\limits_{(F_0=0)} \left(\frac{z-\zeta}{z_0-\zeta}\right)^n \frac{f(z_0)\,dz_0}{z_0-z}\,.$$

Hieraus lässt sich die Taylor'sche Reihenentwicklung für $f(z)$ folgendermassen herleiten:

Wenn bei der Integration über unseren Bereich

$$\int f(z)\varphi(z,\zeta)\,dz = \Phi(\zeta)$$

gesetzt wird, dann hat man (vgl. S. 27)

$$\begin{aligned} \int f(z)\frac{\partial\varphi(z,\zeta)}{\partial\zeta}\,dz &= \lim_{\zeta'=\zeta} \int f(z)\,\frac{\varphi(z,\zeta)-\varphi(z,\zeta')}{\zeta-\zeta'}\,dz = \lim_{\zeta'=\zeta} \frac{\Phi(\zeta)-\Phi(\zeta')}{\zeta-\zeta'} \\ &= \Phi'(\zeta)\,; \end{aligned}$$

und ebenso findet man weiter

$$\int f(z)\frac{\partial^2\varphi(z,\zeta)}{\partial\zeta^2}\,dz = \Phi''(\zeta),$$

$$\int f(z)\frac{\partial^3\varphi(z,\zeta)}{\partial\zeta^3}\,dz = \Phi'''(\zeta),$$

. . . .

Wählt man jetzt

$$\varphi(z,\zeta) = \frac{1}{z-\zeta},$$

dann ist nach dem Cauchy'schen Integrale für unseren Bereich

$$\Phi(\zeta) = 2\pi i f(\zeta)$$

zu nehmen, und es wird

$$\int \frac{f(z_0)\,dz_0}{(z_0-\zeta)^{h+1}} = \frac{2\pi i}{h!} f^{(h)}(\zeta).$$

Trägt man diesen Werth in (11*) ein, so entsteht die Taylor'sche Reihe

$$(12) \qquad f(z) = \sum_0^{n-1} \frac{f^{(h)}(\zeta)}{h!}(z-\zeta)^h + \frac{1}{2\pi i}\int\limits_{(F_0=0)} \left(\frac{z-\zeta}{z_0-\zeta}\right)^n \frac{f(z_0)\,dz_0}{z_0-z};$$

hierbei hat das Restglied die Gestalt eines Begrenzungs-Integrals angenommen.

§ 7.

Nachdem wir vom Integrale

$$\int f(z)\,dz,$$

bei dem im Integrationsbereiche $f(z)$ überall endlich blieb, zu

$$\int \frac{f(z)}{z-\zeta}\,dz$$

mit einer Unendlichkeitsstelle $z=\zeta$ übergegangen sind, liegt es nahe, auch ein Integral

$$\int\limits_{(F(x_0,\,y_0)=0)} \chi(z)\,dz$$

zu betrachten, wenn innerhalb der Curve $F(x_0, y_0)=0$ die Function $\chi(z)$ an verschiedenen Stellen ζ_λ, die aber nur in endlicher Anzahl vorhanden sind, unendlich gross wird. Wir erhalten dann als Werth des Integrals die Grenze einer Summe:

$$\lim_{\varrho=0} \sum_\lambda \int\limits_{(z=\zeta_\lambda+\varrho e^{2v\pi i})} \chi(z)\,dz \qquad (\chi(\zeta_\lambda)=\infty).$$

Es soll jetzt das Integral für eine dieser Unendlichkeitsstellen ζ_λ untersucht werden. Wir nehmen dabei an, es gäbe eine ganze, positive, endliche Zahl m der Art, dass $\chi(z)(z-\zeta_\lambda)^m$ für $z=\zeta_\lambda$ eindeutig und endlich bleibt. Dann können wir

$$\chi(z) = c_{-m}^{(\lambda)}(z-\zeta_\lambda)^{-m} + c_{-m+1}^{(\lambda)}(z-\zeta_\lambda)^{-m+1} + \cdots + c_{-1}^{(\lambda)}(z-\zeta_\lambda)^{-1}$$
$$+ c_0^{(\lambda)} + c_1^{(\lambda)}(z-\zeta_\lambda)^1 + c_2^{(\lambda)}(z-\zeta_\lambda)^2 + \cdots$$

setzen. Nun wird

$$\int\limits_{(z=\zeta_\lambda+\varrho e^{2v\pi i})} (z-\zeta_\lambda)^\varkappa\,dz = 2\pi i \varrho^{\varkappa+1} \int_0^1 e^{2v(\varkappa+1)\pi i}\,dv,$$

und dies nimmt den Werth 0 an, sobald $(\varkappa+1)$ von Null verschieden ist. Wenn jedoch $\varkappa + 1 = 0$ wird, dann erhält man den Werth $2\pi i$. Daraus resultirt

$$\int\limits_{(F(x_0, y_0)=0)} \chi(z)\,dz = \sum_{(\lambda)} \int\limits_{(\chi(\zeta_\lambda)=\infty)} \chi(z)\,dz = 2\pi i \sum_{(\lambda)} c_{-1}^{(\lambda)}$$

oder

$$(13) \qquad \frac{1}{2\pi i} \int\limits_{(F(x_0, y_0)=0)} \chi(z)\,dz = \sum_{(\lambda)} c_{-1}^{(\lambda)}.$$

Hat m für ein ζ_λ den Werth 1, dann kann man den Coefficienten $c_{-1}^{(\lambda)}$ durch $\lim\limits_{z=\zeta_\lambda} (z - \zeta_\lambda)\chi(z)$ ersetzen, so dass dabei

$$(14) \qquad \frac{1}{2\pi i} \int\limits_{(F(x_0, y_0)=0)} \chi(z)\,dz = \sum_{(\lambda)} \lim_{z=\zeta_\lambda} (z - \zeta_\lambda)\,\chi(z)$$

wird.

Der in (13) und (14) enthaltene Satz hat eine überraschend schöne Seite. Links haben wir ein Integral, welches über irgend eine geschlossene Curve erstreckt ist, rechts eine Summe von Werthen. Wir können nun erstens von der Voraussetzung absehen, dass die ζ_λ nur in endlicher Anzahl vorhanden sind, falls nur die Summe der Werthe $c_{-1}^{(\lambda)}$ convergirt. Wir können ferner die Summe auch noch über andere Punkte als die ζ_λ erstrecken; denn für diese werden die hinzutretenden Summanden einzeln gleich Null. Wir können also über alle Punkte im Innern von $F(x_0, y_0) < 0$ summiren. Die Summe ist demnach nichts Anderes als ein Flächenintegral. Die Fläche besteht indess gewissermassen nur aus einer Summe von Punkten. Tragen wir über der ganzen Fläche $F(x_0, y_0) < 0$ die rechts summirte Function $c_{-1}^{(\lambda)}$ oder

$$\lim_{z=\zeta_\lambda} (z - \zeta_\lambda)\,\chi(z_\lambda)$$

vertical auf, so ragen aus dem Gebiete nur an einzelnen Stellen „Fühlfäden" heraus. Summirt man die Höhen der Endpunkte und multiplicirt die Summe mit $2\pi i$, so erhält man das über die Begrenzung erstreckte Integral.

Auch diese Summe hat Cauchy in ihrer Bedeutung vollständig erkannt; er gab ihr einen besonderen Namen; er bezeichnete sie als Summe der Résidus von $\chi(z)$. Das Cauchy'sche Résidu für $z = \zeta$ ist also der Coefficient von $(z - \zeta)^{-1}$ in der Entwickelung von $\chi(z)$ nach Potenzen von $(z - \zeta)$. Der Sache nach kommt das Residuum bereits in der Jacobi'schen Doctor-Dissertation vor.

§ 8.

Wir wenden unsere Formeln auf die Function

$$\chi(z) = \frac{\psi'(z)}{\psi(z)}$$

an. Dabei können nur solche Stellen ζ von Null verschiedene Résidus geben, an denen $\psi(z)$ entweder gleich Null oder gleich ∞ ist.

Um die Bedeutung der Résidus zu erkennen, betrachten wir zuerst einen Nullpunkt von $\psi(z)$ und setzen für seine Umgebung

$$\psi(z) = a_0(z-\zeta)^\mu + a_1(z-\zeta)^{\mu+1} + \cdots.$$

Dann nimmt $\chi(z)$ die Form

$$\frac{\psi'(z)}{\psi(z)} = \mu(z-\zeta)^{-1} + \alpha_0 + \alpha_1(z-\zeta)^1 + \cdots$$

an, so dass das Résidu $c_{-1} = \mu$ die Multiplicität des Nullwerthes $z = \zeta$ angiebt.

$\psi'(z)$ kann ferner nur da unendlich gross werden, wo $\psi(z)$ es wird; denn nach den Voraussetzungen des vorigen Paragraphen soll

$$\lim_{z=\eta} (z-\eta)^\nu \varphi(z)$$

bei passend gewählter ganzer, positiver, endlicher Zahl ν endlich bleiben. Ist nun für die Umgebung von η

$$\psi(z) = b_0(z-\eta)^{-\nu} + b_1(z-\eta)^{-\nu+1} + \cdots,$$

so wird

$$\psi'(z) = -\nu b_0(z-\eta)^{-\nu-1} - (\nu-1)b_1(z-\eta)^{-\nu},$$

$$\frac{\psi'(z)}{\psi(z)} = \frac{-\nu}{z-\eta} + \beta_0 + \cdots,$$

und das Résidu $d_{-1} = -\nu$ giebt die Multiplicität des Unendlichkeitswerthes $z = \eta$ an.

Folglich ist

$$(15) \quad \frac{1}{2\pi i}\int_{(F=0)} \frac{\psi'(z)}{\psi(z)}\,dz = \frac{1}{2\pi i}\int d\log\psi(z) = \sum_{(\psi(z)=0)} \mu - \sum_{(\psi(z)=\infty)} \nu.$$

„Man erhält durch den Ausdruck links die Anzahl der Male, wie oft „innerhalb des Gebietes $\psi(z)$ Null wird, vermindert um die Anzahl der „Male, wie oft ebenda $\psi(z)$ unendlich gross wird, jedesmal mit Be„rücksichtigung der auftretenden Multiplicität.“

§ 9.

I) Nimmt man insbesondere erstens für $\psi(z)$ eine ganze Function des n^{ten} Grades, so dass $\psi(z)$ im Endlichen nicht unendlich wird,

$$\psi(z) = z^n + a_1 z^{n-1} + \cdots$$

dann geht das Integral in

$$\int \frac{n z^{n-1} + \cdots}{z^n + \cdots}\, dz = \int \frac{n + a_1 z^{-1} + \cdots}{1 + a_1 z^{-1} + \cdots} \frac{dz}{z}$$

über. Von diesem ist es bei der Integrirung um einen hinreichend grossen Kreis $z = Re^{2\pi\theta i}$ klar, dass eine angenäherte Rechnung etwa $2\pi n i$ ergeben wird. Da der Werth des Integrals aber nach (15) ein ganzes Vielfaches von $2\pi i$ sein muss, so wird $2\pi n i$ auch sein genauer Werth sein; *folglich ist n die Anzahl der Nullstellen, jede in richtiger Multiplicität gerechnet.*

II) Wir nehmen zweitens für $\psi(z)$ eine *eindeutige, doppeltperiodische Function* $f(z)$ an, für welche die Periodicitätsbeziehungen

$$f(z + \omega) = f(z), \quad f(z + \omega') = f(z)$$

gelten sollen, wobei aber der Quotient $\omega : \omega'$ keinem reellen Verhältnisse gleich sein darf. Integrirt man nun um ein Parallelogramm mit den Ecken

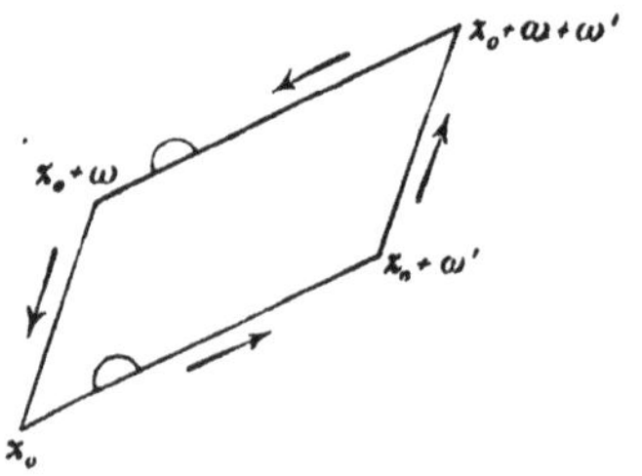

$$z_0, \; z_0 + \omega', \; z_0 + \omega + \omega', \; z_0 + \omega,$$

indem man dasselbe so umfährt, dass seine Fläche stets zur Linken bleibt, während man gleichzeitig aber etwaige Null- und Unendlichkeitsstellen auf dem Umfange durch kleine Halbkreise umgeht, dann wird das Integral

$$\int\limits_{(f=0)} \frac{f'(z)}{f(z)}\, dz = \int\limits_{z_0}^{z_0+\omega'} \frac{f'(z)}{f(z)}\, dz + \int\limits_{z_0+\omega'}^{z_0+\omega+\omega'} \frac{f'(z)}{f(z)}\, dz + \int\limits_{z_0+\omega+\omega'}^{z_0+\omega} \frac{f'(z)}{f(z)}\, dz + \int\limits_{z_0+\omega}^{z_0} \frac{f'(z)}{f(z)}\, dz .$$

Aus unseren Annahmen über $f(z)$ folgt, dass

$$f'(z + \omega) = f'(z), \quad f'(z + \omega') = f'(z)$$

ist, und daraus, dass die Summe des ersten und dritten und ebenso die des zweiten und vierten Integrals auf der rechten Seite Null wird. Man hat also

$$\sum_{(f(z)=0)} \mu = \sum_{(f(z)=\infty)} \nu,$$

d. h. „eine eindeutige, doppelt-periodische Function wird in einem „Perioden-Parallelogramme ebenso oft unendlich gross wie Null".

Diese Anwendung des Cauchy'schen Integrals ist zuerst von Liouville gemacht worden.

III) Ist $\chi(z)$ eine beliebige Function einer complexen Variablen $z = x + iy$, welche in einem gewissen Gebiete $F_0 < 0$ keine Unendlichkeitsstellen besitzt, so giebt nach (15) der Werth von

$$\frac{1}{2\pi i}\int\limits_{(F_0=0)} d\log\chi(z)$$

die Anzahl der Nullstellen von $\chi(z)$ in $F_0 < 0$ an. Setzt man

$$\chi(z) = \varphi(x, y) + i\psi(x, y),$$

so sind diese Nullstellen diejenigen Stellen x, y, welche gleichzeitig

$$\varphi(x, y) = 0 \quad \text{und} \quad \psi(x, y) = 0$$

befriedigen. Es liefert also das obige Integral die Anzahl der Werthsysteme, welche dem letzten Gleichungssysteme Genüge leisten.

Freilich ist zu bedenken, dass nach Vorlesung 3, § 9 die beiden Functionen φ und ψ nicht ganz willkürlich angenommen werden dürfen.

§ 10.

Wir wollen noch ein Paar kleine functionentheoretische Anwendungen des Cauchy'schen Satzes besprechen.

IV) Die Formeln (10) und (10*) lassen sich in

$$\int\limits_{(F_0=0)} \frac{f(z)}{z-\zeta}\,dz = \pi i(\zeta)[1 - \operatorname{sgn} F_0(\xi, \eta)]$$

zusammenfassen, wenn man wie gewöhnlich unter

$$\operatorname{sgn} \varphi(x, y)$$

das Vorzeichen, „signum" der reellen Function φ in dem Punkte x, y versteht. Dabei soll $\operatorname{sgn}\varphi(x, y) = 0$ sein, wenn $\varphi(x, y) = 0$ ist. —

Ein solches Integral wie das eben aufgestellte leistet als sogenannter discontinuirlicher Factor oft nützliche Dienste, wenn man sich lästiger Integrationsgrenzen entledigen will. Wir kommen später darauf ausführlich zurück.

V) Aehnlich werden die beiden Formeln (10) und (10*) durch die Gleichung

$$\int\limits_{(F_0=0)} \frac{f(z)}{z-\zeta}\,dz = \int\limits_{(F_0=0)} \frac{f(\zeta)}{z-\zeta}\,dz$$

zusammengefasst; denn das Integral rechts hat den Werth $2\pi i f(\zeta)$ oder 0, je nachdem $F_0(\xi, \eta) < 0$ oder > 0 ist. Die letzte Formel lässt sich auch

$$\int\limits_{(F_0=0)} \frac{f(z) - f(\zeta)}{z-\zeta}\,dz = 0$$

schreiben und wird in dieser Gestalt selbstverständlich, da der Integrand für $z = \zeta$ nicht mehr unendlich gross ist.

VI) In

$$\int\limits_{(F_0=0)} \left(\frac{1}{2z} - \frac{1}{z-\zeta}\right) dz$$

wird das über den ersten Summanden erstreckte Integral $= \pi i$, wenn, wie wir voraussetzen wollen, der Nullpunkt innerhalb des Bereiches liegt. Das Integral über den zweiten Summanden wird $= -2\pi i$ oder 0, je nachdem der Punkt ζ innerhalb oder ausserhalb des Bereiches liegt. Das ganze Integral wird also gleich $-\pi i$ oder $+\pi i$, jenachdem $F_0(\xi, \eta)$ negativ oder positiv ist. Dieses Resultat lässt sich so schreiben

$$\frac{1}{\pi i}\int \frac{-z-\zeta}{2z(z-\zeta)}\, dz = \frac{F_0(\xi,\eta)}{|F_0(\xi,\eta)|},$$

$$-\frac{1}{2\pi i}\int \frac{z+\zeta}{z-\zeta}\, d\log z = \frac{F_0(\xi,\eta)}{|F_0(\xi,\eta)|} = \operatorname{sgn} F_0(\xi,\eta).$$

§ 11.

VII) Ist für alle Punkte x_0, y_0 von $F_0(x_0, y_0) = 0$ der Werth $f(x_0, y_0)$ constant $= C$, dann folgt für einen Punkt ζ innerhalb des Bereiches

$$f(\zeta) = \frac{1}{2\pi i}\int\limits_{(F_0=0)} \frac{f(z)}{z-\zeta}\, dz = \frac{C}{2\pi i}\int\limits_{(F_0=0)} \frac{dz}{z-\zeta} = C$$

d. h.: „Ist eine endliche und eindeutige Function $f(z)$, für deren Ab-„leitung $f'(z)$ dieselben Voraussetzungen gelten, auf der Grenze eines „Bereiches constant, so ist sie es auch überall im Innern des Bereiches."

Daraus folgt: „Ist eine Function $f(z)$ nebst ihrer Ableitung $f'(z)$ „in der ganzen Ebene endlich und eindeutig und für unendlich grosse „z constant, so ist $f(z)$ eine Constante." —

VIII) Wir gehen nun von der Function

$$2\pi i(f(\zeta) - f(\zeta')) = \int \left(\frac{f(z)}{z-\zeta} - \frac{f(z)}{z-\zeta'}\right) dz$$

$$= (\zeta - \zeta')\int \frac{f(z)\,dz}{(z-\zeta)(z-\zeta')}$$

aus, und nehmen darin erstens ζ' als constant und zweitens die Function $f(z)$ als so beschaffen an, dass sie in der ganzen Ebene den Bedingungen des Cauchy'schen Integrals genügt. Dann kann man die Integration über einen beliebig grossen Kreis erstrecken. Sein Radius sei R; das Integral wird

$$\int_0^{2\pi} \frac{f(Re^{vi})iRe^{vi}}{(Re^{vi}-\zeta)(Re^{vi}-\zeta')}\,dv\,.$$

Ist nun $f(z)$ so beschaffen, dass sich der Quotient $\frac{f(z)}{z}$ mit wachsendem z der Null nähert, dann wird das Integral sich gleichfalls der Null nähern, und folglich wird $f(\zeta) = f(\zeta')$ d. h. constant werden. Die aufgestellte Bedingung ist erfüllt, wenn z. B. $f(z)$ nirgends unendlich gross wird. Wir haben damit den Satz bewiesen: „Wenn eine Function $f(z)$ „nebst ihrer Ableitung $f'(z)$ überall stetig und eindeutig ist und weder „im Endlichen noch im Unendlichen unendlich gross wird, dann ist „diese Function eine Constante."

§ 12.

Wir kommen jetzt zu einer Hauptanwendung des Cauchy'schen Integrals, nämlich zu der Entwickelung von Functionen in Potenzreihen.

Wir gehen dabei von der Identität

$$\frac{1}{z-\zeta} = \sum_0^{n-1} \frac{\zeta^\varkappa}{z^{\varkappa+1}} + \frac{\zeta^n}{z^n}\,\frac{1}{z-\zeta}$$

aus. Liegt der Punkt $z = \zeta$ innerhalb der Begrenzung $F_0(x, y) = 0$, so ist demnach

$$2\pi i f(\zeta) = \int_{(F_0=0)} \frac{f(z)}{z-\zeta}\,dz = \sum_0^{n-1} \int_{(F_0=0)} \frac{f(z)\zeta^\varkappa}{z^{\varkappa+1}}\,dz + \int_{(F_0=0)} \frac{\zeta^n}{z^n}\,\frac{f(z)}{z-\zeta}\,dz\,.$$

Wenn $|\zeta| < |z|$ ist, dann wird mit wachsendem n das letzte Integral rechts sich der Null nähern, und es entsteht infolge dessen

(16) $$2\pi i f(\zeta) = \lim_{n=\infty} \sum_0^{n-1} \int_{(F_0=0)} \frac{f(z)\zeta^\varkappa}{z^{\varkappa+1}}\,dz\,.$$

Hierfür ist somit nöthig, wenn $\zeta = \xi + \eta i$ und $z_0 = x_0 + y_0 i$ gesetzt wird, dass die Beziehung

$$\xi^2 + \eta^2 < x_0^2 + y_0^2$$

für alle Punkte z_0 der Umgrenzung $F_0(x_0, y_0) = 0$ gilt. Es ist also für die gefundene Entwickelung nothwendig und hinreichend, wenn ζ innerhalb des Kreises liegt, der selbst ganz im Gebiete $F_0 < 0$ verläuft und die Begrenzung $F_0 = 0$ von innen berührt. Als Coefficient von $\zeta^\varkappa$ tritt dabei das Integral

$$\int_{(F_0=0)} \frac{f(z)\,dz}{z^{\varkappa+1}}$$

auf.

In dieser Weise ist die Entwickelung einer Function in eine Potenzreihe durch **Cauchy** streng durchgeführt worden.

Dabei zeigen sich die Potenzreihen einmal als **Fourier**'sche Reihen, die man sofort in der allgemeinen Form erhält, wenn man $\zeta = \varrho e^{\vartheta i}$ setzt, um das Reelle vom Imaginären zu trennen; die Coefficienten der obigen Reihe sind nichts anderes als die Integralausdrücke für die Coefficienten der **Fourier**'schen Reihe.

Sodann erscheinen die Potenzreihen hier als Entwickelung des **Cauchy**'schen Integrals; in diesem hat man das Prius; in ihm liegt implicite schon die Reihenentwickelung, wie alle Eigenschaften der Functionen, wohl darum, weil in seiner Geltung alle die höchst verwickelten Bedingungen, die für die Function $f(z)$ bestehen müssen, zusammengefasst sind.

§ 13.

Wir wollen jetzt in allgemeinerer Weise das Integral der Art über zwei Begrenzungen führen, dass der Punkt $\zeta = \xi + \eta i$ in dem ringförmigen Gebiete zwischen den Curven $\Phi(x, y) = 0$ und $\Psi(x, y) = 0$ liegt. Nach dem **Cauchy**'schen Satze ist auch jetzt

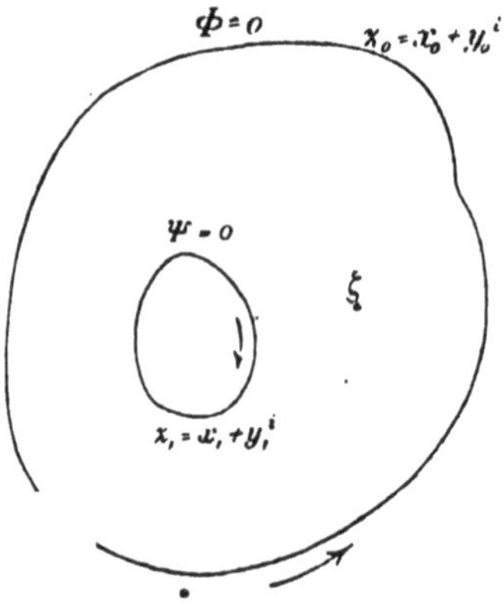

$$2\pi i f(\zeta) = \int \frac{f(z)}{z - \zeta}\, dz,$$

wenn das Integral über $\Phi = 0$ und $\Psi = 0$ so erstreckt wird, dass das ringförmige Gebiet zur Linken bleibt. Integrirt man also der Art, dass jedesmal das eingeschlossene Gebiet $\Phi < 0$ bezw. $\Psi < 0$ zur Linken bleibt, dann muss man

$$2\pi i f(\zeta) = \int\limits_{(\Phi=0)} \frac{f(z_0)}{z_0 - \zeta}\, dz_0 - \int\limits_{(\Psi=0)} \frac{f(z_1)}{z_1 - \zeta}\, dz_1$$

schreiben, wobei $z_0 = x_0 + y_0 i$ die Punkte von $\Phi = 0$ und $z_1 = x_1 + y_1 i$ diejenigen von $\Psi = 0$ bezeichnet, und ferner $\zeta = \xi + \eta i$ in dem ringförmigen Gebiete $(\Phi < 0,\ \Psi > 0)$ liegt.

In diesem Gebiete nehmen wir nun einen Punkt ζ an, schlagen um ζ als Mittelpunkt einen Kreis K_1, der ganz ausserhalb $\Psi < 0$ verläuft und $\Psi = 0$ von aussen berührt, und weiter einen Kreis K_0, der ganz innerhalb $\Phi < 0$ verläuft und $\Phi = 0$ von innen berührt. Dann ist für jeden Punkt z im Innern des von K_1 und K_0 begrenzten Gebietes $(K_0 < 0,\ K_1 > 0)$

$$|z_0 - \zeta| > |z - \zeta|\,, \quad |\zeta - z| > |\zeta - z_1|\,,$$

und daher wird

$$\frac{1}{z_0 - z} = \frac{1}{(z_0 - \zeta) - (z - \zeta)} = \frac{1}{z_0 - \zeta}\,\frac{1}{1 - \dfrac{z - \zeta}{z_0 - \zeta}} = \lim_{n=\infty} \sum_0^n \frac{(z - \zeta)^\varkappa}{(z_0 - \zeta)^{\varkappa+1}}\,,$$

$$\frac{1}{z_1 - z} = \frac{1}{(\zeta - z) - (\zeta - z_1)} = \frac{1}{\zeta - z}\,\frac{1}{1 - \dfrac{\zeta - z_1}{\zeta - z}} = \lim_{n=\infty} \sum_0^n \frac{(\zeta - z_1)^\varkappa}{(\zeta - z)^{\varkappa+1}}\,.$$

Diese Werthe setzen wir in die obige Formel ein; das ergiebt

$$(17)\qquad \begin{aligned} 2\pi i f(z) = \sum_0^\infty (z - \zeta)^\varkappa \int\limits_{(\Phi(x_0,\,y_0)=0)} \frac{f(z_0)\,dz_0}{(z_0 - \zeta)^{\varkappa+1}} \\ - \sum_0^\infty \frac{1}{(\zeta - z)^{\varkappa+1}} \int\limits_{(\Psi(x_1,\,y_1)=0)} f(z_1)(\zeta - z_1)^\varkappa\,dz_1\,. \end{aligned}$$

Diese Entwickelung wird manchmal als Laurent'scher Satz bezeichnet; aber da sie eine unmittelbare Folge des Cauchy'schen Integrals ist, so ist es unnütz, einen besonderen Urheber zu nennen. Die dabei benutzte Entwickelung von $\frac{1}{z - \zeta}$ in eine geometrische Reihe kann man als besondere Erfindung nicht betrachten.

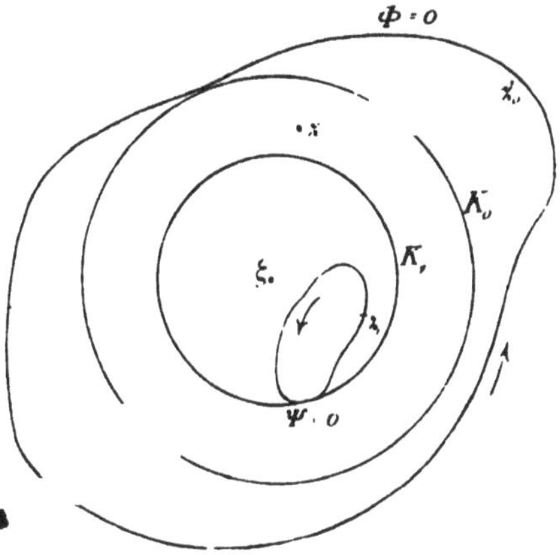

Reducirt sich die innere Begrenzung auf einen Punkt, so wird das zweite Integral Null, und es bleibt eine Entwickelung nur nach steigenden Potenzen; geht die äussere Begrenzung in das Unendliche, und ist im Unendlichen das Integral

$$\int \frac{f(z_0)}{z - z_0}\,dz_0 = 0\,,$$

dann hat man eine Entwickelung nur nach fallenden Potenzen.

In diesem letzten Specialfalle können wir statt der Curve $\Phi = 0$, welche ins Unendliche rücken soll, einen Kreis mit dem Radius R um ζ nehmen und dann R über alle Grenzen hinaus wachsen lassen. Dadurch haben wir

$$\int\limits_{(\Phi=0)} \frac{f(z_0)\,dz_0}{z_0 - \zeta} = \int_0^{2\pi} \frac{f(\zeta + Re^{vi})}{Re^{vi}}\,Rie^{vi}dv = i\int_0^{2\pi} f(\zeta + Re^{vi})\,dv\,.$$

Die Bedingung für das Verschwinden des ersten Theiles der Entwickelung in (17) ist also

$$\lim_{R=\infty} \int_0^{2\pi} f(\zeta + Re^{vi})dv = 0\,,$$

d. h. es muss der durchschnittliche oder der mittlere Werth von $f(z)$ auf einem unendlich grossen Kreise Null werden. Wenn z. B. der Grenzwerth von $f(z)$ bei wachsendem z sich selbst der Null nähert, dann ist die Bedingung erfüllt.

Dabei ergiebt sich sofort, dass eine Function nicht im Unendlichen $= 0$ sein kann, ohne irgendwo im Endlichen $= \infty$ zu werden, ausgenommen, wenn sie überall gleich Null ist. Denn man könnte ja sonst Φ ins Unendliche gehen lassen und Ψ auf einen beliebigen Punkt reduciren. (Vgl. die Resultate von § 11.)

§ 14.

Wir wollen die vorgetragenen Lehren jetzt einmal auf eine einfache mehrdeutige Function anwenden. Dies ist nur dann möglich, wenn man sie auf ein Gebiet beschränkt, auf welchem die i. A. mehrdeutige Function eindeutig bleibt. Von diesem Mittel, mehrdeutige Functionen wie eindeutige in den Kreis der Betrachtung zu ziehen, hat man in neuerer Zeit mit grossem Erfolge Gebrauch gemacht.

Wir wählen eine möglichst bequeme mehrdeutige Function, nämlich ζ^w, in welcher w eine beliebige complexe Zahl bedeuten soll. Setzt man $\zeta = \varrho_0 e^{2\pi v i}$ und lässt dann ζ von einem Anfangswerthe $\zeta_0 = \varrho_0 e^{2\pi v_0 i}$ an auf einem Kreise um den Nullpunkt stets in derselben Richtung weiterrücken, so wird ζ^w, wenn ζ um den Winkel 2π fortgeschritten ist, den i. A. vom Anfangswerthe verschiedenen Werth

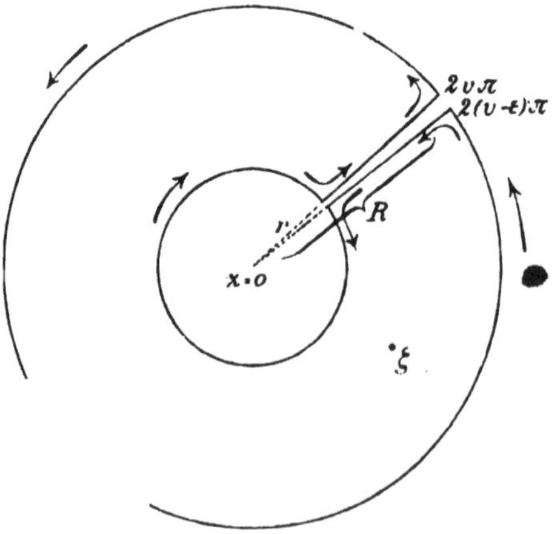

$$\varrho_0^w e^{2\pi(v_0+1)wi} = \zeta_0^w e^{2\pi wi}$$

annehmen. Es muss also die vollständige Umkreisung des Punktes $z = 0$ verhindert werden. Zu diesem Zwecke ziehen wir um $z = 0$ als Mittelpunkt zwei Kreise, einen kleineren mit dem Radius r und einen grösseren mit dem Radius R, zwischen denen ζ liegt. Hierauf schneiden wir durch zwei benachbarte Radien ein Sectorstückchen aus dem Ringe heraus und behalten den Rest als Integrationsbereich zurück. Dann ist

$$2\pi i\zeta^w = \int \frac{z^w}{z-\zeta}\,dz$$

$$= \int_v^{v+1-\varepsilon} \frac{R^w e^{2w\alpha\pi i}}{Re^{2\alpha\pi i}-\zeta}\,d(Re^{2\alpha\pi i}) + \int_R^r \frac{t^w e^{2w(v+1-\varepsilon)\pi i}}{te^{2(v+1-\varepsilon)\pi i}-\zeta}\,e^{2(v+1-\varepsilon)\pi i}dt$$

$$- \int_v^{v+1-\varepsilon} \frac{r^w e^{2w\alpha\pi i}}{re^{2\alpha\pi i}-\zeta}\,d(re^{2\alpha\pi i}) + \int_r^R \frac{t^w e^{2wv\pi i}}{te^{2v\pi i}-\zeta}\,e^{2v\pi i}dt,$$

oder auch, indem man gleich zur Grenze für $\varepsilon = 0$ übergeht und $\alpha + v$ für α einsetzt,

$$2\pi i\zeta^w = \int_0^1 \frac{R^w e^{2w(\alpha+v)\pi i}}{Re^{2(\alpha+v)\pi i}-\zeta}\,d(Re^{2(\alpha+v)\pi i}) - \int_0^1 \frac{r^w e^{2w(\alpha+v)\pi i}}{re^{2(\alpha+v)\pi i}-\zeta}\,d(re^{2(\alpha+v)\pi i})$$

$$+ \int_r^R \left(\frac{t^w e^{2(w+1)v\pi i}}{te^{2v\pi i}-\zeta} - \frac{t^w e^{2(w+1)(v+1)\pi i}}{te^{2(v+1)\pi i}-\zeta} \right) dt.$$

Der Integrand des letzten Integrals hat den Werth

$$\frac{t^w e^{2(w+1)v\pi i}}{te^{2v\pi i}-\zeta}(1-e^{2w\pi i}) = -e^{2vw\pi i}(e^{2w\pi i}-1)\,\frac{t^w}{t-\zeta e^{-2v\pi i}}.$$

Wenn man nunmehr in die beiden ersten Integranden wieder die einfache Form $\frac{z^w}{z-\zeta}$ eingeführt und den ersten nach steigenden, den zweiten nach fallenden Potenzen von $\frac{\zeta}{z}$ entwickelt, dann erhält man

$$\sum_0^\infty \int_{Re^{2v\pi i}}^{Re^{2(v+1)\pi i}} z^{w-1}\left(\frac{\zeta}{z}\right)^x dz + \sum_1^\infty \int_{re^{2v\pi i}}^{re^{2(v+1)\pi i}} z^{w-1}\left(\frac{\zeta}{z}\right)^{-x} dz$$

$$= \sum_0^\infty \left(\frac{z^{w-x}}{w-x}\zeta^x\right)_{Re^{2v\pi i}}^{Re^{2(v+1)\pi i}} + \sum_1^\infty \left(\frac{z^{w+x}}{w+x}\zeta^{-x}\right)_{re^{2v\pi i}}^{re^{2(v+1)\pi i}}$$

$$= e^{2vw\pi i}(e^{2w\pi i}-1)\left[\frac{R^w}{w} + \sum_1^\infty \left\{ \frac{R^w}{w-x}(Re^{2v\pi i}\zeta^{-1})^{-x} + \frac{r^w}{w+x}(re^{2v\pi i}\zeta^{-1})^x \right\}\right]$$

Es wird mithin

$$\frac{2\pi i \zeta^w}{e^{2vw\pi i}(e^{2w\pi i}-1)} = \frac{R^w}{w} + \sum_1^\infty \left\{ \frac{R^w (Re^{2v\pi i}\zeta^{-1})^{-x}}{w-x} + \frac{r^w (re^{2v\pi i}\zeta^{-1})^x}{w+x} \right\}$$

$$-\int_r^R \frac{t^w dt}{t - \zeta e^{-2v\pi i}}.$$

Diese Formel gestaltet sich eleganter, wenn man

$$R = \frac{\varrho}{\delta}, \quad r = \varrho \cdot \delta, \qquad (0 < \delta < 1)$$
$$\zeta = \varrho e^{2(\tau + v)\pi i}$$

einführt; denn dadurch entsteht, nachdem ϱ^w gehoben und t durch $t\varrho$ ersetzt ist,

$$(18) \quad \frac{2\pi i e^{2\tau w \pi i}}{e^{2w\pi i}-1} = \sum_{-\infty}^{\infty} \frac{\delta^{(x-w)\,\mathrm{sgn}\,x} e^{2x\tau\pi i}}{w-x} - \int_\delta^{\frac{1}{\delta}} \frac{t^w dt}{t - e^{2\tau\pi i}} \qquad (0 < \delta < 1).$$

Wir haben hierin wieder eine Entwickelung für $\cos 2\tau w\pi$ und $\sin 2\tau w\pi$ nach den Cosinus und Sinus der ganzen Vielfachen von $2\tau\pi$; und diese ist allgemeiner als die früher in der siebenten Vorlesung § 5, (6) gegebene. Jene entsteht aus dieser, wenn man $\delta = 1$ setzt, d. h. wenn der Ring unendlich schmal wird; dabei verschwindet dann das Integral in (18). Aus den früheren Entwickelungen folgt also, dass (18) auch für diesen Grenzfall gilt. Da δ in (18) unbestimmt bleibt, so hat man eine unendliche Zahl von Entwickelungen; aber es tritt stets, wenn nicht $\delta = 1$ ist, noch ein Integral zur Reihe hinzu.

§ 15.

Wir wollen endlich noch die allgemeine Partialbruchzerlegung aus dem Cauchy'schen Integrale ableiten.

Hat die Gleichung $\psi(z) = 0$ nur einfache Wurzeln, und sind die Functionen $\varphi(z)$, $\varphi'(z)$; $\psi(z)$, $\psi'(z)$ überall in der Ebene endlich und eindeutig, dann ist nach dem Cauchy'schen Integrale in der Form (14), — wobei dann die Nothwendigkeit der über $\psi(z) = 0$ gemachten Voraussetzung zu Tage tritt, —

$$\int \frac{\varphi(z)\,dz}{\psi(z)(z-z_0)} = 2\pi i \left(\frac{\varphi(z_0)}{\psi(z_0)} + \sum_{(\psi(\zeta)=0)} \frac{\varphi(\zeta)}{(\zeta - z_0)\psi'(\zeta)} \right).$$

Dabei muss der Integrationsbereich alle Wurzeln von $\psi(z) = 0$ einschliessen. Integrirt man über einen Kreis mit unendlich grossem Radius, dann hat man links

$$\lim_{R=\infty} \int_0^1 \frac{\varphi(Re^{2v\pi i}) Re^{2v\pi i} \cdot 2\pi i dv}{(Re^{2v\pi i} - z)\psi(Re^{2v\pi i})} = \lim_{R=\infty} \int_0^1 \frac{\varphi(Re^{2v\pi i})}{\psi(Re^{2v\pi i})} 2\pi i dv .$$

Sind nun φ und ψ ganze Functionen, deren erste von geringerem Grade ist als die zweite, so wird der Grenzwerth gleich Null, und man bekommt das bekannte Resultat

$$\frac{\varphi(z_0)}{\psi(z_0)} = \sum_{\psi(\zeta)=0} \frac{\varphi(\zeta)}{(z_0 - \zeta)\psi'(\zeta)} .$$

Die Beschränkung auf ganze Functionen ist hierbei offenbar nicht nothwendig. Es reicht aus, dass zu den am Anfange des Paragraphen gemachten Voraussetzungen noch das Verschwinden des letzten Integrals für $R = \infty$ tritt. Von diesem Gesichtspunkte aus betrachtet gehört die Formel (1) der zehnten Vorlesung auch hierher.

Elfte Vorlesung.

Definition der ϑ-Reihen. — Elementare Eigenschaften. — Umwandlung in ein Product. — Nullwerthe der ϑ-Reihen. — Herleitung einer allgemeinen Formel mittels des Cauchy'schen Integrals. — Specialisirungen. — Arithmetische Verification der allgemeinen Formel. — Additionstheoreme.

§ 1.

Wir gehen jetzt dazu über, das Cauchy'sche Integral auf dem Gebiete der elliptischen Functionen zum Beweise mehrerer Fundamentalformeln zu verwerthen*). Dazu bedürfen wir einiger Definitionen und Vorbereitungen.

Wir verstehen im Folgenden unter ν eine ungerade ganze Zahl und setzen

$$(1) \qquad \vartheta(\zeta, \omega) = \sum_{-\infty}^{\infty} e^{\left(\frac{\nu^2}{4}\omega + \nu\left(\zeta - \frac{1}{2}\right)\right)\pi i},$$

wobei die Summe über alle positiven und negativen ungeraden Zahlen ν zu erstrecken ist. Diese unendliche Reihe convergirt unbedingt, sobald der imaginäre Theil von ω einen positiven Coefficienten hat. Setzen wir

$$z = e^{\zeta\pi i}, \quad q = e^{\omega\pi i}, \quad r = |q|,$$

so geht (1) in

$$(2) \qquad \vartheta(\zeta, \omega) = \sum_{-\infty}^{\infty} q^{\frac{1}{4}\nu^2}(-iz)^{\nu} \qquad (\nu = \pm 1, \pm 3, \ldots)$$

und die Convergenzbedingung in

$$r = |q| < 1$$

über. Wir nehmen diese stets als erfüllt an.

Die ϑ-Reihe existirt, als Function von q betrachtet, nur innerhalb des Kreises mit dem Radius 1. Der Umfang dieses Kreises ist eine wirkliche, natürliche Grenze für die Function.

Jacobi hat im Jahre 1825 die ϑ-Reihen in die Wissenschaft eingeführt; er gelangte zu ihnen durch Erforschung der Ei

*) Vgl. Monatsber. d. Kgl. Ak. d. W. zu Berlin vom D S.

der elliptischen Functionen. Auch die Benutzung der Buchstaben ϑ und q stammt von ihm; er hielt stets an ihnen fest, selbst bei Problemen, wie dem der Rotation, in welchen q schon eine andere historisch überkommene Bedeutung besass.

Aus der Definition (1) folgt sofort

(3) $$\vartheta(\zeta + 1, \omega) = -\vartheta(\zeta, \omega).$$

Ferner ergiebt sich daraus

$$\vartheta(\zeta + \omega, \omega) = \sum_{-\infty}^{\infty} e^{\left(\frac{\nu^2}{4}\omega + \nu\omega + \nu\left(\zeta - \frac{1}{2}\right)\right)\pi i}$$

$$= \sum_{-\infty}^{\infty} e^{\left(\frac{(\nu+2)^2}{4}\omega + (\nu+2)\left(\zeta - \frac{1}{2}\right)\right)\pi i} \cdot e^{-\omega\pi i} e^{-2\left(\zeta - \frac{1}{2}\right)\pi i},$$

und da auch $\nu + 2$ alle ungeraden Zahlen von $-\infty$ bis $+\infty$ durchläuft,

(4) $$\vartheta(\zeta + \omega, \omega) = -q^{-1} z^{-2} \vartheta(\zeta, \omega).$$

Hieraus ersieht man durch Eintragung von $\zeta - \omega$ statt ζ, dass

(4*) $$\vartheta(\zeta - \omega, \omega) = -q^{-1} z^2 \vartheta(\zeta, \omega)$$

ist.

Aus (2) folgt $z = \pm 1$ als trivialer Werth, für den $\vartheta = 0$ wird; dem entspricht es, dass ζ gleich irgend einer ganzen Zahl gesetzt werde. Somit ergiebt (4), dass für alle ganzen Zahlen m und n

$$\vartheta(m + n\omega, \omega) = 0$$

gilt. Daher liefert $\zeta = m + n\omega$ Nullwerthe von ϑ; „die Nullwerthe" können wir noch nicht sagen.

§ 2.

An zweiter Stelle betrachten wir das unendliche Product

$$P = -iq^{\frac{1}{4}}(z - z^{-1}) \prod_{1}^{\infty} (1 - q^{2n})(1 - q^{2n} z^2)(1 - q^{2n} z^{-2}),$$

dessen Convergenz von derjenigen der Reihen

$$\sum_{1}^{\infty} \log(1 - q^{2n} z^2), \qquad \sum_{1}^{\infty} \log(1 - q^{2n} z^{-2})$$

abhängt. Nun ist die erste der beiden unendlichen Reihen

$$\sum_{1}^{\infty} \log(1 - q^{2n} z^2) = -\sum_{m,\, n=1}^{\infty} \frac{q^{2mn} z^{2m}}{m} = -\sum_{1}^{\infty} \frac{q^{2m}}{1 - q^{2m}} \frac{z^{2m}}{m},$$

und dies wird convergent werden, sobald $|qz| < 1$ ist; ebenso findet man für die zweite unendliche Reihe die Bedingung $|qz^{-1}| < 1$. Beide Convergenz-Bedingungen sind erfüllt, sobald wir

$$r^{-\frac{1}{2}} > |z| > r^{\frac{1}{2}}$$

setzen.

Wir wollen die vollständige Uebereinstimmung des Products P mit der ϑ-Function zeigen.

Tragen wir in das Product gleichfalls $\zeta + \omega$ statt ζ, d. h. zq statt z ein, so kommt

$$-iq^{\frac{1}{4}}(zq - z^{-1}q^{-1})\prod_1^\infty (1-q^{2n})(1-q^{2(n+1)}z^2)(1-q^{2(n-1)}z^{-2})$$

$$= P\,\frac{zq - z^{-1}q^{-1}}{z - z^{-1}}\cdot\frac{1-z^{-2}}{1-q^2z^2} = -q^{-1}z^{-2}P$$

heraus. Folglich wird der Quotient

$$Q = \frac{\vartheta(\zeta, \omega)}{-iq^{\frac{1}{4}}(z - z^{-1})\prod_1^\infty (1-q^{2n})(1-q^{2n}z^2)(1-q^{2n}z^{-2})}$$

eine Function von z sein, die sich nicht ändert, wenn man z durch qz ersetzt. Sie erhält also alle Werthe, deren sie überhaupt fähig ist, in dem Ringe zwischen zwei Kreisen mit den Radien $r^{\frac{1}{2}}$ und $r^{-\frac{1}{2}}$. In diesen könnte Q aber nur zweimal unendlich werden, nämlich für $z = \pm 1$, da die anderen Nullwerthe des Nenners $z = \pm q^{\pm n}$ ausserhalb unseres Kreisringes liegen. Für $z = \pm 1$ erhält man jedoch, wenn man im Zähler je die beiden zu $+\nu$ und zu $-\nu$ gehörigen Glieder zusammenzieht und diese einzeln durch das $(z - z^{-1})$ des Nenners dividirt, eine Reihe von Summanden der Form

$$q^{\frac{1}{4}\nu^2}\left(\frac{(-iz)^\nu + (-iz)^{-\nu}}{z - z^{-1}}\right) = (-i)^\nu q^{\frac{1}{4}\nu^2}\left(\frac{z^\nu - z^{-\nu}}{z - z^{-1}}\right),$$

und dies wird für $z = \pm 1$ gleich

$$(-i)^\nu \cdot \nu q^{\frac{1}{4}\nu^2}.$$

Da die entstehende Reihe convergent ist, so kann Q niemals unendlich gross werden.

Für die Ableitung von Q gilt dasselbe. Denn da bei $\frac{\partial Q}{\partial z}$ in den Nenner nur das Quadrat des Nenners von Q tritt, so könnte ein Unendlichwerden nur für $z = \pm 1$ eintreten. Differentiiren wir aber die einzelnen Glieder

$$(-i)^\nu q^{\frac{1}{4}\nu^2}\left(\frac{z^\nu - z^{-\nu}}{z - z^{-1}}\right)$$

und setzen dann $z = \pm 1$, so ergiebt sich auch die Endlichkeit der Ableitung.

Die Bedingungen des Cauchy'schen Satzes (Vorlesung 10 § 11 am Schluss): „Wenn eine Function $f(z)$ nebst ihrer Ableitung überall „stetig und eindeutig ist und weder im Endlichen noch im Unendlichen „unendlich gross wird, dann ist die Function eine Constante" — sind also erfüllt, d. h. Q hat einen von z unabhängigen Werth.

§ 3.

Es handelt sich jetzt um die Werthbestimmung von Q; dazu kann man nach dem eben erhaltenen Resultate specielle Werthe von z benutzen. Wir wählen $z = i$, d. h. $\zeta = \frac{1}{2}$.

Man erkennt leicht die Richtigkeit der Gleichung

$$\vartheta\left(\frac{1}{2}, \omega\right) = 2e^{\frac{1}{4}\omega\pi i}\vartheta\left(\frac{1}{2} + \omega, 4\omega\right). \tag{5}$$

Die rechte Seite ist nämlich gemäss (1) gleich

$$2e^{\frac{1}{4}\omega\pi i}\sum_{-\infty}^{\infty} q^{\nu^2+\nu} = 2\sum_{-\infty}^{\infty} q^{\left(\frac{4n+1}{2}\right)^2},$$

wobei n alle ganzen Zahlen durchläuft; und dies ist in der That gleich der linken Seite.

Setzt man in P genau wie in (5) zuerst für ζ den Werth $\frac{1}{2}$, d. h. für z den Werth i ein, so entsteht dadurch

$$2q^{\frac{1}{4}}\prod_{1}^{\infty}(1 - q^{2n})(1 + q^{2n})^2;$$

setzt man weiter rechts $\frac{1}{2} + \omega$ und 4ω für ζ und ω d. h. iq und q^4 für z und q ein, so entsteht nach Multiplication mit $2q^{\frac{1}{4}}$

$$2q^{\frac{1}{4}}\cdot(1 + q^2)\prod_{1}^{\infty}(1 - q^{8n})(1 + q^{8n-2})(1 + q^{8n+2})$$

$$= 2q^{\frac{1}{4}}(1+q)\prod_{1}^{\infty}(1-q^{2n})(1+q^{2n})(1+q^{4n})(1+q^{8n-2})(1+q^{8n+2})$$

$$= 2q^{\frac{1}{4}}\prod_{1}^{\infty}(1 - q^{2n})(1 + q^{2n})^2.$$

Es gilt demnach für P dieselbe Beziehung, wie sie in (5) für ϑ nachgewiesen ist; folglich hat man bewiesen, dass Q denselben Werth besitzt, einmal, wenn man $z = i$, und dann, wenn man $z = qi$ und gleichzeitig q^4 für q setzt. Weil aber andererseits Q von z unabhängig ist, so folgt, dass Q für ein beliebiges z und die Umwandlung von q in q^4 seinen Werth beibehält. Es ist demnach

$$Q(q) = Q(q^4) = Q(q^{16}) = \cdots = Q(0).$$

Für den Werth $q = 0$ reducirt sich Q auf den einfachen Bruch

$$\frac{q^{\frac{1}{4}}((-iz)^1 + (-iz)^{-1})}{-iq^{\frac{1}{4}}(z - z^{-1})} = 1.$$

So ergiebt sich folglich das Hauptresultat:

$$\vartheta(\zeta, \omega) = \sum_{-\infty}^{\infty} q^{\frac{1}{4}\nu^2}(-iz)^\nu$$

(6)
$$= -iq^{\frac{1}{4}}(z - z^{-1})\prod_1^{\infty}(1 - q^{2n})(1 - q^{2n}z^2)(1 - q^{2n}z^{-2}).$$

Hierin besteht die ungeheure Entdeckung Jacobi's; die Umwandlung der Reihe in das Product war sehr schwierig. Abel hat auch das Product, aber nicht die Reihe. Deshalb wollte Dirichlet sie auch als Jacobi'sche Reihe bezeichnen.

Aus (6) folgt, dass die Function $\vartheta(\zeta, \omega)$ nur für

$$z = \pm q^{\pm k} \quad (k = 0, 1, 2, \ldots)$$

d. h. für $\zeta = m + n\omega$ verschwindet, wobei m und n alle ganzen Zahlen bedeuten können. Dadurch erledigt sich die am Schlusse von § 1 gemachte Bemerkung.

Ferner folgt aus (6), dass die Function

$$-iq^{\frac{1}{4}}z\vartheta\left(\zeta + \frac{1}{2}\omega, \omega\right) = -iq^{\frac{1}{4}}z\sum_{-\infty}^{\infty} q^{\frac{1}{4}\nu^2}\left(-izq^{\frac{1}{2}}\right)^\nu$$

$$= \sum_{-\infty}^{\infty} i^{\nu+1}z^{\nu+1}q^{\left(\frac{\nu+1}{2}\right)^2}$$

$$= \sum_{-\infty}^{\infty} (-q)^{n^2}z^{2n}$$

die Productdarstellung

$$(1 - qz^2)\prod_1^{\infty}(1 - q^{2n})(1 - q^{2n+1}z^2)(1 - q^{2n-1}z^{-2})$$

besitzt und daher nur für die Werthe und für jeden der Werthe

$$z = \pm q^{\pm\frac{2n-1}{2}}, \quad \zeta = m + \frac{2n+1}{2}\omega \qquad (m, n = 1, 2, 3, \ldots)$$

verschwindet.

Aus (6) folgt weiter, wenn man z durch z^{-1} ersetzt,

(6*) $$\vartheta(-\zeta, \omega) = -\vartheta(\zeta, \omega).$$

§ 4.

Wir betrachten nun die Function dreier Argumente

(7) $$F(q, x, y) = \frac{\sum (-1)^{\frac{\mu-1}{2}} \mu q^{\frac{1}{4}\mu^2} \cdot \sum (-1)^{\frac{\nu-1}{2}} q^{\frac{1}{4}\nu^2} (x^\nu y^\nu - x^{-\nu} y^{-\nu})}{\sum (-q)^{m^2} x^{2m} \cdot \sum (-q)^{n^2} y^{2n}},$$

in welcher die Zahlen m, n alle positiven und negativen ganzzahligen Werthe annehmen, während μ, ν nur die Reihen der positiven, ungeraden Zahlen durchlaufen dürfen. Dabei ist nach unseren bisherigen Festsetzungen, wenn ϑ' die Ableitung von ϑ nach ζ bedeutet,

$$\sum (-1)^{\frac{\mu-1}{2}} \mu q^{\frac{1}{4}\mu^2} = \frac{1}{2\pi} \vartheta'(0, \omega),$$

$$\sum (-1)^{\frac{\nu-1}{2}} q^{\frac{1}{4}\nu^2} (z^\nu - z^{-\nu}) = i\vartheta(\zeta, \omega),$$

$$\sum (-q)^{m^2} z^{2m} = -iq^{\frac{1}{4}} z\vartheta\left(\zeta + \frac{1}{2}\omega, \omega\right).$$

Aus den beiden letzten Formeln ergiebt sich in Verbindung mit (4) für jede der in ihnen auftretenden Summen, die für den Augenblick $\sum(z)$ bezeichnet werden mögen,

$$\sum (zq^\lambda) = (-1)^\lambda q^{-\lambda^2} z^{-2\lambda} \sum (z)$$

und daraus als wichtige Eigenschaft von (7) die Gleichung

(8) $$F(q, x, y) = q^{2\sigma\tau} x^{2\tau} y^{2\sigma} F(q, xq^\sigma, yq^\tau).$$

Ebenso erkennt man aus (7) leicht die Beziehung

(8*) $$F(q, x, -y) = -F(q, x, y).$$

Jetzt wollen wir F durch das Cauchy'sche Integral darstellen und zu dem Zwecke

$$\frac{1}{2\pi i}\int \frac{F(q, x, z)}{z - y}\, dz$$

über einen Kreisring mit dem Mittelpunkte 0 erstrecken, dessen innerer Radius später zur Grenze 0, dessen äusserer ins Unendliche gehen soll. Die Constanten $|x|$ und $|y|$ sollen innerhalb eines Kreisringes mit den Radien $r^{\frac{1}{2}}$ und $r^{-\frac{1}{2}}$ liegen. Ausser den beiden Peripherien unseres

Kreisringes gehören die Umkreisungen von $z = y$ und von denjenigen Punkten des Gebietes, in welchen der Nenner von F, d. h. in welchen

$$\sum (-q)^{n^2} z^{2n}$$

verschwindet, zu der natürlichen Begrenzung. Aus dem Schlusssatze von § 3 erkennt man, dass dies nur Punkte

$$z = \pm q^{n-\frac{1}{2}} \qquad (n = 0, \pm 1, \pm 2, \pm 3, \ldots)$$

sein können. Wir führen die Integration um $z = \pm q^{n-\frac{1}{2}}$ auf einem kleinen Kreise mit dem Mittelpunkte $\pm q^{n-\frac{1}{2}}$ und dem Radius ϱ

$$z = \pm q^{n-\frac{1}{2}} + \varrho e^{2\pi v i}$$

aus; dabei wird das Differential

$$dz = 2\pi i\left(z \mp q^{n-\frac{1}{2}}\right) dv\,,$$

und der Integrand, wenn wir gleich ϱ zur Grenze 0 gehen lassen,

$$2\pi i \lim_{z = \pm q^{n-\frac{1}{2}}} \frac{F(q, x, z)\left(z \mp q^{n-\frac{1}{2}}\right)}{z - y}.$$

Da das Integral für v die Grenzen 0, 1 und den Factor $\frac{1}{2\pi i}$ hat, so wird es

$$\lim_{z = \pm q^{n-\frac{1}{2}}} \frac{F(q, x, z)\left(z \mp q^{n-\frac{1}{2}}\right)}{z - y},$$

und auf die Ermittelung dieses Ausdruckes kommt es an. Zuerst setzen wir zq^n für z, dann verwandelt es sich zunächst in

$$\lim_{z = \pm q^{-\frac{1}{2}}} \frac{F(q, x, zq^n)\left(z \mp q^{-\frac{1}{2}}\right)}{zq^n - y} q^n$$

und weiter wegen (7) in

(9) $$\lim_{z = \pm q^{-\frac{1}{2}}} \frac{F(q, x, z)\left(z \mp q^{-\frac{1}{2}}\right)(qx^{-2})^n}{zq^n - y}.$$

Um dies zu berechnen, betrachten wir zuerst

$$\lim_{z = \pm q^{-\frac{1}{2}}} \frac{\sum (-q)^{n^2} z^{2n}}{z \mp q^{-\frac{1}{2}}} \qquad (n = 0, \pm 1, \pm 2, \ldots),$$

setzen $z = \pm q^{-\frac{1}{2}} u$ und bekommen

$$\lim_{u=1} \frac{\sum (-q)^{n^2} u^{2n} q^{-n}}{\pm q^{-\frac{1}{2}}(u-1)} = \pm q^{\frac{1}{4}} \lim_{u=1} \frac{\sum (iu)^{2n} q^{\left(\frac{2n-1}{2}\right)^2}}{u-1}$$

$$= \pm i q^{\frac{1}{4}} \lim_{u=1} \sum q^{\left(\frac{2n-1}{2}\right)^2} \frac{(iu)^{2n-1}}{u-1} \qquad (n = 0, \pm 1, \pm 2, \ldots)$$

$$= \pm i q^{\frac{1}{4}} \lim_{u=1} \sum q^{\left(\frac{\mu}{2}\right)^2} \frac{u^{\mu} - u^{-\mu}}{u-1} i^{\mu} \qquad (\mu = 1, 3, 5 \ldots)$$

$$= \pm q^{\frac{1}{4}} \lim_{u=1} \sum (-1)^{\frac{\mu+1}{2}} q^{\frac{\mu^2}{4}} \frac{u^{2\mu} - 1}{u-1} = \mp q^{\frac{1}{4}} \sum (-1)^{\frac{\mu-1}{2}} 2\mu q^{\frac{\mu^2}{4}}.$$

Dieser Ausdruck tritt in den Nenner von (9).

Ferner erhalten wir für den im Zähler von F erscheinenden Factor, bei welchem man sofort zur Grenze übergehen kann,

$$\pm \sum (-1)^{\frac{\nu-1}{2}} q^{\frac{\nu^2}{4}} \left(x^{\nu} q^{-\frac{\nu}{2}} - x^{-\nu} q^{+\frac{\nu}{2}}\right)$$

den Werth

$$\pm \sum (-1)^{\frac{\nu-1}{2}} q^{\left(\frac{\nu-1}{2}\right)^2} q^{-\frac{1}{4}} x^{\nu} \mp \sum (-1)^{\frac{\nu-1}{2}} q^{\left(\frac{\nu+1}{2}\right)^2} q^{-\frac{1}{4}} x^{-\nu}$$

$$= \pm x q^{-\frac{1}{4}} \sum_{-\infty}^{\infty} (-q)^{n^2} x^{2n}.$$

Dies gehört in den Zähler von (9).

Setzt man die gewonnenen Resultate ein und berücksichtigt die beiden von z unabhängigen Factoren aus $F(q, x, z)$, dann heben sich die Summen, und es entsteht

$$\lim_{z=\pm q^{-\frac{1}{2}}} \frac{F(q, x, z)\left(z \mp q^{-\frac{1}{2}}\right)(q x^{-2})^n}{z q^n - y}$$

$$= \frac{\pm x q^{-\frac{1}{4}}}{\mp 2 q^{\frac{1}{4}}} \frac{q^n x^{-2n}}{\pm q^{n-\frac{1}{2}} - y} = -\frac{1}{2} \frac{q^{n-\frac{1}{2}} x^{-2n+1}}{\pm q^{n-\frac{1}{2}} - y}.$$

Jetzt ist über die im Gebiete liegenden Werthe von n zu summiren. Da wir aber beabsichtigen, das Gebiet über die ganze Ebene auszudehnen, so können wir gleich die Summation über alle positiven und negativen n erstrecken. Wir bilden deswegen die Summe

$$-\frac{1}{2}\sum_{-\infty}^{\infty} q^{n-\frac{1}{2}} x^{-2n+1}\left(\frac{1}{q^{n-\frac{1}{2}}-y}+\frac{1}{-q^{n-\frac{1}{2}}-y}\right)$$

$$=-\sum_{-\infty}^{\infty}\frac{q^{n-\frac{1}{2}}x^{-2n+1}y}{q^{2n-1}-y^2}$$

$$=-\sum_{0,-1,\ldots}^{-\infty}\frac{q^{-n+\frac{1}{2}}x^{-2n+1}y}{1-q^{-2n+1}y^2}+\sum_{1,2,\ldots}^{\infty}\frac{q^{n-\frac{1}{2}}x^{-2n+1}y^{-1}}{1-q^{2n-1}y^{-2}},$$

beachten dabei, dass die absoluten Werthe von

$$q^{-2n+1}y^2 \qquad \text{für } n=0,\,-1,\,\ldots-\infty$$

$$q^{2n-1}y^{-2} \qquad \text{für } n=1,\,2,\,\ldots\infty$$

kleiner als 1 sind, und erhalten schliesslich durch Entwickelung

$$-\sum_{m=0}^{\infty}\sum_{n=0,-1,\ldots}^{-\infty} q^{-n+\frac{1}{2}}x^{-2n+1}y\cdot q^{m(-2n+1)}y^{2m}$$

$$+\sum_{m=0}^{\infty}\sum_{n=1,2,\ldots}^{\infty} q^{n-\frac{1}{2}}x^{-2n+1}y^{-1}\cdot q^{m(2n-1)}y^{-2m}$$

$$=-\sum_{m=0}^{\infty}\sum_{n=0,1,\ldots}^{\infty} q^{\frac{(2m+1)(2n+1)}{2}}x^{2n+1}y^{2m+1}$$

$$+\sum_{m=0}^{\infty}\sum_{n=0,1,\ldots}^{\infty} q^{\frac{(2m+1)(2n+1)}{2}}x^{-2n-1}y^{-2m-1}$$

$$=-\sum_{\mu,\nu} q^{\frac{1}{2}\mu\nu}(x^{\mu}y^{\nu}-x^{-\mu}y^{-\nu}) \qquad (\mu,\nu=1,3,\ldots\infty).$$

Damit sind die Integrale über die Unendlichkeitsstellen erledigt.

Weiter betrachten wir das Integral, welches über die innere Umgrenzung erstreckt ist. Dies soll ein kleiner Kreis sein, dessen Mittelpunkt im Nullpunkte liegt; seine Coordinaten seien

$$z=\varrho r^{n}e^{2\vartheta\pi i} \qquad (n>0).$$

Dabei ist r, wie schon in § 1, der absolute Betrag von

$$q=re^{2\sigma\pi i};$$

ϱ bedeutet eine Constante. Durch passende Wahl derselben kann man es verhindern, dass z einen der Werthe

$$\pm q^{m-\frac{1}{2}} \qquad (m=0,\,\pm1,\,\pm2,\,\ldots)$$

annimmt, für welche F unendlich gross wird. n ist eine ganze Zahl, die wir positiv ins Unendliche wachsen lassen wollen, um dadurch den

Kreis mit dem Radius $\varrho\cdot r^n$ auf den Nullpunkt zu reduciren. Dann haben wir

$$\int_0^1 \frac{F(q,x,\varrho r^n e^{2v\pi i})}{\varrho r^n e^{2v\pi i}-y}\,\varrho r^n e^{2v\pi i}\cdot 2\pi i dv$$

$$=\int_0^1 \frac{F(q,x,q^n\cdot\varrho e^{2(v-n\sigma)\pi i})}{\varrho r^n e^{2v\pi i}-y}\,\varrho r^n e^{2v\pi i}\cdot 2\pi i dv$$

$$=2\pi i(rx^{-2})^n\int_0^1 \frac{F(q,x,\varrho e^{2(v-n\sigma)\pi i})}{r^n-y\varrho^{-1}e^{-2v\pi i}}\,dv$$

zu behandeln. Hier wird F auf dem Integrationswege nicht unendlich; der Nenner hat einen absoluten Betrag, der $\left|r^n-\varrho^{-1}r^{\frac{1}{2}}\right|$ stets übersteigt; er kann also nicht verschwinden; und, da $|rx^{-2}|<1$ ist, so wird sich das erste Integral für wachsende n der Null beliebig nähern.

Endlich erstrecken wir noch das Integral über eine äussere Begrenzung, die wir wieder als Kreis

$$z=\varrho r^n e^{2v\pi i}\qquad (n<0)$$

annehmen. Hier wird sich das Integral

$$\int \frac{F(q,x,z)}{z-y}\,dz$$

für $n=-\infty$ auf

$$2\pi i\lim_{n=-\infty}\int_0^1 F(q,x,\varrho r^n e^{2v\pi i})dv$$

reduciren. Weil nun der Ausdruck hinter dem Limes gleich

$$\int_0^{\frac{1}{2}} F(q,x,\varrho r^n e^{2v\pi i})dv+\int_{\frac{1}{2}}^1 F(q,x,\varrho r^n e^{2v\pi i})dv$$

ist, und der zweite Theil sich für die Substitution $v+\frac{1}{2}$ statt v mit Beachtung von (8*) in

$$\int_0^{\frac{1}{2}} F\left(q,x,\varrho r^n e^{2\left(v+\frac{1}{2}\right)\pi i}\right)dv=\int_0^{\frac{1}{2}} F(q,x,-\varrho r^n e^{2v\pi i})dv$$

$$=-\int_0^{\frac{1}{2}} F(q,x,\varrho r^n e^{2v\pi i})dv$$

umwandelt, so hat man auch hier für die Grenze den Werth Null.

Der Cauchy'sche Satz liefert demnach die merkwürdige Entwickelung

$$(10)\qquad F(q,x,y)=\sum_{\mu,\nu} q^{\frac{1}{2}\mu\nu}(x^\mu y^\nu - x^{-\mu}y^{-\nu})$$

$$(\mu,\nu=1,3,5,\ldots),$$

aus der durch Specialisirungen eine grosse Anzahl anderer wichtiger Gleichungen gezogen werden kann.

So finden sich alle die Formeln, welche Jacobi in der Einleitung zu seiner Abhandlung „sur la rotation d'un corps" (Werke II, S. 289) gegeben hat, in (10) concentrirt.

§ 5.

Die zu Beginn des vorigen Paragraphen gegebenen Formeln liefern für F den Ausdruck:

$$\frac{\vartheta'(0,\omega)\vartheta(\xi+\eta,\omega)}{\vartheta\left(\xi+\frac{1}{2}\omega,\omega\right)\vartheta\left(\eta+\frac{1}{2}\omega,\omega\right)}=2\pi i e^{(\xi+\eta)\pi i+\frac{1}{2}\omega\pi i}F(q,x,y).$$

Bezeichnen wir nun (vgl. Königsberger, „Vorlesungen über die Theorie der elliptischen Functionen" S. 324 ff.) in üblicher Weise

$$\vartheta\left(\zeta+\frac{1}{2}\omega,\omega\right)=\vartheta_0(\zeta)\cdot i q^{-\frac{1}{4}}e^{-\zeta\pi i},$$

$$\vartheta(\zeta,\omega)=\vartheta_1(\zeta),$$

$$\vartheta\left(\zeta+\frac{1}{2},\omega\right)=\vartheta_2(\zeta),$$

$$\vartheta\left(\zeta+\frac{1}{2}+\frac{1}{2}\omega,\omega\right)=\vartheta_3(\zeta)q^{-\frac{1}{4}}e^{-\zeta\pi i},$$

so ergiebt sich infolge von (10) das Resultat

$$(11)\qquad \frac{\vartheta_1'(0)\vartheta_1(\xi+\eta)}{\vartheta_0(\xi)\vartheta_0(\eta)}=4\pi\sum_{\mu,\nu} q^{\frac{1}{2}\mu\nu}\sin(\mu\xi+\nu\eta)\pi$$

$$(\mu,\nu=1,3,5,\ldots).$$

Die Formel (10) war unter der Bedingung abgeleitet, dass $|x|$ wie $|y|$ zwischen $r^{\frac{1}{2}}$ und $r^{-\frac{1}{2}}$ liegen. Um zu sehen, wie diese Bedingung sich für ξ und η gestaltet, setzen wir

$$\xi=\xi_0+\xi_1 i,\quad \eta=\eta_0+\eta_1 i;\quad q=e^{(\omega_0+\omega_1 i)\pi i}.$$

Dann muss, da r den absoluten Betrag von q bedeutet,

$$e^{\omega_1\pi}>e^{-2\xi_1\pi},\quad e^{-2\xi_1\pi}>e^{-\omega_1\pi}$$

sein, d. h. die rein imaginären Theile von ξ und von η müssen zwischen der positiven und der negativen Hälfte des rein imaginären Theiles von ω liegen. Die Formel (11) ist ihrer Bedeutung nach mit (10) identisch. Sie enthält auf ihrer rechten Seite eine Fourier'sche Reihe, aber insofern eine allgemeinere, als ξ wie η complexe Grössen sein dürfen. Da wir zwei Variable haben, so erhalten wir natürlich eine Doppelreihe.

In (11) setzen wir η für $\xi + \eta$ ein:

$$\frac{\vartheta_1'(0)\vartheta_1(\eta)}{\vartheta_0(\xi)\vartheta_0(\eta-\xi)} = 4\pi \sum_{\mu,\nu} q^{\frac{1}{2}\mu\nu} \sin(\mu\xi + \nu(\eta-\xi))\pi,$$

differentiiren nach η, setzen dann $\eta = 0$, berücksichtigen (6*) und beachten, dass wegen (6) der Werth von $\vartheta_1(0)$ gleich Null wird. Dann resultirt

$$(12)\qquad \begin{aligned} \left(\frac{\vartheta_1'(0)}{\vartheta_0(\xi)}\right)^2 &= 4\pi^2 \sum_{\mu,\nu} \nu q^{\frac{1}{2}\mu\nu} \cos(\mu-\nu)\xi\pi \\ &= 2\pi^2 \sum_{\mu,\nu} (\mu+\nu) q^{\frac{1}{2}\mu\nu} \cos(\mu-\nu)\xi\pi\,. \end{aligned}$$

§ 6.

In (11) steckt ein grosser Theil der Theorie der elliptischen Functionen. Wir wollen hier nur einige Andeutungen geben.

Durch Differentiation erhält man aus (6) ohne Schwierigkeit

$$(13)\qquad \vartheta_1'(0) = \pi\vartheta_0(0)\vartheta_2(0)\vartheta_3(0),$$

sobald man die Identität

$$\begin{aligned} \frac{1}{1-q^2} &= \prod_1^\infty \frac{(1-q^{4n})(1-q^{4n-2})}{1-q^{2n}} \cdot \frac{(1-q^{4n})(1-q^{4n+2})}{1-q^{2n}} \\ &= \prod_1^\infty (1+q^{2n})^2(1-q^{4n-2})(1-q^{4n+2}) \end{aligned}$$

beachtet. Mit Hülfe von (13) entstehen aus (11) und (12) die Formeln

$$(11^*)\qquad \vartheta_2(0)\vartheta_3(0)\,\frac{\vartheta_0(0)\vartheta_1(\xi+\eta)}{\vartheta_0(\xi)\vartheta_0(\eta)} = 4\sum_\mu \sum_\nu q^{\frac{1}{2}\mu\nu} \sin(\mu\xi+\nu\eta)\pi\,,$$

$$(12^*)\qquad \frac{\vartheta_0(0)^2\vartheta_2(0)^2\vartheta_3(0)^2}{\vartheta_0(\xi)^2} = 2\sum_\mu \sum_\nu (\mu+\nu) q^{\frac{1}{2}\mu\nu} \cos(\mu-\nu)\xi\pi,$$

von denen die erste, wenn man nach einander $\eta = 0,\ \frac{1}{2},\ \frac{1}{2}+\frac{\omega}{2}$ setzt, die Reihenentwickelungen für die Quotienten

$$\frac{\vartheta_1(\xi)}{\vartheta_0(\xi)},\quad \frac{\vartheta_2(\xi)}{\vartheta_0(\xi)},\quad \frac{\vartheta_3(\xi)}{\vartheta_0(\xi)},$$

also die in § 39 von Jacobi's Fundamenta enthaltenen Reihen für die drei mit sin am, cos am, Δ am bezeichneten elliptischen Functionen ergiebt.

Aus (12) folgt für $\xi = 0$ die hübsche Formel

$$\left(\frac{\vartheta_1'(0)}{\vartheta_0(0)}\right)^2 = 2\pi^2 \sum_{\mu,\nu} (\mu + \nu) q^{\frac{\mu\nu}{2}},$$

und aus (11) für $\xi = \frac{1}{2}$, $\eta = 0$ die weitere

$$\frac{\vartheta_1'(0)\vartheta_2(0)}{\vartheta_0(0)\vartheta_0\left(\frac{1}{2}\right)} = 4\pi \sum_{\mu,\nu} (-1)^{\frac{\mu-1}{2}} q^{\frac{\mu\nu}{2}}.$$

§ 7.

Bevor wir weiter gehen, möge eine algebraische Verificatiou der Fundamentalformel (10) folgen, die wir auf Grund des Cauchy'schen Integrals abgeleitet haben.

Für x und y nehmen wir q^v und q^w. Setzen wir

$$\omega = \omega_1 + i\omega_2, \quad v = v_1 + iv_2,$$

wo ω_1, ω_2; v_1, v_2 reelle Grössen sind, und $\omega_2 > 0$ ist, so wird

$$|q| = r = e^{-\omega_2\pi}; \quad |q^v| = e^{-(v_1\omega_2 + v_2\omega_1)\pi},$$

und damit q^v die Bedingung erfülle, der x unterworfen ist, dass es nämlich zwischen $r^{\frac{1}{2}}$ und $r^{-\frac{1}{2}}$ liege, muss

$$-\omega_2 < -2(v_1\omega_2 + v_2\omega_1) < \omega_2,$$

$$2\,|v_1\omega_2 + v_2\omega_1| < |\omega_2|$$

sein, d. h. der absolute Werth des reellen Theils von $\log q$ muss grösser sein, als der absolute Werth des reellen Theils von $2\,v \log q$. Das Entsprechende setzen wir über w voraus. Dann gilt nach (10) die Entwickelung

$$q^{2vw} F(q, q^v, q^w) = \sum_{\varepsilon,\mu,\nu} \varepsilon q^{\frac{1}{2}(2v+\varepsilon\mu)(2w+\varepsilon\nu)}$$

$$(\varepsilon = \pm 1;\ \mu, \nu = 1, 3, 5, \ldots),$$

und ferner ist, gemäss der Definition (7),

$$2q^{2vw} F(q, q^v, q^w) = \frac{\sum (-1)^n (2n+1) q^{\left(n+\frac{1}{2}\right)^2} \cdot \sum (-1)^n q^{\left(v+w+n+\frac{1}{2}\right)^2}}{\sum (-1)^n q^{(v+n)^2} \cdot \sum (-1)^n q^{(w+n)^2}}$$

$$(n = 0, \pm 1, \pm 2, \ldots).$$

Zur Verification von (10) bedarf es also nur des Nachweises, dass das Reihenproduct

$$2\sum_{\varepsilon,\mu,\nu} \varepsilon q^{\frac{1}{2}(2v+\varepsilon\mu)(2w+\varepsilon\nu)} \cdot \sum_n (-1)^n q^{(v+n)^2} \cdot \sum_n (-1)^n q^{(w+n)^2}$$

oder die hiermit identische Reihe

$$(14) \qquad 2\sum_{\varepsilon,\mu,\nu,m,n} (-1)^{m+n} \varepsilon q^{\frac{1}{2}(2v+\varepsilon\mu)(2w+\varepsilon\nu)+(v+m)^2+(w+n)^2}$$

$$(\varepsilon = \pm 1;\ \mu, \nu = 1, 3, 5, \ldots;\ m, n = 0, \pm 1, \pm 2, \ldots)$$

mit dem Reihenproducte

$$(15) \qquad \sum_{\varkappa} (-1)^{\frac{\varkappa-1}{2}} \varkappa q^{\frac{1}{4}\varkappa^2} \cdot \sum_{\lambda} (-1)^{\frac{\lambda-1}{2}} q^{\left(v+w+\frac{1}{2}\lambda\right)^2}$$

$$(\varkappa, \lambda = \pm 1, \pm 3, \pm 5, \ldots)$$

übereinstimmt.

Setzt man in dem Ausdrucke (14)

$$\lambda = m + n + \frac{1}{2}\varepsilon(\mu + \nu), \quad \varrho = -m + n + \frac{1}{2}\varepsilon(\mu - \nu),$$

$$\sigma = \frac{1}{2}(\mu + \nu),$$

so verwandelt er sich in folgenden:

$$(14^*) \quad 2\sum_{\lambda,\varrho} (-1)^{\lambda} q^{(v+w)(v+w+\lambda) - \varrho(v-w) + \frac{1}{2}(\lambda^2+\varrho^2)} \sum_{\varepsilon,\sigma} (-1)^{\sigma} \varepsilon q^{\sigma(\sigma-\varepsilon\lambda+\varepsilon\varrho)} \sum_{\mu} q^{-\varepsilon\mu\varrho}.$$

Da $\mu + \nu = 2\sigma$, und da ν mindestens gleich 1 ist, so läuft μ in der letzten Summe durch die Werthe $1, 3, 5, \ldots 2\sigma - 1$. Bei Ausführung dieser Summation wird für $\varrho \gtrless 0$

$$\sum_{\varepsilon,\sigma} (-1)^{\sigma} \varepsilon q^{\sigma(\sigma-\varepsilon\lambda+\varepsilon\varrho)} \sum_{\mu} q^{-\varepsilon\mu\varrho} = \sum_{\varepsilon,\sigma} (-1)^{\sigma} q^{\sigma(\sigma-\varepsilon\lambda+\varepsilon\varrho)} \frac{-q^{-2\sigma\varepsilon\varrho}+1}{\varepsilon(-q^{-\varepsilon\varrho}+q^{\varepsilon\varrho})}$$

$$= \sum_{\varepsilon,\sigma} (-1)^{\sigma} \frac{q^{\sigma(\sigma-\varepsilon\lambda+\varepsilon\varrho)} - q^{\sigma(\sigma-\varepsilon\lambda-\varepsilon\varrho)}}{q^{\varrho}-q^{-\varrho}}$$

$$= \sum_{\varepsilon,\sigma} (-1)^{\sigma} \frac{q^{\sigma(\sigma+\varepsilon\lambda-\varepsilon\varrho)} - q^{\sigma(\sigma+\varepsilon\lambda+\varepsilon\varrho)}}{q^{\varrho}-q^{-\varrho}},$$

und die Summation auf der rechten Seite ist auf $\varepsilon = +1$ und $\varepsilon = -1$, sowie auf alle positiven ganzen Zahlen σ zu erstrecken, da

$$\sigma = \frac{1}{2}(\mu + \nu),$$

und sowohl μ als ν positiv ist. Hierbei ist zu bemerken, dass dasselbe σ zwar durch verschiedene Paare μ, ν erzeugt werden kann, dass bei der Summe jedoch jeder Werth von σ nur ein einziges Mal auftreten darf, da die Summation nach μ bereits in der letzten Summe erledigt ist. Setzt man nun $\sigma = \varepsilon n$, so wird der Ausdruck rechts gleich dem Quotienten aus der Differenz der beiden Summen

$$\sum_n (-1)^n q^{n(n+\lambda-\varrho)}, \quad \sum_n (-1)^n q^{n(n+\lambda+\varrho)} \qquad (n = 0, \pm 1, \pm 2, \ldots)$$

durch den Ausdruck $(q^\varrho - q^{-\varrho})$. Jede dieser beiden Summen ist gleich Null. Denn ordnet man z. B. in der ersten Summe je zwei Summanden

$$(-1)^n q^{n(n+\lambda-\varrho)} \quad \text{und} \quad (-1)^{-n-\lambda+\varrho} q^{(-n-\lambda+\varrho)(-n)}$$

einander zu, so zerstören sich diese, da ja $(\lambda - \varrho)$ eine ungerade Zahl ist. Aehnliches findet mit der zweiten Summe statt. Es ist also in dem Ausdrucke (14*) nur noch $\varrho = 0$ zu nehmen, und er reducirt sich daher, weil alsdann $\sum_\mu q^{-\varepsilon\mu\varrho} = \sigma$ wird, auf die Reihe

$$2\sum_{\nu,\lambda,\sigma} (-1)^{\lambda+\sigma} \varepsilon\sigma q^{\left(\nu+w+\frac{1}{2}\lambda\right)^2 + \left(\varepsilon\sigma - \frac{1}{2}\lambda\right)^2},$$

welche, wenn $2\varepsilon\sigma - \lambda = \varkappa$ gesetzt wird, in die Doppelreihe

$$(15^*) \qquad \sum_{\varkappa,\lambda} (-1)^{\frac{1}{2}(\varkappa-\lambda)} (\varkappa + \lambda) q^{\left(\nu+w+\frac{1}{2}\lambda\right)^2 + \frac{1}{4}\varkappa^2}$$

übergeht. Denn es ist klar, dass wegen $2\sigma = \varepsilon(\varkappa + \lambda)$ der Exponent

$$\frac{1}{2}(2\lambda + \varepsilon(\varkappa + \lambda)) \equiv \frac{1}{2}(\varkappa - \lambda) \qquad (\text{mod. } 2)$$

wird. Weil nun $\varkappa$ eine ungerade Zahl ist, so hat für zwei einander entgegengesetzte Werthe von $\varkappa$ das Vorzeichen $(-1)^{\frac{1}{2}(\varkappa-\lambda)}$ auch entgegengesetzte Werthe. Betrachtet man also den mit λ multiplicirten Theil der Summe, so sieht man, dass dieser verschwindet. Es geht deshalb (15*) in

$$\sum_{\varkappa,\lambda} (-1)^{\frac{1}{2}(\varkappa-\lambda)} \varkappa q^{\left(\nu+w+\frac{1}{2}\lambda\right)^2 + \frac{1}{4}\varkappa^2}$$

über. Setzen wir hierin

$$(-1)^{\frac{1}{2}(\varkappa-\lambda)} = (-1)^{\frac{1}{2}(\varkappa-1)} \cdot (-1)^{\frac{1}{2}(\lambda-1)}$$

so wandelt sich (15*), wie es sein sollte, in (15) um.

Auch die am Schlusse des vorigen Paragraphen gegebene Formel kann auf rein arithmetischem Wege daraus gefolgert werden, dass die Anzahl der Darstellungen einer ungeraden Zahl als Summe von zwei Quadraten sich durch den Ueberschuss der Divisoren von der Form

$4n+1$ über diejenigen von der Form $4n+3$ ausdrückt. Ebenso verdient die vorletzte der dort gegebenen Formeln durch directe Umwandlungen arithmetisch bewiesen zu werden.

§ 8.

Wir betrachten jetzt das Product aus vier ϑ-Functionen

$$T(\zeta_0, \zeta_1, \zeta_2, \zeta_3) = \vartheta_1(\zeta_0+\zeta_1)\vartheta_1(\zeta_0-\zeta_1)\vartheta_1(\zeta_2+\zeta_3)\vartheta_1(\zeta_2-\zeta_3).$$

Dann zeigen die Formeln (4), (4*) sofort die Richtigkeit der Gleichungen

$$T(\zeta_0, \zeta_1, \zeta_2, \zeta_3+\omega) = q^{-2}e^{-4\zeta_3}T(\zeta_0, \zeta_1, \zeta_2, \zeta_3),$$
$$T(\zeta_0, \zeta_2, \zeta_3+\omega, \zeta_1) = q^{-2}e^{-4\zeta_3}T(\zeta_0, \zeta_2, \zeta_3, \zeta_1),$$
$$T(\zeta_0, \zeta_3+\omega, \zeta_1, \zeta_2) = q^{-2}e^{-4\zeta_3}T(\zeta_0, \zeta_3, \zeta_1, \zeta_2).$$

Es bleibt, wie man hieraus sieht, der aus den T gebildete Quotient

$$Q = \frac{T(\zeta_0, \zeta_2, \zeta_3, \zeta_1) + T(\zeta_0, \zeta_3, \zeta_1, \zeta_2)}{T(\zeta_0, \zeta_1, \zeta_2, \zeta_3)},$$

als Function von z_3 betrachtet, ungeändert, wenn man z_3 durch $z_3 q$ ersetzt, oder wenn man zu dem ζ_3 ein ω addirt. Q nimmt daher alle Werthe, deren es überhaupt fähig ist, z. B. in dem Ringgebiete zwischen $z_3 = \left|q^{-\frac{1}{2}}\right|$ und $z_3 = \left|q^{\frac{1}{2}}\right|$ an, und es tritt also hier Aehnliches ein, wie bei dem vorher betrachteten $F(q, x, y)$. Nun verschwindet der Nenner von Q, als Function von z_3 aufgefasst, gemäss (6) innerhalb des Ringgebietes nur für Werthe der Form

$$\zeta_3 = \pm\zeta_2 + n,$$

wo n eine jede positive oder negative ganze Zahl bedeuten kann, und zwar stets nur in erster Potenz. Nach (3) und (6*) wird für diese Werthe auch der Zähler von Q von der ersten Ordnung Null; also bleibt Q endlich. Nach dem Cauchy'schen Satze ist daher Q von ζ_3 unabhängig. Setzen wir $\zeta_3 = \zeta_0$, dann fällt der zweite Summand des Zählers fort, und der Rest nimmt den Werth

$$\frac{T(\zeta_0, \zeta_2, \zeta_0, \zeta_1)}{T(\zeta_0, \zeta_1, \zeta_2, \zeta_0)} = -1$$

an. Es folgt dadurch das Additionstheorem

$$T(\zeta_0, \zeta_2, \zeta_3, \zeta_1) + T(\zeta_0, \zeta_3, \zeta_1, \zeta_2) + T(\zeta_0, \zeta_1, \zeta_2, \zeta_3) = 0.$$

Es ist dies die von Herrn Weierstrass zu Anfang der sechziger Jahre gefundene und in seinen Vorlesungen mitgetheilte Theta-Formel*);

*) Sitzungsberichte der Berl. Akad. d. Wissenschaften 1882. II. S. 505.

sie wurde von **Briot** und **Bouquet** in dem Werke: „Théorie des fonctions doublement périodiques" zuerst veröffentlicht. Es ist die einfachste derartige Beziehung, welche zwischen ϑ-Producten besteht, und durch Coefficienten-Vergleichung der unendlichen Reihen leicht zu verificiren; aber dass überhaupt solche Relationen zwischen den ϑ-Producten auftreten, darf man wohl als sehr wunderbar bezeichnen.

Jacobi hatte eine ähnliche Formel zwischen vier solchen T aufgestellt, und zwar lässt sich mit Sicherheit nachweisen, dass er sie im Winter 1835/36 gefunden hat. Von da ab beginnt eine neue Epoche für die Theorie der ϑ-Functionen.

Zwölfte Vorlesung.

Integral-Logarithmus. — Erweiterung. — Natürliche Begrenzung. — Integrationen längs verschiedener Strecken. — Integrationen um verschiedene Bereiche. — Dirichlet'scher discontinuirlicher Factor. — Ableitung einzelner Integrale. — Formeln über den Integral-Logarithmus. — Reihenentwickelung des Integral-Logarithmus. — Mascheroni'sche Constante. — Historische Bemerkungen.

§ 1.

Wir treten jetzt in ein genaueres Studium des Integrals

(1) $$\int \frac{e^z}{z} f(z) dz \qquad (z = x + yi)$$

ein. Das Integral entsteht aus einer Verallgemeinerung und Transformation des zuerst von Euler betrachteten Integrals

$$\int_0^x \frac{dx}{\log x} .$$

An dies knüpften sich die ersten Untersuchungen; dasselbe war auch für den Namen entscheidend. Von $f(z)$ möge vorausgesetzt werden, dass es nur an lauter getrennten Punkten und in diesen nur von der ersten Ordnung unendlich gross wird. Wir setzen

$$f(z) = f_1(x, y) + i f_2(x, y) .$$

Wir betrachten das Integral zunächst längs verschiedener Strecken

Zuerst sei $y = 0$, und x gehe von $-\infty$ bis $-\xi$, wobei ξ eine positive Grösse bedeuten soll. Ist dabei $f(x) = 1$, so bezeichnet man

$$\int_{-\infty}^{-\xi} e^x \frac{dx}{x} = \mathrm{li}\, e^{-\xi}$$

und nennt diese Function den Bessel'schen Integrallogarithmus. Es ist klar, dass derselbe für jedes positive ξ eine Bedeutung besitzt. —

Hat y den festen Werth y_0, und geht x von x_0 bis x, so wird (1)

$$\int_{x_0}^{x} \frac{e^x dx}{x^2 + y_0^2} \{x \cos y_0 + y_0 \sin y_0 + i(x \sin y_0 - y_0 \cos y_0)\} (f_1(x, y_0) + i f_2(x, y_0)) .$$

Bleibt nun für $y = \infty$ sowohl $f_1(x, y)$ als $f_2(x, y)$ endlich, so wird das Integral für ins Unendliche wachsende y nach 0 gehen. Das findet z. B. für $f(z) = 1$ statt. Da der Punkt $z = 0$ zur natürlichen Begrenzung unseres Integrals gehört, so darf $x = 0$ nicht innerhalb der Grenzen liegen, was natürlich nur bei $y_0 = 0$ zu berücksichtigen ist. —

Integrirt man bei festem $x = x_0$, dann wird dx fortfallen, e^{x_0} tritt vor das Integral, und die wesentlichen Theile desselben können wir in dem Ausdrucke

$$\int \frac{y^\delta \sin\left(\delta_1 \frac{\pi}{2} + y\right) f_\varepsilon(x_0, y)}{x_0^2 +} dy \qquad \begin{pmatrix} \delta, \delta_1 = 0, 1 \\ \varepsilon = 1, 2 \end{pmatrix}$$

zusammenfassen. Unter gewissen Voraussetzungen über $f(z)$ bleibt das Integral endlich, auch wenn man das Integrationsgebiet ins Unendliche erstreckt. Das lässt sich mittels des zweiten Mittelwerthsatzes zeigen, wenn wir ihn

$$\int_a^b \varphi(y)\psi(y)\,dy = \varphi(a)\int_a^\eta \psi(y)\,dx + \varphi(b)\int_\eta^b \psi(y)\,dy$$

schreiben; in dieser Form gilt er, falls $\varphi(y)$ zwischen a und b entweder nur wächst oder nur abnimmt, und wenn das Integral über $\psi(y)$ beständig endlich bleibt. Nimmt man nun hier

$$\varphi(y) = \frac{y^\delta}{x_0^2 + y^2}, \qquad \psi(y) = \sin\left(\delta_1 \frac{\pi}{2} + y\right) f_\varepsilon(x_0, y),$$

so ist die erste Bedingung erfüllt, wenn man (für $\delta = 1$) den Modul der unteren Grenze $= |x_0|$ oder grösser als $|x_0|$ annimmt; denn von da ab vermindern sich die Werthe der Function beständig.

Für $f(z) = 1$ ist die zweite Bedingung gleichfalls erfüllt. Dies geschieht aber auch in anderen allgemeineren Fällen, z. B. wenn $f(z)$ eine rationale Function ist, deren Nenner einen höheren Grad hat, als der Zähler. Nur muss dabei x_0 so gewählt werden, dass keine der Wurzeln des Nenners gerade x_0 zur reellen Coordinate hat. Unter diesen Voraussetzungen kann man, wie der Mittelwerthsatz zeigt, von $|x_0|$ bis $+\infty$ und von $-|x_0|$ bis $-\infty$ integriren.

Da nach den Voraussetzungen über $f(z)$ das Integral auch zwischen den Grenzen $y = -|x_0|$ bis $y = +|x_0|$ endlich bleibt, wenigstens wenn x_0 von Null verschieden ist, so kann man dann also das allgemeine Integral auch von $-\infty$ bis $+\infty$ erstrecken. —

Ausser den Unendlichkeitspunkten von $f(z)$ gehört noch der Punkt $z=0$ zur natürlichen Begrenzung des Integrals

$$\int e^z \frac{f(z)}{z}\, dz.$$

Wir wollen voraussetzen, dass $f(z)$ für $z=0$ endlich bleibe, und integriren nun auf einem kleinen Kreise um den Nullpunkt herum. Dann entsteht, wenn der Radius dieses Kreises zur Grenze Null geht, das Resultat

$$\lim_{\varrho=0}\int_0^{2\pi} e^{\varrho(\cos v + i\sin v)} f(\varrho e^{vi})\, i\, dv = 2\pi i f(0)\,.$$

§ 2.

Wir werden jetzt den Cauchy'schen Satz auf unser Integral anwenden, indem wir $\frac{e^z}{z} f(z)$ längs des Umfanges verschiedener Bereiche integriren.

I. Zunächst wählen wir einen Streifen, der durch zwei Parallelen zur Y-Axe in den Entfernungen $x=-\xi''$ und $x=+\xi'$ gebildet wird, wobei die ξ als positiv gelten sollen. Wir fassen diesen Streifen als ein Rechteck auf, von dem die beiden, der X-Axe parallelen Seiten unendlich fern liegen. Befinden sich keine Unendlichkeitspunkte von $f(z)$ in dem Streifen, so wird das Resultat der Integrationen gleich $2\pi i f(0)$ sein, da dies der Werth der Integration um den Nullpunkt ist (§ 1). Die Integrale längs der unendlich fernen Seiten sind beide gleich Null, wenn man voraussetzt, dass $f(z)$ für unendlich grosse y zwischen $x=-\xi''$ und $x=+\xi'$ endlich bleibt (§ 1). Es resultirt also

$$2\pi i = \int_{-\infty}^{+\infty} e^{\xi'+yi} f(\xi'+yi)\, d\log(\xi'+yi)$$

$$-\int_{-\infty}^{+\infty} e^{-\xi''+yi} f(-\xi''+yi)\, d\log(-\xi''+yi)\,.$$

Jedes der Integrale ist eine Function von ξ; wir bezeichnen kurz

$$(2)\qquad \int_{-\infty}^{+\infty} e^{\xi+yi} f(\xi+yi)\, d\log(\xi+yi) = J(\xi).$$

Wenn innerhalb des Streifens Unstetigkeitspunkte von $f(z)$ liegen, die ja unserer Annahme nach immer nur von der ersten Ordnung sind, dann erhält man nach dem Cauchy'schen Satze [vgl. Vorles. 10; § 7, (14)]

$$(3)\quad \begin{aligned} J(\xi') - J(-\xi'') &= 2\pi i + 2\pi i \sum_{(f(\zeta)=\infty)} \lim_{z=\zeta} (z-\zeta)\frac{e^z f(z)}{z} \\ &= 2\pi i\left[1 + \sum \lim_{z=\zeta} (x+yi-\xi-\eta i)\frac{e^{x+yi} f(x+yi)}{x+yi}\right]. \end{aligned}$$

Die Summation bezieht sich hier auf alle und nur auf diejenigen Punkte innerhalb des Streifens, für welche $f(x+yi) = \infty$ wird.

Liegt das Integrationsgebiet ganz rechts oder ganz links von der lateralen Y-Axe, dann fällt in (3) das erste Glied der rechten Seite weg und die Gleichung lautet, wenn $\xi'' < \xi'''$ genommen wird,

$$(3^*)\quad \begin{gathered} J(-\xi'')-J(-\xi''')=2\pi i\sum \lim (x+yi-\xi-\eta i)\frac{e^{x+yi} f(x+yi)}{x+yi} \\ (-\xi''' < \xi < -\xi'';\ f(\xi+\eta i) = \infty) \end{gathered}$$

bezw.

$$(3^{**})\quad \begin{gathered} J(\xi''')-J(\xi'')=2\pi i\sum \lim (x+yi-\xi-\eta i)\frac{e^{x+yi} f(x+yi)}{x+yi} \\ (\xi'' < \xi < \xi''';\ f(\xi+\eta i) = \infty). \end{gathered}$$

Unter den über die Unstetigkeitsstellen von $f(x+yi)$ gemachten Voraussetzungen: dass sie nur in endlicher Anzahl und alle nur im Endlichen und nur von der ersten Ordnung vorkommen sollen, folgt, dass über gewisse Werthe $+\xi_0$ nach rechts und gewisse Werthe $-\xi_1$ nach links hinaus keine weiteren Unstetigkeitspunkte liegen. Dann wird

$$(4)\quad \begin{aligned} J(\xi) &= J(\xi_0) \qquad (\xi > \xi_0), \\ J(-\xi) &= J(-\xi_1) \qquad (\xi > \xi_1). \end{aligned}$$

Nun nähert sich mit wachsendem ξ die linke Seite in der zweiten der Gleichungen (4) dem Werthe Null. Denn nach den Betrachtungen aus § 1 bleibt das Integral, welches restirt, falls aus $J(-\xi)$ der Factor $e^{-\xi}$ herausgezogen wird, endlich, während der herausgezogene Factor sich mit wachsendem ξ der Null nähert. Also gilt nach (4) auch das Resultat:

$$J(-\xi) = 0,$$

falls über ξ nach links hinaus keine Unendlichkeitspunkte von $f(z)$ mehr liegen. Ist insbesondere $f(z) = 1$, so folgt für jedes positive ξ

$$(4^*)\quad J(-\xi) = \int_{-\infty}^{\infty} \frac{e^{-\xi+yi}}{-\xi+yi}\, dyi = 0 \qquad (\xi > 0).$$

In diesem speciellen Falle gestaltet sich die Formel (3) besonders einfach. Denn einmal fällt das zweite Glied auf der linken Seite, und ferner auch die Summe auf der rechten Seite fort; es bleibt allein zurück

$$J(+\xi') = \int_{-\infty}^{\infty} \frac{e^{+\xi'+yi}}{\xi'+yi}\, dyi = 2\pi i.$$

Man hat also, wenn man die beiden letzten Formeln vereinigt,

$$(5)\qquad \frac{1}{2\pi i}\int_{-\infty}^{\infty} e^{\xi+yi}\, d\log(\xi+yi) = \begin{cases} 1 \text{ (wenn } \xi > 0), \\ 0 \text{ (wenn } \xi < 0). \end{cases}$$

Es ist dies ein ausgezeichnetes Beispiel eines unstetigen Integrals mit stetigem Integranden.

§ 3.

Es fehlt uns als Ergänzung von (5) noch der Werth der linken Seite für $\xi = 0$. Um diesen zu berechnen, integriren wir längs der lateralen Y-Axe von $-\infty$ bis $-\varepsilon$, wo ε sehr klein sein soll, umgehen dann den Nullpunkt durch einen auf der Seite der positiven x gelegenen Halbkreis, der um $z = 0$ mit dem Radius ε geschlagen ist, und dann integriren wir gradlinig weiter in der Y-Axe von $+\varepsilon$ bis $+\infty$. Man erhält dabei

$$\int_{-\infty}^{-\varepsilon} e^{yi}\, d\log y + \int_{+\varepsilon}^{\infty} e^{yi}\, d\log y + \int_{-\frac{\pi}{2}}^{\frac{\pi}{2}} e^{\varepsilon(\cos v + i \sin v)}\, i dv.$$

Integrirt man (2) für ein positives ξ von $y = +\infty$ bis $y = -\infty$ und denkt im positiven wie im negativen Unendlichfernen zwei der X-Axe parallele Strecken von $x = \xi$ bis $x = 0$ gezogen, dann wird das Resultat der Integration um dieses Rechteck nach dem Cauchy'schen Satze gleich 0 sein; folglich liefert (5)

$$0 = \int_{-\infty}^{-\varepsilon} e^{yi}\, d\log yi + \int_{\varepsilon}^{\infty} e^{yi}\, d\log yi + \int_{-\frac{\pi}{2}}^{\frac{\pi}{2}} e^{\varepsilon(\cos v + i \sin v)}\, i dv - 2\pi i.$$

Lässt man hierin ε zu Null werden, so hat das dritte Integral den Werth $+\pi i$, und es resultirt unter den über den Gang der Integration gemachten Voraussetzungen

$$\int_{-\infty}^{\infty} e^{yi}\, d\log y = \pi i$$

oder, ähnlich wie (5) geschrieben,

$$(5^*)\qquad \frac{1}{2\pi i}\int\limits_{-\infty}^{\infty} e^{yi} d\log yi = \frac{1}{2}\,.$$

Hätten wir den Halbkreis auf die Seite der negativen X-Axe gelegt, so wäre offenbar dasselbe herausgekommen.

Die linke Seite von (5*) lässt auch folgende Gestaltung zu

$$\lim_{\varepsilon=0}\frac{1}{2\pi i}\left(\int\limits_{-\infty}^{-\varepsilon} e^{yi}\frac{dy}{y} + \int\limits_{\varepsilon}^{\infty} e^{yi}\frac{dy}{y}\right) = \frac{1}{\pi}\lim_{\varepsilon=0}\int\limits_{\varepsilon}^{\infty}\frac{e^{yi}-e^{-yi}}{2i}\frac{dy}{y}\,,$$

so dass die uns bereits bekannte Formel

$$(6)\qquad \int\limits_0^{\infty}\frac{\sin y}{y}\,dy = \frac{\pi}{2}$$

entsteht. Das ist recht eigentlich die wahre Herleitung des Integrals, welches schon bei der Behandlung des Dirichlet'schen Integrals (5[te] Vorlesung § 2) vorkam. Hier erscheint es als ein besonderer Fall des Integral-Logarithmus.

§ 4.

Wir gehen jetzt auf die Formeln (3) und (3*) in der Gestalt

$$J(\xi) - J(-\xi'') = 2\pi i\left(\frac{1+\operatorname{sgn}\xi}{2} + \sum_{f(\zeta)=\infty}\lim_{z=\zeta}(z-\zeta)\frac{e^z f(z)}{z}\right)$$

zurück und wollen in derselben ξ'' so gross annehmen, dass darüber hinaus nach links hin keine der Unendlichkeitsstellen $f(z)$ mehr liegt. Dann wird nach dem vorigen Paragraphen $J(-\xi'') = 0$, und dadurch vereinfacht sich die obige Formel.

Führen wir in den Integral-Ausdruck (2) für J

$$f(\xi + yi) = f_1(\xi, y) + i f_2(\xi, y)$$

ein, so erhält man durch Trennung des Reellen von dem Imaginären

$$\frac{1}{2\pi i}J(\xi) = \frac{1}{2\pi}\int\limits_{-\infty}^{\infty}\frac{e^{\xi+yi}}{\xi^2+y^2}f(\xi+yi)dy\,.\,(\xi - yi)$$

$$= \frac{1}{2\pi}\int\limits_{-\infty}^{\infty}\frac{e^{\xi}dy}{\xi^2+y^2}\{f_1(\xi, y)(\xi\cos y + y\sin y) - f_2(\xi, y)(\xi\sin y - y\cos y)\}$$

$$+ \frac{i}{2\pi}\int\limits_{-\infty}^{\infty}\frac{e^{\xi}dy}{\xi^2+y^2}\{f_1(\xi, y)(\xi\sin y - y\cos y) + f_2(\xi, y)(\xi\cos y + y\sin y)\}\,.$$

Bezeichnet man ferner die Unendlichkeitsstellen von $f(z)$ mit $\zeta = \xi' + \eta' i$, dann wird die Summe in der ersten Formel dieses Paragraphen

$$\frac{e^{\zeta}}{\zeta} \sum \lim (z - \xi' - \eta' i)(f_1(\xi', \eta') + i f_2(\xi', \eta')).$$

Dies bezeichnen wir kurz durch $\sum (\alpha + \beta i)$.

Dann ist nach (3) und (3*) der reelle Theil von $J(\xi) : (2\pi i)$ gleich $\Sigma\alpha$ für $\xi < 0$ und gleich $1 + \Sigma\alpha$ für $\xi > 0$, wobei die Summe über alle diejenigen ζ-Werthe zu erstrecken ist, bei denen man $\xi' < \xi$ hat.

Im Falle $f(z) = 1$ folgt also

$$\int_{-\infty}^{\infty} \frac{\xi \cos y + y \sin y}{\xi^2 + y^2} dy = \pi e^{-\xi}(1 + \operatorname{sgn} \xi). \tag{7}$$

Der imaginäre Theil von $J(\xi) : 2\pi i$ wird für positive oder negative ξ gleich $\Sigma\beta$. Für $f(z) = 1$ folgt also

$$\int_{-\infty}^{\infty} \frac{\xi \sin y - y \cos y}{\xi^2 + y^2} dy = 0, \tag{8}$$

was freilich sofort aus der Ueberlegung ersichtlich wird, dass der Integrand eine ungerade Function von y ist (vgl. Vorlesung 1 § 10; V). Hier entsteht also nichts Neues, während der reelle Theil ein interessantes Resultat geliefert hat.

Addirt man einerseits die beiden für $+\xi$ und $-\xi$ aus (7) sich ergebenden Gleichungen, und subtrahirt man andererseits die zweite derselben von der ersten, so resultirt für ein positives ξ

$$\int_{-\infty}^{\infty} \frac{y \sin y}{\xi^2 + y^2} dy = \pi e^{-\xi}, \qquad \int_{-\infty}^{\infty} \frac{\cos y}{\xi^2 + y^2} dy = \frac{\pi e^{-\xi}}{\xi} \qquad (\xi > 0). \tag{9}$$

Von diesen beiden Formeln ist übrigens eine jede die Folge der anderen. Differentiirt man nämlich die erste Formel nach ξ, so entsteht

$$\int_{-\infty}^{\infty} \frac{2y\xi \sin y}{(\xi^2 + y^2)^2} dy = \pi e^{-\xi};$$

wendet man links die Methode der partiellen Integration an, dann resultirt für das Integral der Werth

$$-\left(\sin y \frac{\xi}{(\xi^2 + y^2)}\right)_{-\infty}^{\infty} + \xi \int_{-\infty}^{\infty} \frac{\cos y}{\xi^2 + \eta^2} dy = \xi \int_{-\infty}^{\infty} \frac{\cos y}{\xi^2 + \eta^2} dy,$$

und dadurch entsteht die zweite Formel. Geht man denselben Weg rückwärts, so gelangt man von dem zweiten Integrale in (9) zu dem ersten. Nur das eine der beiden Integrale bietet also etwas wirklich Neues.

Es lässt sich übrigens zeigen, dass die Beschränkung, die in der Annahme $f(z) = 1$ lag, nur eine scheinbare ist, so lange man $f(z)$ als rational ansieht und den Nenner der Function von höherem Grade als den Zähler sein lässt. Ist z. B.

$$f = \frac{1}{z - a - bi},$$

so wird die Zerlegung in Partialbrüche das Resultat

$$\int \frac{e^z dz}{z(z - a - bi)} = \frac{1}{a + bi}\left[\int \frac{e^z dz}{z - a - bi} - \int \frac{e^z dz}{z}\right]$$

geben. Hier ist dann wieder $x = \xi$ als constant anzusehen und nach y von $-\infty$ bis $+\infty$ zu integriren. Setzt man dabei in dem ersten Theile rechts z' für $z - a - bi$ ein, d. h. den Werth $x - a$ für x, so geht derselbe in

$$e^{a+bi} \int \frac{e^{z'} dz'}{z'}$$

über, wobei wiederum nach y von $-\infty$ bis $+\infty$ zu integriren ist. Man erhält also dieselbe Form wie beim zweiten Integrale, d. h. einen Integral-Logarithmus.

In derselben Art kann man durch Zerlegung die complicirteren Integrale behandeln, bei denen der Nenner von $f(z)$ einen höheren Grad hat; und daraus sieht man, dass die Resultate sich sämmtlich auf unsere elementaren Formeln (7) oder (8) zurückführen lassen, und dass diese scheinbare Erweiterung nichts Neues liefern kann.

§ 5.

II. Wir behandeln jetzt die Integration von $f(z)e^z : z$ über ein anderes Gebiet, welche noch merkwürdigere Integralgleichungen als die bisherigen liefert und zugleich zeigt, ein wie mächtiges Hülfsmittel der Uebergang von Integralen einer Variablen zu solchen von zwei Variablen bietet.

Wir erstrecken die Integration über eine Halbgerade, die von $x = -\infty$, $y = +\infty$ nach Null geht, und von da aus in einer Halbgeraden, die zwischen der ersten und zwischen der negativen X-Axe liegt, wieder nach $x = -\infty$, $y = +\infty$ hinaus. Diese beiden Geraden mögen

$$z = -(a_1 + b_1 i)t, \quad z = -(a + bi)t$$

sein; dabei nehmen wir a_1, a als positiv, b_1, b als negativ an, so dass die Halbgeraden durch $t = (0 \cdots + \infty)$ geliefert werden. Ferner sei, damit die angegebene Lage der Geraden eingehalten werde, $\left|\frac{b_1}{a_1}\right| > \left|\frac{b}{a}\right|$.

Um aber bei der Integration den Unstetigkeitspunkt $z = 0$ zu vermeiden, integriren wir auf der ersten Geraden nur bis zu

$$z = -(a_1 + b_1 i)\tau,$$

gehen dann geradlinig bis zum Punkte $z = -(a + bi)\tau$ der zweiten Geraden über und von da aus auf ihr ins Unendliche. Die eingeschaltete Strecke wird folglich vom Punkte

$$z = -\tau(a_1 + b_1 i) - t\tau(a + bi - a_1 - b_1 i)$$

durchlaufen, wenn t von 0 bis 1 geht.

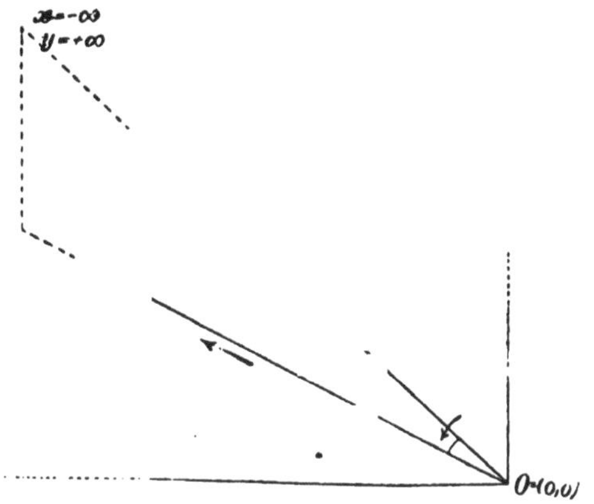

Endlich schliessen wir den Integrationsweg durch eine zur X-Axe senkrechte, im Unendlichen belegene Strecke.

Die über diesen letzten Theil des Weges geführte Integration liefert den Werth 0. Es bleibt also zurück

$$\int_{\infty}^{\tau} e^{-(a_1+b_1 i)t} f(-(u_1 + b_1 i)t)\, d\log t + \int_{\tau}^{\infty} e^{-(a+bi)t} f(-(a + bi)t)\, d\log t$$

$$+ \int_{t=0}^{t=1} e^{-\tau(a_1+b_1 i) - t\tau(a+bi-a_1-b_1 i)} f(-\tau(a_1+b_1 i) - \cdots)\, d\log(-\tau(a_1+bi) - t\tau(\cdots)),$$

und dieser Ausdruck ist nach der Bezeichnung von § 4

$$= \sum(\alpha + \beta i),$$

erstreckt über alle die im Innern des Gebietes liegenden Unendlichkeitspunkte von $f(z)$.

Lässt man nun τ nach Null gehen, so wird die Summe der beiden ersten Integrale

$$\int_0^{\infty} [e^{-(a+bi)t} f(-(a + bi)t) - e^{-(a_1+b_1 i)t} f(-(a_1 + b_1 i)t)]\, d\log t.$$

Im dritten Integrale wird für $\tau = 0$ die Exponentialfunction gleich 1; f geht in $f(0)$ über; und es bleibt nur

$$f(0)\int_0^1 \frac{(a+bi-a_1-b_1 i)dt}{(a_1+b_1 i)+t(a+bi-a_1-b_1 i)} = \log\frac{a+bi}{a_1+b_1 i}\cdot f(0)$$

zurück. Man erhält also die Gleichung

$$(10)\quad \begin{aligned}\int_0^\infty [e^{-(a+bi)t}f(-(a+bi)t) - e^{-(a_1+b_1 i)t}f(-(a_1+b_1 i)t)]\,d\log t \\ = f(0)\log\frac{a_1+b_1 i}{a+bi} + \sum(\alpha+\beta i).\end{aligned}$$

§ 6.

In diese allgemeine Gleichung setzen wir wieder $f(z)=1$ ein und trennen dann das Reelle vom Imaginären. So entstehen die Resultate

$$(11)\quad \begin{aligned}\int_0^\infty (e^{-at}\cos bt - e^{-a_1 t}\cos b_1 t)\frac{dt}{t} &= \log\sqrt{\frac{a_1^2+b_1^2}{a^2+b^2}},\\ \int_0^\infty (e^{-at}\sin bt - e^{-a_1 t}\sin b_1 t)\frac{dt}{t} &= \operatorname{arc\,tang}\frac{b}{a} - \operatorname{arc\,tang}\frac{b_1}{a_1}.\end{aligned}$$

Diese Formeln werden sonst, wenn man bei den Integralen einer reellen Variablen stehen bleibt und nicht das Complexe oder zwei Variable zu Hülfe nimmt, viel umständlicher abgeleitet. In ihnen müssen a und a_1 positiv sein; die Voraussetzungen über b und b_1 können wir fallen lassen, da durch Zeichenänderung derselben nur eine unwesentliche Verschiebung in der Figur eintritt.

Setzt man in der ersten Formel (11) $b=0$, $b_1=0$ ein, so erhält man die bekanntere Form

$$(12)\quad \int_0^\infty (e^{-at}-e^{-a_1 t})\frac{dt}{t} = \log\frac{a_1}{a} \qquad (a, a_1 > 0).$$

Setzt man in der zweiten $b_1 = 0$ ein, so entsteht

$$(13)\quad \int_0^\infty e^{-at}\frac{\sin bt}{t}\,dt = \operatorname{arc\,tang}\frac{b}{a} \qquad (a>0)$$

und hieraus durch Anwendung der Methode aus Vorlesung 5, § 13

$$\int_0^\infty \frac{\sin bt}{t}\,dt = \lim_{a=0}\int_0^\infty e^{-at}\frac{\sin bt}{t}\,dt = \frac{\pi}{2}\operatorname{sgn} b.$$

Für $b=1$ ist dies abermals das Integral, welches dem **Dirichlet**'schen zu Grunde liegt, und dessen Discontinuität ersichtlich ist. Bedenkt man, dass $b = 0$ den Werth 0 liefert, so gilt für jedes reelle b:

$$(14) \qquad \int_0^\infty \frac{\sin bt}{t}\, dt = \frac{\pi}{2} \operatorname{sgn} b\,,$$

da wir ja in Vorlesung 10, § 10, S. 173 $\operatorname{sgn} 0 = 0$ definirt haben. Von Dirichlet ist dieses Integral als discontinuirlicher Factor in sehr merkwürdiger Weise gebraucht worden. Darauf gehen wir weiterhin genauer ein.

Behufs künftiger Benutzung wollen wir die Gleichung (14) noch ausführlich niederschreiben:

$$(14^*) \qquad \lim_{\varepsilon=0} \int_0^\infty e^{\pm \varepsilon t} \frac{\sin bt}{t}\, dt = \frac{\pi}{2} \operatorname{sgn} b\,.$$

§ 7.

III. Wir wollen uns jetzt mit dem, im Vorhergehenden als Integral-Logarithmus bezeichneten Ausdrucke etwas näher beschäftigen, welcher im ersten Paragraphen durch

$$\int_{-\infty}^{-x} e^x \frac{dx}{x} = \operatorname{li} e^{-x} \qquad (x > 0)$$

definirt worden ist.

Integriren wir in der reellen Axe von $-\infty$ bis zu dem negativen Werthe $-\xi$, dann für ein constantes $x = -\xi$ in einer Parallelen zur Y-Axe von $y = 0$ bis $y = +\infty$, von da für ein constantes y bis $x = -\infty$ und von dem Punkte $x = -\infty$, $y = +\infty$ parallel zur Y-Axe zurück zum Ausgangspunkte $x = -\infty$, $y = 0$, dann wird die Summe dieser Integrale bei $f(z) = 1$ zu Null werden; und da jedes der beiden letzten Integrale einzeln verschwindet, so erhält man

$$\int_{-\infty}^{-\xi} e^x d\log x + \int_{y=0}^{y=\infty} e^{-\xi+iy} d\log(-\xi + yi) = 0 \qquad (\xi > 0),$$

oder, wenn wir x statt $-\xi$ einsetzen,

$$(15) \qquad -\operatorname{li} e^x = \int_{y=0}^{y=\infty} e^{x+iy} d\log(x + yi) \qquad (x < 0)\,.$$

In der reellen Axe kann man des Nullpunktes halber nicht von $-\infty$ ab bis zu positivem $x = +\xi$ integriren. Wir wollen uns deshalb so helfen, dass wir auf der negativen X-Axe bis zur Entfernung $x = -\varrho$

gehen, dann auf einem um O mit ϱ geschlagenen Halbkreise bis $x = +\varrho$, von da bis $x = +\xi$ und dann parallel zur Y-Axe ins positiv Unendliche. Das Integral über den im Bereiche des positiven y liegenden Halbkreis ergiebt

$$\lim_{\varrho=0} \int_{\pi}^{0} e^{\varrho(\cos v + i \sin v)} i\, dv = -\pi i,$$

und daraus erhält man für ein positives ξ

$$\lim_{\varrho=0} \int_{-\infty}^{-\varrho} e^x d\log x + \lim_{\varrho=0} \int_{+\varrho}^{\xi} e^x d\log x - \pi i + \int_{y=0}^{y=\infty} e^{\xi+yi} d\log(\xi + yi) = 0.$$

Wir haben nicht das Recht, die Summe der beiden ersten Integrale ohne Weiteres gleich

$$\int_{-\infty}^{\xi} e^x d\log x$$

zu setzen, denn dies dürften wir nach den Auseinandersetzungen der ersten Vorlesung nur thun, wenn die Summe

$$\lim_{\sigma=0} \int_{-\infty}^{-\sigma} e^x d\log x + \lim_{\tau=0} \int_{+\tau}^{\xi} e^x d\log x \qquad (\sigma, \tau > 0)$$

eine von der Art der Grenzübergänge unabhängige Bedeutung besässe. Weil dies aber hier nicht der Fall ist, so müssen wir sagen, dass der Integrallogarithmus für positive ξ gar nicht existirt. Und wenn man ihn trotzdem durch die Gleichung

$$(13^*) \qquad \lim_{\varrho=0} \int_{-\infty}^{-\varrho} e^x d\log x + \lim_{\varrho=0} \int_{+\varrho}^{x} e^x d\log x = \mathrm{li}\, e^x \qquad (x > 0)$$

definiren will, so ist $\mathrm{li}\, e^x$ für ein positives x nicht als Integral sondern eben nur als die Summe dieser besonderen Grenzwerthe aufzufassen.

Wir gehen hierauf so ausführlich ein, weil in der Literatur thatsächlich eine Ausdehnung des Integralbegriffes in der angegebenen Richtung vorkommt. Cauchy hat nämlich Integral-Werthe

$$\lim_{\varepsilon=0} \left(\int_{a}^{b-\varepsilon} f(x)\, dx + \int_{b+\varepsilon}^{c} f(x)\, dx \right) = \int_{a}^{c} f(x)\, dx$$

als Hauptwerthe (valeurs principales) in Betracht gezogen, auch wenn

$$\lim_{\varepsilon_1=0}\int\limits_a^{b-\varepsilon_1} f(x)dx + \lim_{\varepsilon_2=0}\int\limits_{b+\varepsilon_2}^{c} f(x)dx \qquad (\varepsilon_1, \varepsilon_2 > 0)$$

keinen Sinn hat. Es ist jedoch aus unseren Ueberlegungen klar, dass man besser thut, dieser Einführung nicht zu folgen.

§ 8.

Gehen wir aber für den Augenblick auf den Cauchy'schen Hauptwerth ein, so haben wir

$$\int\limits_{y=0}^{y=\infty} e^{\xi+yi} d\log(\xi+yi) = \pi i - \mathrm{li}\, e^{\xi} \qquad (\xi > 0)$$

zu setzen. Diese und die entsprechende Gleichung für einen negativen Exponenten vereinigen sich zu

$$(15^{**}) \qquad \int\limits_{y=0}^{y=\infty} e^{x+yi} d\log(x+yi) = \frac{\pi i}{2}(1+\mathrm{sgn}\, x) - \mathrm{li}\, e^{x}\,.$$

Trennen wir hierin die reellen von den imaginären Theilen, so entstehen die beiden Gleichungen

$$(16) \qquad \begin{aligned} &\int\limits_0^{\infty} e^{x}(y\cos y - x\sin y)\frac{dy}{x^2+y^2} = -\,\mathrm{li}\, e^{x}, \\ &\int\limits_0^{\infty} e^{x}(x\cos y + y\sin y)\frac{dy}{x^2+y^2} = \frac{\pi}{2}(1+\mathrm{sgn}\, x)\,. \end{aligned}$$

In die erste dieser Gleichungen setzen wir $-x$ statt x ein, addiren und subtrahiren die entstehende und die ursprüngliche Gleichung und erhalten dadurch

$$(17) \qquad \begin{aligned} &2\int\limits_0^{\infty} \frac{y\cos y}{x^2+y^2}dy = -\,e^{-x}\,\mathrm{li}\, e^{x} - e^{x}\,\mathrm{li}\, e^{-x}, \\ &2\int\limits_0^{\infty} \frac{\sin y}{x^2+y^2}dy = \frac{1}{x}(e^{-x}\,\mathrm{li}\, e^{x} - e^{x}\,\mathrm{li}\, e^{-x})\,. \end{aligned}$$

Die zweite Gleichung (16) liefert, auf dieselbe Art behandelt, unter der Voraussetzung $x > 0$,

$$2\int_0^\infty \frac{y \sin y}{x^2+y^2}\, dy = \pi e^{-x}$$
$$(x > 0)$$
$$2\int_0^\infty \frac{\cos y}{x^2+y^2}\, dy = \frac{\pi e^{-x}}{x}.$$

Diese beiden letzten Formeln liefern nichts Neues; sie gehen sofort aus den Formeln (9) hervor. Die Formeln (17) dagegen liefern natürlich neue Resultate. Man findet beide in Schlömilch's Compendium ohne Benutzung von Functionen zweier Veränderlicher auf nicht ganz einfache Weise abgeleitet.

§ 9.

Endlich wollen wir noch die Reihenentwickelung des Integral-Logarithmus geben. Man hat

$$\operatorname{li} e^{-\xi} - \operatorname{li} e^{-\xi'} = \int_{-\infty}^{-\xi} \frac{e^x\, dx}{x} - \int_{-\infty}^{-\xi'} \frac{e^x\, dx}{x}$$
$$= \int_{-\xi'}^{-\xi} \frac{e^x\, dx}{x} = \int_{\xi'}^{\xi} \frac{e^{-x}\, dx}{x}$$
$$= \int_{\xi'}^{\xi} \left(\frac{1}{x} + \sum_1^\infty \frac{(-1)^h x^{h-1}}{h!}\right) dx$$
$$= \log\frac{\xi}{\xi'} + \left(\sum_1^\infty \frac{(-1)^h x^h}{h \cdot h!}\right)_{\xi'}^{\xi},$$

und insbesondere wird

$$\operatorname{li} e^{-\xi} = \log \xi + \sum_1^\infty \frac{(-1)^h \xi^h}{h \cdot h!} + \left[\operatorname{li} e^{-1} - \sum_1^\infty \frac{(-1)^h}{h \cdot h!}\right].$$

Die letzte Klammer ist eine Constante, welche nach dem Mathematiker, der sie zuerst auf eine grössere Anzahl von Stellen berechnet hat, den Namen der Mascheroni'schen Constante trägt (vgl. Lorenzo Mascheroni: Adnotationes ad Euleri Calculum integralem). Sie lässt sich auf Grund der soeben gemachten Umwandlungen leicht in der Form

$$\int_0^1 \frac{dx}{x}(1 - e^{-x}) - \int_1^\infty \frac{e^{-x}}{x}\, dx$$

darstellen. Ihr angenäherter Werth ist

$$C = 0{,}577215664901532860\ldots$$

Dieser Constanten kommt noch eine andere interessante Bedeutung zu. In die rechte Seite der Gleichung

$$1 + \frac{1}{2} + \frac{1}{3} + \cdots + \frac{1}{n} - \log n = \int_0^1 \frac{1 - z^n}{1 - z}\, dz - \int_1^n \frac{dx}{x}$$

tragen wir $1 - \frac{x}{n}$ für z ein; dann wird die rechte Seite

$$\int_0^n \frac{dx}{x}\left(1 - \left(1 - \frac{x}{n}\right)^n\right) - \int_1^n \frac{dx}{x}$$

$$= \int_0^1 \frac{dx}{x}\left(1 - \left(1 - \frac{x}{n}\right)^n\right) - \int_1^n \left(1 - \frac{x}{n}\right)^n \frac{dx}{x},$$

und lässt man n ins Unendliche wachsen, dann zeigt sich, dass

$$C = \int_0^1 \frac{dx}{x}(1 - e^{-x}) - \int_1^\infty \frac{e^{-x}}{x}\, dx = \lim_{n=\infty}\left(1 + \frac{1}{2} + \frac{1}{3} + \cdots + \frac{1}{n} - \log n\right)$$

ist.

Die Formel für $\operatorname{li} e^{-\xi}$ wird also

$$\operatorname{li} e^{-\xi} = \log \xi - \frac{\xi}{1 \cdot 1!} + \frac{\xi^2}{2 \cdot 2!} - \frac{\xi^3}{3 \cdot 3!} + \cdots + C.$$

In dieser Form hat schon Euler die Entwickelung gegeben (Instit. Calc. Int. I, Cap. IV. § 228). Ebenda macht er (§ 219) auf die Bedeutung des Integrals

$$\int \frac{e^x dx}{x} \quad \text{oder} \quad \int \frac{dy}{\log y}$$

aufmerksam, von denen das zweite mit dem ersten durch die Substitution $x = \log y$ zusammenhängt. Nach Mascheroni (1750—1800), den wir schon erwähnten, und der sich besonders auch durch sein Werk über die Geometrie des Cirkels bekannt gemacht hat, hat sich Soldner, ein deutscher Mathematiker und Feldmesser, zum Zwecke der Berechnung des $\operatorname{li} e^{-\xi}$ für grosse ξ mit diesem Integrale beschäftigt (Théorie et tables d'une nouvelle fonction transcendante, München 1809; Monatliche Correspondenz v. Zach, XXIII, 1811; 182—188). Soldner ist einer der wenigen wissenschaftlichen Männer Deutschlands, die in der Verwaltung ihre Carriere gemacht haben. Von Soldner stammt auch die nicht sehr glückliche Bezeichnung „Integral-Logarithmus". Bessel beschäftigte sich gleichfalls mit dieser Function (Untersuchung der durch das Integral $\int \frac{dx}{\log x}$ ausgedrückten Function. Königsberg, Arch. f. Naturw. u. Math. 1812 St. 1). Höchst interessante Bemerkungen über dieselbe lesen wir im Briefwechsel zwischen Gauss und Bessel S. 161, 163 und besonders 156 und 171 ff., aus denen hervorgeht, dass Gauss schon 1811 tief in die complexe Integration eingedrungen war.

Im zweiten Bande von Gauss' Werken (S. 444) findet sich ein Brief an Encke, in welchem darauf aufmerksam gemacht wird, „dass „die Anzahl aller Primzahlen unter einer gegebenen Grenze n nahe „durch das Integral

$$\int^{n} \frac{dn}{\log n}$$

„ausgedrückt werde". Die auf S. 438—443 desselben Bandes abgedruckten Tafeln geben Belege dafür.

Dreizehnte Vorlesung.

Der Dirichlet'sche discontinuirliche Factor. — Verschiedene Formen desselben. — Beispiele für die Verwendbarkeit des discontinuirlichen Factors. — Coefficienten-Bestimmung einer allgemeinen Reihe. — Deutung als Fourier'sches und als Cauchy'sches Integral. — Besondere Fälle. — Entwickelung nach Sinus und Cosinus von Vielfachen eines Winkels.

§ 1.

Wir gehen jetzt auf die Theorie und die Anwendungen des in der letzten Vorlesung bereits erwähnten Dirichlet'schen discontinuirlichen Factors ein. Die daselbst abgeleiteten Formeln (5) und (5*) kann man

$$(1) \qquad \frac{1}{2\pi i}\int\limits_{y=-\infty}^{y=+\infty} e^{x+yi}\,\frac{d(x+yi)}{x+yi} = \begin{cases} 1 & \text{für } x>0 \\ \frac{1}{2} & \text{„} \quad x=0 \\ 0 & \text{„} \quad x<0 \end{cases}$$

$$= \frac{1}{2}\left(1+\operatorname{sgn} x\right)$$

schreiben. Dies ergab sich aus Betrachtungen, welche mit dem Integral-Logarithmus in enger Beziehung stehen.

Ein specielleres Integral, das gleichsam nur ein Durchschnitt dieses allgemeineren ist, insofern in ihm nur eine Variable vorkommt, ergiebt sich, wenn man von (6) der vorigen Vorlesung, nämlich von

$$(2) \qquad \int\limits_{-\infty}^{\infty} \frac{\sin bv}{v}\,dv = \frac{\pi}{2}\,(1+\operatorname{sgn} b)$$

ausgeht, in ihm einmal $b=\alpha+\beta$, das andere Mal $b=\alpha-\beta$ einsetzt und dann die Resultate addirt. α und β sollen hierbei als absolute Zahlen genommen werden. Es entsteht hierbei

$$\frac{1}{2}\int\limits_{-\infty}^{\infty}\frac{\sin(\alpha+\beta)v}{v}\,dv + \frac{1}{2}\int\limits_{-\infty}^{\infty}\frac{\sin(\alpha-\beta)v}{v}\,dv = \frac{\pi}{2}\,(1+\operatorname{sgn}(\alpha-\beta)),$$

oder nach einfacher Umformung

$$(3) \qquad \frac{1}{\pi}\int\limits_{-\infty}^{\infty}\frac{\sin\alpha v\cos\beta v}{v}\,dv = \frac{1}{2}\,(1+\operatorname{sgn}(\alpha-\beta)).$$

Aus (14*) der vorigen Vorlesung folgt ebenso

$$(3^*)\qquad \frac{1}{\pi}\lim_{\varepsilon=0}\int_{-\infty}^{\infty} e^{\pm\varepsilon v}\,\frac{\sin\alpha v\cos\beta v}{v}\,dv = \frac{1}{2}\left(1+\operatorname{sgn}(\alpha-\beta)\right).$$

Eine fast noch hübschere Form als (3) erhält man durch partielle Integration für

$$\frac{1}{\pi}\int_{-\infty}^{\infty}\frac{\sin\alpha v\sin\beta v}{v^2}\,dv = -\frac{1}{\pi}\int_{-\infty}^{\infty}\sin\alpha v\sin\beta v\,d\left(\frac{1}{v}\right);$$

das ergiebt nämlich mit Hülfe von (3)

$$= -\frac{1}{\pi}\left(\frac{\sin\alpha v\sin\beta v}{v}\right)_{-\infty}^{\infty} + \frac{\alpha}{\pi}\int_{-\infty}^{\infty}\frac{\cos\alpha v\sin\beta v}{v}\,dv + \frac{\beta}{\pi}\int_{-\infty}^{\infty}\frac{\sin\alpha v\cos\beta v}{v}\,dv$$

$$= \frac{\alpha}{2}\left(1+\operatorname{sgn}(\beta-\alpha)\right) + \frac{\beta}{2}\left(1+\operatorname{sgn}(\alpha-\beta)\right).$$

Je nachdem also $\alpha > \beta$ oder $\beta > \alpha$ ist, erhält man als Resultat β oder α; d. h. es ist

$$\frac{1}{\pi}\int_{-\infty}^{\infty}\frac{\sin\alpha v\sin\beta v}{v^2}\,dv = \begin{cases}\alpha & (\beta>\alpha),\\ \beta & (\alpha>\beta).\end{cases}$$

Diese Form hat den Vorzug der symmetrischen Gestaltung des Integrals neben demjenigen einer stärkeren, durch das v^2 des Nenners hervorgerufenen Convergenz. Durch Differentiation nach β kommt man auf (3) zurück. Auch hier können wir übrigens durch Verwendung des Zeichens sgn die rechte Seite einheitlich schreiben, nämlich in der Form

$$\frac{1}{2}\left((\alpha+\beta)-(\alpha-\beta)\operatorname{sgn}(\alpha-\beta)\right).$$

Die angewendete Methode führt zu weiteren discontinuirlichen Integralen.

§ 2.

Die discontinuirlichen Integrale (1), (2) und (3) kann man vielfach sehr nutzbringend verwenden. Zunächst lassen sie sich zur Beseitigung etwaiger durch die Integrationsgrenzen auftretenden Schwierigkeiten gebrauchen. In dieser Beziehung hat Dirichlet einen überraschend einfachen Gedanken — wohl nicht gehabt, denn das muss man auch von Anderen vor ihm schon annehmen — aber ausgeführt. Am besten wird seine Tragweite durch das Beispiel einleuchten, auf welches er selbst seine neue Methode mit besonderem Vortheile angewendet hat.

Ist eine Integration über den ellipsoidischen Raum

$$\frac{x^2}{a^2} + \frac{y^2}{b^2} + \frac{z^2}{c^2} - 1 < 0$$

zu erstrecken, also

$$\int F(x, y, z)\,dx\,dy\,dz$$

über alle Punkte im Innern eines Ellipsoids auszudehnen, so würde die Ausführung der Integration, wenn nicht gerade $F = 1$ ist, infolge der Grenzen wesentliche Rechnungen fordern. Nun folgt aber aus (3)

$$\frac{1}{\pi}\int_{-\infty}^{\infty} \sin v \cos\left(\frac{x^2}{a^2} + \frac{y^2}{b^2} + \frac{z^2}{c^2}\right) v \frac{dv}{v} = 1 \text{ oder } = 0,$$

je nachdem der Punkt x, y, z innerhalb oder ausserhalb der Begrenzung

$$\frac{x^2}{a^2} + \frac{y^2}{b^2} + \frac{z^2}{c^2} = 1$$

liegt, während für Punkte der Fläche selbst das Integral $= \frac{1}{2}$ wird. Multiplicirt man also das zu behandelnde Integral mit dem zuletzt aufgestellten discontinuirlichen Factor, dann darf man in Beziehung auf alle Variablen von $-\infty$ bis $+\infty$ integriren, ohne etwas Anderes zu erhalten als das obige dreifache Integral mit der gegebenen Grenzbedingung. Das ergiebt also

$$\frac{1}{\pi}\int\int\int\int_{-\infty}^{+\infty} F(x, y, z) \frac{\sin v \cos\left(\frac{x^2}{a^2} + \frac{y^2}{b^2} + \frac{z^2}{c^2}\right) v}{v}\, dv\,dx\,dy\,dz\,.$$

Bezeichnet man den Ausdruck

$$F_0(x, y, z) = \frac{1}{\pi}\int_{-\infty}^{\infty} F(x, y, z) \sin v \cos\left(\frac{x^2}{a^2} + \frac{y^2}{b^2} + \frac{z^2}{c^2}\right) v \frac{dv}{v}$$

als Dichtigkeits-Function, so hat diese die Eigenschaft, für Punkte im Innern des Ellipsoids eine vorgeschriebene Dichtigkeit $F(x, y, z)$ und für solche im Aeussern die Dichtigkeit Null zu geben.

Darin, dass man in jedem Falle die Grenzen eines Integrals auf die einfachen constanten Werthe $-\infty$, $+\infty$ für alle Variablen bringen kann, indem man einen discontinuirlichen Factor hinzufügt, beruht der einfache und fruchtbare Gedanke Dirichlet's. Es ist eigentlich eine Methode, mittels der Mathematik Unbequemlichkeiten zu beseitigen, die durch die Natur gegeben sind; und es überrascht, dass man dies durch rein formale Wegschaffung soll erreichen können. Indessen bietet doch auch, zwar nicht die Einführung, wohl aber die Benutzung jenes Factors manche Schwierigkeit, und es ist Dirichlet's Verdienst, diese nach Möglichkeit gehoben zu haben. Sie bestehen nicht sowohl darin, dass man ein vierfaches Integral statt eines dreifachen erhält, als vielmehr darin, dass eine Function von $\frac{x^2}{a^2}+\frac{y^2}{b^2}+\frac{z^2}{c^2}$ unter das Integralzeichen tritt. Wir kommen auf dieses Problem zurück.

§ 3.

Man kann übrigens den discontinuirlichen Factor schon bei einer der einfachsten Integrationsfragen verwenden, nämlich bei der Berechnung des Inhalts eines geradflächigen Körpers, etwa eines Tetraeders, so dass die Grenzen der Integration von

$$\int\int\int dx\,dy\,dz$$

durch vier Ungleichungen von der Form

$$a_h x + b_h y + c_h z < 1 \qquad (h = 1, 2, 3, 4)$$

gegeben sind. Hier würde es umständlich sein, die Integrationsgrenzen für x, y, z aus den Bedingungsgleichungen entsprechend auszudrücken, während man bei Benutzung unseres Factors eine im Innern des Tetraeders den Werth 1, im Aeussern den Werth Null ergebende Function erhält. Dadurch ist die Integration leicht zu bewerkstelligen, weil in den Integranden unter dem Cosinus nur lineare Functionen von x, y, z treten. Für n Variable werden wir die Berechnung des Rauminhaltes eines dem Tetraeder entsprechenden Gebildes in der nächsten Vorlesung durchführen.

Es harren in dieser Beziehung noch manche Aufgaben der Erledigung; so die Beantwortung der Frage nach dem Volumen, welches zwei Ellipsoide gemeinsam haben. Das dreifache Integral, durch welches dieses Volumen ausgedrückt wird, sowie die zugehörigen Grenzbedingungen lassen sich leicht hinschreiben; allein die Ausführung der Rechnung mit Hülfe des discontinuirlichen Factors ist noch nicht gelungen.

Die Dirichlet'sche Benutzung des Factors bezog sich hauptsächlich auf die Darstellung des Potentials eines Ellipsoids für einen beliebigen Punkt des Raumes. Bei den vor Dirichlet gelieferten Lösungen dieses Problems, das in der Analysis eine bedeutende Rolle gespielt hat, und auf das wir weiterhin noch eingehen werden, kam nicht die eigentliche Natur der Sache zum Ausdruck, als man zwischen den innerhalb — und den ausserhalb des Ellipsoids gelegenen Punkten unterscheiden musste. Bei Einführung des Factors lässt sich das Problem einheitlich behandeln.

§ 4.

Wir wollen den discontinuirlichen Factor jetzt zur Bestimmung der Coefficienten einer Reihe durch den Werth desselben verwenden. Erwägungen, die der Zahlentheorie angehören, haben zur Aufstellung dieser Reihe geführt. Wir werden so verfahren, dass wir eine gewisse Entwickelung mit unbestimmten Coefficienten als möglich voraussetzen und die Bestimmung derselben dann durch Integrale liefern.

Für das Folgende ist es bequem, die zu entwickelnde Function in die Gestalt $zF(z)$ gebracht zu denken. Die Form der unendlichen Reihe sei durch

$$zF(z) = \sum_{\varkappa=0}^{\infty} c^{\varkappa} e^{-\lambda_\varkappa z} \tag{4}$$

gegeben, worin die $\lambda_\varkappa$ reelle, positive, mit $\varkappa$ wachsende Zahlen sein sollen; z mag complex $= x + yi$ sein. Wir setzen hierbei die Convergenz der Reihe sowie die Möglichkeit gliedweiser Integration für sie voraus. Die betrachtete Reihe ist eine sehr allgemeine. Für $e^{-z} = \varphi$ erhält man die Potenzreihen; für $\lambda_\varkappa = \log(\varkappa + 1)$ ergiebt sich

$$\begin{aligned} zF(z) &= \sum_0^{\infty} c_\varkappa (\varkappa + 1)^{-z} \\ &= \frac{c_0}{1^z} + \frac{c_1}{2^z} + \frac{c_2}{3^z} + \cdots, \end{aligned}$$

eine sehr merkwürdige Reihe, welche von Dirichlet in die Zahlentheorie eingeführt und neuerdings darin viel benutzt worden ist. Freilich haben bei ihm die $c_\varkappa$ nur specielle Werthe, und die Reihe tritt im Allgemeinen nur für die Fälle auf, in denen sich z von grösseren Werthen her der Einheit nähert. Später hat sich Riemann mit solchen Reihen beschäftigt. Herr Stieltjes behandelte die Frage nach den Nullwerthen derartiger Functionen.

Bevor wir uns aber zur Bestimmung der Coefficienten der Reihe (4) wenden, schreiben wir unser Integral (1) noch einmal in der Form

$$\frac{1}{2\pi i}\int_{y=-\infty}^{y=+\infty} e^{(\omega-\lambda_\varkappa)z}\frac{dz}{z} = \begin{cases} 1 & (\text{für } \omega > \lambda_\varkappa) \\ \frac{1}{2} & (\;\text{„}\;\; \omega = \lambda_\varkappa) \\ 0 & (\;\text{„}\;\; \omega < \lambda_\varkappa) \end{cases} \qquad (x > 0),$$

wobei ω sowie $\lambda_\varkappa$ positiv und reell sind. Multiplicirt man also (4) mit

$$\frac{1}{2\pi i}\frac{e^{\omega_n z}}{z}\,dz \qquad (\lambda_n < \omega_n < \lambda_{n+1})$$

und integrirt von $-\infty$ bis $+\infty$, so resultirt

$$\frac{1}{2\pi i}\int_{y=-\infty}^{y=+\infty} e^{\omega_n z} F(z)\,dz = \sum_{\varkappa=0}^{\infty} c_\varkappa \int_{y=-\infty}^{y=+\infty} e^{(\omega_n-\lambda_\varkappa)z}\,\frac{dz}{z}$$
$$= \sum_{\varkappa=0}^{n} c_\varkappa\,. \qquad (x>0)$$

Durch Subtraction dieser Gleichung von der für $n+1$ entsprechend gebildeten ergiebt sich bei Verminderung der Indices um 1

$$(5)\qquad c_n = \frac{1}{2\pi i}\int_{y=-\infty}^{y=+\infty} F(z)\left(e^{\omega_n z} - e^{\omega_{n-1} z}\right)dz \qquad \begin{matrix}(x>0),\\ (\lambda_n < \omega_n < \lambda_{n+1}).\end{matrix}$$

Für $n=0$ fällt das zweite Glied in der Klammer fort. Ueberraschend ist es, dass in (5) auf der rechten Seite die $\lambda_\varkappa$ nur in der Gestalt der beigefügten Ungleichheit vorkommen.

§ 5.

Mit Hülfe der Formel (5) kann man die Reihe (4) als Doppelintegral darstellen, und zwar leiten wir am besten (4) aus einer allgemeineren Formel her. Wir multipliciren c_n mit einer noch unbestimmten Function $X(\lambda_n)$ von λ_n und summiren von $n=0$ bis $n=\infty$. Dann erhalten wir eine Reihe

$$\sum_{\varkappa=0}^{\infty} c_\varkappa X(\lambda_\varkappa) = \frac{1}{2\pi i}\int_{y=-\infty}^{y=+\infty} F(z) \sum_{\varkappa=0}^{\infty}\left(e^{\omega_\varkappa z} - e^{\omega_{\varkappa-1} z}\right)X(\lambda_\varkappa)\,dz \qquad (x>0),$$

bei welcher die $c_\varkappa$ die Entwickelungs-Coefficienten aus (4) bedeuten. Auch hier fällt für $\varkappa=0$ das zweite Glied der Klammer weg. Die Summe rechts unter dem Integrale zerfällt demnach in

$$\sum_{\varkappa=0}^{\infty} e^{\omega_\varkappa z}X(\lambda_\varkappa) - \sum_{\varkappa=1}^{\infty} e^{\omega_{\varkappa-1} z}X(\lambda_\varkappa)$$
$$= \sum_{\varkappa=0}^{\infty} e^{\omega_\varkappa z}X(\lambda_\varkappa) - \sum_{\varkappa=0}^{\infty} e^{\omega_\varkappa z}X(\lambda_{\varkappa+1}),$$

und dadurch geht die letzte Gleichung in

$$\sum_{\varkappa=0}^{\infty} c_\varkappa X(\lambda_\varkappa) = \frac{1}{2\pi i}\int_{y=-\infty}^{y=+\infty} F(z) \sum_{\varkappa=0}^{\infty} e^{\omega_\varkappa z}\left(X(\lambda_\varkappa) - X(\lambda_{\varkappa+1})\right)dz \qquad (x>0)\,.$$

über. Setzt man jetzt die zunächst unbestimmt gelassene Function $X(\lambda_\varkappa)$ als differentiirbar voraus, so kann man

$$X(\lambda_\varkappa) - X(\lambda_{\varkappa+1}) = -\int\limits_{\lambda_\varkappa}^{\lambda_{\varkappa+1}} X'(\omega)d\omega$$

in die letzte Formel eintragen und erhält

$$\sum_{\varkappa=0}^{\infty} c_\varkappa X(\lambda_\varkappa) = -\frac{1}{2\pi i}\int\limits_{y=-\infty}^{y=+\infty} F(z)\sum_{\varkappa=0}^{\infty} e^{\omega_\varkappa z}\int\limits_{\lambda_\varkappa}^{\lambda_{\varkappa+1}} X'(\omega)d\omega dz \qquad (x>0).$$

Nun war $\omega_\varkappa$ nur der Bedingung unterworfen, zwischen $\lambda_\varkappa$ und $\lambda_{\varkappa+1}$ zu liegen. Denken wir uns das Integral nach ω als Grenze einer Summe

$$\lim \sum X'(\omega^{(\gamma)})(\omega^{(\gamma+1)} - \omega^{(\gamma)}),$$

so können wir den Exponentialfactor einem jeden einzelnen Summanden in der ihm angemessenen Form

$$e^{\omega^{(\gamma)} z}$$

zuordnen; d. h. wir können einfach $e^{\omega z}$ unter das Integralzeichen ziehen. Ist dies geschehen, dann lässt sich die Summe der Integrale bilden, und so resultirt

$$(6) \qquad \sum_{\varkappa=0}^{\infty} c_\varkappa X(\lambda_\varkappa) = -\frac{1}{2\pi i}\int\limits_{\lambda_0}^{\infty} d\omega \int\limits_{y=-\infty}^{y=+\infty} F(z)e^{\omega z}X'(\omega)dz \qquad (x>0).$$

Wir erinnern daran, dass die c die Entwickelungscoefficienten aus (4) sind, so dass (6) eine Reihe ist, welche durch Specialisirung in (4) selbst übergeführt wird, sobald man nur

$$X(\omega) = e^{-\omega\zeta}$$

einsetzt. Dadurch ergiebt sich im Besonderen

$$(7) \quad F(\zeta) = \frac{1}{\zeta}\sum_{\varkappa=0}^{\infty} c_\varkappa e^{-\lambda_\varkappa \zeta} = \frac{1}{2\pi i}\int\limits_{\lambda_0}^{\infty} d\omega \int\limits_{y=-\infty}^{y=+\infty} F(z)e^{\omega(z-\zeta)}dz \qquad (x>0).$$

Ist $\zeta = \xi + \eta i$, so tritt als Bedingung noch $x < \xi$ auf, weil sonst das Integral auf der rechten Seite nicht mehr convergent bleibt.

Für $\lambda_\varkappa = \log(\varkappa + 1)$ geht die allgemeine Formel (6) in

$$\sum_{0}^{\infty} c_\varkappa X(\log(\varkappa+1)) = -\frac{1}{2\pi i}\int\limits_{0}^{\infty} d\omega \int\limits_{y=-\infty}^{y=+\infty} F(z)e^{\omega z}X'(\omega)dz$$

und diese, wenn man

$$X(\omega) = \varphi^{e^{\omega}}$$

annimmt, in

$$\sum_{0}^{\infty} c_x \varphi^{x+1} = -\frac{\log \varphi}{2\pi i}\int_{0}^{\infty} de^{\omega} \int_{y=-\infty}^{y=+\infty} F(z) e^{\omega z} \varphi^{e^{\omega}}\, dz$$

über.

Derartige Reihen kommen mehrfach in Dirichlet's Arbeiten vor. Auch aus (6) ist die Bestimmung der Coefficienten c_x möglich. Man setzt alle $X(\lambda_x) = 0$ mit Ausnahme eines $X(\lambda_n)$, und dadurch ergiebt sich unmittelbar c_n.

Wir erkennen schon hieraus, dass bei diesen Reihen, die absolut convergent sein müssen, die Coefficienten eindeutig bestimmt sind. Es ist dies hervorzuheben, weil man überflüssiger Weise bei speciellen Functionen noch besondere Beweise gegeben hat.

§ 6.

Die merkwürdige Formel (7) führt uns wieder auf die Fourier'schen Doppelintegrale zurück (vgl. die fünfte Vorlesung § 9); ja wir haben in (7) gewissermassen das Fourier'sche Integral für complexe Variable. In speciellen Fällen geht (7) geradezu in jenes Integral über. Dort hatten wir, weil es sich um reelle Functionen handelte, die Cosinus, während hier die Exponentialfunction auftritt.

Andrerseits stellt sich das Integral auch als Cauchy'sches Integral dar. Führen wir nämlich zuerst die Integration in Bezug auf ω durch, so entsteht

$$F(\zeta) = \frac{1}{2\pi i}\int_{y=-\infty}^{y=+\infty} F(z)\, dz \left(\frac{e^{\omega(z-\zeta)}}{z-\zeta}\right)_{\omega=\lambda_0}^{\omega=\infty} \qquad (0 < x < \xi),$$

und aus der Bedingung $x < \xi$ folgt, dass der Exponent für $\omega = \infty$ einen unendlich grossen, negativen reellen Theil hat. Man findet daher

$$(8) \qquad F(\zeta) = -\frac{1}{2\pi i}\int_{y=-\infty}^{y=+\infty} F(z)\, \frac{e^{\lambda_0(z-\zeta)}}{z-\zeta}\, dz$$

oder

$$(8^*) \qquad F(\zeta) e^{\lambda_0 \zeta} = \frac{1}{2\pi i}\int_{y=+\infty}^{y=-\infty} \frac{F(z) e^{\lambda_0 z}}{z-\zeta}\, dz.$$

Setzt man statt $F(z)$

$$\frac{G(z)}{z}\, e^{-\lambda_0 z}$$

ein, so kann man auch schreiben

$$\frac{G(\zeta)}{\zeta} = \frac{1}{2\pi i}\int\limits_{y=+\infty}^{y=-\infty} \frac{G(z)}{z(z-\zeta)}\,dz,$$

wo dann vorauszusetzen ist, dass $G(z)$ für positive, beliebig grosse x unter einer endlichen Grenze bleibt.

Wäre die Integration auf der linken Seite von (8*) statt geradlinig von $x + \infty \cdot i$ bis $x - \infty \cdot i$ über den Umfang irgend eines geschlossenen Gebietes ausgedehnt worden, in dessen Innerem $F(z)$ keinen Unendlichkeitspunkt besitzt, so würde die letzte Formel dem Cauchy'schen Integrale entsprechen.

Wenn wir also nachweisen, dass die Integration über einen Halbkreis um $z = x + 0 \cdot i$ mit unendlich grossem Radius von $y = -\infty$ bis $z = +\infty$ erstreckt, den Werth 0 giebt, dann steht die letzte Formel wirklich unter dem Bereiche des Cauchy'schen Integrals.

Wir wollen daher das Integral

$$\int \frac{zF(z)e^{\lambda_0 z}}{z(z-\zeta)}\,dz = \int \frac{\sum\limits_{\varkappa=0}^{\infty} c_\varkappa e^{(\lambda_0-\lambda_\varkappa)z}}{(z-\zeta)}\,d\log z$$

über diesen Halbkreis erstrecken. Dabei haben wir

$$z = x + Re^{2v\pi i} \qquad (x \text{ und } R \text{ sind constant})$$

zu setzen, und v ist von $-\frac{1}{4}$ bis $+\frac{1}{4}$ stetig überzuführen. Die Summe im Zähler des Integranden wird stets endlich bleiben, da die Reihe für $zF(z)$ unbedingt convergent, also die Summe der $c_\varkappa$ endlich ist, und da die Exponenten einen negativen reellen Theil haben. Der Nenner wird bei der Bezeichnung

$$x - \zeta = \varrho e^{2\alpha\pi i}$$

als absoluten Betrag den Werth

$$\sqrt{R^2 - 2R\varrho\cos 2(v-\alpha)\pi + \varrho^2}$$

haben, und dieser Werth liegt zwischen $R + \varrho$ und $R - \varrho$ und wächst also mit wachsendem R zugleich über alle Grenzen. Endlich wird

$$d\log z = \frac{2\pi i dv}{e^{2v\pi i} + \frac{x}{R}}.$$

Es muss sich daher mit wachsendem R der absolute Betrag des Integranden und damit auch das Integral selbst der Null nähern. Damit ist bewiesen, dass (7) auch als Cauchy'sches Integral aufgefasst werden kann und sich direct aus ihm ableiten lässt. Das zeigt wieder die weittragende Bedeutung dieses Integrals.

§ 7.

Beginnt man bei der Integration von (7) mit dem inneren Integrale nach z und berücksichtigt die erste Gleichung auf S. 220

$$\frac{1}{2\pi i}\int_{y=-\infty}^{y=+\infty} F(z)e^{\omega z}dz = \sum_0^n c_\varkappa \qquad (\lambda_n < \omega < \lambda_{n+1}),$$

so geht (7), wenn man die Summe $\sum_0^n c_\varkappa = s_n$ der $c_\varkappa$, welche als discontinuirliche Function von ω auftritt, mit $\Psi(\omega)$ bezeichnet, in

$$F(\zeta) = \int_{\lambda_0}^{\infty} e^{-\omega\zeta}\,\Psi(\omega)d\omega$$

über. Dieses Integral denken wir uns nun in partielle Integrale zerlegt, deren Bereiche von λ_0 bis λ_1, von λ_1 bis λ_2, ... gehen. Dann wird $\Psi(\omega)$ nach der obigen Formel für das erste den Werth s_0, für das zweite den Werth s_1, ... haben; d. h. es entsteht

$$F(\zeta) = s_0\int_{\lambda_0}^{\lambda_1} e^{-\omega\zeta}d\omega + s_1\int_{\lambda_1}^{\lambda_2} e^{-\omega\zeta}d\omega + \cdots,$$

wobei die s constante Werthe besitzen. Somit bricht unser Doppelintegral, wenn man zuerst nach z integrirt, von selbst in eine Reihe auseinander, während man das Cauchy'sche Integral erhält, wenn man mit der Integration nach ω beginnt.

Von unserem jetzigen Standpunkte aus erklärt sich auch die am Schlusse von § 4 hervorgehobene Thatsache. Wir sehen hier, dass die $\lambda_\varkappa$ als die Unstetigkeitsstellen der Function

$$\frac{1}{2\pi i}\int_{y=-\infty}^{y=+\infty} F(z)e^{\omega z}dz$$

erscheinen; und dies zeigt uns, dass wir viel mehr erhalten, als wir gefordert hatten. Wir suchten nur die Coefficienten $c_\varkappa$ und erhalten ausser ihnen noch die $\lambda_\varkappa$.

Man sieht, dass die gewöhnlichen, nach ganzen Potenzen fortschreitenden Reihen ein specieller Fall unserer Reihen sind. Dabei treten die ganzen Zahlen als die Unstetigkeitspunkte auf, und e^{-z} ist gleich der Basis der Potenzen zu setzen.

§ 8.

Wir wollen die letzten Betrachtungen am Beispiele derjenigen Functionen erläutern, für welche reelle Entwickelungen nach Cosinus oder nach Sinus von Vielfachen des Bogens bestehen, nämlich an

$$\varphi(v) = \sum_0^\infty a_n \cos \mu_n v\,, \quad \psi(v) = \sum_0^\infty b_n \sin \nu_n v\,.$$

Dabei sei $\varphi(0) = 0$, und $\mu_{n+1} > \mu_n$; $\nu_{n+1} > \nu_n$; alle μ, ν sollen als positiv vorausgesetzt werden, die mit n ins Unendliche gehen. Multiplicirt man nun $\varphi(v)$ und $\psi(v)$ mit den Factoren

$$\frac{1}{\pi} \sin \omega v \frac{dv}{v} \quad \text{bezw.} \quad \frac{1}{\pi} \cos \omega v \frac{dv}{v}\,.$$

$$(\mu_n < \omega < \mu_{n+1}) \qquad (\nu_{n-1} < \omega < \nu_n)$$

und integrirt dann nach v von $-\infty$ bis $+\infty$, so erhält man unter Berücksichtigung der Gleichung (3) aus dem ersten Paragraphen

$$\frac{1}{\pi}\int_{-\infty}^{\infty} \varphi(v) \sin \omega v \frac{dv}{v} = \sum_0^n a_\varkappa \qquad (\mu_n < \omega < \mu_{n+1})$$

und

$$\frac{1}{\pi}\int_{-\infty}^{\infty} \psi(v) \cos \omega v \frac{dv}{v} = \sum_n^\infty b_\varkappa \qquad (\nu_{n-1} < \omega < \nu_n)\,.$$

Dabei setzen wir die Convergenz der Reihen auf der rechten Seite voraus und wollen im Folgenden der Kürze wegen

$$\frac{\varphi(v)}{v} = \Phi(v)\,, \quad \frac{\psi(v)}{v} = \Psi(v)$$

schreiben. Wenn $\Phi_1(v)$, $\Psi_1(v)$ beliebige Functionen bezeichnen, dann wird

$$\frac{1}{\pi}\int_{\mu_{\alpha-1}}^{\mu_\alpha} \Phi_1(\omega)d\omega \int_{-\infty}^{+\infty} \Phi(v) \sin v\omega dv = (a_0 + a_1 + \cdots + a_{\alpha-1})\int_{\mu_{\alpha-1}}^{\mu_\alpha} \Phi_1(\omega)d\omega\,,$$

$$\frac{1}{\pi}\int_{\nu_{\alpha-1}}^{\nu_\alpha} \Psi_1(\omega)d\omega \int_{-\infty}^{+\infty} \Psi(v) \cos v\omega dv = (b_\alpha + b_{\alpha+1} + \cdots)\int_{\nu_{\alpha-1}}^{\nu_\alpha} \Psi_1(\omega)d\omega\,.$$

Summirt man von $\alpha = 1$ bis $\alpha = r$, und fügt noch die von 0 bis μ_0 bezw. ν_0 genommenen Integrale nach ω hinzu, dann entsteht

$$\frac{1}{\pi}\int_{-\infty}^{\infty}dv\int_{0}^{\mu_r}\Phi(v)\,\Phi_1(\omega)\sin v\omega\,d\omega=\sum_{0}^{r}a_\varkappa\int_{\mu_\varkappa}^{\mu_r}\Phi_1(\omega)d\omega\,,$$

$$\frac{1}{\pi}\int_{-\infty}^{\infty}dv\int_{0}^{\nu_r}\Psi(v)\,\Psi_1(\omega)\cos v\omega\,d\omega=\sum_{0}^{\infty}b_\varkappa\int_{0}^{\nu_r}\Psi_1(\omega)d\omega\,.$$

Wenn insbesondere

$$\Phi_1(\omega)=\sin u\omega\,,\quad \Psi_1(\omega)=\cos u\omega$$

ist, dann wird das erste Resultat, falls man zugleich r ins Unendliche gehen lässt, folgende Gestalt annehmen:

$$\frac{1}{\pi}\int_{-\infty}^{\infty}dv\int_{0}^{\infty}\Phi(v)\sin v\omega\sin u\omega\,d\omega=-\lim_{r=\infty}\sum_{\varkappa=0}^{r}a_\varkappa(\cos u\mu_r-\cos u\mu_\varkappa)\frac{1}{u}$$

$$=\sum_{\varkappa=0}^{\infty}\frac{a_\varkappa\cos\mu_\varkappa u}{u}-\lim_{r=\infty}\sum_{\varkappa=0}^{r}a_\varkappa\cdot\frac{\cos u\mu_r}{u}\,;$$

und da nach der Voraussetzung

$$\sum_{0}^{\infty}a_\varkappa\frac{\cos\mu_\varkappa u}{u}=\frac{\varphi(u)}{u}\quad\text{und}\quad\sum_{0}^{\infty}a_\varkappa=\varphi(0)=0$$

ist, so giebt dies

$$\frac{1}{\pi}\int_{-\infty}^{+\infty}dv\int_{0}^{\infty}\Phi(v)\sin v\omega\sin u\omega\,d\omega=\Phi(u)\,.$$

In gleicher Weise folgt aus der zweiten Zeile dieser Seite

$$\frac{1}{\pi}\int_{-\infty}^{\infty}dv\int_{0}^{\infty}\Psi(v)\cos v\omega\cos u\omega\,d\omega=\sum_{\varkappa=0}^{\infty}a_\varkappa\frac{\sin u\nu_\varkappa}{u}=\Psi(u)\,.$$

Weil ferner $\sin v\omega\cdot\sin u\omega$ und $\cos v\omega\cdot\cos u\omega$ gerade Functionen von ω sind, so können wir die Schlussbemerkungen aus Vorlesung 1, § 6, V benutzen, und ihnen zufolge

$$2\pi\,\Phi(u)=\iint_{-\infty}^{+\infty}\Phi(v)\sin v\omega\sin u\omega\,d\omega\,dv\,,$$

und

$$2\pi\,\Psi(u)=\iint_{-\infty}^{+\infty}\Psi(v)\cos v\omega\cos u\omega\,d\omega\,dv$$

schreiben. Den Annahmen gemäss, die wir durch die Darstellung von $\varphi(v)$ und $\psi(v)$ gemacht haben, ist $\Phi(v)$ eine ungerade und $\Psi(v)$ eine gerade Function, und daher sind $\Phi(v)\cos v\omega$, $\Psi(v)\sin v\omega$ ungerade

Functionen von v. Nach den eben angeführten Bemerkungen der ersten Vorlesung ist also

$$0 = \int\int_{-\infty}^{+\infty} \Phi(v) \cos v\omega \cos u\omega d\omega dv,$$

$$0 = \int\int_{-\infty}^{+\infty} \Psi(v) \sin v\omega \sin u\omega d\omega dv,$$

und die beiden vorhergehenden Formeln gehen durch Addition mit den entsprechenden beiden letzten, in

$$2\pi\Phi(u) = \int\int_{-\infty}^{+\infty} \Phi(v) \cos(u - v)\omega dv d\omega$$

und

$$2\pi\Psi(u) = \int\int_{-\infty}^{+\infty} \Psi(v) \cos(u - v)\omega dv d\omega$$

über. Durch Addition dieser beiden Gleichungen kann man die Beschränkung, dass Φ ungerade und Ψ gerade sein muss, beseitigen. Setzen wir

$$\Phi(u) + \Psi(u) = F(u),$$

so wird

$$2\pi F(u) = \int\int_{-\infty}^{+\infty} F(v) \cos(u - v)\omega dv d\omega .$$

Dadurch sind wir direct auf das Fourier'sche Doppelintegral zurückgekommen.

Integrirt man hierin zuerst nach ω, so wird die rechte Seite

$$= \lim_{\omega=\infty} 2 \int_{-\infty}^{\infty} F(v) \frac{\sin(u - v)\omega}{u - v} dv,$$

also zum Dirichlet'schen Integrale.

Integrirt man dagegen zuerst nach v, so kommt

$$\int_{-\infty}^{\infty} d\omega \int_{-\infty}^{\infty} F(v) \cos(u - v)\omega dv$$

$$= \int_{-\infty}^{\infty} d\omega \int_{-\infty}^{\infty} \left(\sum_0^{\infty} a_\varkappa \cos\mu_\varkappa v + \sum_0^{\infty} b_\varkappa \sin\nu_\varkappa v\right) \cos(u - v)\omega \frac{dv}{v}$$

heraus. Das innere Integral zerfällt dabei in

$$\int_{-\infty}^{\infty} \frac{\sin u\omega}{v} \sum_{\varkappa=0}^{\infty} a_\varkappa \cos\mu_\varkappa v \sin v\omega dv + \int_{-\infty}^{\infty} \frac{\cos u\omega}{v} \sum_{\varkappa=0}^{\infty} b_\varkappa \sin\nu_\varkappa v \cos v\omega dv,$$

denn die weggelassenen Glieder geben Null, da ihr Integrand eine ungerade Function ist. Hier können wir nun wieder die Formel (3) des discontinuirlichen Factors anwenden. Ist $|\omega| < \mu_\varkappa$, dann verschwindet das erste Integral; ist $|\omega| > \nu_\varkappa$, dann verschwindet das zweite Integral. Danach entsteht für das Doppelintegral unter Berücksichtigung der am Anfange des Paragraphen gemachten Annahme, dass $\sum a_\varkappa = 0$ ist,

$$2\sum_0^\infty \int_{\mu_\varkappa}^\infty d\omega \cdot a_\varkappa \pi \sin u\omega + 2\sum_0^\infty \int_0^{\nu_\varkappa} d\omega \cdot b_\varkappa \pi \cos u\omega$$

$$= \sum_0^\infty 2a_\varkappa \pi \left(-\frac{\cos u\omega}{u}\right)_{\mu_\varkappa}^\infty + \sum_0^\infty 2b_\varkappa \pi \left(\frac{\sin u\omega}{u}\right)_0^{\nu_\varkappa}$$

$$= \frac{2\pi}{u}\left[\sum_0^\infty a_\varkappa \cos \mu_\varkappa u + \sum_0^\infty b_\varkappa \sin \nu_\varkappa u\right].$$

So bricht also auch hier das Integral in einzelne Theile auseinander.

Dass alle diese Entwickelungen von einem gemeinsamen Centrum ausgehen oder dahin zusammenlaufen, konnte erst bei der Ausdehnung der Betrachtungen auf zweifache Integrale gezeigt werden. Aber auch auf sie können wir uns nicht beschränken; wir müssen zu mehrfachen Integralen übergehen, und dies soll in der nächsten Vorlesung geschehen.

Vierzehnte Vorlesung.

Mehrfache Integrale. — Transformation bei dreifachen Integralen. — Auffassung mehrfacher Integrale als Grenzwerthe mehrfacher Summen. — Transformation n-facher Integrale. — Beispiel. — Historisches. — Ueber Elimination. — Volumberechnung des allgemeinen Prismatoids. — Euler'sche Integrale. — Γ-Functionen. — Berechnung verschiedener Volumina. — Fundamental-Eigenschaften der Γ-Functionen. — Gauss'sche Productformel.

§ 1.

Wir beginnen unsere Betrachtungen über die mehrfachen Integrale mit der Transformation dreifacher Integrale.

Wir wollen von folgender Definition ausgehen: Es sei

$$(1) \qquad \int f(x, y, z)\,dx\,dy\,dz = J$$

diejenige Function von x, y, z, für welche die Gleichung

$$\frac{\partial^3 J}{\partial x\,\partial y\,\partial z} = f(x, y, z)$$

gilt. $f(x, y, z)$ soll eindeutig und stetig sein.

Wir nehmen an, dass die Integration mit z beginnt, dann nach y und endlich nach x durchgeführt werde. Entsprechend wollen wir auch die Transformation des Integrals zuerst nach z vornehmen. Unsere Absicht ist es, an die Stelle der drei Variablen x, y, z drei andere ξ, η, ζ einzuführen.

Dabei setzen wir fest, dass

$$(2) \qquad x = \varphi(\xi, \eta, \zeta), \quad y = \psi(\xi, \eta, \zeta), \quad z = \chi(\xi, \eta, \zeta)$$

eindeutige Functionen von ξ, η, ζ seien, die so beschaffen sind, dass auch umgekehrt zu jedem reellen Werthsysteme von ξ, η, ζ nur ein reelles Werthsystem von x, y, z gehört — wenn auch nur in gewissen Gebieten —; dass also in diesen Gebieten gegenseitige Eindeutigkeit des Entsprechens der Werthe-Tripel stattfindet.

Betrachten wir jetzt z als Function von x, y, ζ, dann können wir immer noch die Gleichungen (2) als gültig ansehen; aber von diesem Gesichtspunkte aus sind ξ und η nur Vermittler des Abhängigkeitsverhältnisses zwischen x, y, z und x, y, ζ. Wir haben dann nur das einfache

Integral nach z zu transformiren; und dies geschieht vermittels unserer früheren Methoden. Wir müssen dz durch $\frac{\partial z}{\partial \zeta} d\zeta$ ersetzen und also die partielle Ableitung von z nach ζ bestimmen, wobei natürlich x und y als Constanten zu gelten haben. Dabei entsteht durch Differentiation nach ζ aus (2)

$$0 = \varphi_1 \frac{\partial \xi}{\partial \zeta} + \varphi_2 \frac{\partial \eta}{\partial \zeta} + \varphi_3,$$

$$0 = \psi_1 \frac{\partial \xi}{\partial \zeta} + \psi_2 \frac{\partial \eta}{\partial \zeta} + \psi_3,$$

$$\frac{\partial z}{\partial \zeta} = \chi_1 \frac{\partial \xi}{\partial \zeta} + \chi_2 \frac{\partial \eta}{\partial \zeta} + \chi_3,$$

worin, bei ähnlicher Bezeichnung wie wir sie früher gebrauchten,

$$\varphi_1 = \frac{\partial \varphi}{\partial \xi}, \quad \varphi_2 = \frac{\partial \varphi}{\partial \eta}, \quad \varphi_3 = \frac{\partial \varphi}{\partial \zeta}; \quad \cdots$$

sein soll. Dieses Gleichungssystem liefert

$$\frac{\partial z}{\partial \zeta} \cdot \begin{vmatrix} \varphi_1 & \varphi_2 \\ \psi_1 & \psi_2 \end{vmatrix} = \begin{vmatrix} \varphi_1 & \varphi_2 & \varphi_3 \\ \psi_1 & \psi_2 & \psi_3 \\ \chi_1 & \chi_2 & \chi_3 \end{vmatrix},$$

und mithin wird zunächst

$$J = \int dx\,dy \int f(\varphi, \psi, \chi) \begin{Vmatrix} \varphi_1 & \varphi_2 & \varphi_3 \\ \psi_1 & \psi_2 & \psi_3 \\ \chi_1 & \chi_2 & \chi_3 \end{Vmatrix} \frac{d\zeta}{\|\varphi_1 \psi_2 - \varphi_2 \psi_1\|}.$$

Von den Determinanten ist hier, wie früher, nur der absolute Werth einzutragen. Die in f und in die Determinanten eintretenden Grössen ξ und η spielen lediglich eine auf (2) gestützte Vermittlerrolle.

Der weitere Theil der Aufgabe ist nach Veränderung der Integrationsfolge die Transformation des zweifachen Integrals

$$\int f(\varphi, \psi, \chi) \begin{Vmatrix} \varphi_1 & \varphi_2 & \varphi_3 \\ \psi_1 & \psi_2 & \psi_3 \\ \chi_1 & \chi_2 & \chi_3 \end{Vmatrix} \frac{dx\,dy}{\|\varphi_1 \psi_2 - \varphi_2 \psi_1\|}$$

mittels der beiden ersten Gleichungen von (2), in denen jetzt ζ als Constante aufzufassen ist. Diese Aufgabe haben wir schon gelöst (Vorlesung 2, § 5). Benutzt man das dabei gefundene Resultat, so erhalten wir als Endresultat für unsere Transformation

$$J = \int f(\varphi, \psi, \chi) \begin{Vmatrix} \varphi_1 & \varphi_2 & \varphi_3 \\ \psi_1 & \psi_2 & \psi_3 \\ \chi_1 & \chi_2 & \chi_3 \end{Vmatrix} d\xi\, d\eta\, d\zeta. \tag{3}$$

Zu beachten ist, dass von der Determinante nur der absolute Werth auftritt und ferner, dass dieselbe nicht verschwinden darf. In diesem Falle wären nämlich die drei Functionen φ, ψ, χ nicht von einander unabhängig.

§ 2.

Bei unseren Betrachtungen wurde vorausgesetzt, dass es wirklich eine Function $J = F(x, y, z)$ giebt, die der Forderung

$$\frac{\partial^3 F(x, y, z)}{\partial x \partial y \partial z} = f(x, y, z)$$

genügt. Ist dies der Fall, dann nähert sich die dreifache Summe

$$\sum_{h,k,l}(x_{2h+2} - x_{2h})(y_{2k+2} - y_{2k})(z_{2l+2} - z_{2l})f(x_{2h+1}, y_{2k+1}, z_{2l+1})$$

dem Integralwerthe J, wenn man alle Intervalle immer kleiner werden, und die Summation in ähnlicher Weise wie bei den einfachen und den zweifachen Integralen über das ganze Gebiet der Integration sich erstrecken lässt. Dies würde bei constanten Grenzen die einfache Darstellung

(4) $$J = \int_{a_0}^{a_1} dx \int_{b_0}^{b_1} dy \int_{c_0}^{c_1} dz\, f(x, y, z)$$

entsprechend der früheren Schreibweise geben. Der Beweis für die Behauptung einer solchen Annäherung ist dem, bei den einfachen Integralen gegebenen ganz analog.

Die Definition des dreifachen Integrals haben wir auch hier nicht aus dem Grenzwerthe der Summe entnommen, da über seine Existenz ohne besondere Voraussetzungen nichts bekannt ist. Ist ein solcher Grenzwerth aber vorhanden, dann kann er allerdings in allen Gleichungen an die Stelle des Integrals gesetzt werden.

Hat man keine festen Grenzen, sondern als Integrationsbedingung für die Festlegung des Gebietes nur die Ungleichung

(4*) $$F_0(x, y, z) < 0,$$

welcher die drei Variablen zu unterwerfen sind, dann kann man bei der für das Integral zu setzenden Summe nicht mehr wie in (4) die Ausdehnung der Summation für die einzelnen Variablen bestimmen. Das einfachste Auskunftsmittel scheint hier die Einführung neuer Variablen ξ, η, ζ zu sein, durch die das neue Gebiet ein Parallelopiped wird; das würde also eine Abbildung des Gebietes (4*) auf das Parallelopiped sein. Allein das ist nicht immer der bequemste Weg; es liegen in der passenden Wahl der Functionen φ, ψ, χ manche Schwierigkeiten.

Häufig gelangt man durch die Dirichlet'sche Methode des discontinuirlichen Factors, dessen Gebrauch in der letzten Vorlesung angedeutet wurde, zum Ziel. Wir gehen in § 5 genauer darauf ein und werden, da sich die Aufgabe, an der wir es zeigen wollen, ohne Mühe auf n-fache Integrale übertragen lässt, die Behandlung gleich in diesem Sinne durchführen. Dazu muss jedoch erst die Umformung n-facher Integrale bei der Transformation der n Variablen, analog derjenigen bei zwei- und dreifachen Integralen gezeigt werden.

§ 3.

Wir denken uns in dem ähnlich definirten n-fachen Integrale

$$J = \int f(z_1, z_2, \ldots z_n)\, dz_1\, dz_2 \ldots dz_n$$

zunächst im Innern das einfache Integral

$$\int f(z_1, z_2, \ldots z_n)\, dz_n$$

abgesondert und führen hierin für z_n die neue Variable ζ_n ein, welche durch die Gleichungen

$$z_\varkappa = \varphi_\varkappa(\zeta_1, \zeta_2, \ldots \zeta_n) \qquad (\varkappa = 1, 2, \ldots n)$$

mit den z verbunden ist. Es sollen dabei wieder die z eindeutige Functionen der ζ, und die ζ eben solche der z sein; d. h. wenigstens innerhalb gewisser Gebiete soll jedem Werthsystem $z_1, \ldots z_n$ nur ein Werthsystem $\zeta_1, \ldots \zeta_n$ entsprechen und umgekehrt. z_n ist zunächst als Function von $z_1, z_2, \ldots z_{n-1}, \zeta_n$ zu betrachten, und daraus ist

$$dz_n = \frac{\partial z_n}{\partial \zeta_n} \cdot d\zeta_n$$

zu bestimmen. Bezeichnet man die partielle Ableitung

$$\frac{\partial \varphi_\lambda}{\partial \zeta_\mu} = \varphi_{\lambda\mu},$$

so folgt für $\lambda = 1, 2, \ldots n-1$

$$\varphi_{\lambda 1} \frac{\partial \zeta_1}{\partial \zeta_n} + \varphi_{\lambda 2} \frac{\partial \zeta_2}{\partial \zeta_n} + \cdots + \varphi_{\lambda, n-1} \frac{\partial \zeta_{n-1}}{\partial \zeta_n} + \varphi_{\lambda, n} = 0,$$

und ferner ist

$$\varphi_{n1} \frac{\partial \zeta_1}{\partial \zeta_n} + \varphi_{n2} \frac{\partial \zeta_2}{\partial \zeta_n} + \cdots + \varphi_{n, n-1} \frac{\partial \zeta_{n-1}}{\partial \zeta_n} + \varphi_{n, n} = \frac{\partial z_n}{\partial \zeta_n},$$

denn im innern Integrale gelten $z_1, z_2, \ldots z_{n-1}$ als constante Grössen.

Aus diesem Gleichungssysteme resultirt dann

$$\frac{\partial z_n}{\partial \zeta_n} = \frac{|\varphi_{ik}|}{|\varphi_{gh}|} \qquad \begin{pmatrix} i, k = 1, 2, \ldots n \\ g, h = 1, 2, \ldots n-1 \end{pmatrix},$$

und daher

$$J = \int dz_1 \cdots dz_{n-1} d\zeta_n f(\varphi_1, \ldots \varphi_{n-1}, \varphi_n) \frac{\| \varphi_{ik} \|}{\| \varphi_{gh} \|},$$

wo die φ als Functionen von $z_1, z_2, \ldots z_{n-1}, \zeta_n$ aufzufassen sind.

Nun benutzen wir den Schluss von $(n-1)$ auf n, indem wir annehmen, was in den Fällen $n = 2$ und $n = 3$ schon bewiesen ist, dass ein $(n-1)$-faches Integral

$$\int dz_1 \cdots dz_{n-1} g(z_1, \ldots z_{n-1})$$

durch die Substitution

$$z_\varkappa = \psi_\varkappa(\zeta_1, \ldots \zeta_{n-1}) \qquad (\varkappa = 1, 2, \ldots n-1)$$

in das Integral

$$\int d\zeta_1 \cdots d\zeta_{n-1} g(\psi_1, \ldots \psi_{n-1}) \| \psi_{gh} \| \qquad (g, h = 1, 2, \ldots n-1)$$

umgeformt werde. Führen wir in der letzten Form von J die Integration nach ζ_n an letzter Stelle durch und setzen

$$g(z_1, \ldots z_{n-1}) = f(\varphi_1, \ldots \varphi_{n-1}, \varphi_n) \frac{\| \varphi_{ik} \|}{\| \varphi_{gh} \|},$$

$$\psi_\varkappa(\zeta_1, \ldots \zeta_{n-1}) = \varphi_\varkappa(\zeta_1, \ldots \zeta_{n-1}, \zeta_n),$$

wobei ζ_n als constant anzusehen ist, dann entsteht das Schlussresultat

$$(5) \qquad \begin{aligned} J &= \int dz_1 \cdots dz_n f(z_1, \ldots z_n) \\ &= \int d\zeta_1 \cdots d\zeta_n f(\varphi_1, \ldots \varphi_n) \| \varphi_{ik} \| \qquad (i, k = 1, 2, \ldots n). \end{aligned}$$

Die Eindeutigkeit der Transformation verlangt wieder, dass die Determinante im ganzen Integrationsgebiete von Null verschieden sei.

Wir wollen noch bemerken, dass unter der Voraussetzung der Existenz einer Function, welche der Gleichung

$$\frac{\partial^n F(z_1, \ldots z_n)}{\partial z_1 \cdots \partial z_n} = f(z_1, \ldots z_n)$$

genügt, die n-fache Summe

$$\sum_h f(\ldots, z_{t, 2h_t+1}, \ldots) \prod_{t=1}^{n} (z_{t, 2h_t+2} - z_{t, 2h_t})$$

sich dem obigen n-fachen Integrale nähert, wenn die Abstände

$$(z_{t, 2h_t+2} - z_{t, 2h_t})$$

immer kleiner gemacht werden, und die Summe stets über alle Theile des Integrationsgebietes erstreckt wird.

§ 4.

Ein Beispiel möge die Transformationsformel erläutern.

In

$$\int f(r)\, dz_1\, dz_2 \cdots dz_n \qquad (\textstyle\sum z_k^2 < \varrho^2)$$

bedeute r den Ausdruck $(\sum z_k^2)^{\frac{1}{2}}$, und die Integration erstrecke sich über alle Systeme z, für die $r < \varrho$ ist, d. h. also über das Volumen einer n-fachen sphärischen Mannigfaltigkeit. Wir führen n neue Veränderliche $r, u_1, u_2, \ldots u_{n-1}$ durch die Gleichungen

$$z_k = r u_k; \quad \sum_1^n u_k^2 = 1 \qquad (k = 1, \ldots n)$$

ein. Dabei geht r von 0 bis ϱ, und u_n ist durch die Summengleichung bestimmt. Man findet durch Differentiation

$$dz_k = r\,du_k + u_k\,dr \qquad (k = 1, \ldots n-1),$$

$$dz_n = -r\left(\frac{u_1\,du_1}{u_n} + \cdots + \frac{u_{n-1}\,du_{n-1}}{u_n}\right) + u_n\,dr\,.$$

Die Functionaldeterminante $|\varphi_{ik}|$ wird dabei

$$\begin{vmatrix} u_1, & r, & 0, & \ldots & 0 \\ u_2, & 0, & r, & \ldots & 0 \\ \cdot & \cdot & \cdot & \cdot & \cdot \\ u_{n-1}, & 0, & 0, & \ldots & r \\ u_n, & -\frac{ru_1}{u_n}, & -\frac{ru_2}{u_n}, & \ldots & -\frac{ru_{n-1}}{u_n} \end{vmatrix} = \begin{vmatrix} u_1, & r, & 0, & \ldots & 0 \\ u_2, & 0, & r, & \ldots & 0 \\ \cdot & \cdot & \cdot & \cdot & \cdot \\ u_{n-1}, & 0, & 0, & \ldots & r \\ \frac{\sum_1^n u_k^2}{u_n}, & 0, & 0, & \ldots & 0 \end{vmatrix},$$

und also wird $|\varphi_{ik}|$ zu $\frac{r^{n-1}}{u_n}$. Unter Benutzung dieses Werthes folgt für das betrachtete Integral das Transformationsresultat

$$\int_0^\varrho r^{n-1} f(r)\, dr \int \frac{du_1\, du_2 \cdots du_{n-1}}{u_n} \qquad \left(\sum_1^{n-1} u_k^2 < 1\right),$$

oder, wenn wir das von f unabhängige letzte Integral, welches in den Fällen $n = 2$ und 3 zu 2π bezw. 4π wird, mit ϖ bezeichnen, dann reducirt sich das obige n-fache Integral auf das einfache

$$\varpi \int_0^\varrho r^{n-1} f(r)\, dr\,.$$

Ueber die Bedeutung von ϖ vergleiche man den § 7 der fünfzehnten Vorlesung. Hier sei nur daran erinnert, dass bei der Berechnung des Integrals die Vorzeichencombinationen der u_k zu berücksichtigen sind.

§ 5.

Die ganze Deduction des dritten Paragraphen ist von Jacobi in der Abhandlung „De determinantibus functionalibus" (Werke III S. 393—438) zum ersten Male begrifflich und rechnerisch formal abgeschlossen gegeben worden. Für dreifache Integrale hatte bereits Lagrange die Transformation durchgeführt; aber der Begriff und das Wort Functional-Determinante treten erst bei Jacobi auf. Die Engländer gebrauchen zur Bezeichnung dieser Determinante häufig den Ausdruck Jacobian. In Jacobi's Aufsatze ist nicht beachtet, dass bei der Transformation der Integrale immer nur der absolute Werth der Functionaldeterminante eine Rolle spielt, weil nämlich die Reihenfolge der Integration einflusslos sein muss.

Bei der Herleitung, wie sie bei Jacobi steht und in die meisten Lehrbücher aufgenommen ist, muss man ferner beachten, dass die Möglichkeit der Elimination der Variablen aus den gegebenen Gleichungen vorausgesetzt ist. Jacobi drückt sich einmal direct so aus, dass man $\zeta_1, \zeta_2, \ldots \zeta_{n-1}$ eliminiren könne. Eine solche Voraussetzung ist aber nicht immer statthaft (vgl. Crelle's Journ. f. d. r. u. ang. Math. Bd. 72 „Bemerkungen zur Determinantentheorie" II, § 2). Denn es giebt Beziehungen zwischen Grössen, welche durch Beziehungen zu andern Grössen vermittelt sind, und bei deren Definition eine solche Vermittelung unvermeidlich ist, d. h. also, es giebt Fälle, in denen eine Elimination nicht angeht. Dies zeigt das folgende einfache Beispiel:

$$x = \sin 2t\pi, \quad y = \sin 2\alpha t\pi,$$

worin für α irgend eine beliebige Grösse gewählt sein darf. Durch die beiden Gleichungen wird sicher ein Abhängigkeitsverhältniss zwischen x und y festgestellt, und zusammengehörige Werthepaare lassen sich aus trigonometrischen Tafeln entnehmen. Geben wir nun dem t eine Reihe von Werthen t, $t \pm 1$, $t \pm 2$, ..., dann bleibt x dabei ungeändert, und wenn α eine rationale Grösse mit recht hohem Nenner ist, so gehören zu diesem x sehr viele Werthe von y; ist α irrational, dann können die Werthe von y jeden beliebigen echten Bruch erreichen. Wollte man einwerfen, dass streng genommen nur eine beliebige Annäherung an jeden beliebigen Werth möglich sei, so wäre zu erwidern, dass von einer andern als einer angenäherten Berechnung bei diesem

Beispiele überhaupt ebenso wenig wie etwa bei der Berechnung eines willkürlichen Integrals die Rede sein kann. Die Vermittelung durch t ist eben unvermeidlich, und die Elimination

$$y = \sin[\alpha \arcsin x]$$

ist lediglich als eine formale Wendung und ein Ausweichen anzusehen.

Das sind Ueberlegungen, die geeignet sind, ihre Schatten auch auf andere Gebiete zu werfen und z. B. die Frage zu berühren, ob man einzelne Abel'sche Integrale umkehren solle oder nicht. Herr Casorati hat sich eingehend mit dieser Frage beschäftigt (Comptes rendus 1863, Décembre; 1864 Janvier; Milan 1885 u. s. w.), und glaubt sie im Gegensatze zu Jacobi bejahend beantworten zu müssen. Das sind aber lediglich Wortkämpfe. In der Mechanik treten freilich solche Forderungen auf, aber da liegt, wenn der Integralwerth gegeben ist, auch kein Zweifel vor, weil es sich eben nur um reelle Werthe handelt. Die Frage ist jedoch bei theoretischen Erörterungen die, ob es denn auch zu wirklich schönen Resultaten kommt? Von diesem Gesichtspunkte aus hat Jacobi, der herkulische Analyst, sie auch angesehen; und deswegen hat er auf die Behandlung der Umkehrung der einzelnen Integrale verzichtet und sich lediglich mit der Umkehrung von Systemen solcher Integrale beschäftigt. Ja, diese Fragestellung ist gerade als eine seiner Meisterleistungen zu bezeichnen.

Unsere Ableitung der Transformation hat sich von dem Begriffe der Elimination frei gehalten und nur die vollkommen correcte Vermittelung des Abhängigkeitsverhältnisses durch die $\zeta_1, \ldots \zeta_{n-1}$ zu Hülfe genommen.

§ 6.

Wir wollen jetzt die in der vorigen Vorlesung angekündigte, hierher gehörige Aufgabe lösen, den „Inhalt" des Gebildes im Gebiete von n Dimensionen zu bestimmen, welches dem Tetraeder im Raume von drei Dimensionen entspricht. Das bedeutet, der geometrischen Anschauung entkleidet, die Berechnung des Integrals

$$\int dx_1 dx_2 \ldots dx_n$$

unter den $n+1$ Grenzbedingungen

$$c_{i0} + c_{i1}x_1 + c_{i2}x_2 + \cdots + c_{in}x_n > 0 \qquad (i = 0, 1, 2, \ldots n).$$

Führt man die n Functionen

$$\xi_k = c_{k0} + c_{k1}x_1 + \cdots + c_{kn}x_n \qquad (k = 1, 2, \ldots n)$$

in das Integral ein, so geht dies in

$$\frac{1}{|c_{ik}|}\int d\xi_1 \cdots d\xi_n \qquad (i, k = 1, 2, \ldots n)$$

mit den $n + 1$ Grenzbedingungen

$$c_{00} + c_{01}x_1 + \cdots + c_{0n}x_n > 0; \quad \xi_k > 0, \qquad (k = 1, 2, \ldots n)$$

über, deren erste wir durch die Einführung der ξ in die Form

$$C_0 + C_1\xi_1 + \cdots + C_n\xi_n > 0$$

gebracht denken können. Natürlich ist dabei vorauszusetzen, dass $|c_{ik}|$ von Null verschieden ist. Wir führen mittels der Gleichungen

$$z_i = -\frac{C_i\xi_i}{C_0}$$

eine zweite Transformation durch. Dann verwandelt sich das Integral in

$$\left|\frac{C_0^n}{|c_{pq}|\, C_1 C_2 \cdots C_n}\right| \int dz_1 dz_2 \ldots dz_n \qquad (p, q = 1, 2, \ldots n),$$

und die letzte Bedingung für die ξ in

$$z_1 + z_2 + \cdots + z_n < 1\,.$$

Wir setzen ferner voraus, dass alle Systeme der x und damit auch diejenigen der ξ, welche dem Integrationsgebiete angehören, nur endliche Coordinaten haben. Von den ξ steht also fest, dass sie positiv sind und der Beziehung

$$1 > -\left(\frac{C_1}{C_0}\xi_1 + \frac{C_2}{C_0}\xi_2 + \cdots + \frac{C_n}{C_0}\xi_n\right)$$

genügen; umgekehrt gehören alle Systeme (ξ), deren Coordinaten diese Bedingungen erfüllen, zum Integrationsbereiche. Wäre nun etwa $-\frac{C_i}{C_0}$ negativ, dann könnte man ξ_i beliebig gross positiv wählen und dazu ein System (ξ) des Integrationsbereiches bestimmen. Dies muss nach unserer Annahme vermieden werden; also müssen alle Coefficienten in der Klammer negativ sein, und es sind demnach alle z_i positiv.

Der Quotient, mit dem das letzte Integral multiplicirt wird, ist offenbar positiv zu nehmen; deswegen haben wir ihn in die Verticalstriche eingeschlossen. Diesen Bruch wollen wir jetzt durch die $c_{\varkappa\lambda}$ ausdrücken.

Es bezeichne c'_{ik} das reciproke System der c_{ik}, so dass also

$$\sum_{i=1}^{n} c_{ik}c'_{hi} = \delta_{hk} \qquad (h, k = 1, 2, \ldots n)$$

und

$$x_h = \sum_{i,k=1}^{n} c'_{hi} c_{ik} x_k = \sum_{i=1}^{n} c'_{hi}(\xi_i - c_{i0})$$

wird. Dann haben wir als Bedingung für die ξ die Ungleichung

$$c_{00} + \sum_{h,i=1}^{n} c_{0h} c'_{hi}(\xi_i - c_{i0}) > 0,$$

und es ist folglich

$$\frac{C_h}{C_0} = \frac{\sum_{k=1}^{n} c_{0k} c'_{kh}}{c_{00} - \sum_{k,i=1}^{n} c_{0k} c'_{ki} c_{i0}}.$$

Zähler und Nenner dieses letzten Ausdrucks lassen sich noch umwandeln. Entwickelt man die Determinante $|c_{pq}|$ $(p, q = 1, 2, \ldots n)$ nach den Elementen der h^{ten} Zeile, so entsteht, da $c'_{kh}|c_{pq}|$ die Adjuncte von c_{hk} ist,

$$|c_{pq}| = \sum_{k=1}^{n} c_{hk}(c'_{kh}|c_{pq}|) \qquad (h, p, q = 1, 2, \ldots n),$$

und ersetzt man hierin die Elemente c_{hk} durch die entsprechenden c_{0k}, so kommt

$$|c_{iq}| = \sum_{k=1}^{n} c_{0k}(c'_{kh}|c_{pq}|), \qquad \begin{pmatrix} h, p, q = 1, 2, \ldots n \\ i = 1, 2, \ldots h-1, 0, h+1 \ldots n \end{pmatrix}$$

$$\sum_{k=1}^{n} c_{0k} c'_{kh} = \frac{|c_{iq}|}{|c_{pq}|} = C_h$$

heraus. Dadurch ist die Umformung des Zählers gegeben.

Multiplicirt man ferner den Nenner

$$C_0 = c_{00} - \sum_{k,i=1}^{n} c_{0k} c'_{ki} c_{i0}$$

mit $|c_{pq}|$ $(p, q = 1, 2, \ldots n)$, dann geht das Product

$$C_0 |c_{pq}| = c_{00}|c_{pq}| - \sum_{k,i=1}^{n} c_{0k} c_{i0}(|c_{pq}| c'_{ki}),$$

weil die letzte Klammer die Adjuncte von c_{ik} enthält, in die einfache Determinante

$$|c_{rs}| \qquad (r, s = 0, 1, \ldots n)$$

über. Somit ergiebt sich für das ganze Integral die Darstellung

$$(6)\qquad \int dx_1 dx_2 \ldots dx_n = \left| \frac{|c_{rs}|^n}{\prod\limits_{k=0}^{n} |c_{p_k q}|} \right| \int dz_1 dz_2 \ldots dz_n$$

$$\left(c_{i0} + \sum_{k=1}^{n} c_{ik} x_k > 0\right), \qquad \left(z_k > 0;\ \sum_1^n z_k > 1\right),$$

$$\begin{pmatrix} i, r, s = 0, 1, \ldots n \\ p_k = 0, 1, \ldots k-1, k+1, \ldots n \\ q, p_0 = 1, 2, \ldots n \end{pmatrix}.$$

§ 7.

Die gestellte Aufgabe ist also durch (6) auf die Berechnung des Integrals

$$\int dz_1 dz_2 \ldots dz_n \qquad \left(z_k > 0;\ \sum_1^n z_k < 1\right)$$

reducirt worden. Nach dem Vorgange von Dirichlet können wir gleich ein allgemeineres Integral behandeln, nämlich

$$(7)\qquad \int e^{-p \sum\limits_1^n z_k} \prod_1^n z_k^{q_k - 1} dz_k \qquad \left(z_k > 0;\ \sum_1^n z_k < 1;\ p, q_k > 0\right).$$

Hier darf jedes der z_k höchstens von 0 bis 1 gehen. Um diese Beschränkung zu beseitigen, und um die zweite Integrationsbedingung unter das Integral selbst zu bekommen, könnten wir dasselbe mit dem discontinuirlichen Factor multipliciren, welcher durch die Gleichung

$$\frac{2}{\pi} \int_0^\infty \frac{\sin v}{v} \cos\left(\sum_1^n z_k v\right) dv = \begin{cases} 1 & \left(\sum\limits_1^n z_k < 1\right) \\ 0 & \left(\sum\limits_1^n z_k > 1\right) \end{cases}$$

geliefert wird. Wir entnehmen statt dessen aber lieber aus der dreizehnten Vorlesung § 1, (3*) die allgemeinere Formel

$$\frac{2}{\pi} \lim_{\varepsilon = 0} \int_0^\infty e^{-\varepsilon v} \frac{\sin v}{v} \cos\left(\sum_1^n z_k v\right) dv = \begin{cases} 1 & \left(\sum\limits_1^n z_k < 1\right) \\ 0 & \left(\sum\limits_1^n z_k > 1\right) \end{cases}$$

und bilden den Ausdruck

$$\lim_{\varepsilon=0} \frac{2}{\pi} \int_0^\infty e^{-p\sum_1^n z_k} \prod_1^n z_k^{q_k-1} \frac{\sin v}{v} e^{-\varepsilon v} \cos\left(v \sum_1^n z_k\right) dv \prod_1^n dz_k,$$

den wir dadurch handlicher machen, dass wir statt des Cosinus die Exponentialfunction einsetzen:

$$\lim_{\varepsilon=0} \frac{1}{\pi} \int_0^\infty \left(e^{-(p+vi)\sum_1^n z_k} + e^{-(p-vi)\sum_1^n z_k}\right) \prod_1^n z_k^{q_k-1} \frac{\sin v}{v} e^{-\varepsilon v} dv dz_k.$$

Wenn man nun durchmultiplicirt und die Exponentialfunction in Factoren zerlegt, dann handelt es sich bei den Integrationen nach jedem der z_k, welches wir dabei durch t ersetzen, um Glieder von der Form

$$\int_0^\infty e^{-(p \pm vi)t} t^{q-1} dt,$$

und dabei können wir uns auch noch auf die Betrachtung des einen Werthes $p+vi$ beschränken. Dieses Integral gestalten wir durch die Einführung $z=(p+vi)t$ in:

$$\int_0^\infty \frac{e^{-z} z^{q-1} dz}{(p+vi)^q}$$

um und benutzen für seine Berechnung den Cauchy'schen Satz. Wir integriren von $x=+\infty$, $y=0$ längs der reellen Axe bis in die Nähe des Nullpunktes $x=\varepsilon$, $y=0$, von da auf einer Parallelen zur Y-Axe bis zum Punkte $\varepsilon+\eta i$, dem Schnittpunkte mit der Geraden $z=pt+vti$ und auf dieser entlang ins Unendliche; dann schliesslich, wieder parallel der Y-Axe, zum Ausgangspunkte zurück. Da der Integrand für keinen Punkt des umschlossenen Gebietes unendlich gross wird, so ist die Summe der Integrationsresultate gleich Null, und da ferner der Integrand für unendlich grosse Werthe von z mit positivem x zu Null wird, so liefert das dritte Integral, welches über die unendlich ferne Gerade erstreckt wird, auch Null. Die Integration über die in der Nähe des Nullpunktes von $z=\varepsilon$ bis $z=\varepsilon+\eta i$ gehende Strecke ergiebt, weil e^{-z} daselbst durch Verringerung von ε dem Werthe 1 beliebig nahe gebracht werden kann,

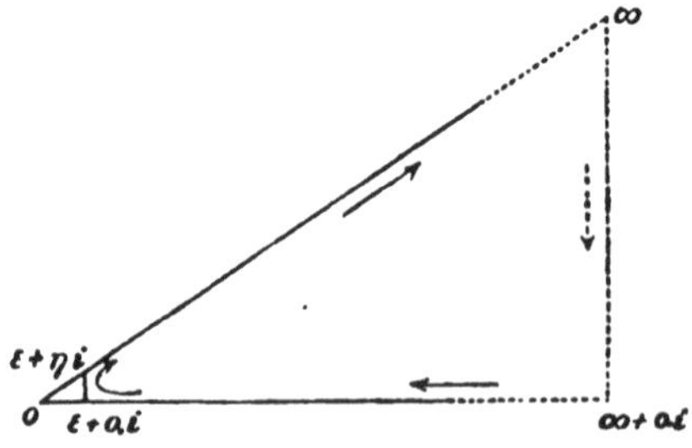

$$\frac{1}{(p+vi)^q}\int\limits_{y=0}^{y=\eta} z^{q-1}dz - \frac{1}{q(p+vi)^q}\left((x+yi)^q\right)_{y=0}^{y=\eta}.$$

Da q hier positiv ist, so wird mit η auch der Werth dieses Integrals nach Null convergiren.

Somit bleibt nur das über $x=pt$, $y=vt$ erstreckte Integral nebst dem längs der X-Axe genommenen übrig, und es wird, wenn man für $x=\varepsilon$ zur Grenze Null geht,

$$\frac{1}{(p+vi)^q}\int\limits_0^\infty e^{-z}z^{q-1}dz = \frac{1}{(p+vi)^q}\int\limits_0^\infty e^{-x}x^{q-1}dx \qquad (p, q>0).$$

§ 8.

Das Integral auf der rechten Seite hat von Legendre den Namen des Euler'schen Integrals zweiter Gattung und die Bezeichnung $\Gamma(q)$ erhalten. Gauss hat für dasselbe eine andere Bezeichnung gebraucht, aber wir schliessen uns hier, wie Dirichlet, an Legendre an.

Unter Verwendung des Buchstabens Γ wird das Integral, von dem wir ausgingen,

$$\int e^{-p\sum\limits_1^n z_k}\prod_1^n z_k^{q_k-1}dz_k \qquad \left(z_k>0,\ \sum_1^n z_k<1\right)$$

$$=\frac{1}{\pi}\prod_1^n\Gamma(q_k)\lim_{\varepsilon=0}\int\limits_0^\infty e^{-\varepsilon v}\frac{\sin v}{v}dv\left(\frac{1}{(p+vi)^{\Sigma q_k}}+\frac{1}{(p-vi)^{\Sigma q_k}}\right).$$

Falls eins der q keine ganze Zahl ist, muss die Potenz von $p+vi$ so bestimmt werden, dass

$$(p+vi)^q = \left|(p^2+v^2)^{\frac{q}{2}}\right| e^{iq\,\mathrm{arc\,tg}\frac{v}{p}}$$

wird, und dabei ist der Bogen zwischen $-\frac{\pi}{2}$ und $+\frac{\pi}{2}$ zu nehmen. Das folgt aus der Betrachtung des bei der Integration eingeschlagenen Weges. Die Gerade $z=(p+vi)t$ musste rechts von der lateralen Axe vom Nullpunkte aus ins Unendliche gehen. Es liegt also arc tang $\frac{v}{\pi}$ d. h. der Winkel, den diese Halbgerade mit der reellen Axe bildet, zwischen $+\frac{\pi}{2}$ und $-\frac{\pi}{2}$. Aehnliches gilt für die Potenz von $p-vi$.

Dirichlet hat bemerkt, dass die rechte Seite der obigen Integralformel ungeändert bleibt, wenn man das n-fache Integral links durch ein ähnlich gebildetes einfaches ersetzt, in welchem nur Σq an die Stelle des q tritt. Denn man hat ja als Specialfall die Formel

$$\int_0^1 e^{-p z} z^{\sum_1^n q_k - 1} dz$$

$$= \frac{1}{\pi} \Gamma\left(\sum_1^n q_k\right) \lim_{\varepsilon=0} \int_0^\infty e^{-\varepsilon v} \frac{\sin v}{v} \left(\frac{1}{(p+vi)^{\Sigma q_k}} + \frac{1}{(p-vi)^{\Sigma q_k}}\right) dv.$$

Dividirt man die erste der beiden Integralformeln durch diese zweite, dann kommt als Schlussresultat

$$(8) \qquad \int e^{-p \sum_1^n z_k} \prod_1^n z_k^{q_k - 1} dz_k = \frac{\prod_1^n \Gamma(q_k)}{\Gamma\left(\sum_1^n q_k\right)} \int_0^1 e^{-p z} \cdot z^{\sum_1^n q_k - 1} dz$$
$$\left(z_k > 0, \ \sum_1^n z_k < 1\right)$$

heraus.

So lässt sich also das n-fache Integral als das Product eines einfachen Integrals mit einem Quotienten aus Γ-Functionen ausdrücken. Nimmt man die Γ-Functionen als bekannt an, dann ist hierdurch das n-fache Integral auf ein einfaches reducirt.

§ 9.

Für besondere Fälle gestaltet sich das Resultat viel einfacher. Sind alle q gleich 1, so ergiebt sich unter Berücksichtigung der Formel

$$\Gamma(1) = \int_0^\infty e^{-x} dx = 1$$

das Resultat

$$\int e^{-p \sum_1^n z_k} dz_1 \dots dz_n = \frac{1}{\Gamma(n)} \int_0^1 e^{-p z} z^{n-1} dz$$
$$\left(z_k > 0, \ \sum_1^n z_k < 1\right).$$

Durch fortgesetzte partielle Integration des Integrals rechts erhält man die Darstellung der linken Seite in die Reihe

$$= \frac{e^{-p}}{p\,\Gamma(n)}\left(1 + \frac{n-1}{p} + \frac{(n-1)(n-2)}{p^2} + \cdots\right).$$

Ist $q_\varkappa = 1$ ($\varkappa = 1, 2, \ldots n$), und ferner $p = 0$, dann folgt aus (8)

$$\int\limits_{\left(z_k > 0,\ \sum\limits_1^n z_k < 1\right)} dz_1 dz_2 \ldots dz_n = \frac{1}{\Gamma(n)} \int\limits_0^1 z^{n-1} dz = \frac{1}{n\,\Gamma(n)},$$

und der Werth von $\Gamma(n)$ ergiebt sich wieder durch partielle Integration aus

$$\Gamma(a+n) = \int\limits_0^\infty e^{-x} x^{a+n-1} dx = (a+n-1)\Gamma(a+n-1)$$

als

$$\Gamma(n) = (n-1)\Gamma(n-1) = (n-1)!\,\Gamma(1) = (n-1)!\,.$$

Es wird also schliesslich, und damit erhalten wir die definitive Lösung der Aufgabe des sechsten Paragraphen,

$$(9)\qquad \int dz_1 dz_2 \ldots dz_n = \frac{1}{n!} \qquad \left(z_k > 0,\ \sum_1^n z_k < 1\right).$$

§ 10.

Wir kehren jetzt zu unserer allgemeinen Integralformel (8) zurück und specialisiren sie in der Art, dass wir p gleich 0 setzen, die q dagegen allgemein lassen; dann entsteht

$$(10)\qquad \int\limits_{\left(z_k > 0,\ \sum\limits_1^n z_k < 1\right)} \prod_1^n z_k^{q_k - 1} dz_k = \frac{\prod\limits_1^n \Gamma(q_k)}{\Gamma\left(\sum\limits_1^n q_k\right)} \frac{1}{\sum\limits_1^n q_k} = \frac{\prod\limits_1^n \Gamma(q_k)}{\Gamma\left(1 + \sum\limits_1^n q_k\right)}.$$

Führt man hier die Integration links in Bezug auf eine der Variablen, etwa auf z_n aus, so entsteht

$$\int z_1^{q_1-1}\cdots z_{n-1}^{q_{n-1}-1}(1-z_1-\cdots-z_{n-1})^{q_n}dz_1\cdots dz_{n-1}$$

(11)
$$= q_n\,\frac{\prod_1^n \Gamma(q_k)}{\Gamma\left(1+\sum_1^n q_k\right)},$$

wobei die z_k alle positiven Werthe durchlaufen, für welche $z_1+\cdots+z_{n-1}<1$ ist.

Es ergiebt sich insbesondere für $n=2$

$$\int_0^1 z^{q_1-1}(1-z)^{q_2}dz = q_2\,\frac{\Gamma(q_1)\,\Gamma(q_2)}{\Gamma(1+q_1+q_2)};$$

hierbei sind die Grenzbedingungen bereits durch die Grenzen des Integrals richtig ausgedrückt. Die letzte Formel nimmt in anderer Schreibweise die bekannte Gestalt an:

(12)
$$\int_0^1 z^{p-1}(1-z)^{q-1}dz = \frac{\Gamma(p)\,\Gamma(q)}{\Gamma(p+q)}\qquad (p, q>0).$$

Man hat dies Integral das Euler'sche Integral erster Gattung genannt und mit $B(p,q)$ bezeichnet, während $\Gamma(p)$ das Euler'sche Integral zweiter Gattung heisst. Da aber die Function B mittels (12) auf Γ reducirt werden kann, so genügt die Einführung von einer der beiden Functionen; und als solche wählen wir, wie dies gewöhnlich geschieht, $\Gamma(p)$.

§ 11.

Die Formel (10) lässt sich zur Berechnung einer ganzen Reihe von körperlichen Inhalten benutzen. Wir setzen

$$z_k=\left(\frac{x_k}{\alpha_k}\right)^{a_k},\quad q_k=\frac{r_k}{a_k}\qquad (a_k>0,\ \alpha_k>0)$$

und erhalten dann aus (10)

(13)
$$\int\limits_{\left(x_k>0,\ \sum_1^n\left(\frac{x_k}{\alpha_k}\right)^{a_k}<1\right)}\prod_1^n\left(\frac{x_k}{\alpha_k}\right)^{r_k-1}dx_k=\prod_1^n\frac{\alpha_k}{a_k}\,\frac{\prod_1^n\Gamma\left(\frac{r_k}{a_k}\right)}{\Gamma\left(1+\sum_1^n\frac{r_k}{a_k}\right)}$$

und für $r_k = 1$

(13*)
$$\int\limits_{\left(x_k>0,\ \sum\limits_1^n\left(\frac{x_k}{\alpha_k}\right)^{a_k}<1\right)} dx_1 \ldots dx_n = \prod_1^n \frac{\alpha_k}{a_k} \frac{\prod\limits_1^n \Gamma\left(\frac{1}{a_k}\right)}{\Gamma\left(1+\sum\limits_1^n \frac{1}{a_k}\right)}.$$

Das giebt den körperlichen Inhalt eines Gebietes, welches von der $(n-1)$-fachen Mannigfaltigkeit

$$\sum_1^n \left(\frac{x_k}{\alpha_k}\right)^{a_k} = 1$$

und von den ebenen Mannigfaltigkeiten, welche den Coordinaten-Ebenen entsprechen, begrenzt ist; dabei ist der Theil mit nur positiven Coordinaten zu wählen. Im Falle $n = 3$ und $a_k = 2$ erhält man ein von den Flächen

$$\left(\frac{x_1}{\alpha_1}\right)^2 + \left(\frac{x_2}{\alpha_2}\right)^2 + \left(\frac{x_3}{\alpha_3}\right)^2 = 1;\ x_1 = 0,\ x_2 = 0,\ x_3 = 0 \qquad (x_\varkappa > 0)$$

umschlossenes Gebiet, also einen Ellipsoid-Octanten.

Als weitere Specialfälle seien noch folgende aufgeführt.

$a_k = 4$ giebt

$$\int\limits_{\left(x_k>0,\ \sum\limits_1^n\left(\frac{x_k}{\alpha_k}\right)^4<1\right)} dx_1 \ldots dx_n = \frac{\prod\limits_1^n \alpha_k}{4^n} \frac{\Gamma\left(\frac{1}{4}\right)^n}{\Gamma\left(1+\frac{n}{4}\right)};$$

für $n = 3$ erhält man daraus weiter

$$\int\limits_{\left(x_k>0,\ \sum\limits_1^3\left(\frac{x_k}{\alpha_k}\right)^4<1\right)} dx_1 dx_2 dx_3 = \frac{\alpha_1 \alpha_2 \alpha_3}{8 \cdot 4^2} \frac{\Gamma\left(\frac{1}{4}\right)^3}{\Gamma\left(\frac{3}{4}\right)}.$$

Um also das von der gesammten Fläche

$$\left(\frac{x_1}{\alpha_1}\right)^4 + \left(\frac{x_2}{\alpha_2}\right)^4 + \left(\frac{x_3}{\alpha_3}\right)^4 = 1$$

umschlossene Volumen V zu bestimmen, hat man nur dieses Resultat mit 8 zu multipliciren. Man bekommt daher

$$V = \frac{\alpha_1 \alpha_2 \alpha_3}{6} \frac{\Gamma\left(\frac{1}{4}\right)^3}{\Gamma\left(\frac{3}{4}\right)}.$$

§ 12.

Da die Γ-Functionen in der Geschichte der Mathematik eine grosse Rolle gespielt haben und zum Theil noch spielen, wollen wir im Anschlusse an die vorhergehenden Untersuchungen einige weiteren Eigenschaften derselben ableiten.

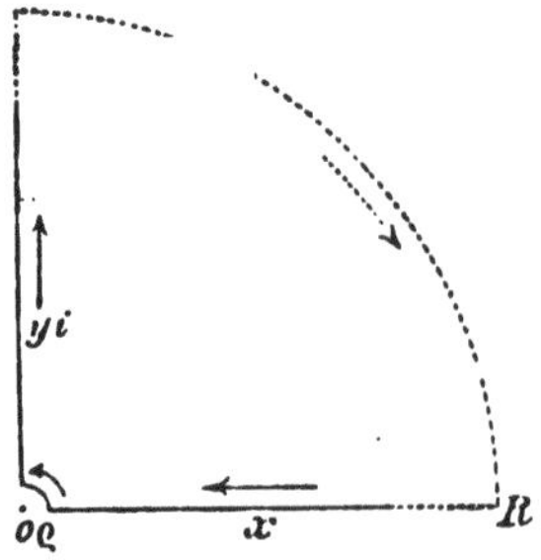

Wir machen, ähnlich wie im fünften Paragraphen, eine Integration von $z = R + 0 \cdot i$ aus bis $z = \varrho + 0 \cdot i$ auf der X-Axe, umgehen auf einem Viertelkreise mit dem Radius ϱ den Nullpunkt, integriren weiter in der positiven Y-Axe bis $z = 0 + Ri$ und endlich auf einem Viertelkreise mit dem Radius R bis zum Ausgangspunkte zurück. Dabei lassen wir R und $\frac{1}{\varrho}$ ins Unendliche zunehmen. Setzen wir $0 < q < 1$ voraus, dann verschwinden die beiden über die Kreisbögen erstreckten Integrale, und es kommt

$$\int_0^\infty e^{-yi} y^{q-1} i^q dy = \int_0^\infty e^{-x} x^{q-1} dx \qquad (0 < q < 1)$$

und also

$$(14) \qquad \int_0^\infty e^{-yi} y^{q-1} dy = e^{-q\frac{\pi i}{2}} \Gamma(q) \qquad (0 < q < 1)$$

heraus.

Trennen wir hier das Reelle vom Imaginären, so folgt

$$(15) \qquad \begin{aligned} \int_0^\infty \cos y \cdot y^{q-1} dy &= \cos \frac{q\pi}{2}\, \Gamma(q), \\ \int_0^\infty \sin y \cdot y^{q-1} dy &= \sin \frac{q\pi}{2}\, \Gamma(q). \end{aligned} \qquad (0 < q < 1)$$

Aus diesen beiden Gleichungen lässt sich dann weiter

$$(14^*) \qquad \int_0^\infty e^{+yi} y^{q-1} dy = e^{+q\frac{\pi i}{2}} \Gamma(q) \qquad (0 < q < 1)$$

zusammensetzen, und (14) und (14*) liefern bei der Einführung von sy statt y, vereinigt

$$(16) \qquad \int_0^\infty e^{syi} y^{q-1} dy = \frac{e^{q\frac{\pi i}{2}\operatorname{sgn} s}\, \Gamma(q)}{|s|^q} \qquad (0 < q < 1),$$

woraus dann bei der Trennung des Reellen vom Imaginären als Erweiterung der Gleichungen (15)

$$(17)\quad \begin{aligned} \int_0^\infty \cos sy \cdot y^{q-1} dy &= \cos \frac{q\pi}{2} \frac{\Gamma(q)}{|s|^q}, \\ \int_0^\infty \sin sy \cdot y^{q-1} dy &= \operatorname{sgn} s \cdot \sin \frac{q\pi}{2} \frac{\Gamma(q)}{|s|^q} \end{aligned} \qquad (0 < q < 1)$$

entsteht. Diese beiden Formeln geben wieder Veranlassung zur Bildung eines discontinuirlichen Factors. Multiplicirt man nämlich die erste von ihnen mit $\sin \frac{q\pi}{2}$, die zweite mit $\cos \frac{q\pi}{2}$ und addirt die Resultate, dann bekommt man

$$(18)\quad \int_0^\infty \sin\left(q\frac{\pi}{2} + sy\right) \cdot y^{q-1} dy = \sin q\pi \frac{\Gamma(q)}{|s|^q} \frac{1 + \operatorname{sgn} s}{2}$$

$$(0 < q < 1).$$

Setzt man hierin etwa $s = 1 - \frac{x_1^2}{a^2} - \frac{y_1^2}{b^2} - \frac{z_1^2}{c^2}$, dann wird das Integral für jeden Punkt ausserhalb des Ellipsoids $s = 0$ verschwinden.

§ 13.

Weitere Eigenschaften der Γ-Function erhalten wir, wenn in (12) q und $1 - q$ für p und q gesetzt wird. Das giebt, da $p, q > 0$ waren,

$$(19)\quad \Gamma(q)\Gamma(1-q) = \int_0^1 z^{q-1}(1-z)^{-q} dz \qquad (0 < q < 1),$$

wobei bemerkt werden mag, dass sich die rechte Seite nicht ändert, wenn man $1 - q$ für q einträgt, so dass also

$$\int_0^1 z^{q-1}(1-z)^{-q} dz = \int_0^1 z^{-q}(1-z)^{1-q} dz$$

wird. Nun substituiren wir in (19)

$$\frac{z}{1-z} = y, \quad z = \frac{y}{1+y}$$

und erhalten dadurch

$$\int_0^\infty \frac{y^{q-1}}{1+y} dy = \Gamma(q)\Gamma(1-q). \qquad (0 < q < 1).$$

Den Werth des Products rechts kann man durch Reihenentwickelung des Integrals ermitteln. Des Nenners wegen müssen wir nach steigenden Potenzen von y zwischen Null und 1, dagegen nach fallenden von y zwischen 1 und ∞ entwickeln, und wir schreiben deswegen für das Integral links die Summe

$$\int_0^1 \frac{y^{q-1}dy}{1+y} + \int_1^\infty \frac{y^{q-1}dy}{1+y}$$

und führen in das zweite Integral $\frac{1}{y}$ für y ein. Daraus entnehmen wir, unter Benutzung der Formel (5) Vorles. 5, § 2,

$$\int_0^\infty \frac{y^{q-1}}{1+y}dy = \int_0^1 \frac{y^{q-1}+y^{-q}}{1+y}dy = \int_0^1 \sum_0^\infty (-1)^k(y^{k+q-1}+y^{k-q})dy$$

$$= \sum_0^\infty \frac{(-1)^k}{k+q} + \sum_0^\infty \frac{(-1)^k}{k-q+1}$$

$$= \sum_{k=0}^\infty \frac{(-1)^k}{k+q} - \sum_{k'=-1}^{-\infty} \frac{(-1)^{k'}}{k'+q}$$

$$= \sum_{-\infty}^\infty \frac{(-1)^k}{k+q} = \frac{\pi}{\sin q\pi} \qquad (0<q<1),$$

und es wird daher

$$(20) \qquad \Gamma(q)\Gamma(1-q) = \frac{\pi}{\sin q\pi} \qquad (0<q<1).$$

Diese Formel kann übrigens auch auf vielen anderen Wegen bewiesen werden.

Speciell für $q=\frac{1}{2}$ giebt sie $\Gamma\left(\frac{1}{2}\right) = \sqrt{\pi}$,

„ „ $q=\frac{k}{n}$ „ „ $\Gamma\left(\frac{k}{n}\right)\Gamma\left(\frac{n-k}{n}\right) = \frac{\pi}{\sin\frac{k\pi}{n}}$.

§ 14.

Aus (20) kann man ein allgemeineres Resultat herleiten. Nimmt man in dem Producte

$$\prod_{\varkappa=1}^{n-1} \Gamma\left(\frac{\varkappa}{n}\right)$$

je zwei Factoren $\Gamma\left(\frac{\varkappa}{n}\right)$ und $\Gamma\left(\frac{n-\varkappa}{n}\right)$ zusammen, wobei für ein gerades

n das mittlere Glied $\Gamma\left(\frac{n}{2n}\right) = \Gamma\left(\frac{1}{2}\right) = |\sqrt{\pi}|$ zurückbleibt, dann wird dieses Product gleich

$$\frac{\pi^{\frac{n-1}{2}}}{\prod\limits_{1}^{\frac{n-1}{2}} \sin\frac{\varkappa\pi}{n}} \quad \text{oder} \quad \frac{\pi^{\frac{n-2}{2}}\,\frac{1}{2}}{\prod\limits_{1}^{\frac{n-2}{2}} \sin\frac{\varkappa\pi}{n}},$$

je nachdem n ungerade oder gerade ist.

Aus den Elementen der Analysis ist die Formel

$$\prod_{k=1}^{n-1} 2\sin\frac{\varkappa\pi}{n} = n$$

bekannt, und da $\sin\alpha = \sin(\pi - \alpha)$ ist, so kann man

$$\prod_{k=1}^{\frac{n-1}{2}} \left(2\sin\frac{\varkappa\pi}{n}\right)^2 = n \quad \text{oder} \quad 2\prod_{k=1}^{\frac{n-2}{2}} \left(2\sin\frac{\varkappa\pi}{n}\right)^2 = n$$

setzen, je nachdem n ungerade oder gerade ist. Sowohl bei geradem wie bei ungeradem n findet man also

$$(21) \qquad \prod_{\varkappa=1}^{n} \Gamma\left(\frac{\varkappa}{n}\right) = \frac{\pi^{\frac{n-1}{2}}\, 2^{\frac{n-1}{2}}}{|\sqrt{n}|} = (2\pi)^{\frac{n-1}{2}} \cdot n^{-\frac{1}{2}}.$$

Dies ist wieder nur ein specieller Fall einer allgemeineren Formel, der merkwürdigsten aus der Theorie der Γ-Functionen. Sie bezieht sich auf das Product

$$\prod_{\varkappa=0}^{n-1} \Gamma\left(a + \frac{\varkappa}{n}\right)$$

und lässt sich auch mit Hülfe reiner Integralbetrachtungen ableiten. In dieser Art ist das durch Gauss gefundene Theorem (Abhandlung über die hypergeometrische Reihe) von Dirichlet entwickelt worden. Dabei stehen zwei Wege offen. Entweder kann man das Product der Γ-Functionen als n-faches Integral auffassen und es durch Umformungen auf den Schlusswerth zu bringen versuchen; — dieser Weg ist der directere, wäre als solcher empfehlenswerth, ist aber bisher noch nicht mit Erfolg eingeschlagen worden; — oder man kann zu den Logarithmen übergehen, und wenn es gelingt, den Logarithmus der Γ-Function durch ein Integral darzustellen, das Product durch eine Summe ersetzen. In dieser letzten Art hat Dirichlet die Untersuchung durchgeführt, die in ihrer Art einzig dasteht.

§ 15.

Zunächst differentiirt Dirichlet die definirende Gleichung für $\Gamma(a)$ nach a,

$$\Gamma'(a) = \int_0^\infty e^{-z} z^{a-1} \log z\, dz,$$

und ersetzt dann $\log z$ durch den aus der zwölften Vorlesung § 6, (12) zu entnehmenden Ausdruck

$$\log z = \int_0^\infty (e^{-y} - e^{-yz}) \frac{dy}{y}.$$

Dadurch wandelt sich unser Integral folgendermassen um:

$$\Gamma'(a) = \int_0^\infty e^{-z} z^{a-1} dz \int_0^\infty (e^{-y} - e^{-yz}) \frac{dy}{y}$$

$$= \int_0^\infty \frac{dy}{y} \left(e^{-y} \int_0^\infty e^{-z} z^{a-1} dz - \int_0^\infty e^{-(y+1)z} z^{a-1} dz \right)$$

$$= \int_0^\infty \frac{dy}{y} \left(e^{-y} \int_0^\infty e^{-z} z^{a-1} dz - \frac{1}{(1+y)^a} \int_0^\infty e^{-u} u^{a-1} du \right),$$

wo $(y+1)z = u$ gesetzt wurde,

$$= \Gamma(a) \int_0^\infty \frac{dy}{y} \left(e^{-y} - \frac{1}{(1+y)^a} \right),$$

und man erhält als Hülfsformel für unsere Untersuchung

$$(22) \qquad \frac{d \log \Gamma(a)}{da} = \int_0^\infty (e^{-y} - (1+y)^{-a}) \frac{dy}{y}.$$

Die logarithmische Ableitung des gesuchten Products stellt sich daher in der Form:

$$\sum_{x=0}^{n-1} \frac{d \log \Gamma\left(a + \frac{x}{n}\right)}{da} = \int_0^\infty \left(n e^{-y} - \sum_{x=0}^{n-1} (1+y)^{-a-\frac{x}{n}} \right) \frac{dy}{y}$$

$$= \int_0^\infty \left(n e^{-y} + \frac{y(1+y)^{-a-1}}{(1+y)^{-\frac{1}{n}} - 1} \right) \frac{dy}{y}$$

dar. Hier darf man das Integral nicht in die beiden Theile zerlegen, die den hingeschriebenen Theilen des Integranden entsprechen, weil für jeden einzelnen von ihnen, wegen des Integrandenwerthes für $y = 0$ die Endlichkeit des Integrals in Zweifel träte. Wir wollen den kritischen Punkt $y = 0$ durch die Schreibweise

$$\sum_{x=0}^{n-1} \frac{d \log \Gamma\left(a + \frac{x}{n}\right)}{da} = \lim_{\varepsilon=0} \left(\int_{\varepsilon}^{\infty} \frac{n e^{-y}\, dy}{y} + \int_{\varepsilon}^{\infty} \frac{(1+y)^{-a-1}}{(1+y)^{-\frac{1}{n}} - 1}\, dy \right)$$

vermeiden und können nun im zweiten Theile $(1 + z)^n$ für $1 + y$ einsetzen; dadurch erhält man, falls wieder y an die Stelle von z tritt,

$$\sum_{x=0}^{n-1} \frac{d \log \Gamma\left(a + \frac{x}{n}\right)}{da} = \lim_{\varepsilon=0} \left(\int_{\varepsilon}^{\infty} \frac{n e^{-y} dy}{y} - \int_{(1+\varepsilon)^{\frac{1}{n}}-1}^{\infty} \frac{n(1+y)^{-na}}{y}\, dy \right).$$

Andererseits ist nach (22)

$$\frac{d \log \Gamma(na)}{da} = n \frac{d \log \Gamma(na)}{d(na)} = \lim_{\varepsilon=0} \left(\int_{\varepsilon}^{\infty} \frac{n e^{-y} dy}{y} - \int_{\varepsilon}^{\infty} \frac{n(1+y)^{-na} dy}{y} \right),$$

und also, wenn man diese Formel von der vorhergehenden subtrahirt,

$$\sum_{x=0}^{n-1} \frac{d \log \Gamma\left(a + \frac{x}{n}\right)}{da} - \frac{d \log \Gamma(na)}{da} = \lim_{\varepsilon=0} \int_{\varepsilon}^{(1+\varepsilon)^{\frac{1}{n}}-1} \frac{n}{(1+y)^{na}} \frac{dy}{y}.$$

Da in dem Integrale rechts y sehr klein bleibt, so kann man $1 + y$ durch 1 ersetzen und erhält dadurch den Werth des Integrals

$$= n \lim_{\varepsilon=0} (\log y)_{\varepsilon}^{(1+\varepsilon)^{\frac{1}{n}}-1} = n \lim_{\varepsilon=0} \log \frac{(1+\varepsilon)^{\frac{1}{n}} - 1}{\varepsilon} = n \log \frac{1}{n}.$$

Trägt man dies in die letzte Formel ein und integrirt unbestimmt nach a, so resultirt

$$\sum_{x=0}^{n-1} \log \Gamma\left(a + \frac{x}{n}\right) = \log \Gamma(na) - an \log n + \log c.$$

Um die Constante c zu bestimmen, setzen wir $a = \frac{1}{n}$ und benutzen die Formel (21); dann wird

$$\sum_{x=1}^{n} \log \Gamma\left(\frac{x}{n}\right) = \log\left(n^{-\frac{1}{2}} (2\pi)^{\frac{n-1}{2}}\right) = -\log n + \log c,$$

$$\log c = \log\left(n^{\frac{1}{2}} (2\pi)^{\frac{n-1}{2}}\right),$$

und dadurch erhält man als Schlussgleichung

$$(23)\qquad \prod_{\varkappa=0}^{n-1} \Gamma\left(a+\frac{\varkappa}{n}\right) = \Gamma(na)\,\frac{(2\pi)^{\frac{n-1}{2}}}{n^{an-\frac{1}{2}}},$$

wie es von Gauss gefunden worden ist. Dividirt man diese Formel durch die für $an = 1$ daraus entstehende, dann ergiebt sich

$$\prod_{\varkappa=0}^{n-1} \Gamma\left(a+\frac{\varkappa}{n}\right) = n^{-na}\Gamma(na)\cdot n\prod_{\varkappa=1}^{n} \Gamma\left(\frac{\varkappa}{n}\right).$$

In Bezug auf den anfangs erwähnten, directen Weg zur Ableitung dieser Formel wollen wir noch bemerken, dass, wenn man die Producte der Γ-Functionen links und rechts in der letzten Gestalt der Formel als n-fache Integrale betrachtet, die beiden Seiten von vorn herein wenig von einander verschieden sind. Schreibt man für die Γ die betreffenden Integralausdrücke, so lautet jene Formel, da ja

$$n^{-na}\Gamma(na) = \int_0^\infty e^{-nz} z^{na-1} dz$$

ist,

$$\int_0^\infty \prod_{\varkappa=0}^{n-1} e^{-z_\varkappa} z_\varkappa^{a+\frac{\varkappa}{n}-1} dz_\varkappa = n\int_0^\infty \prod_{\varkappa=1}^{n} e^{-z_\varkappa} z_\varkappa^{\frac{\varkappa}{n}-1} dz_\varkappa \cdot e^{-nz} z^{an-1} dz$$

oder bei etwas anderer Schreibart

$$\int_0^\infty e^{-\sum_0^{n-1} z_\varkappa} \prod_{\varkappa=0}^{n-1} z_\varkappa^{\frac{\varkappa}{n}-1} \prod_0^{n-1} z_\varkappa^a dz_\varkappa = n\int_0^\infty e^{-\sum_1^n z_\varkappa} \prod_{\varkappa=1}^{n} z_\varkappa^{\frac{\varkappa}{n}-1} e^{-nz} z^{an-1} dz\, dz_\varkappa.$$

Es wäre nun das eine der beiden Integrale in das andere zu transformiren oder zu zeigen, dass ihre Differenz Null ist. Bisher ist dies aber auf directem Wege nicht gelungen.

Fünfzehnte Vorlesung.

Differentiation eines n-fachen Integrals nach einem Parameter. — Hauptformel. — Symmetrische Darstellung derselben. — Oberflächen-Element. — Specialfälle. — Volumen und Oberfläche einer sphärischen Mannigfaltigkeit.

§ 1.

Eine Hauptformel der Theorie mehrfacher Integrale haben wir durch die Transformation erhalten. Ihr zur Seite steht eine andere von eben so grundlegender Wichtigkeit. Wir haben das entsprechende Resultat bei den einfachen Integralen aufgestellt und mehrfach mit Vortheil benutzt: es ist die Ableitung eines Integrals nach einem Parameter, um welche es sich jetzt handelt. Dabei haben wir bereits bei den einfachen Integralen den Parameter nicht nur in den Integranden, sondern auch in die Grenzen eingehen lassen. Das ist von grösster Wichtigkeit, wie man bei mehrfachen Integralen noch besser erkennt, als bei den einfachen; denn wie eine unendliche Reihe erst innerhalb ihres Convergenzbereiches eine Existenz hat, so ein Integral erst innerhalb der vorgeschriebenen Grenzen. Und eben deswegen wollen wir bei der Differentiation eines n-fachen Integrals sofort den Bereich von dem Parameter, nach welchem differentiirt werden soll, abhängig machen.

Es handelt sich also um die Differentiation von

$$\int\limits_{(F(z_1,\ldots z_n;\, t)<0)} \mathfrak{F}(z_1, z_2, \ldots, z_n;\ t)\, dz_1 dz_2 \ldots dz_n = \int \mathfrak{F}\cdot dv$$

nach t. Hier wie stets im Folgenden soll die hinter oder unter das Integral gesetzte Ungleichung den Integrationsbereich angeben. Wir bezeichnen das Integral kurz durch $J(t)$, den Integranden durch $\mathfrak{F}_t$, und das, unser Integrationsgebiet bestimmende Polynom durch F_t. Dann ist, wenn wir das Volumelement $dz_1 dz_2 \ldots dz_n$ kurz durch dv bezeichnen,

$$J(t+dt) = \int\limits_{(F_{t+dt}<0)} \mathfrak{F}_{t+dt}\cdot dv; \quad J(t) = \int\limits_{(F_t<0)} \mathfrak{F}_t \cdot dv;$$

$$J(t+dt) - J(t) = \int\limits_{(F_{t+dt}<0)} \mathfrak{F}_t dv + \int\limits_{(F_{t+dt}<0)} \frac{\partial \mathfrak{F}_t}{\partial t}\, dt\, dv - \int\limits_{(F(t)<0)} \mathfrak{F}_t dv.$$

Die Differenz aus dem ersten und dem dritten Gliede auf der rechten Seite ist lediglich ein, über das Zwischengebiet von $F_{t+dt}=0$ und $F_t=0$ erstrecktes Integral $\int \mathfrak{F}_t dt$, bei welchem diejenigen Raumelemente positiv zu nehmen sind, welche ausserhalb, und diejenigen negativ, welche innerhalb $F_t<0$ liegen.

Wir müssen uns mit der Bestimmung des so definirten Zwischengebietes beschäftigen. Um dies möglichst anschaulich zu machen, betrachten wir den Specialfall $n=3$, geben dem t zwei benachbarte feste Werthe t_0 und $t_1=t_0+h$ und betrachten die Flächenschaar

$$F(z_1, z_2, z_3; t)=0 \qquad (t=t_0\ldots t_0+h).$$

Von den Punkten des Zwischengebietes betrachten wir zunächst nur diejenigen, für welche z_1 und z_2 gewisse feste Werthe haben, bei denen also z_3 und t veränderlich sind. Lassen wir t von t_0 bis $t_0+h=t_1$ variiren, dann wird auch z_3 variiren, der Art, dass die Incremente dt und dz_3 die aufgestellte Flächengleichung befriedigen. Der Zuwachs dz_3 hängt dabei von dem Zuwachs dt ab, und weil

$$\left(\frac{\partial F}{\partial z_3}\right)_{t_0} dz_3+\left(\frac{\partial F}{\partial t}\right)_{t_0} dt=0$$

ist, so folgt also der Gleichung gemäss,

$$dz_3=-\left(\frac{\frac{\partial F}{\partial t}}{\frac{\partial F}{\partial z_3}}\right)_{t_0} dt \qquad (dt=0\ldots h).$$

Man erhält alle diejenigen Punkte des zu unseren Flächen gehörigen Zwischengebietes, welche z_1 und z_2 als Coordinaten besitzen, wenn man t und z_3 von ihren Anfangswerthen um dt und das zugehörige dz_3 wachsen lässt. Ebenso erhält man alle Punkte des gesammten Zwischengebietes, wenn man z_1 und z_2 als unabhängige Variable, dagegen z_3 als Function von z_1, z_2 und t ansieht, welche $F(z_1, z_2, z_3, t)=0$ erfüllt, und wenn man dann

$$dz=-\left(\frac{\partial F}{\partial t}:\frac{\partial F}{\partial z_3}\right) dt \qquad (dt=0\ldots h)$$

einsetzt.

Genau so verfahren wir im allgemeinen Falle. Es sei

$$\frac{\partial F_t}{\partial t}=F_{tt}, \quad \frac{\partial F_t}{\partial z_n}=F_{tn},$$

dann wird das über unser Zwischengebiet erstreckte Integral

$$\int\limits_{(F_{t+dt}<0,\, F_t>0)} \mathfrak{F}(z_1, \ldots z_n, t)\, dz_1 \ldots dz_n=-\int\limits_{(F_t=0)} dz_1 \ldots dz_{n-1} \mathfrak{F}(z_1, \ldots z_n, t)\, \frac{F_{tt}}{F_{tn}}\, dt.$$

Dadurch erhalten wir also

$$J(t+dt)-J(t)=\int\limits_{(F_{t+dt}<0)}\frac{\partial\mathfrak{F}_t}{\partial t}\,dt\,dv-\int\limits_{(F_t=0)}\mathfrak{F}_t dz_1\ldots dz_{n-1}\frac{F_{tt}}{F_{tn}}\,dt$$

und

$$(1)\qquad \frac{\partial J(t)}{\partial t}=\lim_{dt=0}\frac{J(t+dt)-J(t)}{dt}=\int\limits_{(F_t<0)}\frac{\partial\mathfrak{F}_t}{\partial t}\,dv-\int\limits_{(F_t=0)}\mathfrak{F}_t dz_1\ldots dz_{n-1}\frac{F_{tt}}{F_{tn}}.$$

Wenn $\mathfrak{F}_t$ und F_t für $t=0$ nicht unstetig werden, dann hat man hieraus, falls man durch $z_1^0, \ldots z_n^0$ die Punkte von $F_0=0$ bezeichnet

$$(2)\qquad \left[\frac{\partial J(t)}{\partial t}\right]_{t=0}=\int\limits_{(F_0<0)}\left[\frac{\partial}{\partial t}\mathfrak{F}_t\right]_{t=0}dv-\int\limits_{(F_0=0)}\mathfrak{F}_0\left[\frac{F_{tt}}{F_{tn}}\right]_{t=0}dz_1^0\ldots dz_{n-1}^0.$$

Das Integral links ist wie das erste Integral rechts ein n-faches; das zweite rechts ist ein $(n-1)$-faches.

§ 2.

Das gewonnene Resultat ist noch unsymmetrisch, da die eine der Variabeln, hier z_n, anders behandelt worden ist, als die übrigen. Dies lässt sich durch Einführung des Gebildes vermeiden, welches in der n-fachen Mannigfaltigkeit dem Oberflächenelemente im Raume entspricht.

Wie man im Raume, um ein Element der Oberfläche eines gegebenen Gebietes zu erhalten, von einem Punkte der Oberfläche zu zwei benachbarten Punkten der Fläche übergehen muss, so haben wir jetzt zu dem Punkte $(z_1^0\ldots z_n^0)$ der Begrenzung $F(z_1^0,\ldots z_n^0;\,0)=0$ noch $n-1$ benachbarte, auf ihr liegende „Punkte" hinzuzunehmen. Wir bilden diese, indem wir je eine der als unabhängig angesehenen Coordinaten $z_1^0, \ldots z_{n-1}^0$ um bezw. $dz_1^0, \ldots dz_{n-1}^0$ vermehren und jedesmal dem z_n^0 den Zuwachs $-\frac{F_{01}}{F_{0n}}dz_1^0$ bezw. $-\frac{F_{02}}{F_{0n}}dz_2^0, \ldots$ ertheilen; $F_{0\varkappa}$ bedeutet die Ableitung von F_0 nach z_k^0. Wir haben dann n Punkte

$$\begin{array}{llll}
z_1^0, & z_2^0, & \ldots z_{n-1}^0, & z_n^0;\\
z_1^0+dz_1^0, & z_2^0, & \ldots z_{n-1}^0, & z_n^0-\frac{F_{01}}{F_{0n}}dz_1^0;\\
\cdot\;\cdot\;\cdot & \cdot\;\cdot\;\cdot & \cdot\;\cdot\;\cdot & \cdot\;\cdot\;\cdot\\
z_1^0, & z_2^0, & \ldots z_{n-1}^0+dz_{n-1}^0, & z_n^0-\frac{F_{0,n-1}}{F_{0n}}dz_{n-1}^0,
\end{array}$$

welche auf der Mannigfaltigkeit $F_0=0$ liegen. Zu ihnen nehmen wir einen in der Mannigfaltigkeit der z beliebig gelegenen $(n+1)^{\text{ten}}$ Punkt $(z_1, z_2, \ldots z_n)$ hinzu und bilden die Determinante

$$D = \begin{vmatrix} 1 & z_1 & z_2 & \ldots z_{n-1} & z_n \\ 1 & z_1^0 & z_2^0 & \ldots z_{n-1}^0 & z_n^0 \\ 1 & z_1^0 + dz_1^0 & z_2^0 & \ldots z_{n-1}^0 & z_n^0 - \frac{F_{01}}{F_{0n}} dz_1^0 \\ 1 & z_1^0 & z_2^0 + dz_2^0 & \ldots z_{n-1}^0 & z_n^0 - \frac{F_{02}}{F_{0n}} dz_2^0 \\ \cdot & \cdot & \cdot & \cdot & \cdot \\ 1 & z_1^0 & z_2^0 & \ldots z_{n-1}^0 + dz_{n-1}^0 & z_n^0 - \frac{F_{0,n-1}}{F_{0n}} dz_{n-1}^0 \end{vmatrix}$$

Eine solche Determinante $(n+1)^{\text{ter}}$ Ordnung

$$\varDelta = |\, 1 \quad z_1^{(\varkappa)}\; z_2^{(\varkappa)} \ldots z_n^{(\varkappa)} \,| \qquad (\varkappa = 0, 1, 2, \ldots n),$$

in der $z_1^{(\varkappa)}, \ldots z_n^{(\varkappa)}$ die „Coordinaten" eines „Punktes" $P_\varkappa$ einer n-fachen Mannigfaltigkeit angeben, kann man als „Inhaltsdeterminante" bezeichnen. (Vgl. Journ. für Math. Bd. 72 S. 170.) Für $n = 2$ liefert sie den doppelten Inhalt des Dreiecks mit den Ecken $P_0 P_1 P_2$; für $n = 3$ den sechsfachen des Tetraeders mit den Ecken $P_0 \ldots P_3$.

Sind in der n-fachen Mannigfaltigkeit $(n+1)$ Punkte gegeben, $P_0, P_1, \ldots P_n$, dann kann man je n von ihnen durch eine lineare $(n-1)$-fache Mannigfaltigkeit $\Phi = 0$ verbinden, so dass $\Phi_\varkappa = 0$ die Punkte $P_0, \ldots P_{\varkappa-1}, P_{\varkappa+1}, \ldots P_n$ enthält; die $\Phi_\varkappa$ kann man so wählen, dass für jeden beliebigen Punkt $z_1, z_2, \ldots z_n$ wenigstens eine der Functionen $\Phi_\varkappa$ negativ ist, und dass für unendlich ferne Punkte $(z_1, \ldots z_n)$ nicht alle Functionen $\Phi_\varkappa$ negativ sein werden. Die Gesammtheit der Functionen $\Phi_\varkappa$ zerlegt also, den $(2^{n+1} - 1)$ Zeichencombinationen $(\operatorname{sgn} \Phi_0, \ldots \operatorname{sgn} \Phi_n)$ entsprechend, die ganze n-fache Mannigfaltigkeit in eine ebenso grosse Anzahl von Gebieten, von denen nur ein einziges keine unendlich fernen Punkte enthält. Dies eine Gebiet ist dadurch charakterisirt, dass für alle in ihm liegenden Punkte die Werthe der sämmtlichen $(n+1)$ Functionen $\Phi_\varkappa$ negativ sind, und das über ebendasselbe Gebiet erstreckte Volum-Integral

$$\int dz_1 dz_2 \ldots dz_n,$$

multiplicirt mit $n!$ ist gleich $\varDelta$. Deshalb ist man berechtigt, für $\varDelta$ die Bezeichnung „Inhaltsdeterminante" einzuführen.

§ 3.

· Wir gehen von der Determinante D des vorigen Paragraphen aus und ziehen in ihr die Glieder der ersten Zeile von denen der zweiten, die der ursprünglichen zweiten von denen aller folgenden ab; dadurch verwandelt sich D in

$$\begin{vmatrix} z_1^0 - z_1 & z_2^0 - z_2 & \dots & z_{n-1}^0 - z_{n-1} & z_n^0 - z_n \\ 1 & 0 & & 0 & -\frac{F_{01}}{F_{0n}} \\ 0 & & & 0 & -\frac{F_{02}}{F_{0n}} \\ \cdot & \cdot & \cdot & \cdot & \cdot \\ 0 & 0 & & & -\frac{F_{0,n-1}}{F_{0n}} \end{vmatrix} dz_1^0 \dots dz_{n-1}^0 .$$

Wir wollen jetzt über den bisher beliebig gelassenen Punkt $(z_1, z_2, \dots z_n)$ so verfügen, dass er mit den übrigen n Punkten durch die für $i = 1, 2, \dots n - 1$ geltenden Bedingungen

$$(3) \qquad \sum_1^n (z_\varkappa^0 - z_\varkappa)^2$$

$$= \sum (z_\lambda^0 - z_\lambda)^2 + (z_i^0 + dz_i^0 - z_i)^2 + \left(z_n^0 - \frac{F_{0i}}{F_{0n}} dz_i^0 - z_n\right)^2$$

$$(\lambda = 1, 2, \dots i - 1, i + 1, \dots, n - 1)$$

also durch

$$(z_i^0 - z_i)^2 + (z_n^0 - z_n)^2 = (z_i^0 + dz_i^0 - z_i)^2 + \left(z_n^0 - \frac{F_{0i}}{F_{0n}} dz_i^0 - z_n\right)^2$$

$$(i = 1, 2, \dots n - 1),$$

oder auch durch

$$(3^*) \qquad z_i^0 - z_i = (z_n^0 - z_n) \frac{F_{0i}}{F_{0n}}$$

verknüpft ist. Trägt man dies in die letzte Form von D ein, dann wird

$$D = \frac{z_n^0 - z_n}{F_{0n}} \begin{vmatrix} F_{01} & F_{02} & \dots & F_{0n-1} & F_{0n} \\ 1 & 0 & & 0 & -\frac{F_{01}}{F_{0n}} \\ 0 & 1 & & 0 & -\frac{F_{02}}{F_{0n}} \\ \cdot & \cdot & \cdot & \cdot & \cdot \\ 0 & 0 & & 1 & -\frac{F_{0,n-1}}{F_{0n}} \end{vmatrix} dz_1^0 \dots dz_{n-1}^0 .$$

Multiplicirt man für $\varkappa = 1, 2, \ldots n-1$ die $\varkappa^{\text{te}}$ Colonne mit $\frac{F_{0\varkappa}}{F_{0n}}$ und addirt die erhaltenen Producte zur letzten, dann entsteht

$$D = \pm \frac{z_n^0 - z_n}{F_{0n}} \sum_{\varkappa=1}^{n} \frac{F_{0\varkappa}^2}{F_{0n}} dz_1^0 dz_2^0 \ldots dz_{n-1}^0 .$$

Weil nun wegen (3*)

$$\frac{z_n^0 - z_n}{F_{0n}} = \frac{z_i^0 - z_i}{F_{0i}} = \sqrt{\frac{\sum_{\varkappa=1}^{n}(z_\varkappa^0 - z_\varkappa)^2}{\sum_{\varkappa=1}^{n} F_{0\varkappa}^2}} \qquad (i = 1, 2, \ldots n-1)$$

ist, so erhält man die Darstellung

$$D = \pm \sqrt{\frac{\sum_1^n (z_\varkappa^0 - z_\varkappa)^2}{\sum_1^n F_{0\varkappa}^2}} \sum_1^n \frac{F_{0\varkappa}^2}{F_{0n}} dz_1^0 dz_2^0 \ldots dz_{n-1}^0$$

$$= \pm \sqrt{\sum_1^n (z_\varkappa^0 - z_\varkappa)^2} \sqrt{\sum_1^n F_{0\varkappa}^2} \, \frac{dz_1^0 dz_2^0 \ldots dz_{n-1}^0}{F_{0n}} .$$

§ 4.

Dies ist der Ausdruck für das oben gekennzeichnete n-dimensionale Raumelement. Die Definition ist durchaus der Natur der Sache entsprechend und lässt sich arithmetisch rechtfertigen. Das kann man von einer Definition des Rauminhaltes einer $(n-1)$-fachen, aus einer n-fachen herausgeschnittenen Mannigfaltigkeit nicht mehr sagen. An dieser Stelle trennen sich verschiedene Wege, und was als Rauminhalt definirt werden soll, ist in gewissem Maasse der Willkür überlassen; denn der Begriff selbst ist etwas Künstliches Schon der Inhalt eines Dreiecks im Raume kann nur mittels seiner Projectionen bestimmt werden.

Wir gehen folgendermassen vor: Im zweidimensionalen Raume, der Ebene, sei ein Dreieck gegeben; dividirt man das $(1 \cdot 2)$-fache Volumen durch die Höhe, so erhält man das Maass für die Länge der Grundlinie. Ebenso: Im dreidimensionalen Raume sei ein Tetraeder gegeben; dividirt man das $(1 \cdot 2 \cdot 3)$-fache Volumen durch die Höhe, so erhält man die doppelte Grundfläche. Analog dazu dividiren wir im n-dimensionalen Raume das $n!$-fache des „Prismatoids“ $P_0 P_1 \ldots P_n$ durch die von P_0 gezogene Höhe, unterdrücken aber $(n-1)!$ und bezeichnen den Quotienten als „Maass der Fläche“ von $P_1 P_2 \ldots P_n$.

Hier ist das $n!$-fache Volumen gleich D, und da $(z_1, z_2, \ldots z_n)$ gemäss der Bestimmung (3) angenommen wurde, so können wir bei dem unendlich schmalen Prismatoid die Höhe gleich

$$\sqrt{\sum_1^n (z_\varkappa^0 - z_\varkappa)^2}$$

setzen. Daraus folgt als das „Maass des Flächenelements“

$$\pm\sqrt{\sum_1^n F_{0\varkappa}^2}\,\frac{dz_1^0\,dz_2^0 \cdots dz_{n-1}^0}{F_{0n}}$$

oder, wenn wir dasselbe $= dw$ und der Abkürzung halber

$$\sqrt{\sum_1^n F_{0k}^2} = \mathfrak{S}$$

setzen und bedenken, dass es sich nur um den absoluten Betrag handelt,

(4) $$dw = \frac{\mathfrak{S}}{F_{0n}}\,dz_1^0\,dz_2^0 \ldots dz_{n-1}^0\,.$$

Es ist klar, worin bei unserer Ableitung das Willkürliche liegt: es ist in der Festsetzung der „Entfernungsfunction“

$$\sqrt{\sum_1^n (z_k^0 - z_k)^2}$$

enthalten. Riemann legt denselben Ausdruck zu Grunde; es ist aber kein zwingender Grund für diese Annahme vorhanden. Aendern wir nun diese „Entfernungsfunction“, dann ändern wir damit auch den Ausdruck für dw.

Das Element unserer aus der n-fachen Mannigfaltigkeit $(z_1, z_2, \ldots z_n)$ ausgeschiedenen $(n-1)$-fachen Mannigfaltigkeit $F_0 = 0$ findet sich hier also gleich (4), während das Element einer an sich betrachteten Mannigfaltigkeit $(z_1, z_2, \ldots z_{n-1})$ durch das Product

$$dz_1 \cdot dz_2 \ldots dz_{n-1}$$

gegeben sein würde. Die hierbei auftretende Verschiedenheit der Natur von ν-fachen Mannigfaltigkeiten, je nachdem man dieselben an sich betrachtet oder aus einer Mannigfaltigkeit höherer Ordnung aussondert, kann nicht genug hervorgehoben werden; in den wenigen der geometrischen Interpretation zugänglichen Fällen sind derartige Unterscheidungen auch vollkommen geläufig.

§ 5.

Mit Hülfe des gewonnenen Resultates (4) lässt sich jetzt die Formel (2) aus § 1 symmetrisch gestalten; man bekommt

$$(2^*)\qquad \left[\frac{\partial}{\partial t}\int\limits_{(F_t<0)}\mathfrak{F}_t dv\right]_{t=0} = \int\limits_{(F_0<0)}\left[\frac{\partial}{\partial t}\mathfrak{F}_t\right]_{t=0} dv - \int\limits_{(F_0=0)}\mathfrak{F}_0\frac{|F_{tt}|^0}{\mathfrak{S}}dw\,.$$

Wir betrachten jetzt ein Integral von der Form

$$\int \Phi(z_1+t, z_2, \ldots z_n)dv \qquad (F_t = F(z_1+t, z_2, \ldots z_n) < 0),$$

und sehen dann bei Verwendung der Substitution $z_1' = z_1 + t$ ohne Weiteres ein, dass das Integral von t unabhängig ist. Seine Ableitung nach t wird folglich gleich Null. Nun ist

$$\left(\frac{\partial\Phi(z_1+t,\ldots)}{\partial t}\right)_{t=0} = \left(\frac{\partial\Phi(z_1+t,\ldots)}{\partial z_1}\right)_{t=0} = \frac{\partial\Phi(z_1, z_2, \ldots)}{\partial z_1}$$

und

$$\left(\frac{\partial F_t}{\partial t}\right)_{t=0} = \left(\frac{\partial F(z_1+t,\ldots)}{\partial z_1}\right)_{t=0} = F_{01}\,;$$

somit liefert (2*), auf unser Integral angewendet,

$$(5)\qquad \int\limits_{(F_0(z_1,\ldots z_n)<0)}\frac{\partial\Phi(z_1,\ldots z_n)}{\partial z_1}dv = \int\limits_{(F_0(z_1^0,\ldots z_n^0)=0)}\Phi(z_1^0,\ldots z_n^0)\frac{F_{01}}{\mathfrak{S}}dw\,.$$

„Hiernach kann man ein n-faches, über ein gewisses Gebiet erstrecktes „Integral durch ein $(n-1)$-faches, nur über die Begrenzung jenes Ge„bietes erstrecktes Integral ausdrücken, sobald der Integrand des n-fachen „Integrals die partielle Ableitung einer Function der n Variablen nach „einer der Variablen ist.“ Wird insbesondere

$$\Phi = z_k \quad \text{also} \quad \frac{\partial\Phi}{dz_k} = 1$$

angenommen, und bezeichnen wir diese Ableitung mit Φ_k, so folgt

$$\int\limits_{(F_0<0)} dv = \int \Phi_k dv = \int\limits_{(F_0=0)} z_k^0 F_{0k}\frac{dw}{\mathfrak{S}}\,,$$

d. h. es erscheint das Volumen, für welches $F_0 = 0$ die Begrenzung bildet, durch ein Oberflächenintegral dargestellt.

Für $n = 3$ ist dieser Satz von Gauss in der Abhandlung über die Attraction der Sphäroide abgeleitet worden.

Dem in (5) auftretenden Quotienten

$$\frac{F_{01}}{\mathfrak{S}}$$

können wir eine geometrische Bedeutung beilegen. Das Gleichungssystem

$$(6) \qquad z_k = z_k^0 + p\,\frac{F_{0k}}{\mathfrak{S}} \qquad (k = 1, 2, \ldots n),$$

in welchem p variabel zu denken ist, stellt nämlich eine lineare einfache Mannigfaltigkeit, „eine gerade Linie" dar, welche durch den Punkt $(z_1^0, \ldots z_n^0)$ der Begrenzungsfläche geht. Die Variable p repräsentirt eine Grösse, welche für $n = 3$ der Entfernung des Punktes z vom Punkte z_0 in der Normalrichtung entspricht. Wegen der Bedeutung von $\mathfrak{S}$ ist (§ 4)

$$\sum_{k=1}^{n} (z_k - z_k^0)^2 = p^2.$$

Dem Gebilde (6) entspricht im Raume von drei Dimensionen die Normale von $F_0 = 0$, und die Gleichung (6) ist dabei so beschaffen, dass positive p auf Punkte führen, für die F_0 grösser als Null ist. Denn man hat, weil $(z_1^0, \ldots z_n^0)$ auf $F_0 = 0$ liegt,

$$F_0(\ldots z_k \ldots) = F_0(\ldots z_k^0 \ldots) + p\,\frac{\sum_1^n F_{0k}'^2}{\mathfrak{S}} + \cdots$$
$$= p\mathfrak{S} + \cdots,$$

so dass also, da $\mathfrak{S}$ eine absolute Grösse ist, für kleine Werthe von p

$$\operatorname{sgn} p = \operatorname{sgn} F_0(\ldots z_k \ldots)$$

wird. Dasselbe erkennt man auch folgendermassen: Ist $\operatorname{sgn} F_{0k} = +1$, so nimmt F_0 mit wachsendem z_k zu und mit abnehmendem z_k ab; ist

$$\operatorname{sgn} F_{0k} = -1,$$

so nimmt F_0 mit wachsendem z_k ab und mit abnehmendem z_k zu. Nun ist

$$\operatorname{sgn} p = \operatorname{sgn} \frac{z_k - z_k^0}{F_{0k}},$$

und nach den eben angegebenen Regeln in der Nähe des Punktes (z^0)

$$\operatorname{sgn} F_0 = \operatorname{sgn}(z_k - z_k^0)\operatorname{sgn} F_{0k}.$$

Daraus ergiebt sich die Uebereinstimmung von $\operatorname{sgn} p$ mit $\operatorname{sgn} F_0$.

Die Differentiation von (6) nach p liefert

$$\frac{F_{0k}}{\mathfrak{S}} = \frac{\partial z_k}{\partial p}.$$

Will man das aber in (5) einsetzen, so ist zu bedenken, dass in dieser Integralformel für das betreffende Glied die Bedingung $F_0(z_1^0, z_2^0, \ldots) = 0$, d. h. $p = 0$ herrscht; wir bezeichnen deshalb

$$\left(\frac{\partial z_k}{\partial p}\right)_{p=0} = z_{kp}^0$$

und erhalten dann

(5*) $$\int\limits_{(F_0(z_1, \ldots z_n) < 0)} \Phi_k(z_1, \ldots z_n) dv = \int\limits_{(F_0(z_1^0, \ldots z_n^0) = 0)} \Phi(z_1^0, \ldots z_n^0) z_{kp}^0 dw .$$

§ 6.

Für die Function Φ wollen wir jetzt das Product $\Phi\Psi^{(k)}$ setzen. Hierbei sollen Φ und $\Psi^{(k)}$ reelle, eindeutige und im Allgemeinen stetige Functionen der n Variablen $z_1, \ldots z_n$ bedeuten, deren Ableitungen nach den einzelnen Variablen durch Anfügung entsprechender unterer Indices bezeichnet werden. Dann liefert (5*) mittels der Regel von der partiellen Integration

$$\int\limits_{(F_0 < 0)} \Phi_k \Psi^{(k)} dv + \int\limits_{(F_0 < 0)} \Phi \Psi_k^{(k)} dv = \int\limits_{(F_0 = 0)} \Phi(z_1^0, \ldots) \Psi^{(k)}(z_1^0, \ldots) z_{kp}^0 dw ,$$

und wenn man über k von 1 bis n summirt,

(5**) $$\int\limits_{(F_0 < 0)} \sum_1^n \Phi_k \Psi^{(k)} dv + \int\limits_{(F_0 < 0)} \Phi \sum_1^n \Psi_k^{(k)} dv$$
$$= \int\limits_{(F_0 = 0)} \Phi(z_1^0, \ldots) \sum_1^n \Psi^{(k)}(z_1^0, \ldots) z_{kp}^0 dw .$$

Jetzt nehmen wir $\Psi^{(k)} = \Psi_k$ als die Ableitung einer Function Ψ nach z_k, und setzen, wie dies in der Potentialtheorie gebräuchlich ist,

$$\sum_1^n \frac{\partial^2 \Psi}{\partial z_k^2} = \sum_1^n \Psi_{kk} = \Delta \Psi ;$$

kommen in Ψ mehrere Variablen-Reihen $x_1, \ldots x_n$; $y_1, \ldots y_n$; $\ldots$ vor, so giebt ein Index an, in Beziehung auf welche differentiirt werden soll; also:

$$\Delta_x \Psi; \quad \text{oder} \quad \Delta_y \Psi; \; \ldots$$

Ferner bedenken wir, dass

$$\sum_1^n \Psi_k(z_1^0, \ldots) z_{kp}^0 = \sum_1^n \frac{\partial \Psi(z_1^0, \ldots)}{\partial z_k^0} \cdot \frac{\partial z_k^0}{\partial p} = \frac{\partial \Psi(z_1^0, \ldots)}{\partial p}$$

wird, und bezeichnen den letzten Ausdruck mit

$$\Psi_p(z_1^0, \ldots).$$

Alles dies setzen wir ein und vertauschen endlich noch Φ und Ψ mit einander; so haben wir dann

$$(7)\quad \begin{aligned} \int\limits_{(F_0<0)} \sum_1^n \Phi_k \Psi_k dv + \int\limits_{(F_0<0)} \Phi \Delta \Psi dv &= \int\limits_{(F_0=0)} \Phi \Psi_p dw, \\ \int\limits_{(F_0<0)} \sum_1^n \Phi_k \Psi_k dv + \int\limits_{(F_0<0)} \Psi \Delta \Phi dv &= \int\limits_{(F_0=0)} \Psi \Phi_p dw. \end{aligned}$$

Subtrahiren wir die letzte Formel von der vorletzten, so resultirt

$$(8)\quad \int\limits_{(F_0<0)} (\Phi \Delta \Psi - \Psi \Delta \Phi)\, dv = \int\limits_{(F_0=0)} (\Phi \Psi_p - \Psi \Phi_p) dw.$$

Hieraus folgt für $\Phi = 1$

$$(8^*)\quad \int\limits_{(F_0<0)} \Delta \Psi dv = \int\limits_{(F_0=0)} \Psi_p dw;$$

und für $\Phi = \Psi$ aus einer der Formeln (7)

$$(8^{**})\quad \int\limits_{(F_0<0)} \sum_1^n \Phi_k^2 dv + \int\limits_{(F_0<0)} \Phi \Delta \Phi dv = \int\limits_{(F_0=0)} \Phi \Phi_p dw.$$

Da hier das erste Integral links nicht negativ ist, so muss

$$\int\limits_{(F_0=0)} \Phi \Phi_p dw \gtreqless \int\limits_{(F_0<0)} \Phi \Delta \Phi dv$$

werden. Aus den abgeleiteten Formeln kann man Sätze folgern, welche von gleich hohem Interesse für die Theorie der partiellen Differentialgleichungen wie für die der Functionen sind. Dirichlet hat sie für $n = 3$ zuerst ausgesprochen. So ergiebt sich aus (8**) das Theorem: Gesetzt, es ist

$$\underset{(F_0=0)}{\Phi(z_1, \ldots z_n) = 0} \quad \text{und} \quad \underset{(F_0<0)}{\Delta \Phi = 0},$$

dann folgt

$$\int\limits_{(F_0<0)} \sum_1^n \Phi_k^2 dv = 0 \quad \text{und also} \quad \Phi_k = 0 \qquad (k = 1, 2, \ldots n),$$

und deshalb

$$\Phi(z_1, \ldots z_n) = \text{const.}$$

„Ist eine Function von n Variablen auf der Begrenzung einer n-„fachen Mannigfaltigkeit gleich 0, und ist ihr Δ innerhalb derselben „auch gleich 0, so muss die Function überhaupt gleich Null sein."

„Wenn zwei Functionen Ψ und X von n Variablen auf der Be-„grenzung einer n-fachen Mannigfaltigkeit, und wenn $\Delta\Psi$ und ΔX „innerhalb derselben einander gleich sind, dann sind die Functionen „überhaupt einander gleich."

Der zweite Satz ergiebt sich aus dem ersten, wenn man $\Psi - X = \Phi$ setzt.

Sonach kann es nur eine einzige Function geben, die auf der Begrenzung eines Gebietes bestimmt vorgeschriebene Werthe, und deren Δ innerhalb des Gebietes auch bestimmt vorgeschriebene Werthe hat. Ob es jedoch überhaupt immer eine solche giebt, ist eine Frage, die schon für die Fälle der Ebene und des Raumes eine grosse Zahl von Specialuntersuchungen veranlasst hat, und die für n-fache Mannigfaltigkeiten bisher nur in dem besonderen Falle, dass dieselben sphärische sind, völlig hat beantwortet werden können. Darauf werden wir nach hinreichender Vorbereitung weiterhin genauer eingehen.

§ 7.

Wir wollen zum Schlusse dieser Vorlesung an einige Bemerkungen aus dem dritten Paragraphen anknüpfen, die sich auf die Festsetzung des „Inhalt"-Begriffes bei einer Mannigfaltigkeit $(n-1)^{\text{ter}}$ Dimension beziehen, welche in einer solchen der n^{ten} Dimension enthalten ist.

Eine sphärische Mannigfaltigkeit F_0 ist durch die Ungleichung

$$F_0 = \sum_0^n z_k^2 - \varrho^2 < 0$$

bestimmt; für $n = 2$ erhält man das Innere eines Kreises, für $n = 3$ das Innere einer Kugel. Wie kann man nun mit Hülfe des Volumenbegriffes der Kugel einen brauchbaren Uebergang zur „Oberfläche" einer sphärischen Mannigfaltigkeit bei n Dimensionen finden? Die einfachste Art, vom Inhalte einer Kugel zu ihrer Oberfläche überzugehen, ist die Archimedische; man nimmt den Grenzwerth des Quotienten aus der Differenz der Volumina bei zwei concentrischen Kugeln mit immer mehr sich nähernden Radien und der Differenz der Radien selbst. Diese Definition wollen wir für unsere Zwecke verwenden und dazu brauchen wir zunächst das Volumen der sphärischen Mannigfaltigkeit, nämlich

$$\int dz_1 dz_2 \dots dz_n \qquad \left(\sum_1^n z_k^2 < \varrho^2\right),$$

welches sich mit Hülfe der Γ-Functionen leicht berechnen lässt. Wir entnehmen aus der vierzehnten Vorlesung die Formel (13*) des Paragraphen 11 und setzen in sie $a_k = 2$ und $\alpha_k = \varrho$ $(k = 1, 2, \dots n)$ ein; dann liefert sie

$$\int\limits_{\left(z_k > 0,\ \sum_1^n z_k^2 < \varrho^2\right)} dz_1 dz_2 \dots dz_n = \left(\frac{\varrho}{2}\right)^n \frac{\Gamma\left(\frac{1}{2}\right)^n}{\Gamma\left(1 + \frac{n}{2}\right)} \qquad (k = 1, 2, \dots n).$$

Das durch die Bestimmungen $z_k > 0$ herausgeschnittene Stück der Mannigfaltigkeit ist der 2^{nte} Theil des von uns gesuchten Volumens, da es 2^n Zeichencombinationen für die z_k giebt, denen „congruente Stücke" entsprechen. Also wird das Gesammtvolumen der aufgestellten sphärischen Mannigfaltigkeit von n Dimensionen

$$(10) \qquad \int\limits_{\left(\sum_1^n z_k^2 < \varrho^2\right)} dz_1 \dots dz_n = \frac{\varrho^n \Gamma\left(\frac{1}{2}\right)^n}{\Gamma\left(1 + \frac{n}{2}\right)} = \frac{2\varrho^n \pi^{\frac{n}{2}}}{n\Gamma\left(\frac{n}{2}\right)}.$$

Wenn man bedenkt, dass für ganze Zahlen n

$$\Gamma\left(1 + \frac{n}{2}\right) = \left(\frac{n}{2}\right)! \qquad \text{(bei geradem } n\text{)},$$

und

$$\Gamma\left(1 + \frac{n}{2}\right) = \frac{n}{2} \cdot \frac{n-2}{2} \cdots \frac{3}{2} \cdot \frac{1}{2} \Gamma\left(\frac{1}{2}\right)$$

$$= \pi^{\frac{1}{2}} \frac{1 \cdot 3 \cdot 5 \cdots n}{2^{\frac{n+1}{2}}} \qquad \text{(bei ungeradem } n\text{)}$$

ist, so erscheint das Volumen in der Gestalt

$$(10^*) \qquad \int\limits_{\left(\sum_1^n z_k^2 < \varrho^2\right)} dz_1 \dots dz_n = \frac{\varrho^n \pi^{\frac{n}{2}}}{\left(\frac{n}{2}\right)!} \qquad \text{(wenn } n \text{ gerade ist)}$$

$$\text{oder} = \frac{\varrho^n \pi^{\frac{n-1}{2}} 2^{\frac{n+1}{2}}}{1 \cdot 3 \cdot 5 \cdots n} \qquad \text{(wenn } n \text{ ungerade ist).}$$

Nachdem so das Volumen berechnet ist, bilden wir gemäss der Archimedischen Definition den Grenzwerth

$$\lim_{\varepsilon=0} \frac{\pi^{\frac{n}{2}}}{\Gamma\left(\frac{n+2}{2}\right)} \left(\frac{\varrho^n - (\varrho - \varepsilon)^n}{\varrho - (\varrho - \varepsilon)}\right) = \frac{2\, n\, \pi^{\frac{n}{2}} \varrho^{n-1}}{n\, \Gamma\left(\frac{n}{2}\right)} = \frac{2\pi^{\frac{n}{2}}}{\Gamma\left(\frac{n}{2}\right)}\, \varrho^{n-1},$$

und setzen fest, dass wir dies als den Inhalt der sphärischen Oberfläche

$$\sum_{\varkappa=1}^{n} x_\varkappa^2 = \varrho^2$$

ansehen wollen. Wir bezeichnen der Abkürzung halber hier und stets im Folgenden die von n abhängige Grösse

(11)
$$\frac{2\pi^{\frac{n}{2}}}{\Gamma\left(\frac{n}{2}\right)} = \overline{\omega}$$

und haben dann für das Volumen der sphärischen Mannigfaltigkeit von n Dimensionen

$$\frac{\varrho^n \overline{\omega}}{n},$$

und für ihre Oberfläche den Werth

$$\varrho^{n-1} \overline{\omega}.$$

Die Grösse $\overline{\omega}$ ist schon von Jacobi (Crelle's Journ. XII, S. 60; Werke III, S. 257), aber auf anderem Wege gefunden worden. Es ist dieselbe Grösse, die wir in § 4 der vorigen Vorlesung eingeführt haben, und deren Werth also nunmehr durch (11) bestimmt worden ist.

Sechzehnte Vorlesung.

Das Potential. — Historisches. — Elementares Potential. — Hauptformel. — Dichtigkeitsfunction. — Allgemeiner Potentialausdruck. — Das Δ des Potentials. — Poisson'scher Satz. — Discussion der Voraussetzungen. — Zweiter Beweis. — Dritter Beweis. — Erweiterung. — Potential zweier Mannigfaltigkeiten auf einander. — Poisson'scher Satz für dieses Potential. — Zurückführung auf den obigen Specialfall.

§ 1.

Wir wollen uns jetzt mit der Anwendung der Theorie der n-fachen Integrale auf die Potentialtheorie beschäftigen. Die Natur hat die Fragen vorgezeichnet, — und das gewährt die Sicherheit, zu schönen Resultaten zu gelangen; aufgestellt wurden sie zuerst durch Newton, grossartig ausgebildet vor Allen durch Laplace in seiner „Mécanique céleste".

Zieht ein Körper einen Punkt nach dem Newton'schen Gesetze an, so kann man die drei Componenten dieser Anziehungswirkung nach den drei Axen als die Ableitungen eines und desselben Ausdruckes nach den drei Variablen darstellen. Dieser Ausdruck heisst das Potential. Es ist eigentlich innig verbunden mit der Kugelgestalt bezw. den sphärischen Mannigfaltigkeiten, so dass es sich anderen Körperformen nur widerstrebend anschliesst.

Principiell wurde das Potential durch Gauss und durch den Engländer Green eingeführt. George Green (1793—1841), ein Bäckerssohn, der anfangs das Gewerbe seines Vaters betrieb und dann in Cambridge studirte, ist einer der Begründer und der bedeutendsten Förderer der Potentialtheorie. Er hat seine Resultate früher als Gauss veröffentlicht, aber sie waren Gauss nicht bekannt geworden. Green hat sich hauptsächlich mit den Anwendungen des Potentials auf die Electricitätslehre beschäftigt; seine Arbeiten sind auf Dirichlet's Veranlassung in den Bänden 39, 44 und 47 des Crelle'schen Journals wieder abgedruckt worden, und ihr Studium ist sehr empfehlenswerth. Für den rein mathematischen Standpunkt fehlt freilich die nöthige Strenge; physikalisch sind sie aber durchaus correct. Gauss hat sich bei seinen Untersuchungen vollkommen mathematisch gefasst. Green nennt die Function „potential function", Gauss „Potential"; später kam der allgemeinere Ausdruck „Kräftefunction" in Gebrauch.

Die Ausdehnung des Potentials auf eine n-fache Mannigfaltigkeit für $n > 3$ unterliegt keinen Schwierigkeiten. Für $n = 2$ stellte Carl Neumann das logarithmische Potential auf. Man kann zwar eine Formel bilden, welche auch den Fall $n = 2$ umfasst, das ist aber etwas umständlich, und wir werden deshalb $n > 2$ annehmen.

§ 2.

Den Ausdruck

$$-\frac{1}{p-1}\int\frac{dz_1\,dz_2\,\ldots\,dz_n}{\left(\sum_1^n (z_\varkappa-\zeta_\varkappa)^2\right)^{\frac{p-1}{2}}}\qquad (F_0(z_1,\ldots z_n)<0)$$

bezeichnen wir als das allgemeine Potential einer n-fachen Mannigfaltigkeit $F_0 < 0$ in Beziehung auf den Punkt $\zeta_1, \zeta_2, \ldots \zeta_n$. Dabei werden wir häufig der Abkürzung halber

$$\sqrt{\sum_1^n (z_k-\zeta_k)^2} = r$$

setzen, und r als Entfernung der Punkte (z) und (ζ) bezeichnen.

Ist in der n-fachen Mannigfaltigkeit das Anziehungsgesetz nur von r abhängig und durch $\frac{1}{r^p}$ gegeben, so findet man die Componenten der Anziehung eines homogenen Körpers, der den Raum $F_0 < 0$ mit der Dichtigkeit 1 erfüllt, auf den Punkt $\zeta_1, \ldots \zeta_n$ nach einer der Axenrichtungen, wenn man das allgemeine Potential nach dem betreffenden ζ differentiirt. Für $n = 3$, $p = 2$ haben wir den Fall des Raumes und des Newton'schen Anziehungsgesetzes.

Unter dem elementaren Potential zweier Punkte (z) und (ζ) auf einander wollen wir den Ausdruck

(1) $$\mathfrak{P}(z,\zeta) = \frac{1}{(n-2)r^{n-2}} = \frac{1}{(n-2)\left(\sum_1^n (z_k-\zeta_k)^2\right)^{\frac{n-2}{2}}}$$

verstehen, in dem $z_1, z_2, \ldots z_n$ die Coordinaten des durch (z) und $\zeta_1, \zeta_2, \ldots \zeta_n$ die Coordinaten des durch (ζ) bezeichneten Punktes sind.

Dabei soll aus den oben angeführten Gründen stets $n > 2$ vorausgesetzt werden.

Aus (1) folgt durch Differentiation unter Beibehaltung unserer gewöhnlichen Bezeichnung

$$\mathfrak{P}_k = \frac{\partial \mathfrak{P}}{\partial z_k} = -\frac{z_k - \zeta_k}{r^n}; \tag{2}$$

differentiirt man nochmals, so entsteht

$$\mathfrak{P}_{kk} = +\frac{1}{r^n} + \frac{n}{r^{n+2}}(z_k - \zeta_k)^2,$$

und es folgt also durch Summation

$$\Delta \mathfrak{P} = \sum_1^n \mathfrak{P}_{kk} = 0. \tag{3}$$

Die Formeln (2) und (3) verlieren ihren Sinn, wenn die beiden Punkte (z) und (ζ) zusammenfallen, weil dann $r = 0$ wird.

Wir wollen nun in die Formel (5**) aus § 6 der letzten Vorlesung

$$\Phi = \mathfrak{P}, \quad \Psi^{(k)} = z_k - \zeta_k$$

eintragen. Das giebt die Gleichung

$$-\int\limits_{(F_0<0)}^{\bullet} \sum_1^n \frac{(z_k - \zeta_k)^2}{r^n} dv + n \int\limits_{(F_0<0)}^{\bullet} \mathfrak{P} \cdot dv = \sum_1^n \int\limits_{(F_0=0)}^{\bullet} \mathfrak{P}(z_1^0, \ldots)(z_k^0 - \zeta_k) z_{kp}^0 \, dw;$$

gemäss (1) ist der erste Integrand links $+ (n-2)\mathfrak{P}$, und rechts wird unter Berücksichtigung von (2)

$$\sum_1^n (z_k^0 - \zeta_k) z_{kp}^0 = -r^n \sum_1^n \mathfrak{P}_k(z_1^0, \ldots)\left(\frac{\partial z_k}{\partial p}\right)_{p=0} = -r^n (\mathfrak{P}_p(z_1^0, \ldots))_{p=0},$$

wobei $\mathfrak{P}_p$ die Ableitung von $\mathfrak{P}$ nach der Normale, und p von $F_0 = 0$ aus gerechnet ist. Also geht die letzte Formel in

$$2\int\limits_{(F_0<0)}^{\bullet} \mathfrak{P} dv = -\int\limits_{(F_0=0)}^{\bullet} r^n \mathfrak{P} \mathfrak{P}_p \, dw$$

über, da offenbar die Bedingung $p = 0$ mit $F_0 = 0$ identisch ist. Trägt man auch hier den Werth von $\mathfrak{P}$ ein, so entsteht

$$2\int\limits_{(F_0<0)}^{\bullet} \frac{dv}{r^{n-2}} = \int\limits_{(F_0=0)}^{\bullet} \frac{1}{r^{n-3}} \frac{\partial r}{\partial p} dw, \tag{4}$$

wodurch wieder ein gewisses n-faches Integral auf ein $(n-1)$-faches zurückgeführt ist.

Im Falle $n = 3$ folgt die Formel

$$2\int^{\bullet} \frac{dv}{r} = \int^{\bullet} \frac{\partial r}{\partial p} dw$$

des gewöhnlichen Potentials, welche schon **Gauss** angiebt.

§ 3.

Wir setzen weiter in (8*) aus § 6 der vorigen Vorlesung $\mathfrak{P}$ für Ψ ein, dann entsteht (vgl. S. 261)

$$(5)\quad \begin{aligned} \int\limits_{(F_0<0)}^{\cdot} \Delta\mathfrak{P}\,dv &= \int\limits_{(F_0=0)}^{\cdot} \mathfrak{P}_p\,dw = \int\limits_{(F_0=0)} dw \sum_1^n \mathfrak{P}_k \left(\frac{\partial z_k}{\partial p}\right)_{p=0} \\ &= \int\limits_{(F_0=0)} \sum_1^n \mathfrak{P}_k F_{0k} \frac{dw}{\mathfrak{S}}. \end{aligned}$$

So lange der Punkt ζ ausserhalb des Integrationsgebietes liegt, werden $\mathfrak{P}$ und $\mathfrak{P}_k$ endlich bleiben; die Differentiationen lassen sich durchführen, und die Formel (3) ist verwendbar. Das ergiebt, auf (5) angewendet,

$$(6)\quad \int\limits_{(F_0<0)}^{\cdot} \Delta\mathfrak{P}\,dv = \int\limits_{(F_0=0)}^{\cdot} \mathfrak{P}_p\,dw = \int\limits_{(F_0=0)}^{\cdot} \sum_1^n \mathfrak{P}_k F_{0k} \frac{dw}{\mathfrak{S}} = 0 \quad (F_0(\zeta_1, \ldots \zeta_n) > 0).$$

Liegt jedoch der Punkt ζ innerhalb des Integrationsgebietes, dann wird für einen bestimmten Punkt $(z) = (\zeta)$ der Werth von $\frac{1}{r}$ und damit der von $\mathfrak{P}$ unendlich gross, und die Formel (3) verliert ihre Bedeutung. Denken wir uns aber in diesem Falle eine natürliche Begrenzung hergestellt, indem wir den Punkt ζ durch eine beliebig kleine, ζ umschliessende, n-fache, etwa sphärische Mannigfaltigkeit ausschalten, dann gilt (6) wieder von dem Restgebiete; und das liefert, weil die Begrenzung in zwei Theile zerfällt,

$$\int\limits_{(F_0=0)}^{\cdot} \sum_1^n \mathfrak{P}_k F_{0k} \frac{dw}{\mathfrak{S}} + \int\limits_{(G=0)}^{\cdot} \sum_1^n \mathfrak{P}_k G_k \frac{dw}{\mathfrak{S}} = 0 \qquad (F_0(\zeta_1, \ldots \zeta_n) < 0),$$

wobei unter G die Function

$$G = \varrho^2 - \sum_1^n (z_k - \zeta_k)^2 \qquad (\varrho \text{ ist beliebig klein})$$

zu verstehen ist.

In dieser letzten Formel lässt sich das zweite Integral leicht berechnen. Es ist

$$G = \varrho^2 - \sum_1^n (z_k - \zeta_k)^2,$$

$$G_k = -2(z_k - \zeta_k),$$

$$\mathfrak{P}_k = -\frac{z_k - \zeta_k}{\varrho^n},$$

$$\sum_1^n \mathfrak{P}_k G_k = +\frac{2}{\varrho^{n-2}},$$

$$\mathfrak{S} = \sqrt{\sum_1^n G_k^2} = 2\sqrt{\sum_{k=1}^n (z_k - \zeta_k)^2} = 2\varrho, \quad \text{(vgl. Vorl. 15, § 4)},$$

wobei in den drei letzten Formeln z stets auf $G = 0$ zu nehmen ist. Daraus entsteht, wenn man Alles in die letzte Integralformel einsetzt,

$$\int\limits_{(F_0=0)} \sum_1^n \mathfrak{P}_k F_{0k} \frac{dw}{\mathfrak{S}} = -\int\limits_{(G=0)} \frac{dw}{\varrho^{n-1}} = -\frac{1}{\varrho^{n-1}} \int\limits_{(G=0)} dw \quad (\varrho \text{ ist beliebig klein}),$$

und infolge der Resultate des letzten Paragraphen der fünfzehnten Vorlesung geht dann (5) einfach in

$$(6^*) \qquad \int\limits_{(F_0<0)} \varDelta \mathfrak{P} \cdot dv = \int\limits_{(F_0=0)} \mathfrak{P}_p dw = -\varpi \qquad (F_0(\zeta_1, \ldots \zeta_n) < 0)$$

über. (6) und (6*) lassen sich in die **Hauptformel**

$$(7) \quad \int\limits_{(F_0<0)} \varDelta \mathfrak{P} dv = \int\limits_{(F_0=0)} \mathfrak{P}_p dw = \int\limits_{(F_0=0)} \sum_1^n \mathfrak{P}_k F_{0k} \frac{dw}{\mathfrak{S}} = \begin{cases} -\varpi \\ 0 \end{cases} \left(F_0(\zeta_1 \ldots) \begin{matrix} < 0 \\ > 0 \end{matrix}\right)$$

$$= \frac{\varpi}{2} \{\operatorname{sgn} F_0(\zeta_1, \ldots) - 1\}$$

zusammenfassen. Für $n = 3$ hat Gauss diesen Satz gefunden und in der schon erwähnten Arbeit über die Attraction der Sphäroide angegeben.

Das gewonnene discontinuirliche vielfache Integral entspricht dem Cauchy'schen einfachen Integrale

$$\int\limits_{(F_0(x,y)=0)} \frac{dz}{z - \zeta} = \pi i (1 - \operatorname{sgn} F_0(\xi, \eta)), \qquad (z = x + yi,\ \zeta = \xi + \eta i)$$

welches als ganz specieller Fall von (7) anzusehen ist.

Der Grösse $\sum_1^n \mathfrak{P}_k \frac{F_{0k}}{\mathfrak{S}}$ können wir nach Analogie mit $n = 2$ und 3 eine geometrische Bedeutung beilegen. Es ist

$\partial z_k \quad n - 2\, r^{n-1} \qquad r^{n-1} \quad \partial z_k$

und $\frac{\partial r}{\partial z_k}$ stellt für $n = 2$ und 3 den Cosinus des Winkels dar, welchen die Z_k-Axe mit der Verbindungslinie r der beiden Punkte (z^0) und (ζ) macht; ferner liefert, nach der Analogie des Raumes,

$$\frac{F_{0k}}{\mathfrak{S}} = \left(\frac{\partial z_k}{\partial p}\right)_{z_k = z_k^0}$$

den Cosinus des Winkels, welchen die z_k-Axe mit der Normale macht; also ist nach räumlicher Analogie

$$-r^{n-1}\sum_1^n \mathfrak{P}_k \left(\frac{F_{0k}}{\mathfrak{S}}\right)$$

der Cosinus des Winkels, welchen die in (z^0) nach Aussen gezogene Normale mit der Geraden macht, die (z^0) mit (ζ) verbindet.

§ 4.

Statt $\int \Delta\mathfrak{P}\, d\tau$ wollen wir jetzt das allgemeinere Integral

$$\int^{(n)} \mathfrak{K}(z_1, \dots, z_n)\,\Delta\mathfrak{P}(z, \zeta)\,d\tau$$

betrachten. Dabei soll $\mathfrak{K}$ in dem ganzen betrachteten Gebiete eindeutig, endlich und stetig bleiben. Die geometrische Deutung des $\mathfrak{K}$ werden wir bald zu besprechen haben.

Nun setzen wir in (7.), § 6 der vorigen Vorlesung für Φ und Ψ_k bezw. $\mathfrak{K}$ und $\mathfrak{P}_k$ ein; dann entsteht eine Integralgleichung, deren Gültigkeitsbereich wir festlegen wollen. Die natürliche Begrenzung von $\mathfrak{K}$ soll den ganzen Bereich $F_1 \le 0$ in sich fassen; die natürliche Begrenzung von $\Delta\mathfrak{P}$ wird die Ausschliessung des Punktes (ζ) erfordern. Deshalb umgeben wir (ζ) durch eine sphärische Mannigfaltigkeit mit beliebig kleinem Radius ϱ, nämlich durch

$$G = \varrho^2 - \sum_1^n (z_k - \zeta_k)^2 \le 0,$$

deren Mittelpunkt (ζ) ist. Nun bilden $F_1 = 0$ und $G = 0$ die nothwendigen Begrenzungen, und die erwähnte Formel liefert uns:

$$\int^{(n)} \mathfrak{K}\,\Delta\mathfrak{P}\,d\tau = -\int^{(n)} \sum_1^n \mathfrak{K}_k\,\mathfrak{P}_k\,d\tau - \int^{(n-1)}_{F_1 = 0,\ G = 0} \mathfrak{K}\cdot\mathfrak{R}\,d\sigma$$

In den beiden ersten Integralen bedeuten die Grenzbedingungen, dass die Integration über alle Elemente dv erstreckt werden soll, für welche gleichzeitig F_0 und G negativ sind; im dritten Integrale ist die Integration über die Oberflächen beider $(n-1)$-fachen Mannigfaltigkeiten $F_0 = 0$ und $G = 0$ unterschiedslos zu erstrecken. Liegt (ζ) ausserhalb $F_0 < 0$, dann ist die Hinzunahme von G überflüssig, aber keinesfalls schadet sie etwas.

Nach (3) ist $\Delta\mathfrak{P}$ in unserem ganzen Gebiete gleich Null; also entsteht aus der vorigen Formel

$$(8) \qquad \int\limits_{(F_0<0,\, G<0)} \sum_1^n \mathfrak{K}_k \cdot \mathfrak{P}_k dv = \int\limits_{(F_0=0,\, G=0)} \mathfrak{K} \cdot \mathfrak{P}_p dw\,.$$

Nach den eben gemachten Bemerkungen zerfällt das Integral auf der rechten Seite in die beiden Theile

$$\int\limits_{(F_0=0)} \mathfrak{K}(z_1^0, \ldots z_n^0)\mathfrak{P}_p dw \quad \text{und} \quad \int\limits_{(G=0)} \mathfrak{K} \cdot \mathfrak{P}_p dw.$$

In den zweiten Theil führen wir, den Bezeichnungen der vorigen Paragraphen gemäss

$$\mathfrak{P}_p = \sum_1^n \mathfrak{P}_k \frac{\partial z_k}{\partial p}$$

ein. Nehmen wir nun Polarcoordinaten, $z_k = \zeta_k + r u_k$, wobei r und $u_1, u_2, \ldots u_{n-1}$ die unabhängigen Veränderlichen sind, r von 0 bis ϱ geht, und $\sum_1^n u_k^2 = 1$ gesetzt werden muss, dann resultirt

$$\mathfrak{P}_p = -\sum_1^n \frac{z_k - \zeta_k}{r^n} \cdot (-u_k) = \frac{1}{r^{n-1}}\,.$$

Dass $\frac{\partial z_p}{\partial p} = -u_k$ und nicht gleich $+u_k$ ist, folgt daraus, dass nach unserer Festsetzung über G positive Werthe von p in das Innere der sphärischen Mannigfaltigkeit führen; es ist deshalb $dp = -dr$ (vgl. § 5 der vorigen Vorlesung).

Da wir nun $\mathfrak{K}$ als stetig in der Umgebung von (ζ) vorausgesetzt haben, so wird das $\mathfrak{K}$ unter dem letzten Integrale mit abnehmendem ϱ sich dem Werthe $\mathfrak{K}(\zeta_1, \ldots \zeta_n)$ beliebig nähern, und das Integral selbst convergirt dem letzten Paragraphen der vorigen Vorlesung zufolge nach dem Grenzwerthe

$$\varpi\,\mathfrak{K}(\zeta_1, \ldots \zeta_n)\,.$$

So entsteht aus (8)

$$(8^*)\quad \underset{(F_0<0,\ G<0)}{\int}\sum_1^n \mathfrak{K}_k \mathfrak{P}_k dv = \underset{(F_0=0)}{\int} \mathfrak{K}(z_1^0, \ldots z_n^0)\mathfrak{P}_p dw + \varpi \mathfrak{K}(\zeta_1, \ldots \zeta_n).$$

Jetzt wenden wir uns zu dem links stehenden Integrale und fragen, ob hier G als eigentliche natürliche Begrenzung beizubehalten sei, oder ob man es als uneigentliche natürliche Begrenzung unterdrücken könne. Wir sind derartigen Fragen schon mehrfach (S. 49, S. 53, u. s. w.) nahe getreten und wollen ihrer grossen Bedeutung halber auch hier ausführlicher auf sie eingehen.

§ 5.

Wenn wir

$$\int \mathfrak{K}(z_1, \ldots z_n)\mathfrak{P}(z, \zeta)dv = \int \frac{\mathfrak{K}(z_1, \ldots z_n)dv}{(n-2)\left[\sum_1^n (z_k-\zeta_k)^2\right]^{\frac{n-2}{2}}}$$

in der Umgebung des Punktes (ζ) untersuchen wollen, der als natürliche Begrenzung aufzutreten scheint, so führen wir am besten die gemischten Polarcoordinaten r; $u_1, \ldots u_{n-1}$ durch

$$z_k = \zeta_k + r u_k \qquad (k = 1, \ldots n)$$

ein, wobei dann zwischen den u_k die Bedingung

$$\sum_1^n u_k^2 = 1$$

besteht, und r von 0 bis ϱ geht. Hierdurch wird das Integral, was ja offenbar ausreicht, auf den sphärischen Bereich

$$\sum_1^n (z_k - \zeta_k)^2 - \varrho^2 < 0$$

beschränkt. Die Functionaldeterminante giebt bei unserer Coordinatentransformation (vgl. § 4 Vorles. 14) $r^{n-1} : u_n$, und da im Nenner des Integrals nur r^{n-2} auftritt, so erscheint r als Factor des Integranden, und das Integral nähert sich mit abnehmendem ϱ der Null.

Anders gestaltet sich die Sache bereits bei

$$\frac{\partial}{\partial \zeta_k}\int \mathfrak{K}\mathfrak{P}dv = \int \mathfrak{K}\mathfrak{P}_k dv = -\int \frac{\mathfrak{K}\cdot(z_k-\zeta_k)dv}{\left[\sum_1^n (z_k-\zeta_k)^2\right]^{\frac{n}{2}}};$$

denn hier tritt bei demselben Integrationsbereiche durch die Einführung der Polarcoordinaten r^n in Zähler und Nenner, so dass eine positive Potenz von r nicht mehr als Factor des Integranden erscheint. Da aber die Integration nach r sich von Null bis zum Werthe $r = \varrho$ erstreckt, und da ferner $\mathfrak{K}$ als endlich vorausgesetzt wird, so wird mit abnehmendem ϱ auch hier noch der Werth des Integrals nach Null hin convergiren.

Gehen wir dagegen noch einen Schritt weiter, nämlich zu

$$\frac{\partial^2}{\partial \zeta_k^2}\int \mathfrak{K}\mathfrak{P}dv,$$

so fällt auch die Berechtigung des letzten Schlusses fort, und es bleibt fraglich, ob der Punkt (ζ) zur eigentlichen natürlichen Begrenzung zu rechnen ist. —

Aus den Betrachtungen dieses Paragraphen kann man die Folgerung ziehen, dass das Potential

$$\int \mathfrak{K}(z)\mathfrak{P}(z, \zeta)dv$$

überall eine stetige Function von (ζ) ist. Denn die Ableitung dieses Integrals nach ζ_k ist gleich

$$\frac{\partial}{\partial \zeta_k}\int\limits_{(F_0<0)} \mathfrak{K}\mathfrak{P}(z, \zeta)dv = -\int\limits_{(F_0<0)} \frac{\mathfrak{K}\cdot(z_k - \zeta_k)dv}{\left[\sum\limits_1^n (z_k - \zeta_k)^2\right]^{\frac{n}{2}}},$$

und der Theil des Integrals auf der rechten Seite, welcher sich über den Bereich

$$\left(F_0 < 0;\quad \text{und} \sum_1^n (z_k - \zeta_k)^2 - \varrho^2 > 0\right)$$

ausdehnt, bleibt endlich, während der restirende Theil, welcher über den kritischen Bereich

$$\left(\sum_1^n (z_k - \zeta_k)^2 - \varrho^2 < 0\right)$$

erstreckt wird, sich gleichzeitig der Null nähert. Also bleibt die Ableitung stets endlich.

Ueber die Stetigkeit dieser Ableitung muss jedoch nach den obigen Bemerkungen Zweifel bestehen (vgl Vorles. 17, § 2).

§ 6.

Wir kehren nun zum Integrale (8*) zurück. Bedenken wir, dass $\mathfrak{K}$ als endlich, stetig und eindeutig vorausgesetzt war, dass also $\mathfrak{K}_k$ endlich ist, dann folgt aus den Ueberlegungen des vorigen Paragraphen, dass für das Integral links in (8*) der Punkt (ζ) keine wesentliche natürliche Begrenzung bildet, und dass also die Bedingung $G < 0$ einfach weggelassen werden kann. Das giebt statt (8*)

$$\int\limits_{(F_0<0)} \sum_1^n \mathfrak{K}_k \mathfrak{P}_k dv = \int\limits_{(F_0=0)} \mathfrak{K}(z_1^0, \ldots z_n^0)\mathfrak{P}_p dw + \varpi \mathfrak{K}(\zeta, \ldots \zeta_n).$$

Wir haben schon vorher darauf aufmerksam gemacht, dass das letzte Glied getilgt werden muss, falls (ζ) ausserhalb des Bereiches $F_0 < 0$ liegt. Setzen wir daher fest, dass für alle Punkte (ζ), für welche $F_0 > 0$ ist, der Werth von $\mathfrak{K}$ gleich Null gesetzt werden soll, dann kann man

$$(9) \quad \int\limits_{(F_0<0)} \sum_1^n \mathfrak{K}_k \mathfrak{P}_k dv = \int\limits_{(F_0=0)} \mathfrak{K}(z_1^0, \ldots z_n^0)\mathfrak{P}_p dw - \frac{1}{2}\varpi(\operatorname{sgn} F_0(\zeta) - 1)\mathfrak{K}(\zeta)$$
$$= \int\limits_{(F_0=0)} \mathfrak{K}(z_1^0, \ldots z_n^0)\mathfrak{P}_p dw + \varpi \mathfrak{K}(\zeta)$$

schreiben. Auch hier lässt sich $\mathfrak{P}_p dw$ geometrisch genau so deuten wie oben in § 3, so dass man

$$\int \mathfrak{K}(z^0)\mathfrak{P}_p dw = \int \frac{\mathfrak{K}(z^0)}{r^{n-1}} \cos(p, r) dw$$

setzen könnte.

Der Function $\mathfrak{K}$ kann man gleichfalls eine geometrische Bedeutung geben. Im Falle $n = 3$ wird der Körper $F_0 < 0$, der mit Masse von der Dichtigkeit $\mathfrak{K}(z_1, z_2, z_3)$ im Punkt (z) belegt ist, auf den Punkt (ζ) eine Anziehung ausüben. Die verschiedenen Componenten derselben nach den einzelnen Axen werden dabei durch die Ableitungen von

$$\int \mathfrak{K} \cdot \mathfrak{P}(z, \zeta) dv$$

nach den zugehörigen ζ geliefert. Auf Grund dieser Erwägungen hat Gauss die Function $\mathfrak{K}$ als Dichtigkeitsfunction eingeführt, — er bezeichnet sie durch k —, und danach erscheint es auch naturgemäss, dass wir $\mathfrak{K}$ ausserhalb des betrachteten Körpers gleich Null setzten.

Freilich dürfen wir nicht vergessen, dass ein solcher Dichtigkeitssprung, wie wir ihn beim Ueberschreiten von $F_0 = 0$ zulassen, in der Natur nicht vorkommt, sondern dass da ein stetiger Uebergang stattfindet.

§ 7.

In § 5 sahen wir, dass bei der Berechnung von

$$\frac{\partial^2}{\partial \zeta_k^2}\int \mathfrak{K}\mathfrak{P}\,dv$$

gewisse Schwierigkeiten auftreten. Mit Hülfe der Formel (9) können wir nun aber die Summe der zweiten Ableitungen des allgemeinen Potentialausdruckes nach den ζ bestimmen. Zunächst wird

$$\frac{\partial}{\partial \zeta_k}\int\limits_{(F_0<0)} \mathfrak{K}\mathfrak{P}\,dv = -\int\limits_{(F_0<0)} \mathfrak{K}\mathfrak{P}_k\,dv,$$

da ja

$$\frac{\partial \mathfrak{P}}{\partial \zeta_k} = -\frac{\partial \mathfrak{P}}{\partial z_k}$$

ist. Setzt man dann in die erste Formel des § 6 der letzten Vorlesung, die wir durch partielle Integration ableiteten,

$$\Psi^{(k)} = \mathfrak{K}, \quad \Phi = \mathfrak{P},$$

so geht sie in

$$\int\limits_{(F_0<0)} \mathfrak{K}\mathfrak{P}_k\,dv + \int\limits_{(F_0<0)} \mathfrak{P}\mathfrak{K}_k\,dv = \int\limits_{(F_0=0)} \mathfrak{P}\cdot\mathfrak{K}\cdot z^0_{kp}\,dw$$

über, und also erhält man

$$\frac{\partial}{\partial z_k}\int\limits_{(F_0<0)} \mathfrak{K}\mathfrak{P}\,dv = \int\limits_{(F_0<0)} \mathfrak{P}\mathfrak{K}_k\,dv - \int\limits_{(F_0=0)} \mathfrak{P}\mathfrak{K}z^0_{kp}\,dw.$$

Die nochmalige Differentiation nach ζ_k liefert dann sofort

$$\frac{\partial^2}{\partial \zeta_k^2}\int\limits_{(F_0<0)} \mathfrak{K}\mathfrak{P}\,dv = -\int\limits_{(F_0<0)} \mathfrak{P}_k\mathfrak{K}_k\,dv + \int\limits_{(F_0=0)} \mathfrak{K}\mathfrak{P}_k z^0_{kp}\,dw;$$

dabei ist vorausgesetzt, dass (ζ) nicht gerade auf der $(n-1)$-fachen Mannigfaltigkeit $F_0 = 0$ liegt. Summirt man in der letzten Gleichung von $k = 1$ bis $k = n$, dann folgt (vgl. S. 262)

$$\Delta_\zeta \int\limits_{(F_0<0)} \mathfrak{K}\mathfrak{P}\,dv = -\int\limits_{(F_0<0)} \sum_1^n \mathfrak{K}_k\mathfrak{P}_k\,dv + \int\limits_{(F_0=0)} \mathfrak{K}\mathfrak{P}_p\,dw,$$

und also auf Grund des Resultates (9)

$$(10)\qquad \Delta\int\limits_{(F_0<0)} \mathfrak{K}\mathfrak{P}\,dv = \frac{1}{2}\,\varpi\,(\operatorname{sgn} F_0(\zeta_1,\dots\zeta_n)-1)\cdot\mathfrak{K}(\zeta_1,\dots\zeta_n) = -\varpi\,\mathfrak{K}(\zeta_1,\dots\zeta_n).$$

Zum Beweise dieses Satzes, der für $n=3$ von Poisson gefunden wurde, ist noch Einiges zu bemerken. Gauss hat den ersten mathematisch correcten Beweis gegeben. Er macht in seiner Abhandlung „Allgemeine Lehrsätze in Beziehung auf die im verkehrten Verhältnisse des Quadrats der Entfernung wirkenden Anziehungs- und Abstossungskräfte" (Werke V, S. 195. § 6 u. 7) darauf aufmerksam, dass die erste Differentiation möglich sei, weil

$$\frac{\partial}{\partial\zeta_k}\int \mathfrak{K}\mathfrak{P}\,dv \qquad (F_0<0)$$

„einer wahren Integration fähig ist, das Integral also einen bestimmten „endlichen Werth erhält, der sich nach der Stetigkeit ändert, weil „alle in unendlicher Nähe bei (ζ) liegenden Elemente nur einen un„endlich kleinen Beitrag dazu geben. Was nun aber," heisst es weiter, „die Differentialquotienten höherer Ordnungen betrifft, so muss für „Punkte innerhalb $F_0<0$ ein anderes Verfahren eintreten, da die ent„stehenden Ausdrücke, genau betrachtet, nur Zeichen ohne bestimmte „klare Bedeutung sein würden. Denn in der That, da sich innerhalb „jedes auch noch so kleinen Theils von $F_0<0$, welcher den Punkt (ζ) „einschliesst, Theile nachweisen lassen, über welche ausgedehnt dieses „Integral jeden vorgegebenen Werth, er sei positiv oder negativ, über„schreitet, so fehlt hier die wesentliche Bedingung, unter welcher „allein dem ganzen Integrale eine klare Bedeutung beigelegt werden „kann, nämlich die Anwendbarkeit der Exhaustionsmethode." Gauss verwendet dann den Satz von der partiellen Integration, um zum zweiten Male differentiiren zu können. In den Dirichlet'schen Vorlesungen ist hiergegen nur der kleine Unterschied, dass zuerst unter dem Integralzeichen partiell integrirt wird, und erst dann die Differentiationen vorgenommen werden. Im Grunde genommen ist es dasselbe Verfahren, und auch wir haben kein anderes verwendet. Immer ist es die partielle Integration, welche die Möglichkeit weiterer Differentiation bietet. Aber ein Geschenk wird uns dadurch nicht gewährt! Es kommt durch diese Methode eine neue Voraussetzung in den Satz, nämlich die, dass die Dichtigkeitsfunction nach allen Coordinaten Ableitungen besitze, welche alle wieder endlich und stetig sind.

Nun tritt die Frage auf: ist diese Voraussetzung nothwendig? Es erscheint zweifelhaft, ob man den rein mathematisch gefassten, von jeder Beziehung zur Physik losgelösten Satz jemals ohne irgend welche Voraussetzung über die Dichtigkeitsfunction, als die, dass das Integral einen Sinn hat, wird beweisen können. Es ist schon sehr merkwürdig, dass sich der Satz ohne jede Schwierigkeit ableiten lässt, sobald vorausgesetzt wird, dass die zweiten Ableitungen des Potentials überhaupt nur bestehen und stetig sind.

Wir müssen in solchem Falle, wie wir es schon früher thaten, eine übersichtliche und umfassende, hinreichende Eigenschaft der Function als Voraussetzung wählen, wenn sie auch nicht gerade nothwendig ist.

Eine solche wollen wir besprechen; sie hat den Vorzug ziemlich grosser Allgemeinheit. Bisher handelte es sich um die Differentiirbarkeit der Dichtigkeitsfunction in $(\mathfrak{z})$ selbst. Denken wir uns statt dessen durch den Punkt innerhalb einer kleinen Umgrenzung Radienvectoren gezogen, so können wir von der mittleren Dichtigkeit oder von der Masse auf einem solchen Radius sprechen. Wir machen nun die Länge des eingeführten Radiusvector von einem Parameter t abhängig. Wird dann die Differentiirbarkeit der mittleren Dichtigkeit nach diesem Parameter vorausgesetzt, dann können wir (10) beweisen.

Bevor wir aber dazu übergehen, wollen wir zunächst die eben gemachte Bemerkung rechtfertigen, dass die Existenz und die Stetigkeit von Δ Pot. zum Beweise der Poisson'schen Formel (10) ausreicht.

§ 8.

Der Abkürzung halber führen wir die Bezeichnung

$$\text{(11)} \qquad \mathrm{Pot}\,(\zeta_1, \ldots \zeta_n) = \int\limits_{(F_0(z_1, \ldots z_n) < 0)} \mathfrak{R}(z_1, \ldots z_n)\,\mathfrak{P}(z, \zeta)\,dv$$

für das Potential des Punktes $(\mathfrak{z})$ in Beziehung auf das Gebiet $F_0 < 0$ mit der Dichtigkeitsfunction $\mathfrak{R}(z_1, \ldots)$ ein. Danach ist also auch

$$\text{(11*)} \qquad \mathrm{Pot}_k(\zeta_1, \ldots \zeta_n) = \int\limits_{(F_0(z_1, \ldots) < 0)} \mathfrak{R}(z_1, \ldots z_n)\,\frac{\partial \mathfrak{P}(z, \zeta)}{\partial \zeta_k}\,dv.$$

Wir benutzen jetzt die auf ein beliebiges Gebiet $G < 0$ bezogene Gleichung (8*) § 6 der vorigen Vorlesung

$$\int\limits_{(G < 0)} \Delta\,\Psi\,dv = \int\limits_{(G = 0)} \Psi_l\,dw\,,$$

formen sie mittels

$$\Psi_p = \sum_1^n \Psi_k(z^0)\,\frac{\partial z^0_k}{\partial p} = \sum_1^n \Psi_k(z^0)\,\frac{G_{ik}}{\mathfrak{G}} \qquad (G = 0)$$

in

$$\int\limits_{(G<0)} \Delta \Psi dv = \int\limits_{(G=0)} \sum_1^n \Psi_k G_k \frac{dw}{\mathfrak{S}}$$

um, setzen $\Psi = \mathrm{Pot}(z_1, \ldots z_n)$ ein und berücksichtigen (11), (11*) und (7); dann ergiebt sich

$$\begin{aligned}
\int\limits_{(G<0)} \Delta \mathrm{Pot}(z_1, \ldots z_n) dv &= \int\limits_{(G=0)} \sum_1^n \mathrm{Pot}_k \cdot G_k \frac{dw}{\mathfrak{S}} \\
&= \int\limits_{(G=0)} \sum_1^n G_k \frac{dw}{\mathfrak{S}} \int\limits_{(F_0(z_1', \ldots) < 0)} \mathfrak{K}(z_1', \ldots z_n') \frac{\partial \mathfrak{P}(z', z)}{\partial z_k} dv' \\
&= \int\limits_{(F_0(z') < 0)} \mathfrak{K}(z_1', \ldots z_n') dv' \int\limits_{(G=0)} \sum_1^n \frac{\partial \mathfrak{P}(z', z)}{\partial z_k} G_k \frac{dw}{\mathfrak{S}} \\
&= \int\limits_{(F_0(z') < 0)} \mathfrak{K}(z_1', \ldots z_n') dv' \int\limits_{(G=0)} \mathfrak{P}_p(z', z) dw \\
&= \int\limits_{(F_0(z') < 0)} \mathfrak{K}(z_1', \ldots z_n') dv' \cdot \frac{\varpi}{2} (\mathrm{sgn}\, G(z_1', \ldots) - 1).
\end{aligned}$$

Wir denken uns jetzt das bisher willkürliche Gebiet $G < 0$ als sphärische Mannigfaltigkeit, die ganz in $F_0 < 0$ gelegen ist. Dann wird die letzte Klammergrösse für jeden Punkt z' der innerhalb $G < 0$ gelegen ist, den Werth -2, für jeden ausserhalb $G < 0$ gelegenen Punkt dagegen den Werth 0 geben, und dadurch entsteht

$$\int\limits_{(G<0)} \Delta \mathrm{Pot}(z_1, \ldots z_n) dv = -\varpi \int\limits_{(G<0)} \mathfrak{K}(z_1, \ldots z_n) dv.$$

Der Mittelpunkt der Mannigfaltigkeit $G < 0$ sei (ζ) und ihr Radius ϱ. Setzen wir nun $\mathfrak{K}$ in der Umgebung von (ζ) als stetig voraus, so wird bei abnehmenden ϱ rechts der Grenzwerth $\mathfrak{K}(\zeta_1, \ldots \zeta_n)$ vor das Integral gezogen werden können, und

$$\lim_{\varrho=0} J = \lim_{\varrho=0} \int dv$$

wird den Inhalt des Integrationsgebietes bei verschwindendem ϱ bezeichnen. Dann entsteht

$$\lim_{\varrho=0} \frac{1}{J} \int\limits_{(\sum (z_k - \zeta_k)^2 - \varrho^2 < 0)} dv \cdot \Delta \mathrm{Pot}(z_1, \ldots z_n) = -\varpi \mathfrak{K}(\zeta_1, \ldots \zeta_n).$$

Wüsste man nun, dass $\Delta \mathrm{Pot}(z_1, \ldots z_n)$ gleichfalls in der Umgebung von (ζ_k) stetig wäre, so würde aus dem Integrale wieder

$\Delta \operatorname{Pot}(\zeta_1, \ldots)$ heraustreten, und der Restfactor gäbe den Werth 1. Dies würde uns dann auf die Formel

$$\text{(10)} \qquad \Delta_\zeta \operatorname{Pot}(\zeta_1, \ldots \zeta_n) = -\varpi \mathfrak{K}(\zeta_1, \ldots \zeta_n)$$

zurückführen.

Der hier gegebene Beweis des Poisson'schen Satzes ist unabhängig von der Voraussetzung der Differentiirbarkeit von $\mathfrak{K}$ geführt. Dagegen war die Voraussetzung der Existenz und der Stetigkeit von ΔPot nöthig. Dass das Eine und das Andere aber wirklich zutrifft, lässt sich rein mathematisch wohl nicht beweisen.

§ 9.

Wir kommen jetzt zu dem bereits angekündigten dritten Beweise der Formel (10). Die Verwendung der Clausius'schen Coordinaten zeigt sich hier als sehr zweckentsprechend (vgl. S. 43).

Wir denken uns den Punkt (ζ) innerhalb $F_0(z_1^0, \ldots z_n^0) < 0$ und verbinden ihn durch eine lineare Mannigfaltigkeit

$$z_k = z_k^0 + t(\zeta_k - z_k^0) \qquad (k = 1, 2, \ldots n)$$

mit einem willkürlichen Punkte (z^0) der begrenzenden Mannigfaltigkeit. Geht dann t von 0 bis 1, so durchläuft (z) den „Strahl", welcher durch die Punkte (ζ) und (z^0) bestimmt ist. Die neuen Coordinaten sind also die $(n+1)$ Grössen t und $z_1^0, \ldots z_n^0$; aber zwischen den letzten n Grössen findet die Gleichung $F_0(z_1^0, \ldots z_n^0) = 0$ statt. Diese $(n+1)$ Variablen sind die, welche wir früher als Clausius'sche Coordinaten eingeführt haben. Zunächst ist die Functionaldeterminante zu berechnen. Es wird

$$dz_k = (\zeta_k - z_k^0)dt + (1-t)dz_k^0 \qquad (k = 1, 2, \ldots n).$$

Wir betrachten jetzt $dz_1^0, dz_2^0, \ldots dz_{n-1}^0$ als unabhängige Incremente und dz_n^0 als von ihnen gemäss $F_0(z_1^0, \ldots z_n^0) = 0$ abhängig, so dass

$$dz_n = (\zeta_n - z_n^0)dt + (1-t)\sum_1^{n-1} \frac{\partial z_n^0}{\partial z_h^0} dz_h^0$$

wird. Für die Umformung unseres Integrals brauchen wir den Werth von

$$\begin{vmatrix} \zeta_1 - z_1^0, & 1-t, & 0, & & 0 \\ \zeta_2 - z_2^0, & 0, & 1-t, & \ldots & 0 \\ \cdot & \cdot & \cdot & \cdot & \cdot \\ \zeta_{n-1} - z_{n-1}^0, & 0, & 0, & \ldots & 1-t \\ \zeta_n - z_n^0, & (1-t)\dfrac{\partial z_n^0}{\partial z_1^0}, & (1-t)\dfrac{\partial z_n^0}{\partial z_2^0}, & \ldots & (1-t)\dfrac{\partial z_n^0}{\partial z_{n-1}^0} \end{vmatrix}.$$

Behandeln wir diese wie schon mehrfach ähnliche Determinanten, dann folgt das Resultat

$$(1-t)^{n-1}\left\{\zeta_n - z_n^0 - \sum_1^{n-1}(\zeta_h - z_h^0)\frac{\partial z_n^0}{\partial z_h^0}\right\},$$

oder es ergiebt sich wegen

$$F_{0h}\,dz_h^0 + F_{0n}\,dz_n^0 = 0$$

als Werth der Functionaldeterminante:

$$\frac{1}{F_{0n}}(1-t)^{n-1}\sum_1^n(\zeta_h - z_h^0)F_{0h}\,.$$

Dies wenden wir zur Transformation irgend eines n-fachen Integrals an und erhalten unter Benutzung von (4) Vorlesung 15, § 4

$$\int\limits_{(F_0<0)}\Phi(z_1,\dots z_n)\,dv$$

$$=\int\limits_{(F_0=0,\ t=(0\dots1))}\Phi(z_1^0 + t(\zeta_1 - z_1^0),\dots)(1-t)^{n-1}\sum_1^n(\zeta_h - z_h^0)F_{0h}\cdot\frac{dw}{\mathfrak{S}}\,dt\,.$$

Aus einem Specialfalle ersieht man, dass das Vorzeichen der Functionaldeterminante richtig gewählt ist.

§ 10.

Diese Transformation wenden wir auf die Ableitung des Potentials an; es folgt

$$\mathrm{Pot}_k(\zeta) = \int\limits_{(F_0(z_1^0,\dots)<0)}\mathfrak{K}(z_1,\dots z_n)\frac{z_k-\zeta_k}{r^n}\,dv$$

$$=\int\limits_{(F_0(z_1^0,\dots)=0;\ t=(0\dots1))}\mathfrak{K}((1-t)z_1^0 + t\zeta_1,\dots)\frac{z_k^0-\zeta_k}{r_0^n}\sum_1^n(z_h^0-\zeta_h)F_{0h}\cdot\frac{dw}{\mathfrak{S}}\,dt\,,$$

wobei

$$r_0^n = \left\{\sum_1^n(z_k^0-\zeta_k)^2\right\}^{\frac{n}{2}} = \frac{1}{(1-t)^n}\cdot r^n$$

gesetzt ist. Das Wichtige dieser Umwandlung liegt darin, dass der Integrand jetzt den Factor $(1-t)$ im Nenner nicht mehr besitzt, also für $t=1$ nicht ∞ wird, ausgenommen wenn (ζ) auf $F_0 = 0$ liegt. Das wollen wir aber ausschliessen. Da ferner

$$\frac{z_k^0-\zeta_k}{r_0^n} = -\frac{\partial\mathfrak{P}(z^0,\zeta)}{\partial\zeta_k} = \mathfrak{P}_k(z^0,\zeta)$$

ist, so kann man die obige Formel

$$(12)\quad \mathrm{Pot}_k(\zeta) = \int_{(F_0(z_1^0,\dots z_n^0)=0;\ t=(0\dots 1))} \mathfrak{K}((1-t)z_1^0 + t\zeta_1,\dots)\mathfrak{P}_k \sum_{h=1}^{n} (\zeta_h - z_h^0) F'_{0h} \frac{dw}{\mathfrak{S}}\, dt$$

schreiben. Wir wollen dies noch einmal nach ζ_k differentiiren; weil nun ζ_k in $\mathfrak{K}$ und $\mathfrak{P}$ vorkommt, so müssen wir wieder unsere frühere Voraussetzung von der Differentiirbarkeit der Dichtigkeitsfunction $\mathfrak{K}$ aufnehmen. Es tritt dann unter dem Integralzeichen als Integrand die Summe

$$t\mathfrak{K}_k((1-t)z_1^0 + t\zeta_1,\dots)\mathfrak{P}_k \sum_1^n (\zeta_h - z_h^0) F_{0h} \frac{1}{\mathfrak{S}}$$

$$+ \mathfrak{K}((1-t)z_1^0 + t\zeta_1,\dots)\mathfrak{P}_{kk} \sum_1^n (\zeta_h - z_h^0) F_{0h} \frac{1}{\mathfrak{S}}$$

$$+ \mathfrak{K}((1-t)z_1^0 + t\zeta_1,\dots)\mathfrak{P}_k F_{0k} \cdot \frac{1}{\mathfrak{S}}$$

auf. Berücksichtigt man, dass erstens

$$\mathfrak{P}_k = \frac{1}{r_0^n}(z_k^0 - \zeta_k); \quad \sum_1^n \mathfrak{K}_k(z_k^0 - \zeta_k) = -\frac{\partial \mathfrak{K}}{\partial t},$$

und dass ferner

$$\sum_1^n \mathfrak{P}_{kk} = 0$$

wird, so ergiebt sich

$$\begin{aligned} \Delta\,\mathrm{Pot}_k(\zeta) &= \int \frac{\partial \mathfrak{K}}{\partial t}\, t\,dt \cdot \frac{1}{r_0^n} \sum_1^n (z_h^0 - \zeta_h) F'_{0h} \frac{dw}{\mathfrak{S}} \\ &\quad + \int \mathfrak{K}\, dt \cdot \sum_1^n \mathfrak{P}_h F_{0h} \frac{dw}{\mathfrak{S}} \qquad (F_0(z^0)=0,\ t=(0\dots 1)) \\ &= \int \left(\frac{\partial \mathfrak{K}}{\partial t}\, t + \mathfrak{K}\right) dt \sum_1^n \mathfrak{P}_h F_{0h} \frac{dw}{\mathfrak{S}} \\ &= \int \sum_1^n \mathfrak{P}_h F_{0h} \frac{dw}{\mathfrak{S}} (t\mathfrak{K})_0^1 \\ &= \mathfrak{K}(\zeta_1,\dots \zeta_n) \int \sum_1^n \mathfrak{P}_k F_{0k} \frac{dw}{\mathfrak{S}}. \end{aligned}$$

Hier tritt also $\mathfrak{K}$ von selbst aus dem Integrale heraus, und auf das zurückbleibende Integral können wir das Resultat (7) des § 3 anwenden; das führt uns dann auf die Formel

$$\varDelta \operatorname{Pot}_k(\zeta) = -\varpi \mathfrak{K}(\zeta_1, \ldots \zeta_n)$$

zurück, wenn wir wieder, wie oben, für Punkte (ζ) die ausserhalb $F_0 < 0$ liegen, $\mathfrak{K}(\zeta_1, \ldots) = 0$ setzen.

§ 11.

Der soeben vorgetragene Beweis zeigte die Wirksamkeit der Clausius'schen Coordinaten insofern, als die etwas künstliche Benutzung der partiellen Integration vermieden worden ist; die frühere Voraussetzung über die Differentiirbarkeit von $\mathfrak{K}$ ist aber geblieben. Wir wollen jetzt auch diese beseitigen, oder vielmehr, sie durch eine etwas weitere Voraussetzung ersetzen. Dazu führen wir die Function

$$\int_0^\tau \mathfrak{K}(\ldots, z_k^0 + t(\zeta_k - z_k^0), \ldots) dt = \Psi(\tau, \zeta - z^0)$$

mit variabler oberer Grenze τ ein. Setzen wir hier $\zeta_k - z_k^0 = \zeta_k'$ und für t das Product tq, dann entsteht

$$q \int_0^{\frac{\tau}{q}} \mathfrak{K}(\ldots, z_k^0 + qt\zeta_k', \ldots) dt = \Psi(\tau, \zeta'),$$

und weil die linke Seite auch

$$= q\Psi\left(\frac{\tau}{q}, \; q\zeta'\right)$$

ist, so wird

$$\Psi(\tau q, \zeta') = q\Psi(\tau, \zeta' q)$$

als Folge davon, dass t unter dem Integral nur mit ζ' multiplicirt vorkommt. Setzen wir in der letzen Gleichung $\tau = 1$ und $q = \tau$, so wandelt sie sich in

$$\Psi(\tau, \zeta') = \tau\Psi(1, \tau\zeta')$$

um, und die Differentiation nach ζ_h' ergiebt

$$\Psi_h(\tau, \zeta') = \tau^2 \Psi_h(1, \tau\zeta').$$

Hieraus geht einerseits sofort durch Summation

$$\sum_{h=1}^n \zeta_h' \Psi_h(\tau, \zeta') = \tau^2 \sum_{h=1}^n \zeta_h' \Psi_h(1, \tau\zeta') = \tau^2 \cdot \frac{\partial \Psi(1, \tau\zeta')}{\partial \tau}$$

hervor und andererseits, wenn wir die letzte Formel für $\Psi(\tau, \zeta')$ nach τ differentiiren,

$$\frac{\partial \Psi(\tau, \zeta')}{\partial \tau} = \Psi(1, \tau\zeta') + \tau \frac{\partial \Psi(1, \tau\zeta')}{\partial \tau}.$$

Die beiden letzten Resultate geben durch Vergleichung mit einander

$$(13)\qquad \begin{aligned}\sum_{h=1}^{n} \zeta_h' \Psi_h(\tau, \zeta') &= \tau \frac{\partial \Psi(\tau, \zeta')}{\partial \tau} - \tau \Psi(1, \tau\zeta') \\ &= \tau \frac{\partial \Psi(\tau, \zeta')}{\partial \tau} - \Psi(\tau, \zeta').\end{aligned}$$

Wir gehen nun zur Gleichung (12) des vorigen Paragraphen zurück und führen darin die Integration nach t aus. Das ergiebt

$$\mathrm{Pot}_k(\zeta) = -\int\limits_{(F_0(z_1^0, \ldots z_n^0) = 0;\ \tau = 1)} \Psi(\tau, \zeta') \mathfrak{P}_k(z^0, \zeta) \sum_1^n (z_h^0 - \zeta_h) F_{0h} \frac{dw}{\mathfrak{S}}.$$

Diese Gleichung differentiiren wir nach ζ_k oder, was dasselbe bewirkt, nach ζ_k'. Dadurch entsteht

$$\begin{aligned}\frac{\partial}{\partial \zeta_k} \mathrm{Pot}_k(\zeta) = &-\int \frac{\partial \Psi(\tau, \zeta')}{\partial \zeta_k} \mathfrak{P}_k(z^0, \zeta_h) \sum_1^n (z_h^0 - \zeta_h) F_{0h} \frac{dw}{\mathfrak{S}} \\ &-\int \Psi(\tau, \zeta') \mathfrak{P}_{kk}(z^0, \zeta_h) \sum_1^n (z_h^0 - \zeta_h) F_{0h} \frac{dw}{\mathfrak{S}} \\ &+\int \Psi(\tau, \zeta') \mathfrak{P}_k(z^0, \zeta_k) F_{0k} \frac{dw}{\mathfrak{S}}.\end{aligned}$$

Summiren wir nun nach k von 1 bis n, so fällt wegen $\sum \mathfrak{P}_{kk} = 0$ das mittlere Integral fort.

Im ersten setzen wir

$$\mathfrak{P}_k(z^0, \zeta) = -\frac{\zeta_k'}{r^n}$$

und erhalten

$$\begin{aligned}\Delta\,\mathrm{Pot}(\zeta) = &\int \sum_{k=1}^{n} \Psi_k(\tau, \zeta') \frac{\zeta_k'}{r^n} \sum_{h=1}^{n} (z_h^0 - \zeta_h) F_{0h} \frac{dw}{\mathfrak{S}} \\ &+\int \Psi(\tau, \zeta') \sum_{h=1}^{n} \mathfrak{P}_h'(z^0, \zeta) F_{0h} \frac{dw}{\mathfrak{S}}.\end{aligned} \qquad (F_0 = 0;\ \tau = 1)$$

Wenn wir hier auf das erste Integral die Formel (13) anwenden, r^n unter die zweite Summe ziehen und dann in ihr

$$\frac{z_h^0 - \zeta_h}{r^n} = -\frac{\zeta_h'}{r^n} \quad \text{durch } \mathfrak{P}_h(z^0, \zeta)$$

ersetzen, dann entsteht aus der letzten Formel

$$\varDelta\,\mathrm{Pot}(\zeta) = \int^{*}\left(\tau\frac{\partial\Psi(\tau,\zeta')}{\partial\tau} - \Psi(\tau,\zeta')\right)\sum_{1}^{n}\mathfrak{P}_h(z^0,\zeta)F_{0h}\cdot\frac{dw}{\mathfrak{S}} \qquad (F_0=0;\ \tau=1)$$
$$+\int^{*}\Psi(\tau,\zeta')\sum_{1}^{n}\mathfrak{P}_h(z^0,\zeta)F_{0h}\cdot\frac{dw}{\mathfrak{S}}$$
$$=\int\left(\frac{\partial\Psi(\tau,\zeta')}{\partial\tau}\right)_1\sum_{1}^{n}\mathfrak{P}_h(z^0,\zeta)F_{0h}\cdot\frac{dw}{\mathfrak{S}} \qquad (F_0=0).$$

Aus der Definitionsgleichung für Ψ ergiebt sich für den Klammerausdruck der constante Werth

$$\mathfrak{K}(\zeta_1,\ldots\zeta_n),$$

und so entsteht endlich wieder

$$\varDelta\,\mathrm{Pot}(\zeta) = \mathfrak{K}(\zeta_1,\ldots\zeta_n)\int^{*}\sum_{h=1}^{n}\mathfrak{P}_h F_{0h}\,\frac{dw}{\mathfrak{S}} \qquad (F_0=0) \tag{10}$$
$$= -\varpi\,\mathfrak{K}(\zeta_1,\ldots\zeta_n).$$

An die Stelle der Voraussetzung über die Differentiirbarkeit von $\mathfrak{K}$ ist hier die entsprechende bei Ψ, d. h. bei der durchschnittlichen Masse jeder von (ζ) nach $F_0=0$ gezogenen geraden Linie getreten. Dabei kann man sich die Umgrenzung $F_0=0$ durch eine andere beliebige ersetzt denken, und die angegebene Voraussetzung besteht nur darin, dass mindestens für eine Art der Umgebung des Punktes (ζ) die mittlere Dichtigkeit in den vom Punkte ausgehenden, bis zur Begrenzung der Umgebung gezogenen Strahlen differentiirbar sei, und diese Voraussetzung erscheint wesentlich geringer als die Gauss'sche, dass die Dichtigkeit im Punkte (ζ) selbst nach allen n Variablen differentiirbar sein soll.

Der Gedanke, der dieser Voraussetzung zu Grunde liegt, ist den umfangreichen Arbeiten von Clausius entnommen. Clausius schliesst den Punkt (ζ) durch eine sphärische Mannigfaltigkeit aus; wir sahen, dass wir diese Einschränkung nicht zu machen brauchen. (Vgl. Berl. Monatsber. 1891; 30. Juli; S. 881—890.)

§ 12.

In noch befriedigenderer Weise gelangen wir zum Ziele, wenn wir statt des Theorems für $\varDelta\,\mathrm{Pot}(\zeta)$ ein analoges Theorem für die Summe der zweiten Ableitungen des Potentials zweier Mannigfaltigkeiten auf einander liefern und dies dann specialisiren.

Es beruht ja überhaupt nur auf einer Abstraction von der Wirklichkeit, wenn man von der Anziehung eines Punktes durch eine Masse

jeder Beziehung zur Physik losgelösten Satz jemals ohne irgend welche Voraussetzung über die Dichtigkeitsfunction, als die, dass das Integral einen Sinn hat, wird beweisen können. Es ist schon sehr merkwürdig, dass sich der Satz ohne jede Schwierigkeit ableiten lässt, sobald vorausgesetzt wird, dass die zweiten Ableitungen des Potentials überhaupt nur bestehen und stetig sind.

Wir müssen in solchem Falle, wie wir es schon früher thaten, eine übersichtliche und umfassende, hinreichende Eigenschaft der Function als Voraussetzung wählen, wenn sie auch nicht gerade nothwendig ist.

Eine solche wollen wir besprechen; sie hat den Vorzug ziemlich grosser Allgemeinheit. Bisher handelte es sich um die Differentiirbarkeit der Dichtigkeitsfunction in (ζ) selbst. Denken wir uns statt dessen durch den Punkt innerhalb einer kleinen Umgrenzung Radienvectoren gezogen, so können wir von der mittleren Dichtigkeit oder von der Masse auf einem solchen Radius sprechen. Wir machen nun die Länge des eingeführten Radiusvector von einem Parameter t abhängig. Wird dann die Differentiirbarkeit der mittleren Dichtigkeit nach diesem Parameter vorausgesetzt, dann können wir (10) beweisen.

Bevor wir aber dazu übergehen, wollen wir zunächst die eben gemachte Bemerkung rechtfertigen, dass die Existenz und die Stetigkeit von $\varDelta$ Pot. zum Beweise der Poisson'schen Formel (10) ausreicht.

§ 8.

Der Abkürzung halber führen wir die Bezeichnung

$$\text{(11)} \qquad \operatorname{Pot}(\zeta_1, \ldots \zeta_n) = \int\limits_{(F_0(z_1, \ldots z_n) < 0)} \mathfrak{K}(z_1, \ldots z_n)\,\mathfrak{P}(z, \zeta)\,dv$$

für das Potential des Punktes (ζ) in Beziehung auf das Gebiet $F_0 < 0$ mit der Dichtigkeitsfunction $\mathfrak{K}(z_1, \ldots)$ ein. Danach ist also auch

$$\text{(11*)} \qquad \operatorname{Pot}_k(\zeta_1, \ldots \zeta_n) = \int\limits_{(F_0(z_1, \ldots) < 0)} \mathfrak{K}(z_1, \ldots z_n)\,\frac{\partial \mathfrak{P}(z, \zeta)}{\partial \zeta_k}\,dv.$$

Wir benutzen jetzt die auf ein beliebiges Gebiet $G < 0$ bezogene Gleichung (8*) § 6 der vorigen Vorlesung

$$\int\limits_{(G<0)} \varDelta \Psi\,dv = \int\limits_{(G=0)} \Psi_\nu\,dw\,,$$

formen sie mittels

$$\Psi_p = \sum_1^n \Psi_k(z^0)\,\frac{\partial z_k^0}{\partial p} = \sum_1^n \Psi_k(z^0)\,\frac{G_k}{\mathfrak{G}} \qquad (G = 0)$$

wir den Ort von M' von den Werthen $\zeta_1, \dots \zeta_n$ der Coordinaten eines bestimmten Punktes (ζ) von M' abhängig und wir können diesen Ort als durch die Ungleichung $F_0(z_1' + \zeta_1, \dots z_n' + \zeta_n) < 0$ bestimmt ansehen, wo jede Coordinate z_i' der Punkte von M' in ihrer Anfangslage um dieselbe Grösse ζ_i vermehrt werden muss.

Dann handelt es sich bei unserer Untersuchung um das Integral

(14) $$P(M, M'; \zeta) = \int\limits_{(F_0(z_1,\dots)<0;\ F_0'(z_1'+\zeta_1,\dots)<0)} \frac{\mathfrak{R}(z_1,\dots z_n)\,dv\,dv'}{(n-2)\left(\sum\limits_1^n (z_k - z_k')^2\right)^{\frac{n-2}{2}}},$$

welches die Erweiterung von (11) repräsentirt. Die Integration erstreckt sich jetzt über zwei n-fach ausgedehnte Gebiete.

Der Ausdruck (14) muss, damit wir zum Potential gelangen, nach ζ_k zweimal differentiirt werden.

Setzt man zunächst $z_k' + \zeta_k = z_k''$, so hängt die Gebietsbestimmung nicht mehr von den ζ_k ab, so dass man bei der Differentiation des Potentials nach ζ_k nur das Integral selbst zu differentiiren hat. Ist dies geschehen, dann setzt man wieder rückwärts z_k' ein, und erhält so

$$\frac{\partial \mathrm{Pot}(M, M'; \zeta)}{\partial \zeta_k} = -\int\limits_{(F_0(z_1,\dots)<0;\ F_0'(z_1'',\dots)<0)} \frac{\mathfrak{R}(z_1,\dots z_n)\,dv\,dv'}{\left(\sum\limits_1^n(z_k - z_k'' + \zeta_k)^2\right)^{\frac n2}}(z_k - z_k'' + \zeta_k)$$

$$= -\int\limits_{(F_0(z_1,\dots)<0;\ F_0'(z_1'+\zeta_1,\dots)<0)} \frac{\mathfrak{R}(z_1,\dots z_n)\,dv\,dv'}{\left(\sum\limits_1^n(z_k - z_k')^2\right)^{\frac n2}}(z_k - z_k'),$$

und nun differentiirt man nochmals nach ζ_k, indem man davon Gebrauch macht, dass ζ_k nur in der Gebietsbestimmung vorkommt. Wir wenden dabei die Formel (2*) aus § 5 der fünfzehnten Vorlesung an. So resultirt

$$\frac{\partial^2 \mathrm{Pot}(M,M';\zeta)}{\partial\zeta_k^2} = \int\limits_{(F_0(z_1,\dots)<0)} \mathfrak{R}(z_1,\dots z_n)\,dv \int\limits_{(F_0'(z_1'+\zeta_1,\dots)=0)} \frac{(z_k - z_k')F_{0k}'}{\left(\sum\limits_1^n (z_k-z_k')^2\right)^{\frac n2}}\cdot\frac{dw'}{\mathfrak{S}'},$$

und durch Summation folgt

$r_k \frac{dw}{\mathfrak{S}}$

berücksichtigen (11), (11*)

$G_k \frac{dw}{\mathfrak{S}}$

$\frac{dw}{\mathfrak{S}} \int\limits_{(F_0(z_1',\dots)<0)} \mathfrak{R}(z_1',\dots z_n') \frac{\partial\mathfrak{P}(z',z)}{\partial z_k}\, dv'$

$\dots z_n')dv' \int\limits_{(G=0)} \sum\limits_1^n \frac{\partial \mathfrak{P}(z',z)}{\partial z_k} G_k \frac{dw}{\mathfrak{S}}$

0)

$_1, \dots z_n')dv' \int\limits_{(G=0)} \mathfrak{P}_p(z',z)\,dw$

< 0)

$(z_1', \dots z_n')dv'\cdot\frac{\varpi}{2}(\mathrm{sgn}\,G(z_1',\dots) - 1).$

(z') < 0)

as bisher willkürliche Gebiet $G<0$ als
die ganz in $F_0<0$ gelegen ist. Dann
sse für jeden Punkt z' der innerhalb $G<0$
-2, für jeden ausserhalb $G<0$ gelegenen
1 0 geben, und dadurch entsteht

$$. z_n)dv = -\varpi\int\limits_{(G<0)}\mathfrak{R}(z_1,\dots z_n)\,dv.$$

nnigfaltigkeit $G<0$ sei (ζ) und ihr Radius ϱ.
ier Umgebung von (ζ) als stetig voraus, so wird
chts der Grenzwerth $\mathfrak{R}(\zeta_1,\dots\zeta_n)$ vor das Integral
ien, und

$$\lim_{\varrho=0} J = \lim_{\varrho=0}\int dv$$

es Integrationsgebietes bei verschwindendem ϱ be-
ntsteht

$$\int\limits_{(\sum(z_k-\zeta_k)^2-\varrho^2<0)} dv\cdot\varDelta\mathrm{Pot}(z_1,\dots z_n) = -\varpi\,\mathfrak{R}(\zeta_1,\dots\zeta_n).$$

ian nun, dass $\varDelta\mathrm{Pot}(z_1,\dots z_n)$ gleichfalls in der Um-
(ζ_k) stetig wäre, so würde aus dem Integrale wieder

$$\sum_1^n \frac{\partial^2 \operatorname{Pot}(M, M'; \zeta)}{\partial \zeta_k^2} = \int\limits_{(F_0(z_1, \dots) < 0)} \mathfrak{K}(z_1, \dots z_n) dv \int\limits_{(F_0'(z_1' + \zeta_1, \dots) = 0)} \mathfrak{P}_{p'} dw',$$

wobei natürlich (S. 269)

$$\mathfrak{P}_{p'} = \sum_1^n \frac{\partial \mathfrak{P}(z, z')}{\partial z_k'} \frac{F_{0k}'}{\mathfrak{S}'}$$

zu denken ist. Unter Benutzung von (7) entsteht hieraus

$$\Delta_\zeta \operatorname{Pot}(M, M'; \zeta) = \int\limits_{(F_0(z_1, \dots z_n) < 0)} \mathfrak{K}(z_1, \dots z_n) dv \cdot \frac{\varpi}{2} \{\operatorname{sgn} F_0'(z_1 + \zeta_1, \dots) - 1\}$$

oder, da der letzte Factor nur für alle Punkte von $F_0'(z_1 + \zeta_1, \dots) < 0$ von Null verschieden und zwar gleich -2 ist,

(15) $$\Delta_\zeta \operatorname{Pot}(M, M'; \zeta) = -\varpi \int\limits_{(F_0(z_1, \dots) < 0;\ F_0'(z_1 + \zeta_1, \dots) < 0)} \mathfrak{K}(z_1, \dots z_n) dv,$$

d. h. „sind zwei Mannigfaltigkeiten, M mit der Dichtigkeitsfunction $\mathfrak{K}$ „und M' mit der Dichtigkeitsfunction $\mathfrak{K}' = 1$ gegeben, von denen die „erste ruht, und die andere sich in Beziehung auf ein festes Coordinaten„system nur parallel den Axenrichtungen bewegt, dann wird das Δ ihres „Potentials, nach der Lage der beweglichen Mannigfaltigkeit genommen, „gleich dem Producte aus $(-\varpi)$ und dem über das gemeinsame Gebiet „beider Massen erstreckten Integrale, falls man diesen Bereich mit einer „Masse von der Dichtigkeit $\mathfrak{K}(z_1, \dots z_n)$ belegt."

Da hierbei die Differentiation nach den stetig sich ändernden Lagen ausgeführt wird, so bedarf man keiner weiteren Voraussetzung.

Wir wollen jetzt M' zu einer sphärischen Mannigfaltigkeit werden und ihren Radius ϱ nach Null gehen lassen. Gesetzt nun, man dürfte

(16) $$\lim_{\varrho = 0} (\Delta_\zeta \operatorname{Pot}(M, M'; \zeta)) = \Delta_\zeta (\lim_{\varrho = 0} \operatorname{Pot}(M, M'; \zeta))$$

setzen, dann würde die Vergleichung von (14) und (11) zeigen, dass die Klammer auf der rechten Seite dabei in das Product aus $\operatorname{Pot}(M; \zeta)$ und dem Volum der sphärischen Mannigfaltigkeit mit dem Radius ϱ übergeht. Die linke Seite der letzten Gleichung würde durch Vermittelung von (15) das Product aus $(-\varpi \mathfrak{K})$ und demselben Volumen geben. Somit ginge, wenn man das, den beiden Seiten gemeinsame Volumen weghebt, (16) in (10) über. Die Schwierigkeit, von (15) zu (10) als Grenzfall zu gelangen, liegt daher wesentlich in dem Beweise von (16).

Der durch (15) gelieferte Satz ist das eigentliche Haupttheorem. Im Falle des Raumes, demjenigen, mit welchem die Physik es überhaupt nur zu thun hat, ist ja nie von wirklichen Massenpunkten sondern immer nur von Massen die Rede, welche beliebig klein werden können. Bleibt man dementsprechend auch in der allgemeinen Theorie bei den Massen stehen, so treten, wie man sieht, die Schwierigkeiten gar nicht auf, die wir bei der Berechnung des J für das Potential einer Mannigfaltigkeit auf einen Punkt fanden.

Siebzehnte Vorlesung.

Darstellung einer Function durch Δ und ihre Begrenzungswerthe. — Hauptformel. — Unstetigkeit der Potential-Ableitungen. — Green'sche Form der Begrenzungsgleichungen. — Green'sche Function bei sphärischen Mannigfaltigkeiten. — Einführung von Polarcoordinaten. — Entwickelung nach Kugelfunctionen.

§ 1.

Wir wenden uns jetzt zu der in der fünfzehnten Vorlesung am Ende des sechsten Paragraphen besprochenen Aufgabe: „eine Function „zu bestimmen, deren Werthe auf der Begrenzung einer n-fachen sphä„rischen Mannigfaltigkeit, und deren Δ für alle Punkte innerhalb dieser „Mannigfaltigkeit gegeben sind."

Dabei knüpfen wir an die beiden, im Vorhergehenden abgeleiteten Formeln an (vgl. S. 276, (9) und S. 263, (7)):

$$-\int\limits_{(F_0<0)} \sum_1^n \mathfrak{F}_k \mathfrak{P}_k dv + \int\limits_{(F_0=0)} \mathfrak{F}\mathfrak{P}_p dw + \frac{1}{2}(1-\operatorname{sgn} F_0(\zeta))\,\varpi\,\mathfrak{F}(\zeta) = 0$$

und

$$\int\limits_{(F_0=0)} \sum_1^n \Phi_k \Psi_p dv + \int\limits_{(F_0<0)} \Psi \Delta \Phi dv - \int\limits_{(F_0=0)} \Psi \Phi_p dw = 0\,.$$

In die zweite Formel setzen wir für Φ und Ψ bezw. $\mathfrak{F}$ und $\mathfrak{P}$ ein; addiren wir dann das Resultat zur ersten Gleichung, so ergiebt sich

$$\begin{aligned} &\frac{1}{2}(1-\operatorname{sgn} F_0(\zeta))\,\varpi\,\mathfrak{F}(\zeta) \\ (1)\qquad &= -\int\limits_{(F_0<0)} \mathfrak{P}\Delta\mathfrak{F} dv - \int\limits_{(F_0=0)} \mathfrak{F}\mathfrak{P}_p dw + \int\limits_{(F_0=0)} \mathfrak{P}\mathfrak{F}_p dw\,, \end{aligned}$$

also eine Formel, in welcher das, der Berechnung besonders unzugängliche Integral

$$\int \sum_1^n \mathfrak{F}_k \mathfrak{P}_k dv$$

nicht mehr vorkommt. Setzen wir über die Function $\mathfrak{F}(z_1, \ldots z_n)$

ähnlich wie bei der Dichtigkeitsfunction $\mathfrak{K}$ voraus, dass ihr Werth für jeden Punkt (z) ausserhalb des Bereiches $F_0 < 0$ gleich Null sei, dann können wir (1) kürzer in der Form

$$(1^*) \qquad -\varpi\mathfrak{F}(\zeta) = \int_{(F_0<0)} \mathfrak{P}\Delta\mathfrak{F}dv + \int_{(F_0=0)} \mathfrak{F}\mathfrak{P}_p dw - \int_{(F_0=0)} \mathfrak{P}\mathfrak{F}_p dw$$

schreiben. Diese Hauptformel rührt von Green her.

§ 2.

Ersetzen wir in (1*) die Function $\mathfrak{F}$ durch die Dichtigkeitsfunction $\mathfrak{K}$, dann enthüllt die Gleichung eine der wichtigsten Eigenschaften der n-fachen Potentiale.

Die auf ihrer linken Seite stehende Function ist eine stetige Function von (ζ), so lange dieser Punkt sich nur innerhalb oder nur ausserhalb $F_0 < 0$ bewegt; bei jedem Ueberschreiten von $F_0 = 0$ hingegen tritt ein Sprung von der Grösse $\pm\varpi\mathfrak{F}$ auf. Es muss also auch rechts in (1*) eine Unstetigkeit vorkommen. Das erste Integral kann als Potential einer n-fachen Mannigfaltigkeit mit der Dichtigkeitsfunction $\Delta\mathfrak{F}$ aufgefasst werden, das dritte als Potential einer $(n-1)$-fachen Mannigfaltigkeit $F_0 = 0$ mit der Dichtigkeitsfunction $\mathfrak{K}_p$. Nach § 5 der vorigen Vorlesung sind beide Integrale überall stetig. Folglich kann die Unstetigkeit der linken Seite nur vom mittleren Integrale rechts

$$\int_{(F_0=0)} \mathfrak{K}\mathfrak{P}_p dw = \frac{\partial}{\partial p}\int_{(F_0=0)} \mathfrak{K}\mathfrak{P}(z,\zeta)dw$$

stammen. Dies muss sich um $\pm\varpi\mathfrak{K}(\zeta)$ ändern, wenn (ζ) die Mannigfaltigkeit $F_0(z_1^0, \ldots z_n^0) = 0$ passirt. „Es ist also die nach der Normalen-„richtung genommene erste Ableitung des selber noch stetigen Potentials „$\int\mathfrak{K}\mathfrak{P}dw$ einer $(n-1)$-fachen Mannigfaltigkeit $F_0 = 0$ nicht mehr „stetig; durchsetzt man $F_0 = 0$ in einer Normale, so ändert sich das „Potential um das $(\pm\varpi)$-fache der Dichtigkeit des getroffenen Punktes." Beim Massenpotentiale werden erst die zweiten Ableitungen unstetig.

§ 3.

Wir können (1*) zur Lösung folgender Aufgabe benutzen: „Es „soll eine Function $\mathfrak{F}(z_1, \ldots z_n)$ innerhalb des Bereiches $F_0 < 0$ ana-„lytisch dargestellt werden, wenn auf der Grenze $F_0 = 0$ ihre Werthe „$\mathfrak{F}(z_1^0, \ldots z_n^0)$ bekannt sind; wenn ferner im Innern die Werthe von

$$(2) \qquad \Delta\mathfrak{F} = \Phi(z_1, \ldots z_n)$$

„gegeben sind; und wenn man endlich für die Grenze des Bereiches

„die Werthe von $\mathfrak{F}_p$, d. h. die Ableitung von $\mathfrak{F}$ nach der Normale „kennt." Hier liefert dann (1*) die Lösung der partiellen Differentialgleichung (2) von der zweiten Ordnung, für welche gewisse Grenzbedingungen vorgeschrieben sind, und eine solche Lösung ist bemerkenswerth, da derartige Probleme im Allgemeinen sich noch der analytischen Behandlung entziehen.

Die eben gestellte Aufgabe ist aber überbestimmt; denn die letzte Forderung führt die von den beiden ersten Daten nicht mehr unabhängigen Werthe von $\frac{\partial \mathfrak{F}}{\partial \mathfrak{z}_i}$ ein. Sie muss also weggelassen werden, und die Frage taucht dabei auf, wie man aus (1*) das von $\mathfrak{F}_p$ abhängige Glied wegbringen kann. Diese Frage ist Gegenstand der eingehendsten Untersuchungen geworden; Carl Neumann hat ihr eine Reihe wichtiger Arbeiten gewidmet, in denen er eine Anzahl schöner Resultate ableitet; allein die allgemeine Frage hat er nicht erledigen können. Auch bei Green kommt bereits ein ausgezeichnetes Resultat vor. Wahrscheinlich ist die Frage in voller Allgemeinheit überhaupt nicht lösbar.

Wir wollen die Sache von folgendem Gesichtspunkte aus betrachten. Man spricht immer von „dem" Bereiche $F_0 < 0$ und von „der" Umgrenzung $F_0 = 0$. Nun ist es ja ganz richtig, dass das Gebiet wie die Umgrenzung desselben geometrisch eindeutig bestimmt sein müssen; aber wenn wir an die analytische Behandlung der Aufgabe gehen wollen, dann kann die analytische Darstellung der Begrenzung nicht entbehrt werden, und diese Darstellung ist auf unendlich viele Arten möglich. Welche von diesen ist für unseren Zweck nun die geeignetste? Wir können die Frage so wenden, dass wir diejenige Darstellung für die Begrenzung suchen, bei welcher gerade das uns unbequeme Integral in Wegfall kommt.

Um dies zu erreichen, nehmen wir eine vorläufig unbestimmte Function G der z und ζ, welche im Innern und auf der Begrenzung des Gebietes endlich, stetig und differentiirbar sein soll, und setzen in die zweite Formel des ersten Paragraphen statt Φ und Ψ zuerst $\mathfrak{F}$ und G und darauf G und $\mathfrak{F}$ ein. Dann entsteht

$$\int\limits_{(F_0<0)} \sum_1^n \mathfrak{F}_k G_k dv = \int\limits_{(F_0<0)} \mathfrak{F} \varDelta G dv - \int\limits_{(F_0=0)} G_p \mathfrak{F} dw$$

$$= \int\limits_{(F_0<0)} G \varDelta \mathfrak{F} dv - \int\limits_{(F_0=0)} \mathfrak{F}_p G dw,$$

und also

$$0 = \int\limits_{(F_0<0)} G \varDelta \mathfrak{F} dv - \int\limits_{(F_0<0)} \mathfrak{F} \varDelta G dv + \int\limits_{(F_0=0)} \mathfrak{F} G_p dw - \int\limits_{(F_0=0)} \mathfrak{F}_p G dw.$$

Subtrahirt man diese Gleichung von (1*), dann resultirt

$$\omega\mathfrak{F}(\zeta) = \int\limits_{(F_0<0)}^{\bullet}(\mathfrak{P}-G)\Delta\mathfrak{F}dv + \int\limits_{(F_0=0)}^{\bullet}(\mathfrak{P}_p - G_p)\mathfrak{F}dw - \int\limits_{(F_0=0)}^{\bullet}(\mathfrak{P}-G)\mathfrak{F}_p dw$$
$$+\int\limits_{(F_0<0)}^{\bullet}\mathfrak{F}\Delta G dv\,.$$

Legen wir also der Function $G(z, \zeta)$ die beiden Bedingungen auf: 1) dass auf der Mannigfaltigkeit $F_0 = 0$ stets $G = \mathfrak{P}$ sei, oder was dasselbe besagt, dass durch die beiden Gleichungen

(3) $$F_0(z^0, \zeta) = 0 \quad \text{und} \quad G_0(z^0, \zeta) - \mathfrak{P}(z^0, \zeta) = 0$$

dasselbe Gebilde dargestellt werde; und 2) dass

(4) $$\Delta_z G(z, \zeta) = 0 \qquad (F_0 < 0)$$

sei, dann liefert die obige Gleichung die Darstellung von $\mathfrak{F}$ in der Form

(5) $$\omega\mathfrak{F}(\zeta) = \int\limits_{(F_0<0)}^{\bullet}(\mathfrak{P}-G)\Delta\mathfrak{F}dv + \int\limits_{(F_0=0)}\mathfrak{F}(\mathfrak{P}_p - G_p)dw\,.$$

Wie man sieht, sind die der Function G auferlegten Forderungen (3) und (4) von gegebenen Werthen für $\mathfrak{F}$ unabhängig, denn sie knüpfen lediglich an das Gebiet $F_0 < 0$ an.

Eine solche, durch (3) und (4) bestimmte Function G nennt man eine Green'sche Function, wofür wir wohl besser eine Green'sche Form der Begrenzungsgleichung sagen. Sie löst die gestellte Aufgabe für das Gebiet F_0 bei jedem $\mathfrak{F}$; aber freilich ist das Problem, G zu finden, nicht minder schwierig als das ursprünglich gestellte. In solcher Weise lässt sich die Natur nicht überlisten. Für sphärische Mannigfaltigkeiten kann man eine elegante Lösung geben, aber für weitere, selbst für ellipsoidische ist das bisher noch nicht gelungen, und dies kommt daher, dass das Potential seinem ganzen Wesen nach auf sphärische Mannigfaltigkeiten zugeschnitten ist.

§ 4.

Die sphärische Mannigfaltigkeit $F_0 < 0$, für welche wir die Green'sche Function suchen, sei durch

$$\sum_{1}^{n} z_i^2 = R^2$$

begrenzt. Einen Punkt innerhalb bezw. ausserhalb derselben bezeichnen wir durch (ζ_i) bezw. (ζ_i'), wo dann entsprechend

$$\sum_1^n \zeta_k^2 = \varrho^2 < R^2 \quad \text{oder} \quad \sum_1^n \zeta_k'^2 = \varrho'^2 > R^2$$

ist. Jedem Punkte (ζ_k) wollen wir einen Punkt (ζ_k') in der Weise zuordnen, dass

$$\varrho\varrho' = R^2 \quad \text{und} \quad \varrho\zeta_k' = \varrho'\zeta_k \qquad (k = 1, 2, \dots n)$$

genommen wird. Diese Art der Zuordnung durch reciproke Radien-Vectoren ist von William Thomson (Liouville Journal 1846) erdacht und durchgeführt worden. Dann ergiebt sich

$$\sum_1^n (z_k^0 - \zeta_k)^2 = R^2 - 2\sum_1^n z_k^0\zeta_k + \varrho^2;$$

$$\sum_1^n (z_k^0 - \zeta_k')^2 = R^2 - 2\sum_1^n z_k^0\zeta_k' + \varrho'^2$$

$$= R^2 - 2\frac{\varrho'}{\varrho}\sum_1^n z_k^0\zeta_k + \varrho'^2$$

$$= R^2 - 2\frac{R^2}{\varrho^2}\sum_1^n z_k^0\zeta_k + \frac{R^4}{\varrho^2}$$

$$= \frac{R^2}{\varrho^2}\left(\varrho^2 - 2\sum_1^n z_k^0\zeta_k + R^2\right)$$

$$= \frac{R^2}{\varrho^2}\sum_1^n (z_k^0 - \zeta_k)^2,$$

und also wird

$$(n-2)\mathfrak{P}(z^0, \zeta') = \frac{1}{\left(\sum_1^n (z_k^0 - \zeta_k')^2\right)^{\frac{n-2}{2}}} = \left(\frac{\varrho}{R}\right)^{n-2}(n-2)\mathfrak{P}(z^0, \zeta).$$

Wir erlangen demnach als Green'sche Form der Begrenzungsgleichung:

$$G(z, \zeta) = \left(\frac{R}{\varrho}\right)^{n-2}\mathfrak{P}(z, \zeta');$$

denn in der That ist 1) $\Delta_z G = 0$, weil in $\Delta_z\mathfrak{P}(z, \zeta')$ der Punkt ζ' ausserhalb der sphärischen Mannigfaltigkeit liegt; und ferner ist 2) der letzten Gleichung gemäss $G(z^0, \zeta) = \mathfrak{P}(z^0, \zeta)$ für $F_0 = 0$.

Gehen wir also damit in unsere Formel (5), so entsteht

$$+\,\varpi\mathfrak{F}(\zeta)=\int\limits_{\left(\sum\limits_1^n z_k^2<R^2\right)}\left\{\left(\frac{R}{\varrho}\right)^{n-2}\mathfrak{P}(z,\zeta')-\mathfrak{P}(z,\zeta)\right\}\varDelta\mathfrak{F}\,dv$$

(6)

$$-\int\limits_{\left(\sum\limits_1^n z_k^{0\,2}=R^2\right)}\mathfrak{F}\left\{\mathfrak{P}_p(z^0,\zeta)-\left(\frac{R}{\varrho}\right)^{n-2}\mathfrak{P}_p(z^0,\zeta')\right\}dw;$$

und damit ist die Lösung des gestellten Problems geliefert. Diese Formel kann dadurch noch etwas umgearbeitet werden, dass wir für die im zweiten Integrale stehenden Zeichen ihre Werthe einsetzen. Es ist

$$\mathfrak{P}_p(z^0,\zeta)-\left(\frac{R}{\varrho}\right)^{n-2}\mathfrak{P}_p(z^0,\zeta')=\sum_1^n\left\{\mathfrak{P}_k(z^0,\zeta)-\left(\frac{R}{\varrho}\right)^{n-2}\mathfrak{P}_k(z^0,\zeta')\right\}\frac{F_{0k}}{\mathfrak{S}}.$$

Hierbei wird

$$F_{0k}=2z_k^0,\qquad \mathfrak{S}=\sqrt{\sum_1^n F_{0k}^2}=2R,$$

$$\mathfrak{P}_k(z^0,\zeta)=-\frac{z_k^0-\zeta_k}{\left(\sum\limits_1^n(z_k^0-\zeta_k)^2\right)^{\frac{n}{2}}},\quad \mathfrak{P}_k(z^0,\zeta')=-\frac{z_k^0-\zeta_k'}{\left(\sum\limits_1^n(z_k^0-\zeta_k')^2\right)^{\frac{n}{2}}};$$

und also geht die letzte Summe in

$$\sum_1^n\left\{\left(\frac{R}{\varrho}\right)^{n-2}\frac{z_k^0-\zeta_k'}{\left(\sum\limits_1^n(z_k^0-\zeta_k')^2\right)^{\frac{n}{2}}}-\frac{z_k^0-\zeta_k}{\left(\sum\limits_1^n(z_k^0-\zeta_k)^2\right)^{\frac{n}{2}}}\right\}\frac{z_k^0}{R}$$

$$=\sum_1^n\frac{\varrho^2(z_k^0-\zeta_k')-R^2(z_k^0-\zeta_k)}{R^2\left(\sum\limits_1^n(z_k^0-\zeta_k)^2\right)^{\frac{n}{2}}}\cdot\frac{z_k^0}{R}$$

$$=\frac{\varrho^2-R^2}{R^3}\,\frac{\sum\limits_1^n z_k^{0\,2}}{\left(\sum\limits_1^n(z_k^0-\zeta_k)^2\right)^{\frac{n}{2}}}=\frac{\varrho^2-R^2}{R}\,\frac{1}{\left(\sum\limits_1^n(z_k^0-\zeta_k)^2\right)^{\frac{n}{2}}},$$

und (6) in

$$\varpi \mathfrak{F}(\zeta) = \int\limits_{\left(\sum_1^n z_k^2 < R^2\right)} \left\{ \left(\frac{R}{\varrho}\right)^{n-2} \mathfrak{P}(z, \zeta') - \mathfrak{P}(z, \zeta) \right\} \varDelta \mathfrak{F} dv + \frac{R^2 - \varrho^2}{R} \int\limits_{\left(\sum_1^n z_k^{0 2} = R^2\right)} \frac{\mathfrak{F} dw}{\left(\sum_1^n (z_k^0 - \zeta_k)^2\right)^{\frac{n}{2}}} \tag{7}$$

über. Von der Formel (6) kann man durch Vertauschung von ζ mit ζ' zu einer andern für $\mathfrak{F}(\zeta')$ gelangen, wobei dann aber das Integrationsgebiet das Aeussere der sphärischen Mannigfaltigkeit ist,

$$\begin{aligned} \varpi \mathfrak{F}(\zeta') = & \int\limits_{\left(\sum_1^n z_k^2 > R^2\right)} \left\{ \left(\frac{R}{\varrho'}\right)^{n-2} \mathfrak{P}(z, \zeta) - \mathfrak{P}(z, \zeta') \right\} \varDelta \mathfrak{F} dv \\ & - \int\limits_{\left(\sum z_k^{0 2} = R^2\right)} \mathfrak{F} \left\{ \mathfrak{P}_p(z^0, \zeta') - \left(\frac{R}{\varrho'}\right)^{n-2} \mathfrak{P}_p(z^0, \zeta) \right\} dw, \end{aligned} \tag{6*}$$

und die entsprechende Umwandlung von (6*) führt auf die Formel

$$\begin{aligned} & \varpi \mathfrak{F}(\zeta') \\ = & \int\limits_{\left(\sum_1^n z_k^2 > R^2\right)} \left\{ \left(\frac{R}{\varrho}\right)^{n-2} \mathfrak{P}(z, \zeta) - \mathfrak{P}(z, \zeta') \right\} \varDelta \mathfrak{F} dv - \frac{R^2 - \varrho'^2}{R} \int\limits_{\left(\sum_1^n z_k^{0 2} = R^2\right)} \frac{\mathfrak{F} dw}{\left(\sum_1^n (z_k^0 - \zeta_k')^2\right)^{\frac{n}{2}}}. \end{aligned} \tag{7*}$$

Die Gleichungen (7), (7*) lassen sich eleganter so schreiben:

$$\begin{aligned} & \varpi \varrho^{\frac{n-2}{2}} \mathfrak{F}(\zeta) \\ = & \int\limits_{\left(\sum_1^n z_k^2 < R^2\right)} \left\{ \varrho'^{\frac{n-2}{2}} \mathfrak{P}(z, \zeta') - \varrho^{\frac{n-2}{2}} \mathfrak{P}(z, \zeta) \right\} \varDelta \mathfrak{F} dv + \varrho^{\frac{n}{2}} \left(\sqrt{\frac{\varrho'}{\varrho}} - \sqrt{\frac{\varrho}{\varrho'}} \right) \int\limits_{\left(\sum_1^n z_k^{0 2} = R^2\right)} \frac{\mathfrak{F} dw}{r^n} \\ & \varpi \varrho'^{\frac{n-2}{2}} \mathfrak{F}(\zeta') \\ = & \int\limits_{\left(\sum_1^n z_k^2 > R^2\right)} \left\{ \varrho^{\frac{n-2}{2}} \mathfrak{P}(z, \zeta) - \varrho'^{\frac{n-2}{2}} \mathfrak{P}(z, \zeta') \right\} \varDelta \mathfrak{F} dv - \varrho'^{\frac{n}{2}} \left(\sqrt{\frac{\varrho}{\varrho'}} - \sqrt{\frac{\varrho'}{\varrho}} \right) \int\limits_{\left(\sum_1^n z_k^{0 2} = R^2\right)} \frac{\mathfrak{F} dw}{r'^n}, \end{aligned} \tag{8}$$

wobei

$$r^2 = \sum_1^n (z_k^0 - \zeta_k)^2, \quad r'^2 = \sum_1^n (z_k^0 - \zeta_k')^2$$

bedeuten soll.

Subtrahirt man die zweite der Gleichungen (8) von der ersten, dann erhält man eine neue Gleichung

$$(9)\quad \begin{aligned} &\varpi\left(\rho^{\frac{n-2}{2}}\mathfrak{F}(\zeta) - \rho'^{\frac{n-2}{2}}\mathfrak{F}(\zeta')\right) \\ &-\int\left\{\rho'^{\frac{n-2}{2}}\mathfrak{P}(z,\zeta') - \rho^{\frac{n-2}{2}}\mathfrak{P}(z,\zeta)\right\}\Delta\mathfrak{F}dv \\ &+\left(\sqrt{\frac{\rho'}{\rho}} - \sqrt{\frac{\rho}{\rho'}}\right)\int\mathfrak{F}dw\left(\frac{\rho^{\frac{n}{2}}}{r^n} - \frac{\rho'^{\frac{n}{2}}}{r'^n}\right), \end{aligned}$$

in welcher das erste Integral über die gesammte n-fache Mannigfaltigkeit, das zweite über $\sum z_k^2 = R^2$ zu erstrecken ist. Für die Gültigkeit der Formel ist nur vorauszusetzen, dass $\mathfrak{F}$ und $\Delta\mathfrak{F}$ überall stetig, endlich und eindeutig seien.

§ 5.

Jetzt wollen wir aus den erlangten Resultaten Folgerungen ziehen, und wandeln in der Formel (7) das letzte Integral rechts durch Eintragung von Polarcoordinaten um, indem wir für $k = 1, 2, \ldots n$

$$z_k^0 = Ru_k, \quad \zeta_k = \rho v_k \quad \left(\sum_1^n u_k^2 = 1, \ \sum_1^n v_k^2 = 1\right)$$

setzen. Zugleich wollen wir das Oberflächenelement der Einheitssphäre $\sum z_k^2 = 1$ durch $dw^{(1)}$ bezeichnen, so dass

$$dw = R^{n-1}dw^{(1)}$$

wird. Dadurch geht

$$r^2 \quad \text{in} \quad R^2 - 2\rho R\sum_1^n u_k v_k + \rho^2$$

über, und also entsteht bei der Einführung von $dw^{(1)}$

$$\frac{R^2-\rho^2}{R}\int\limits_{(\sum z_k^{0\,2} = R^2)}\frac{\mathfrak{F}(z_1^0,\ldots)}{r^n}dw = \left(1 - \frac{\rho^2}{R^2}\right)\int\limits_{(\sum u_k^2 = 1)}\frac{\mathfrak{F}(Ru_1,\ldots)\cdot dw^{(1)}}{\left(1 - 2\frac{\rho}{R}\sum_1^n u_k v_k + \frac{\rho^2}{R^2}\right)^{\frac{n}{2}}}.$$

Liegt nun für (7) eine Function $\mathfrak{F}$ vor, deren Δ im Innern von $F_0 < 0$ verschwindet, dann fällt das erste Integral rechts in (7) fort, und man hat

$$\varpi\,\mathfrak{F}(\zeta) = \left(1 - \frac{\varrho^2}{R^2}\right)\int \frac{\mathfrak{F}(Ru_1, \ldots)\,dw^{(1)}}{\left(1 - 2\frac{\varrho}{R}\sum_1^n u_k v_k + \frac{\varrho^2}{R^2}\right)^{\frac{n}{2}}}$$

(10)
$$= \frac{R^2 - \varrho^2}{R}\int_{\left(\sum z_k^{0\,2} = R^2\right)} \frac{\mathfrak{F}(z_1^0, \ldots z_n^0)\,dw}{\left(\sum_1^n (z_k^0 - \zeta_k)^2\right)^{\frac{n}{2}}} \qquad (\varDelta\mathfrak{F} = 0 \text{ für } F_0 < 0).$$

Genau ebenso können wir, falls $\varDelta\mathfrak{F}$ nicht im Innern sondern im Aeussern von $F_0 < 0$ verschwindet, von (7*) ausgehen, benutzen dann die Beziehung

$$r'^2 = R^2 - 2\varrho' R \sum_1^n u_k v_k + \varrho'^2$$

und gelangen zu

$$\varpi\,\mathfrak{F}(\zeta) = + \left(1 - \frac{R^2}{\varrho'^2}\right)\left(\frac{R}{\varrho'}\right)^{n-2} \int \frac{\mathfrak{F}(Ru_1, \ldots)\,dw^{(1)}}{\left(1 - 2\frac{R}{\varrho'}\sum_1^n u_k v_k + \frac{R^2}{\varrho'^2}\right)^{\frac{n}{2}}}$$

(10*)
$$= - \frac{R^2 - \varrho'^2}{R}\int_{\left(\sum z_k^{0\,2} = R^2\right)} \frac{\mathfrak{F}\,dw}{\left(\sum_1^n (z_k^0 - \zeta_k)^2\right)^{\frac{n}{2}}} \qquad (\varDelta\mathfrak{F} = 0 \text{ für } F_0 > 0).$$

Die Formeln (10), (10*) gewähren die Möglichkeit von Reihenentwickelungen nach Potenzen von $\frac{\varrho}{R}$ bezw. $\frac{R}{\varrho'}$. Man sieht, dass es sich dabei um Entwickelungen von der Form

$$(1 - 2ps + p^2)^{-\frac{n}{2}} = \sum_{0, 1, 2, \ldots} \varphi_k(s) p^k$$

handelt. Unter Einführung der φ_k folgt aus (10)

(11) $$\varpi\,\mathfrak{F}(\zeta) = \left(1 - \frac{\varrho^2}{R^2}\right)\sum_{h=0}^{\infty}\left(\frac{\varrho}{R}\right)^h \int \varphi_h\left(\sum_{k=1}^n u_k v_k\right)\cdot \mathfrak{F}(Ru_1, \ldots)\,dw^{(1)},$$

d. h. die Entwickelung nach „allgemeinen Kugelfunctionen".

Wir hatten die Formel (10) unter der Voraussetzung $n > 2$ abgeleitet. Das erhaltene Resultat gilt aber, wie sich nachweisen lässt, auch noch für $n = 2$. In diesem Falle wird $\varpi = 2\pi$, und wenn man

$$x^0 = R\cos u, \quad y^0 = R\sin u; \quad \xi = \varrho\cos\alpha, \quad \eta = \varrho\sin\alpha$$

setzt, dann resultirt

$$(12)\quad 2\pi\mathfrak{F}(\varrho\cos\alpha,\varrho\sin\alpha)=(R^2-\varrho^2)\int\limits_0^{2\pi}\frac{\mathfrak{F}(R\cos u,\,R\sin u)du}{R^2-2R\varrho\cos(u-\alpha)+\varrho^2},$$

oder, wenn man ϱR statt ϱ einführt,

$$(13)\quad 2\pi\mathfrak{F}(\varrho R\cos\alpha,\varrho R\sin\alpha)=(1-\varrho^2)\int\limits_0^{2\pi}\frac{\mathfrak{F}(R\cos u,\,R\sin u)du}{1-2\varrho\cos(u-\alpha)+\varrho^2}.$$

Dies ist ein Poisson'sches Integral. Es stellt die Function $\mathfrak{F}$ im Innern eines Kreises durch die Werthe der Function auf seinem Umfange dar, falls $\Delta\mathfrak{F}$ im Innern des Kreises gleich Null ist. Die principielle Aehnlichkeit dieses mit dem Cauchy'schen Integrale ist unverkennbar.

Nun ist

$$\frac{1}{1-\varrho e^{\psi i}}+\frac{1}{1-\varrho e^{-\psi i}}=1+\frac{1-\varrho^2}{1-2\varrho\cos\psi+\varrho^2}=2+2\sum_1^{\infty}\varrho^m\cos m\psi,$$

also wird

$$\frac{1-\varrho^2}{1-2\varrho\cos(u-\alpha)+\varrho^2}=1+\sum_{m=1}^{\infty}2\cos(u-\alpha)m\cdot\varrho^m,$$

und so ergiebt sich

$$2\pi\mathfrak{F}(\varrho R\cos\alpha,\,\varrho R\sin\alpha)$$
$$=\int\limits_0^{2\pi}\mathfrak{F}(R\cos u,\,R\sin u)du+2\sum_{m=1}^{\infty}\varrho^m\int\limits_0^{2\pi}\cos(u-\alpha)m\cdot\mathfrak{F}(R\cos u,\,R\sin u)du.$$

Aus (5) im § 9 Vorlesung 3 ist zu ersehen, dass die für die Gültigkeit von (10) nothwendige Bedingung $\Delta\mathfrak{F}=0$ stets erfüllt ist, wenn die Function $\mathfrak{F}$ von zwei Variabeln x, y eine Function der complexen Variabeln $x+yi$ wird. Es ist also genau wie beim Cauchy'schen Integrale so auch hier auf Grund der Integraldarstellung eine Reihenentwickelung möglich. Bei $n=2$ treten, wie wir sehen, als Coefficienten der Entwickelung trigonometrische Functionen auf; im allgemeinen Falle erscheinen dafür sogenannte allgemeine Kugel- oder Laplace'sche Functionen. (Vgl. Heine, Handbuch der Theorie der Kugelfunctionen.)

Hier wollen wir nur noch mit einigen Worten auf den Fall $n=3$ eingehen. Setzt man, wie dies gewöhnlich geschieht,

$$\frac{1}{(1-2p\cos\alpha+p^2)^{\frac{1}{2}}}=\sum_0^{\infty}p^{\varkappa}P^{(\varkappa)}(\cos\alpha)\qquad(p<1),$$

so dass $P^{(\varkappa)}$ die $\varkappa^{\text{te}}$ Kugelfunction bedeutet, dann liefert die Differentiation nach p

$$\frac{\cos\alpha - p}{(1 - 2p\cos\alpha + p^2)^{\frac{3}{2}}} = \sum_1^\infty \varkappa p^{\varkappa - 1} P^{(\varkappa)}(\cos\alpha),$$

$$\frac{p(\cos\alpha - p)}{(1 - 2p\cos\alpha + p^2)^{\frac{3}{2}}} = \sum_1^\infty \varkappa p^{\varkappa} P^{(\varkappa)}(\cos\alpha),$$

und wenn man das Doppelte dieser letzten Formel zur ersten Entwickelung addirt, dann erhält man

$$\frac{1 - p^2}{(1 - 2p\cos\alpha + p^2)^{\frac{3}{2}}} = \sum_0^\infty (2\varkappa + 1) p^{\varkappa} P^{(\varkappa)}(\cos\alpha),$$

wodurch die Entwickelung für $n = 3$ geliefert wird. Durch weitere Differentiationen lässt sich der Zusammenhang der Entwickelungscoefficienten für höhere n mit den einfachsten Kugelfunctionen herstellen.

Achtzehnte Vorlesung.

Charakteristische Eigenschaften der Potentialfunctionen. — Natürliche Begrenzung. — Verhalten der Potentialfunction im Unendlichen. — Dirichlet'sche Bedingungen. — Verification des Potentialausdruckes einer nicht auf ihre Hauptaxen bezogenen ellipsoidischen Mannigfaltigkeit.

§ 1.

Im Jahre 1846 veröffentlichte Dirichlet im 32. Bande des Crelle'schen Journals (S. 80—84) einen Aufsatz: „Sur un moyen général de vérifier l'expression du potentiel relatif à une masse quelconque homogène ou hétérogène". Er definirt darin eine Potentialfunction als ein Integral

$$\text{(1)} \qquad \mathrm{Pot}(\zeta) = \int\limits_{(F_0(z)<0)} \mathfrak{K}(z)\mathfrak{P}(z,\zeta)\,dw$$

und führt drei für ein derartiges Potential charakteristische Eigenschaften an. Es war dies das erste Mal, dass eine Function in solcher Weise charakterisirt wurde. Damit war dann ein expedites Mittel gefunden, um Potentialausdrücke a posteriori als solche zu verificiren.

Wir schlagen zur Erreichung eines Systems von charakteristischen Eigenschaften für das Potential den folgenden Weg ein.

Wir haben in der fünfzehnten Vorlesung gesehen, dass unter gewissen Voraussetzungen über die Differentiirbarkeit von $\mathfrak{K}$

$$\Delta\,\mathrm{Pot}(\zeta) = -\varpi\mathfrak{K}(\zeta)$$

also auch

$$\Delta\,\mathrm{Pot}(z_1, \dots z_n) = -\varpi\mathfrak{K}(z_1, \dots z_n)$$

ist. Tragen wir dies in die Definitionsgleichung (1) des Potentials ein, dann entsteht

$$\text{(2)} \qquad \varpi\,\mathrm{Pot}(\zeta) = -\int \Delta\,\mathrm{Pot}(z)\mathfrak{P}(z,\zeta)\,dv\,,$$

und ersetzen wir hierin die Bezeichnung $\mathrm{Pot}(\zeta)$ durch die Functionalbezeichnung $\mathfrak{F}(\zeta)$, so erhalten wir

$$\text{(3)} \qquad \varpi\mathfrak{F}(\zeta) = -\int\limits_{(F_0<0)} \Delta\mathfrak{F}(z)\mathfrak{P}(z,\zeta)\,dv\,.$$

Diese Gleichung ist charakteristisch für das Potential des Körpers $F_0 < 0$ bezogen auf den Punkt ($\mathfrak{z}$). Denn gemäss (1) stellt sich $\mathfrak{F}(\mathfrak{z})$ als das Potential des Körpers $F_0 < 0$ mit der Dichtigkeitsfunction $-\frac{1}{\varpi}\Delta\mathfrak{F}(z)$ dar. Nehme ich nun noch an, dass die Dichtigkeit für die Punkte von $F_0 > 0$ verschwindet, dann lässt sich das Integral über die ganze n-fache Mannigfaltigkeit ausdehnen, und wir erlangen die für eine Potentialfunction $\mathfrak{F}$ charakteristische Gleichung

$$(3^*) \qquad \varpi\mathfrak{F}(\mathfrak{z}) = -\int^{*}\Delta\mathfrak{F}(z)\mathfrak{P}(z, \mathfrak{z})dv,$$

wobei das Sternchen am Integralzeichen andeuten soll, dass die Integration über alle Punkte (z) der Mannigfaltigkeit erstreckt wird.

Andererseits hatten wir für eine beliebige Function $\mathfrak{F}$ im ersten Paragraphen der letzten Vorlesung die Gleichung

$$(4) \qquad \varpi\mathfrak{F}(\mathfrak{z}) = -\int_{(F_0<0)}\Delta\mathfrak{F}(z)\mathfrak{P}(z, \mathfrak{z})dv - \int_{(F_0=0)}\mathfrak{F}\mathfrak{P}_\nu dw + \int_{(F_0=0)}\mathfrak{P}\mathfrak{F}_\nu dw$$

gefunden. Es handelt sich nun darum, zu untersuchen, wann (4) in (3*) übergeführt werden kann, d. h. wann 1) das Gebiet $F_0 < 0$ in (4) bis ins Unendliche erstreckt werden darf; und wann dann 2) die beiden letzten Integrale in (4) verschwinden. Die hierfür gefundenen nothwendigen Bedingungen ergeben die charakteristischen Eigenschaften dafür, dass eine vorgelegte Function $\mathfrak{F}(\mathfrak{z})$ eine Potentialfunction ist.

§ 2.

Wir fragen also zuerst, wann man in (4) das Gebiet $F_0 < 0$ bis ins Unendliche erweitern darf. Die Antwort darauf ist einfach die, dass bei der Ausdehnung keine natürliche Begrenzung überschritten werden darf. Den Begriff der natürlichen Begrenzung haben wir bereits bei den einfachen Integralen besprochen. Es wird darunter die gesammte $(n-1)$-fache Mannigfaltigkeit verstanden, welche die Unstetigkeitsstellen der zu integrirenden Functionen (d. h. sowohl einzelne Punkte als einfach oder mehrfach ausgedehnte Punktfolgen) unendlich nahe umschliesst oder abschliesst. In dem allgemeinsten Sinne des Ausdrucks „natürliche Begrenzung“ ist also auch die gegebene Begrenzung des Integrationsbereiches der n-fachen Integrale mit einbegriffen, insofern bei Erweiterung dieses Bereiches anzunehmen ist, dass die Werthe der zu integrirenden Functionen an der gegebenen Begrenzung plötzlich zu Null übergehen. Uebrigens haben wir schon mehrfach darauf hingewiesen, dass eine Begrenzung auch nur scheinbar eine natürliche Begrenzung sein kann. Auch dieser Umstand zeigt sich schon bei den einfachen Integralen. So ist in

$$\int \frac{dx}{\sqrt{x}}$$

der Nullpunkt nur scheinbar zur natürlichen Begrenzung gehörig, denn in Wirklichkeit kann die Integration über diesen Punkt hinaus erstreckt werden.

Wo liegt also bei (4) die natürliche Begrenzung? Ueber die Function $\mathfrak{F}$ und ihre ersten Ableitungen setzen wir voraus, dass sie überall stetig sind. Hinsichtlich der zweiten Ableitungen wissen wir schon von der Betrachtung des Potentials her, dass sie nicht mehr stetig sind; die natürliche — wirkliche oder scheinbare — Begrenzung würde also durch die $(n-1)$-fachen oder geringer ausgedehnten Mannigfaltigkeiten gebildet werden, in denen $\Delta\mathfrak{F}$ oder auch, in denen die zweiten Ableitungen von $\mathfrak{F}$ nicht mehr stetig sind. Untersuchen wir aber diese Stellen genauer, dann werden wir finden, dass sie nur scheinbar eine Begrenzung bilden.

§ 3.

Wir nehmen an, Φ sei eine $(n-1)$-fache Mannigfaltigkeit, in der $\Delta\mathfrak{F}$ unstetig wird, während aber doch $\mathfrak{F}$ und die ersten Ableitungen von $\mathfrak{F}$ noch endlich, stetig und eindeutig in ihr bleiben. Φ umhüllen wir durch zwei „parallele" benachbarte Mannigfaltigkeiten, die wir uns etwa so hergestellt denken können, dass auf jeder Normale von Φ aus nach beiden Seiten gleiche, unendlich kleine Stücke abgetragen werden; diese beiden Begrenzungen mögen Φ_0 und Φ_1 heissen. Dann betrachten wir

$$\int\limits_{\Phi_0=0,\ \Phi_1=0} (\mathfrak{F}\mathfrak{P}_\nu - \mathfrak{P}\mathfrak{F}_\nu)\,d\omega\,.$$

Für entsprechende Punkte von $\Phi_0 = 0$, $\Phi_1 = 0$ d. h. für solche, die derselben Normale von $\Phi = 0$ zugehören, haben $\mathfrak{F}$ und $\mathfrak{P}$ unendlich benachbarte Werthe; die Werthe von $\mathfrak{F}_\nu$ wie die von $\mathfrak{P}_\nu$ haben verschiedene Vorzeichen, sind aber, abgesehen davon, unendlich wenig von einander verschieden. Die Summe des über $\Phi_0 = 0$ und des über $\Phi_1 = 0$ genommenen Integrals wird daher unendlich klein und mit der Annäherung von Φ_0 und Φ_1 an Φ Null werden. Φ gehört also nicht zu der wirklichen natürlichen Begrenzung des obigen Integrals.

Wir müssen nun zweitens

$$\int \Delta\mathfrak{F}\,\mathfrak{P}\,d\tau$$

über das von $\Phi_0 = 0$ und $\Phi_1 = 0$ begrenzte, $\Phi = 0$ enthaltende Gebiet erstrecken. Dabei nehmen wir an, $\Delta\mathfrak{F}$ bleibe endlich. Dann macht die Integration über das weggenommene Zwischengebiet nichts aus, weil seine Dicke unendlich klein ist.

So überzeugen wir uns, und darin liegt das Wichtige, dass die natürliche Begrenzung der Integrale in (4) höchstens von den Mannigfaltigkeiten gebildet wird, in denen $\mathfrak{F}$ und seine ersten Ableitungen aufhören, stetig, und $\Delta\mathfrak{F}$ oder die zweiten Ableitungen von $\mathfrak{F}$ aufhören, endlich zu sein. Offenbar reicht es aus, zu fordern, dass $\mathfrak{F}$ nebst seinen ersten und zweiten Ableitungen endlich sein soll; denn dann sind die ersten Ableitungen und die Function selbst gleichfalls stetig. Ist dies der Fall, dann können wir also bis ins Unendliche integriren.

Nothwendig ist es dann weiter, dass das Integral, welches aus dem ersten Theile rechts entsteht, nämlich

$$\int^{*} \Delta\mathfrak{F} \cdot \mathfrak{P} \cdot dv$$

convergent sei.

§ 4.

Nachdem dies festgestellt ist, untersuchen wir zweitens, wann bei solcher Ausdehnung bis ins Unendliche die beiden letzten Integrale in (4) verschwinden.

Wir können nach den vorangehenden Untersuchungen die Frage dadurch bequemer gestalten, dass wir $F_0 < 0$ als sphärische Mannigfaltigkeit auffassen, dabei

$$F_0 = \sum z_k^{0\,2} - R^2$$

setzen und $R = \infty$ werden lassen. Hierbei wird (vgl. S. 268 u. 298)

$$\mathfrak{P} = \frac{1}{n-2} \frac{1}{\left(1 - 2\frac{\varrho}{R}\sum_1^n u_k v_k + \frac{\varrho^2}{R^2}\right)^{\frac{n-2}{2}} \cdot R^{n-2}},$$

$$\mathfrak{P}_p = \frac{\partial \mathfrak{P}}{\partial R} = \frac{\varrho \sum_1^n u_k v_k - R}{R^n \left(1 - 2\frac{\varrho}{R}\sum_1^n u_k v_k + \frac{\varrho^2}{R^2}\right)^{\frac{n}{2}}},$$

$$\mathfrak{F}_p = \frac{\partial \mathfrak{F}}{\partial R},$$

so dass die Summe der beiden letzten Integrale aus (4) in das Integral

$$(5)\qquad \int^{\bullet}\left(\frac{\mathfrak{F}\cdot\left(\varrho\sum_{1}^{n}u_k v_k - R\right)dw}{R^n\left(1-2\frac{\varrho}{R}\sum_{1}^{n}u_k v_k+\frac{\varrho^2}{R^2}\right)^{\frac{n}{2}}}-\frac{\frac{1}{n-2}\cdot\frac{\partial\mathfrak{F}}{\partial R}\,dw}{R^{n-2}\left(1-2\frac{\varrho}{R}\sum_{1}^{n}u_k v_k+\frac{\varrho^2}{R^2}\right)^{\frac{n-2}{2}}}\right)$$

übergeht. Das Verschwinden von (5) für $R=\infty$ liefert die ergänzende, aus naturgemässer Quelle stammende, hinreichende und nothwendige Bedingung dafür, dass $\mathfrak{F}$ eine Potentialfunction ist.

In (5) führen wir wieder, wie in § 5 der vorigen Vorlesung, das Oberflächenelement der Einheitssphäre ein. Wir ersetzen dw durch $R^{n-1}dw^{(1)}$ und erhalten, falls wir (ζ) in den Nullpunkt legen, oder, was dasselbe bewirkt, falls wir ϱ als gegen R verschwindend klein annehmen und die Voraussetzung

$$(6)\qquad \lim_{R=\infty}\int\frac{\mathfrak{F}\cdot\sum_{1}^{n}u_k v_k}{R}\,dw^{(1)}=0$$

machen, die Bedingung dafür, dass $\mathfrak{F}$ eine Potentialfunction sei:

$$(6^*)\qquad \lim_{R=\infty}\int^{\bullet}\left(\mathfrak{F}+\frac{\partial\mathfrak{F}}{\partial R}\,\frac{R}{n-2}\right)dw^{(1)}=\lim_{R=\infty}\int\frac{\partial(\mathfrak{F}R^{n-2})}{(n-2)\partial R}\,\frac{dw^{(1)}}{R^{n-3}}=0.$$

Umgekehrt können wir (6) und (6*) zur früheren nothwendigen und hinreichenden Bedingung (5) zusammensetzen. Denn bei jedem endlichen ϱ lässt sich R so gross annehmen, dass

$$1+\frac{\varrho}{R}\quad\text{und}\quad 1-\frac{\varrho}{R}$$

sich beliebig wenig von der Einheit unterscheiden, und dasselbe findet dann bei allen unter die Integration fallenden Systemen der u_k, v_k für den im Nenner stehenden Ausdruck

$$1-2\frac{\varrho}{R}\sum_{1}^{n}u_k v_k+\frac{\varrho^2}{R^2}$$

statt. Daraus ersieht man dann leicht, dass infolge von (6) und (6*)

$$\lim_{R=\infty}\int^{\bullet}\frac{\mathfrak{F}\cdot\sum_{1}^{n}u_k v_k\,dw^{(1)}}{R\left(1-2\frac{\varrho}{R}\sum_{1}^{n}u_k v_k+\frac{\varrho^2}{R^2}\right)^{\frac{n}{2}}}=0,$$

$$\lim_{R=\infty}\int^{\bullet}\left(\frac{\mathfrak{F}\cdot dw^{(1)}}{\left(1-2\frac{\varrho}{R}\sum_{1}^{n}u_k v_k+\frac{\varrho^2}{R^2}\right)^{\frac{n-2}{2}}}+\frac{\frac{1}{n-2}\cdot\frac{\partial\mathfrak{F}}{\partial R}\,R\,dw^{(1)}}{\left(1-2\frac{\varrho}{R}\sum_{1}^{n}u_k v_k+\frac{\varrho^2}{R^2}\right)^{\frac{n-2}{2}}}\right)=0$$

$$\lim_{R=\infty}\int \mathfrak{F}\cdot\left(\frac{1}{\left(1-2\frac{\varrho}{R}\sum_1^n u_k v_k+\frac{\varrho^2}{R^2}\right)^{\frac{n-2}{2}}}-\frac{1}{\left(1-2\frac{\varrho}{R}\sum_1^n u_k v_k+\frac{\varrho^2}{R^2}\right)^{\frac{n}{2}}}\right)dw^{(1)}=0$$

wird, und mit Hülfe dieser drei Gleichungen lässt sich die aus (5) fliessende Bedingung zusammensetzen. Es ist jedoch wohl zu beachten, dass (6) und (6*) hinreichend aber nicht nothwendig sind; denn die Vorwegnahme von (6) aus der allgemeinen Bedingung liefert bereits eine nicht in der Natur enthaltene Einschränkung.

Die im vorliegenden Paragraphen abgeleiteten Resultate können wir folgendermassen zusammenfassen:

„Nothwendige und hinreichende Bedingungen dafür, dass „eine vorgelegte Function $\mathfrak{F}$ eine Potentialfunction sei, sind

„(I) $\mathfrak{F}$, seine ersten und seine zweiten Ableitungen sind überall „endlich, und damit ist $\mathfrak{F}$ nebst ersten Ableitungen auch überall stetig;

„(II) Für jeden Punkt (ζ) ist

$$\lim_{R=\infty}\int\left(\frac{\mathfrak{F}\cdot\left(\varrho\sum_1^n u_k v_k-R\right)dw}{R^n\left(1-2\frac{\varrho}{R}\sum_1^n u_k v_k+\frac{\varrho^2}{R^2}\right)^{\frac{n}{2}}}-\frac{\frac{1}{n-2}\cdot\frac{\partial\mathfrak{F}}{\partial R}\,dw}{R^{n-2}\left(1-2\frac{\varrho}{R}\sum_1^n u_k v_k+\frac{\varrho^2}{R^2}\right)^{\frac{n-2}{2}}}\right)=0.$$

„Hinreichende Bedingungen erhält man, wenn an Stelle von „(II) gefordert wird

$$\text{(II*)}\qquad \lim_{R=\infty}\frac{1}{R^{n-3}}\frac{\partial(\mathfrak{F}R^{n-2})}{\partial R}=0;\quad \lim_{R=\infty}\int\frac{\mathfrak{F}\cdot\sum_1^n u_k v_k}{R}\,dw^{(1)}=0.$$

„Diese letzten Bedingungen sind stets erfüllt, wenn

$$\text{(II**)}\qquad \lim_{R=\infty}\mathfrak{F}=0$$

„ist.

„Unter den gemachten Voraussetzungen ist $\mathfrak{F}$ die Potentialfunction „einer Mannigfaltigkeit, deren Dichtigkeitsfunction durch

$$\frac{1}{\varpi}\Delta\mathfrak{F},$$

„und deren Ausdehnung dadurch bestimmt wird, dass in allen ihren „Punkten und nur in ihnen der Werth der Dichtigkeitsfunction von „Null verschieden ist.“

§ 5.

Eine andere Behandlung derselben Frage knüpft an das Resultat (7) des § 4 der vorigen Vorlesung, nämlich an die Gleichung

$$\overline{\omega}\,\mathfrak{F}(\zeta)$$

$$\int\left\{\left(\frac{R}{\varrho}\right)^{n-2}\mathfrak{P}(z,\zeta')-\mathfrak{P}(z,\zeta)\right\}\varDelta\mathfrak{F}dv+\frac{R^2-\varrho^2}{R}\int\frac{\mathfrak{F}\cdot dw}{\left(\sum_1^n(z_k^0-\zeta_k)^2\right)^{\frac{n}{2}}}$$

an und fragt, um diese in (3*) überzuführen, wann

$$\int\mathfrak{P}(z,\zeta').\varDelta\mathfrak{F}\cdot\left(\frac{R}{\varrho}\right)^{n-2}dv \quad \text{und} \quad \frac{R^2-\varrho^2}{R}\int\frac{\mathfrak{F}\cdot dw}{\left(\sum_1^n(z_k^0-\zeta_k)^2\right)^{\frac{n}{2}}}$$

sich mit wachsendem R einzeln der Grenze Null nähern. Durch diese Zerlegung haben wir freilich den Boden der nothwendigen Bedingungen bereits verlassen und erhalten nur hinreichende Bedingungen.

Führen wir ins zweite Integral Polarcoordinaten ein, so geht es nach § 5, (10) der letzten Vorlesung in

$$\left(1-\frac{\varrho^2}{R^2}\right)\int\frac{\mathfrak{F}(Ru_1,\ldots)dw^{(1)}}{\left(1-2\frac{\varrho}{R}\sum_1^n u_k r_k+\frac{\varrho^2}{R^2}\right)^{\frac{n}{2}}}$$

über. Lässt man nun R ins Unendliche wachsen, so erkennt man: „es muss sein:

$$\lim_{R=\infty}\int\mathfrak{F}(Ru_1,\ldots Ru_n)dw^{(1)}=0,$$

„d. h. die Centralprojection der Werthe des $\mathfrak{F}$ von einer unendlich „grossen sphärischen Mannigfaltigkeit auf die Einheitssphäre muss das „Integral Null ergeben; oder: der Mittelwerth von $\mathfrak{F}$ auf einer unendlich „grossen sphärischen Mannigfaltigkeit muss verschwinden.“ Die Richtigkeit der letzten Ausdrucksform ersieht man aus der Gleichung

$$\int\mathfrak{F}\cdot dw^{(1)}=\overline{\omega}\frac{\int\mathfrak{F}\cdot dw^{(1)}}{\int dw^{(1)}}=\overline{\omega}\frac{\int\mathfrak{F}dw}{\int dw}; \qquad (dw=R^{n-1}dw^{(1)}).$$

Hinsichtlich des ersten der beiden obigen Integrale ergiebt sich unter Berücksichtigung der Beziehungen (S. 295 u. S. 298)

$$\zeta_k'=\frac{\varrho'}{\varrho}\zeta_k=\frac{R^2}{\varrho^2}\zeta_k=\frac{R^2}{\varrho}r_k$$

die Umwandlung

$$\lim_{R=\infty}\left(\frac{R}{\varrho}\right)^{n-2}\mathfrak{P}(z,\zeta')=\lim_{R=\infty}\left(\frac{R}{\varrho}\right)^{n-2}\frac{1}{(n-2)\left(\sum_1^n(z_k-\zeta_k')^2\right)^{\frac{n-2}{2}}}$$

$$=\lim_{R=\infty}\left(\frac{R}{\varrho}\right)^{n-2}\frac{1}{(n-2)\left(\sum_1^n\left(z_k-\frac{R^2}{\varrho}r_k\right)^2\right)^{\frac{n-2}{2}}}$$

$$=\lim_{R=\infty}\frac{1}{n-2}\frac{1}{R^{n-2}}.$$

und also handelt es sich um das Verschwinden von

$$\lim_{R=\infty} \int \frac{\Delta \mathfrak{F}}{R^{n-2}}\, dv\,.$$

Man sieht: „Hinreichende Bedingungen dafür, dass $\mathfrak{F}$ eine Potentialfunction wird, sind die folgenden:

„(I) $\mathfrak{F}$ ist nebst seinen ersten und zweiten Ableitungen überall „endlich;

„(II) der Mittelwerth von $\mathfrak{F}$ auf einer unendlich grossen sphärischen „Mannigfaltigkeit verschwindet;

„(III) es gilt die Gleichung

$$\lim_{R=\infty} \int \frac{\Delta \mathfrak{F}}{R^{n-2}}\, dv = 0\,.$$

„Hinreichend ist es also auch, wenn man (III) ersetzt durch

„(III*) $\Delta \mathfrak{F}$ ist nur innerhalb eines ganz im Endlichen liegenden „Bereiches von Null verschieden."

Durch Einführung neuer, passender Voraussetzungen kann man die Form der Bedingungen noch weiter abändern. Lässt man z. B. die Dichtigkeit $-\frac{1}{\omega}\,\Delta \mathfrak{F}$ stets positiv sein, so reichen die Annahmen aus, dass

$$\int^{\infty} \mathfrak{P} \cdot \Delta \mathfrak{F} \cdot dv$$

convergirt, und dass die mittlere Dichtigkeit auf einer unendlich grossen, sphärischen, $(n-1)$-fachen Mannigfaltigkeit gleich Null ist. Im Falle der Schwere kann dieser Satz von Nutzen sein; bei der Elektricität dagegen gilt er nicht mehr, da die Voraussetzungen nicht erfüllt sind.

§ 6.

Dirichlet hat in seiner oben erwähnten, epochemachenden Arbeit die folgenden charakteristischen Bedingungen aufgestellt:

„Hinreichende Bedingungen dafür, dass $\mathfrak{F}$ eine Potentialfunction wird, sind:

„(I) $\mathfrak{F}$ und seine ersten Ableitungen sind überall endliche und „stetige Functionen;

„(II) die Producte $\zeta_k \mathfrak{F}(\zeta)$ und $\zeta_k^2 \mathfrak{F}_k(\zeta)$ überschreiten nirgends eine „angebbare endliche Grösse;

„(III) die zweiten Ableitungen $\mathfrak{F}_{\lambda k}(\zeta)$ sind im Allgemeinen endlich „und eindeutig und bleiben selbst da endlich, wo sie aufhören, ein„deutig zu sein."

Wir wollen zeigen, dass das Verschwinden von (5) bei Ausdehnung des Integrationsbereiches ins Unendliche eine Folge der Dirichlet'schen hinreichenden Bedingungen ist. Bei der Einführung von

$$dw^{(1)} = \frac{1}{R^{n-1}}\, dw$$

erhält man aus (5) drei Integrale, deren erstes bei wachsendem R zu

$$\lim_{R=\infty} \int \frac{\mathfrak{F}(Ru_1, \ldots)\sum_1^n u_k v_k}{R}\, dw_1$$

wird. Da $\mathfrak{F}$ stets endlich ist, so verschwindet dieser Theil.

Der zweite Theil nimmt die Form

$$\lim_{R=\infty} \int \mathfrak{F}(Ru_1, \ldots)\, dw_1$$

an. Nun bleibt, infolge der zweiten Dirichlet'schen Bedingung, wenn M jene angebbare, endliche Grösse bezeichnet,

$$z_k^0 \mathfrak{F}(z_1^0, \ldots z_n^0) < M,$$

$$\sum_{k=1}^n z_k^{0\,2} \cdot \mathfrak{F}^2(z_1^0, \ldots z_n^0) = R^2 \mathfrak{F}^2(Ru_1, \ldots) < nM^2,$$

$$R\mathfrak{F}(Ru_1, \ldots) < \sqrt{n}\, M,$$

und also wird auch

$$\lim_{R=\infty} \int \mathfrak{F}(Ru_1, \ldots)\, dw^{(1)} = \lim_{R=\infty} \frac{1}{R} \int R\mathfrak{F}(Ru_1, \ldots)\, dw^{(1)} = 0.$$

Beim dritten Theile endlich handelt es sich um

$$\lim_{R=\infty} \int \frac{\partial \mathfrak{F}}{\partial R} \cdot R\, dw^{(1)}.$$

Weil aber der Ausdruck

$$R^2 \frac{\partial}{\partial R} \mathfrak{F}(Ru_1, Ru_2, \ldots) = R^2 \sum_1^n \mathfrak{F}_k(Ru_1, \ldots)$$

wegen des zweiten Theiles der Bedingungen (II) nach den soeben durchgeführten Schlussfolgerungen für wachsende R unter einer endlichen Grenze bleibt, so wird auch

$$\lim_{R=\infty} \frac{1}{R} \int \frac{\partial \mathfrak{F}}{\partial R} \cdot R^2 \cdot dw^{(1)} = 0.$$

Die Dirichlet'schen Bedingungen (I) und (III) setzen sich zu unseren in § 4 gegebenen Bedingungen (I) zusammen.

Es folgt also aus den Dirichlet'schen Bedingungen das Bestehen von (I) und (II) des § 4, und jene Bedingungen sind bei dieser Ueberführung vollständig aufgebraucht worden. (5) liefert in einer freilich nicht eleganten Form die nothwendigen und hinreichenden Bedingungen, während dies bei den anderen Formulirungen nicht mehr der Fall ist.

§ 7.

Dirichlet hat die von ihm aufgestellten Eigenschaften des Potentials dazu benutzt, um den Ausdruck für das Potential eines Ellipsoids zu verificiren, welchen er in einer Einfachheit gegeben hatte, die vor ihm unbekannt gewesen war. Bei allen bis zu seiner Zeit abgeleiteten Resultaten hatte stets die Unterscheidung zwischen innerhalb und ausserhalb des Ellipsoids gelegenen Punkten Mühe gemacht. Das fiel bei der Dirichlet'schen Behandlung zum ersten Male fort. Wir haben schon früher angedeutet und werden in der nächsten Vorlesung darauf eingehen, wie Dirichlet seinen discontinuirlichen Factor zur Umwandlung eines dreifachen in ein einfaches Integral benutzte. Hier wollen wir zunächst aber noch eine Verification geben, und zwar für eine allgemeinere Formel. Dirichlet ist erst bei einer andern Arbeit (Untersuchungen über ein Problem der Hydrodynamik; aus dem Nachlasse hergestellt von R. Dedekind; Abhandlungen der Königl. Gesellsch. d. Wissensch. zu Göttingen 1860; § 4) zu der Aufgabe geführt worden, das Potential eines Ellipsoids unter der Voraussetzung herzustellen, dass seine Gleichung nicht auf die Hauptaxen bezogen sei. Das Resultat ist nicht unelegant, allein zu noch eleganteren Formeln führt gegen alles Erwarten die Aufgabe, wenn man an Stelle des Polynoms des Ellipsoids eine beliebige quadratische Form einführt und gleichzeitig n Variable, statt der drei beim Raume, benutzt. Man wird bei dieser Allgemeinheit gewissermassen gezwungen, elegant zu sein.

Auf dieses Problem gehen wir jetzt ein.

Wir bezeichnen

$$(8)\qquad \begin{vmatrix} Z & 1 & z_1 & z_2 & \dots & z_n \\ 1 & a_{00} & a_{01} & a_{02} & \dots & a_{0n} \\ z_1 & a_{10} & a_{11}+t & a_{12} & \dots & a_{1n} \\ z_2 & a_{20} & a_{21} & a_{22}+t & \dots & a_{2n} \\ \cdot & \cdot & \cdot & \cdot & \cdot & \cdot \\ z_n & a_{n0} & a_{n1} & a_{n2} & \dots & a_{nn}+t \end{vmatrix} = D(t)\{F(t)-Z\}, \qquad (a_{rs}=a_{sr})$$

so dass also

$$|a_{rs}+\bar\delta_{rs}t| = -D(t) \quad \left(\begin{array}{l} r,s=0,1,\dots n \\ \bar\delta_{00}=0;\ \bar\delta_{ii}=1 \text{ für } i>0 \\ \bar\delta_{ik}=0 \text{ für } i\neq k \end{array}\right),$$

(9)

$$F(t,z) = F(t) - \sum_{r,s=0}^{n} f_{rs} z_r z_s \qquad (z_0=1)$$

gesetzt ist, und die $f_{rs}=f_{sr}$ die zu $(a_{rs}+\bar\delta_{rs}t)$ in $D(t)$ gehörigen, durch die Determinante dividirten Unterdeterminanten bedeuten. Es sind also die Grössen f_{rs} durch die Gleichungen definirt:

$$\sum_r (a_{rs}+\bar\delta_{rs}t) f_{pr} = \delta_{ps} \qquad (p,r,s=0,1,\dots n);$$

δ_{ps} hat die gewöhnliche Bedeutung als positive Einheit oder Null.

Die vorgelegte ellipsoidische Mannigfaltigkeit soll nun durch

$$F(0,z) = F(0) < 0$$

bestimmt sein. Dabei nehmen wir die a_{rs} als reelle Grössen und so an, dass nur für endliche (z) die Bedingung $F(0)<0$ erfüllt ist, und das Integrationsgebiet sich also nicht ins Unendliche erstreckt. Bei unserer Bezeichnung ist es von Wichtigkeit, dass wir nicht die Coefficienten der quadratischen Form, sondern die zu ihnen reciproken Grössen in die ellipsoidische Mannigfaltigkeit eingetragen haben. Das Schlussresultat führt darauf, und die Rechnungen werden eleganter.

Wir setzen nun

(10) $$\mathfrak{F} = -\tfrac{1}{4}\varpi D(0)^{\frac{1}{2}} \int\limits_{(F(t)<0;\ t\geq 0)} F(t) D(t)^{-\frac{1}{2}} dt$$

und werden zeigen, dass dieser Ausdruck den im § 5 aufgestellten Bedingungen einer Potentialfunction genügt. Eigentlich ist die Begrenzung des ellipsoidischen Raumes nicht $F(0)=0$ sondern $F(0):D(0)=0$; da aber D von den z unabhängig ist, so macht die Aenderung nichts aus.

Wir brauchen nun vor Allem den Werth von $\Delta\mathfrak{F}$, und um diesen berechnen zu können, müssen wir die ersten Ableitungen von $F(t)$ und $D(t)$ nach t und die beiden ersten Ableitungen von $F(t)$ nach einem der z bilden. Wir bezeichnen die Ableitung von f_{rs} nach t mit f'_{rs}, und die Definitionsgleichung der f_{rs} giebt dann

$$\sum_r \bar\delta_{rs} f_{pr} + \sum_r (a_{rs}+\bar\delta_{rs}t) f'_{pr} = 0, \qquad (r=0,1,\dots n)$$

so dass, wenn man mit f'_{sq} multiplicirt und nach s summirt,

$$\sum_{r,s} (a_{rs}+\bar\delta_{rs}t) f'_{pr} f'_{sq} = -\sum_{r,s} \bar\delta_{rs} f_{pr} f'_{sq},$$

und, da ja

$$\sum_s (a_{rs} + \delta_{rs} t) f_{qs} = \delta_{qr}$$

ist, auch

$$\sum_r f'_{pr} \delta_{qr} = -\sum_{r,s} \bar{\delta}_{rs} f_{pr} f_{qs}$$

wird. Rechts kann man offenbar $\bar{\delta}_{rs}$ durch δ_{rs} ersetzen, und so folgt hieraus das Resultat

$$f'_{pr} = -\sum_q f_{pq} f_{qr} .$$

Trägt man dies in die Gleichung

$$F''(t) = \sum_{p,q} f''_{pq} z_p z_q$$

ein, so kommt

$$F''(t) = -\sum_{p,q,s} f_{ps} f_{sq} z_p z_q$$

heraus. Ferner erhält man die Ableitungen

$$\frac{\partial F(t)}{\partial z_r} = F_r(t) = 2 \sum_s f_{rs} z_s ,$$

$$\frac{\partial^2 F(t)}{\partial z_r \partial z_s} = F_{rs}(t) = 2 f_{rs} = 2 f_{sr} .$$

Nach einem bekannten Determinantensatze und unter Berücksichtigung der Definition für die f_{rs} ergiebt sich weiter

$$D'(t) = D(t) \sum_0^n f_{kk} = \frac{1}{2} D(t) \sum_0^n F_{kk}(t)$$

und

$$\sum_0^n F_{kk}(t) = 2 \frac{D'(t)}{D(t)} ;$$

und endlich folgt aus der Formel für $F''(t)$, da $f_{rs} = f_{sr}$ ist,

$$F''(t) = -\frac{1}{4} \sum_0^n (F_s(t))^2 ,$$

so dass $F'(t)$ mit wachsendem t beständig abnimmt.

Ist also $F(0) < 0$, so muss in (10) die Integration nach t von 0 bis ∞ erstreckt werden, und man hat

$$(10^*) \qquad \mathfrak{F} = -\frac{1}{4} \varpi D(0)^{\frac{1}{2}} \int_0^\infty F(t) D(t)^{-\frac{1}{2}} d$$

Ist aber $F(0) > 0$, so hat man von der einzigen positiven Wurzel t_0 der Gleichung

$$F(t_0) = 0$$

ab die Integration bis $t = \infty$ zu erstrecken, und es wird also

$$(10^{**}) \qquad \mathfrak{F} = -\frac{1}{4}\varpi D(0)^{\frac{1}{2}} \int_{t_0}^{\infty} F(t) D(t)^{-\frac{1}{2}} dt.$$

Hier ist nicht zu vergessen, dass die untere Grenze t_0 von den Werthen der Coordinaten $z_1, \dots z_n$ abhängig ist.

Bei (10^*) kann sofort durch zweimalige Differentiation nach $z_\varkappa$ und Summation nach $\varkappa$ der Ausdruck $\Delta\mathfrak{F}$ gebildet werden:

$$\Delta\mathfrak{F} = -\frac{1}{4}\varpi D(0)^{\frac{1}{2}} \int_0^{\infty} \sum_0^n F_{\varkappa\varkappa}(t) D(t)^{-\frac{1}{2}} dt$$

$$= -\frac{1}{2}\varpi D(0)^{\frac{1}{2}} \int_0^{\infty} \frac{D'(t)}{D(t)^{\frac{3}{2}}} dt$$

$$= +\varpi D(0)^{\frac{1}{2}} \int_0^{\infty} d\left(D(t)^{-\frac{1}{2}}\right)$$

$$= +\varpi D(0)^{\frac{1}{2}} \left(D(t)^{-\frac{1}{2}}\right)_0^{\infty}.$$

Da nun $D(t)$ für $t = \infty$ selbst unendlich gross wird, so ist in diesem Falle

$$\Delta\mathfrak{F} = -\varpi \qquad (F(0) < 0),$$

und die beigefügte Ungleichung besagt nichts anderes, als dass (z) innerhalb der ellipsoidischen Mannigfaltigkeit $F(0) < 0$ liegt.

Bei (10^{**}) differentiiren wir zuerst nach z_r unter Beachtung der unteren von z_r abhängigen Grenze

$$\mathfrak{F}_r = -\frac{\varpi}{4} D(0)^{\frac{1}{2}} \int_{t_0}^{\infty} F_r(t)(D(t))^{-\frac{1}{2}} dt + \frac{\varpi}{4} D(0)^{\frac{1}{2}} F(t_0)(D(t_0))^{-\frac{1}{2}} \frac{\partial t_0}{\partial z_r};$$

und wegen der Gleichung $F(t_0) = 0$ verschwindet der zweite Summand. Tilgen wir ihn und differentiiren dann nochmals nach z_r, so entsteht

$$\mathfrak{F}_{rr} = -\frac{\varpi}{4} D(0)^{\frac{1}{2}} \left[\int_{t_0}^{\infty} F_{rr}(t)(D(t))^{-\frac{1}{2}} dt - F_r(t_0)(D(t_0))^{-\frac{1}{2}} \frac{\partial t_0}{\partial z_r}\right].$$

Die Summe der Integrale in der eckigen Klammer wird bei $r = 1, 2, \dots n$, ähnlich wie oben, gleich

$$4D(t_0)^{-\frac{1}{2}},$$

und der zweite Summand giebt wegen der Beziehungen

$$F'(t_0)dt_0 + F_r(t_0)dz_r = 0\,,$$

$$\frac{\partial t_0}{\partial z_r} = -\frac{F_r(t_0)}{F'(t_0)} = 4\,\frac{F_r(t_0)}{\sum_s (F_s(t_0))^2}\,,$$

$$\sum_{r=1}^{n} 4\,\frac{F_r(t_0)^2}{\sum_s (F_s(t_0))^2} = 4$$

bei der Summation das Gleiche mit negativem Zeichen, so dass also jetzt

$$\varDelta \mathfrak{F} = 0 \qquad (F(0) > 0)$$

wird.

Hiermit haben wir nachgewiesen, dass die Bedingungen (I) und (III*) aus § 5 erfüllt sind.

Wir wollen das Gleiche von der zweiten ableiten, und zwar in der Form, dass wir zeigen, wie $\mathfrak{F}$ für unendlich grosse Werthe von (z) verschwindet. Das ganze Gebiet $F(0) = F(0, z) < 0$ liegt der Annahme nach im Endlichen; für unendlich grosse Werthe (z) haben wir es also mit $F(0) > 0$ zu thun, und es gilt demnach die Formel (10**). Mit wachsendem z wird aber auch die Wurzel t_0 von $F(t_0) = 0$ ins Unendliche wachsen, so dass der Integrand wegen $(D(t))^{-\frac{1}{2}}$ verschwindet. Dies ist sofort ersichtlich, wenn man z. B. nur eins der z ins Unendliche gehen lässt.

Hierdurch ist dann also auch die Erfüllung der zweiten Bedingung erwiesen, und $\mathfrak{F}$ ist demnach eine Potentialfunction für die Mannigfaltigkeit, deren Dichtigkeitsfunction durch

$$-\frac{1}{\varpi}\varDelta \mathfrak{F}$$

bestimmt ist, also unseren Resultaten über $\varDelta \mathfrak{F}$ gemäss, für eine homogene ellipsoidische Mannigfaltigkeit

$$F(0, z) < 0\,. -$$

Wenn wir die ellipsoidische Mannigfaltigkeit auf ihre Axen beziehen wollen, dann ist

$$a_{00} = -1\,;\quad a_{rs} = 0 \quad (r \gtrless s)\,;$$

$$D(t) = -\prod_{1}^{n}(a_{\varkappa\varkappa} + t)\,;\qquad F(t) = \sum_{1}^{n}\frac{z_\varkappa^2}{a_{\varkappa\varkappa} + t} - 1$$

zu setzen, und dann erhält man

$$\mathrm{Pot} = +\frac{\varpi}{4}\prod_1^n a_{\varkappa\varkappa}^{\frac{1}{2}} \int\limits_{(0,\,t_0)}^{\infty} \frac{1-\sum\limits_1^n \frac{z_\varkappa^2}{a_{\varkappa\varkappa}+t}}{\Pi(a_{\varkappa\varkappa}+t)^{\frac{1}{2}}}\,dt$$

$$\left(\sum_1^n \frac{z_\varkappa^2}{a_{\varkappa\varkappa}+t} < 1\right)$$

$$= \frac{\varpi}{4}\int\limits_{(0,\,t_0)}^{\infty} \frac{1-\sum\limits_1^n \frac{z_\varkappa^2}{a_{\varkappa\varkappa}+t}}{\Pi\left(1+\frac{t}{a_{\varkappa\varkappa}}\right)^{\frac{1}{2}}}\,dt\,.$$

Dabei ist die Bedeutung der unteren Grenze $(0, t_0)$ aus dem Vorhergehenden klar: Bei

$$\sum_1^n \frac{z_\varkappa^2}{a_{\varkappa\varkappa}} - 1 < 0$$

ist von $t = 0$ bis $t = \infty$ zu integriren; bei

$$\sum_1^n \frac{z_\varkappa^2}{a_{\varkappa\varkappa}} - 1 > 0$$

dagegen von der einzigen positiven Wurzel t_0 der Gleichung

$$\sum_1^n \frac{z_\varkappa^2}{a_{\varkappa\varkappa}+t} - 1 = 0$$

ab bis ins Unendliche.

Dieses letzte specielle Resultat ist eher complicirt zu nennen als das obige allgemeine (10).

Neunzehnte Vorlesung.

Das Potential einer ellipsoidischen Mannigfaltigkeit. — Dirichlet's Gebrauch des discontinuirlichen Factors. — Umwandlung des n-fachen Integrals in ein $(n+2)$-faches; ein zweifaches; ein einfaches Integral. — Bemerkungen zur Methode. — Modulsystem. — Allmähliche Bildung der Elemente. — Umwandlung und Einführung des discontinuirlichen Factors. — Verschwinden der Elemente des Modulsystems.

§ 1.

In dieser unserer letzten Vorlesung gehen wir genauer auf den Gebrauch des discontinuirlichen Factors bei der Bestimmung des Potentials einer ellipsoidischen Mannigfaltigkeit ein. Es wird dadurch das Schlussresultat der letzten Untersuchungen bestätigt und verallgemeinert werden.

Wir setzen

$$F_0 = \sum_1^n \frac{\xi_k^2}{a_k^2} - 1 < 0$$

als Bestimmung für die ellipsoidische Mannigfaltigkeit voraus und nehmen das Anziehungsgesetz der homogenen Masse, welche diese Mannigfaltigkeit erfüllt, so an, dass die Intensität der Attraction des Massenpunktes (x) auf den Punkt (ξ) gleich

$$\frac{1}{\left(\sum_1^n (x_k - \xi_k)^2\right)^{\frac{\nu+1}{2}}} = \frac{1}{r^{\nu+1}}$$

wird. Dann handelt es sich um die Berechnung des Potentialintegrals

$$(1) \qquad P = \int \frac{dv}{\nu \cdot r^\nu} \qquad (F_0 < 0)\,.$$

Wir werden dieses n-fache Integral auf ein einfaches reduciren, indem wir uns dabei, wie schon gesagt, des Verfahrens bedienen, welches Dirichlet in seiner Abhandlung: „Ueber eine neue Methode zur Bestimmung vielfacher Integrale“ (Berl. Ber. 1839, S. 18 u. 61; Werke I. 375; 381; 391) zuerst verwendete.

§ 2.

Liegt der Punkt (ξ) innerhalb des Bereiches $F_0 < 0$, dann ist für ihn

$$\sum_1^n \frac{\xi_k^2}{a_k^2} - 1 < 0,$$

und deshalb wird in (1) der Nenner für $(x) = (\xi)$ zu Null werden; es fragt sich also, ob dabei der Ausdruck (1) überhaupt noch einen Sinn besitzt; mit anderen Worten, ob $r = 0$ als scheinbare oder als wirkliche natürliche Begrenzung anzusehen ist, und das hängt davon ab, ob

$$\int \frac{dv}{r^\nu} \qquad (r^2 \leqq \varrho^2)$$

mit abnehmendem ϱ zur Grenze Null geht oder nicht. Nun haben wir auf S. 234 die Umwandlung

$$\int\limits_{(\sum x_\varkappa^2 \leqq \varrho^2)} f(r) dx_1 dx_2 \cdots dx_n = \varpi \int_0^\varrho f(r) \cdot r^{n-1} dr$$

gefunden und erhalten daraus für unseren Fall

$$\int\limits_{(r^2 \leqq \varrho^2)} \frac{dv}{r^\nu} = \varpi \int_0^\varrho r^{n-\nu-1} dr = \frac{\varpi \varrho^{n-\nu}}{n-\nu}.$$

Setzen wir also $n > \nu$ voraus, dann bildet der Punkt (ξ) nur scheinbar eine natürliche Begrenzung, und (1) hat einen Sinn, auch wenn (ξ) im Integrationsgebiete liegt.

Wir können aus der Definitionsgleichung für die Γ-Function (S. 241) leicht die Gleichung

$$(2) \qquad \frac{1}{r^\nu} = \frac{1}{\Gamma\left(\frac{\nu}{2}\right)} \int_0^\infty e^{-tr^2} t^{\frac{\nu}{2}-1} dt \qquad (\nu > 0)$$

folgern. Setzen wir also $\nu > 0$ voraus, was ja bei einem Attractionsgesetze keine Einschränkung ist, dann geht (1) in

$$(3) \qquad P = \frac{1}{\nu \Gamma\left(\frac{\nu}{2}\right)} \int dv \int_0^\infty dt \cdot e^{-tr^2} t^{\frac{\nu}{2}-1} \qquad (F_0 < 0)$$

über.

Wir haben ferner (S. 203) gesehen, dass

$$\frac{1}{2\pi} \int_{-\infty}^{\infty} \frac{e^{x_0 + iy}}{x_0 + iy} dy = \begin{cases} 1 \\ 0 \end{cases} \text{wird, wenn } x_0 \begin{matrix} \text{positiv} \\ \text{negativ} \end{matrix} \text{ ist.}$$

Tragen wir bei positivem q für x_0 den Werth pq, und für y den Werth py ein, dann entsteht aus dieser Formel:

$$\frac{1}{2\pi}\int\limits_{-(\mathrm{sgn}.p)\infty}^{+(\mathrm{sgn}.p)\infty}\frac{e^{p(q+iy)}}{q+iy}\,dy=\begin{cases}1, & \text{wenn } p \text{ positiv}\\ 0, & \text{wenn } p \text{ negativ}\end{cases}\ \text{ist.}$$

Bei negativem p kann man die Grenzen vertauschen, ohne den Integralwerth zu ändern, und also folgt für positive q die Gleichung

(4) $$\frac{1}{2\pi}\int\limits_{-\infty}^{\infty}\frac{e^{p(q+iy)}}{q+iy}\,dy=\begin{cases}1, & \text{wenn } p \text{ positiv}\\ 0, & \text{wenn } p \text{ negativ}\end{cases}\ \text{ist}.$$

Danach wird, wenn man p unserer Aufgabe entsprechend wählt,

(4*) $$\frac{1}{2\pi}\int\limits_{-\infty}^{\infty}\frac{e^{\left(1-\sum\limits_1^n\frac{x_k^2}{a_k^2}\right)(q+iy)}}{q+iy}\,dy=\begin{cases}1, & \text{wenn } F_0<0\\ 0, & \text{wenn } F_0>0\end{cases}\ \text{ist}.$$

Trägt man dies in (3) als Factor ein, dann kann man die Integration über alle Werthsysteme der $x_1, \dots x_n$ ausdehnen, und es wird also

(5) $$P=-\frac{1}{2\nu\pi\Gamma\left(\frac{\nu}{2}\right)}\int\limits_0^{\infty}dt\int\limits_{-\infty}^{\infty}\frac{dy\,t^{\frac{\nu}{2}-1}e^{q+iy}}{q+iy}\prod_1^n\int\limits_{-\infty}^{\infty}dx_\varkappa e^{-t(x_k-\xi_k)^2-(q+iy)\frac{x_k^2}{a_k^2}},$$

und somit ist P in ein $(n+2)$-faches Integral umgewandelt.

§ 3.

In (5) kann man aber die Integration nach jedem einzelnen x ausführen. Wir benutzen dazu die aus S. 36, (5) folgende Formel

$$(a+bi)\int\limits_{-\infty}^{\infty}e^{-(a+bi)^2x^2}dx=\sqrt{\pi},\qquad \left(\left|\frac{b}{a}\right|<1\right)$$

welche durch einfache Substitution in

$$\int\limits_{-\infty}^{\infty}e^{-\alpha x^2-2\beta x}dx=e^{\frac{\beta^2}{\alpha}}\sqrt{\frac{\pi}{\alpha}}\quad \text{(der reelle Theil von } \alpha \text{ ist positiv)}$$

übergeht. Setzen wir hier, unserem Problem entsprechend,

$$\alpha = \frac{q+iy}{a_k^2} + t, \quad \beta = -2t\xi_k, \quad \left(\frac{q}{a_k^2} + t \text{ ist positiv}\right)$$

dann ergiebt sich für das letzte Integral in (5) der Werth

$$\frac{e^{-(q+iy)\xi_k^2 : \left(a_k^2 + \frac{q+iy}{t}\right)}}{\sqrt{t + \frac{q+iy}{a_k^2}}} \sqrt{\pi},$$

und dadurch geht das $(n+2)$-fache Integral (5) in das Doppelintegral

$$(6) \quad P = \frac{\pi^{\frac{n}{2}}}{2\nu\pi\Gamma\left(\frac{\nu}{2}\right)} \int_{-\infty}^{\infty} dy \int_0^{\infty} dt \frac{t^{\frac{\nu}{2}-1} e^{(q+iy)\left(1-\sum_1^n \xi_k^2 : \left(a_k^2 + \frac{q+iy}{t}\right)\right)}}{(q+iy)\prod_1^n \left(t + \frac{q+iy}{a_k^2}\right)^{\frac{1}{2}}}$$

über. Wenn wir nun statt der Variablen t eine neue Variable

$$u = \frac{q+iy}{t}$$

in das Integral (6) einführen, so erhalten wir dadurch

$$(7) \quad P = \frac{\pi^{\frac{n}{2}}}{2\nu\pi\Gamma\left(\frac{\nu}{2}\right)} \int_0^{\infty} du \frac{u^{\frac{n-\nu}{2}-1}}{\prod_1^n \left(1 + \frac{u}{a_k^2}\right)^{\frac{1}{2}}} Q,$$

wobei

$$Q = \int_{-\infty}^{\infty} dy \frac{e^{(q+iy)\left(1-\sum_1^n \xi_k^2 : (a_k^2 + u)\right)}}{(q+iy)^{\frac{n-\nu}{2}+1}}$$

ist. Das Integral Q kann mit Hülfe von (2), bezw. von

$$\frac{1}{(q+yi)^{\frac{n-\nu}{2}}} = \frac{1}{\Gamma\left(\frac{n-\nu}{2}\right)} \int_0^{\infty} e^{-t(q+yi)} t^{\frac{n-\nu}{2}-1} dt$$

umgeformt werden, und dabei entsteht zunächst

$$Q = \frac{1}{\Gamma\left(\frac{n-\nu}{2}\right)} \int_0^\infty t^{\frac{n-\nu}{2}-1} dt \int_{-\infty}^{\infty} \frac{e^{\left(1-t-\sum_1^n \xi_k^2 : (a_k^2+u)\right)(q+yi)}}{q+iy} dy .$$

Aus (4) erkennt man, dass das innere auf y bezügliche Integral nur dann von Null verschieden ist, wenn

$$1 - t - \sum_1^n \frac{\xi_k^2}{a_k^2 + u} > 0$$

wird. Man braucht also lediglich von

$$t = 0 \quad \text{bis zum positiven Werthe } t = 1 - \sum_1^n \frac{\xi_k^2}{a_k^2 + u}$$

zu integriren, während man das innere Integral dabei durch 2π ersetzt, so dass also jetzt Q in

$$Q = \frac{2\pi}{\Gamma\left(\frac{n-\nu}{2}\right)} \int_0^{1-\sum_1^n \frac{\xi_k^2}{a_k^2+u}} t^{\frac{n-\nu}{2}-1} dt = \frac{2\pi\left(1-\sum_1^n \xi_k^2 : (a_k^2+u)\right)^{\frac{n-\nu}{2}}}{\frac{n-\nu}{2}\,\Gamma\left(\frac{n-\nu}{2}\right)}$$

übergeht. Dieses Resultat müssen wir in (7) eintragen, dabei aber bedenken, dass zwar bei allen Punkten (ξ), die innerhalb $F_0 < 0$ liegen, für jedes positive u die Differenz

$$1 - \sum_1^n \frac{\xi_k^2}{a_k^2 + u}$$

positiv ist, so dass von $u = 0$ ab integrirt werden kann; dass jedoch bei ausserhalb $F_0 < 0$ gelegenen Punkten (ξ) für kleine Werthe von u noch

$$1 - \sum_1^n \frac{\xi_k^2}{a_k^2 + u} < 0$$

wird. Hier ist also nur von dem Werthe $u = u_0$ ab bis zu $u = \infty$ zu integriren, welcher durch die Gleichung

$$1 = \sum_1^n \frac{\xi_k^2}{a_k^2 + u_0}$$

bestimmt wird.

So erhalten wir das Schlussresultat:

$$P = \frac{2\pi^{\frac{n}{2}}}{\nu(n-\nu)\,\Gamma\left(\frac{\nu}{2}\right)\Gamma\left(\frac{n-\nu}{2}\right)} \int\limits_{0,\,u_0}^{\infty} \frac{u^{\frac{n-\nu}{2}-1}\left(1-\sum\limits_1^n \xi_k^2:(a_k^2+u)\right)^{\frac{n-\nu}{2}} du}{\prod\limits_1^n\left(1+\frac{u}{a_k^2}\right)^{\frac{1}{2}}} \tag{8}$$

$$\left(\sum_1^n \frac{\xi_k^2}{a_k^2+u} < 1\right).$$

Für $\nu = n-2$ geht dies, abgesehen von der Bezeichnung, in die Schlussformel der vorigen Vorlesung über.

§ 4.

So übersichtlich und elegant die gegebene Ableitung auch ist, so ist sie doch nicht frei von Bedenken. Es trat für (1) bei $r = 0$ eine nur scheinbare natürliche Begrenzung auf; allein es fehlt uns die Sicherheit der Ueberzeugung dafür, dass bei später nöthigen Operationen, bei Substitutionen, Differentiationen u. dgl. mehr, jene Begrenzung sich nie in eine unvermeidliche, natürliche verwandelt. Beispielsweise haben wir die Formel (2) verwendet, trotzdem für Punkte (ξ), die innerhalb $F_0 < 0$ liegen, r auch gleich 0 werden kann. Ferner ist bei jedem Integrale, auf das sich nicht direct die Summenerklärung anwenden lässt, die Gefahr ins Auge zu fassen, dass der stets nothwendige Grenzübergang Fehler hervorruft. Jedenfalls wandeln wir bei solchen Operationen am Rande eines Abgrundes, und da erscheint es von Wichtigkeit, eine Methode anzuwenden, die nicht nur Sicherheit sondern auch das Bewusstsein von Sicherheit gewährt.

Wir wollen dieser Forderung dadurch Genüge leisten, dass wir überall bei unseren Umwandlungen von (1) jede kritische Stelle ausschalten, den dabei begangenen Fehler abschätzen und ein Glied, welches dem Werthe desselben proportional ist, in ein Modulsystem aufnehmen. Die Gleichungen verwandeln sich dadurch in Congruenzen nach diesem Modulsysteme; und sind wir dann schliesslich im Stande, die Elemente des Modulsystems sämmtlich zu Null zu machen, so geht die Congruenz wieder in eine sicher begründete Gleichung über.

Diese Methode führt natürlich eine starke Belastung der Rechnung mit sich; das ist aber unvermeidlich, und das wird ihrer Anwendbarkeit stets hinderlich bleiben.

Aber trotzdem wollen wir sie in unserem Falle einmal vollständig durchführen.

§ 5.

Wir gehen von (1) aus und zerlegen unseren Integrationsbereich in zwei Theile, je nachdem r grösser bezw. kleiner als eine beliebig klein zu wählende Grösse ϱ ist:

$$(9) \qquad P = \frac{1}{\nu} \int\limits_{(F_0 < 0,\, r > \varrho)} \frac{dv}{r^\nu} + \frac{1}{\nu} \int\limits_{(r < \varrho)} \frac{dv}{r^\nu}.$$

Das zweite Integral müssten wir abschätzen; aber das ist in § 2 schon geschehen, und zwar erhielten wir dafür einen zu der Potenz

$$\varrho^{n-\nu}$$

proportionalen Werth. Diesen wollen wir kurz mit

$$[\varrho^{n-\nu}]$$

bezeichnen und können dann

$$P = \frac{1}{\nu} \int\limits_{(F_0 < 0,\, r > \varrho)} \frac{dv}{r^\nu} + [\varrho^{n-\nu}]$$

schreiben. Den letzten Summanden machen wir zum ersten Gliede eines Modulsystems M und haben nun in Bezug auf dieses erst allmählich festzustellende System statt der Gleichung (1) die Congruenz

$$(10) \qquad P \equiv \frac{1}{\nu} \int \frac{dv}{r^\nu} \qquad (F_0 < 0, \quad r > \varrho).$$

Um später $[\varrho^{n-\nu}]$ für abnehmende ϱ zum Verschwinden zu bringen, müssen wir $n > \nu$ voraussetzen.

Der Punkt (ξ) soll nicht auf der Begrenzung von $F_0 < 0$, d. h. nicht auf $F_0 = 0$ liegen, und daher kann man eine Grösse σ so klein wählen, dass (ξ) sich nicht nur in $F_0 < 0$ sondern auch in dem Gebiete

$$F_0 < -\sigma$$

befindet. Die „Schale“, welche sich der Begrenzung der ellipsoidischen Mannigfaltigkeit anschmiegt, nämlich

$$0 > \sum_1^n \frac{x_k^2}{a_k^2} - 1 > -\sigma,$$

wollen wir gleichfalls aus dem Integrationsgebiete herausheben:

$$P \equiv \frac{1}{\nu} \int\limits_{(F_0 < -\sigma,\, r > \varrho)} \frac{dv}{r^\nu} + \frac{1}{\nu} \int\limits_{(-\sigma < F_0 < 0)} \frac{dv}{r^\nu} \qquad (\text{mod. } [\varrho^{n-\nu}]).$$

Im zweiten Integrale wird r niemals unter eine gewisse endliche Grösse sinken, da ja (ξ) sich ausserhalb des Gebietes $-\sigma < F_0 < 0$ befindet. Ersetzen wir also den Nenner durch sein Minimum, so bleibt dieser von Null verschieden; der Rest des Integrals, nämlich „das Volumen der Schale“

$$\int dv \qquad (-\sigma < F_0 < 0)$$

ist noch abzuschätzen. Wir führen durch die Substitutionsformeln

$$\frac{x_k}{a_k} = p \cdot u_k \qquad \left(\sum_1^n u_k^2 = 1\right)$$

die neuen Coordinaten $u_1, u_2, \ldots u_n, p$ ein, und die Ausdehnung der Schale wird dann wie leicht zu sehen ist, durch

$$0 < 1 - p^2 < \sigma \quad \text{oder} \quad p = (1 \cdots\cdots \sqrt{1-\sigma})$$

geliefert. Nun bekommt man nach der in § 2 benutzten Formel, abgesehen von dem endlichen Factor ϖ, den Werth

$$\left(\frac{p^n}{n}\right)_{\sqrt{1-\sigma}}^1 = \frac{1}{n}\left(1 - (1-\sigma)^{\frac{n}{2}}\right) = \frac{1}{n}\left(\frac{n}{2}\sigma - \cdots\right).$$

Das ausgeschiedene Integral ist also proportional zu σ, oder genauer, der Quotient von σ und dem Integrale nähert sich mit abnehmendem σ einer endlichen Grösse. Wir bezeichnen den Integralwerth deshalb wieder kurz durch

$$[\sigma]$$

und nehmen diese Grösse als zweites Glied in das Modulsystem M auf. Es wird jetzt (mod. M)

$$P \equiv \frac{1}{\nu}\int \frac{dv}{r^\nu} \qquad (F_0 < -\sigma,\ r > \varrho). \tag{11}$$

§ 6.

Nunmehr könnten wir auf (11) die Gleichung (2) anwenden, da ja der kritische Werth $r = 0$ aus dem Integrationsgebiete ausgeschlossen ist. Weil aber bei (2) an der Grenze 0 wegen $t^{\frac{\nu}{2}-1}$, und andererseits auch infolge des ins Unendliche erstreckten Integrationsbereiches Schwierigkeiten auftreten können, so schreiben wir in selbstverständlicher Abkürzung

$$\frac{1}{r^\nu} = \frac{1}{\Gamma\left(\frac{\nu}{2}\right)}\left\{\int_0^\delta + \int_\delta^g + \int_g^\infty\right\} e^{-tr^2} t^{\frac{\nu}{2}-1} dt \tag{12}$$

und nehmen dabei δ sehr klein und g sehr gross positiv an. Wir schätzen das erste und das dritte der drei Integrale ab. Für das erste hat man

$$\frac{1}{\Gamma\left(\frac{\nu}{2}\right)}\int\limits_0^\delta e^{-tr^2} t^{\frac{\nu}{2}-1}\,dt < \frac{1}{\Gamma\left(\frac{\nu}{2}\right)}\int\limits_0^\delta t^{\frac{\nu}{2}-1}\,dt = \frac{\delta^{\frac{\nu}{2}}}{\Gamma\left(\frac{\nu}{2}+1\right)}.$$

Denkt man sich (12) in (11) eingetragen, so würde das eben abgeschätzte Integral noch mit

$$\frac{1}{\nu}\int^{\bullet} dv \qquad (F_0 < -\sigma,\ r > \varrho)$$

zu multipliciren sein. Wir erweitern den Integrationsbereich, indem wir ihn durch eine sphärische Mannigfaltigkeit ersetzen, die bei endlichem Radius jenen Bereich umschliesst. Man erkennt, dass durch $\int dv$ nur ein endlicher Factor zu $\delta^{\frac{\nu}{2}} : \Gamma\left(\frac{\nu}{2}+1\right)$ hinzutreten würde. Wir nehmen folglich als drittes Element von M das Symbol

$$\left[\delta^{\frac{\nu}{2}}\right]$$

auf. Um dies für abnehmende δ zum Verschwinden zu bringen, müssen wir $\nu > 0$ voraussetzen.

Weiter ist beim dritten Integrale in (12) wegen der Annahme bei (10)

$$\int\limits_g^\infty e^{-tr^2} t^{\frac{\nu}{2}-1}\,dt < \int\limits_g^\infty e^{-tr^2} t^{n-1}\,dt;$$

für $tr^2 = x$ folgt

$$< \frac{1}{r^{2n}}\int\limits_{gr^2}^\infty e^{-x} x^{n-1}\,dx,$$

und es ergiebt sich durch mehrfach angewendete partielle Integration

$$< \frac{e^{-gr^2}}{r^{2n}}\,[(gr^2)^{n-1} + (n-1)(gr^2)^{n-2} + (n-1)(n-2)(gr^2)^{n-3} + \cdots].$$

Nimmt man $gr^2 > n$, was durch $g > n : \varrho^2$ erreicht wird, so folgt

$$< \frac{1}{r^{2n}}\,e^{-gr^2}(gr^2)^{n-1}\cdot n < \frac{1}{r^{2n}}\,e^{-gr^2}(gr^2)^n$$

$$< g^n e^{-g\varrho^2}.$$

Bei der Eintragung in (11) tritt, wie oben gezeigt wurde, durch das Integral nach v nur ein endlicher Factor hinzu; somit können wir als viertes Element von M das Glied

$$[g^n e^{-g\varrho^2}]$$

aufnehmen. Es findet daher (mod. M) die Congruenz

$$(13)\quad P \equiv \frac{1}{\nu\,\Gamma\left(\frac{\nu}{2}\right)} \int_{\delta}^{g} dt \int dv \cdot t^{\frac{\nu}{2}-1} e^{-tr^2} \qquad (F_0 < -\sigma;\ r > \varrho)$$

statt.

§ 7.

Zum Zwecke der Einführung von $\frac{1}{r^\nu}$ hatten wir $r > \varrho$ vorausgesetzt; nachdem aber (13) erlangt ist, wird diese Beschränkung überflüssig und lästig, so dass wir nun die ausgeschlossene sphärische Mannigfaltigkeit $r < \varrho$ umgekehrt wieder zum Integrationsbereiche hinzunehmen wollen. Dazu müssen wir das Zusatzintegral

$$\int_{\delta}^{g} dt \int dv\, t^{\frac{\nu}{2}-1} e^{-tr^2} \qquad (r < \varrho)$$

abschätzen. Wir vermehren seinen Werth, wenn wir, nach Vertauschung der Integrationsfolge, für t die Grenzen 0 und ∞ einführen; denn alle vorkommenden Elemente sind positiv. Das innere Integral ersetzen wir durch $\Gamma\left(\frac{\nu}{2}\right) : r^\nu$ und finden, wie schon oben, einen Werth, der nach dem Anfange von § 5 zu $\varrho^{n-\nu}$ proportional ist. Den können wir mit dem ersten Gliede unseres Modulsystems zusammenwerfen und haben somit ohne Hinzunahme eines neuen Elementes (mod. M) die Congruenz

$$(14)\qquad P \equiv \frac{1}{\nu\,\Gamma\left(\frac{\nu}{2}\right)} \int_{\delta}^{g} dt \int dv\, t^{\frac{\nu}{2}-1} e^{-tr^2} \qquad (F_0 < -\sigma)$$

erhalten. (14) entspricht der Formel (3) bei unserer ersten Herleitung.

§ 8.

Jetzt kommt die Einführung des discontinuirlichen Factors an die Reihe, wie sie vorher durch (5) geliefert wurde.

Wir haben für positive Werthe von q:

$$(4^*)\qquad \frac{1}{2\pi} \int_{-\infty}^{\infty} \frac{e^{\left(1-\sum_{1}^{n} \frac{x_k^2}{a_k^2}\right)(q+iy)}}{q+iy}\, dy = \begin{cases} 1, \\ 0, \end{cases} \text{ wenn } \begin{matrix} F_0 < 0 \\ F_0 > 0 \end{matrix} \text{ ist.}$$

Die Grenzen des Integrals wollen wir durch $-\gamma$ und $+\gamma$ ersetzen und haben also den Werth von

$$(15)\qquad \int_{\gamma}^{\infty} \frac{e^{\left(1-\sum \frac{x_k^2}{a_k^2}\right)(q+iy)}}{q+iy}\,dy$$

abzuschätzen. Die erste Klammer im Exponenten möge der Kürze halber nach (1) mit $-F_0$ bezeichnet werden. Gehen wir von (15) zu

$$e^{-F_0 q}\int_{\gamma}^{\infty} \frac{(\cos F_0 y - i \sin F_0 y)(q-iy)}{q^2+y^2}\,dy$$

über, so erhalten wir vier Integrale, deren Integranden der Reihe nach

$$\frac{q\cos F_0 y}{q^2+y^2},\quad \frac{q\sin F_0 y}{q^2+y^2},\quad \frac{y\cos F_0 y}{q^2+y^2},\quad \frac{y\sin F_0 y}{q^2+y^2}$$

sind. Die beiden ersten werden vermehrt, wenn der Zähler gleich q genommen wird; sie führen auf Glieder, die proportional $1:\gamma$ sind und zu den Resultaten der folgenden Integrale hinzugenommen werden können. Bei diesen folgenden kann man wegen des beständigen Abnehmens der positiven Grösse $\frac{y}{q^2+y^2}$ den zweiten Mittelwerthsatz anwenden und gelangt dabei zu der Auswerthung:

$$e^{-F_0 q}\,\frac{\gamma}{q^2+\gamma^2}\left(\frac{\begin{matrix}\sin\\ -\cos\end{matrix}\,F_0 y}{F_0}\right)_{\gamma}^{\gamma'}\qquad (\gamma<\gamma'\leqq\infty).$$

Wir haben demnach den Werth des Integrals (15) als proportional zu

$$\frac{\gamma e^{-F_0\cdot q}}{F_0(q^2+\gamma^2)}\quad\text{oder}\quad \frac{e^{-F_0\cdot q}}{\gamma F_0}$$

bestimmt. Für das dem Integrale (15) entsprechende Glied zwischen den Grenzen $-\infty$ und $-\gamma$ ergiebt sich das Gleiche.

Wollen wir nun den so zubereiteten Discontinuitätsfactor in (14) einführen und dabei seine Grenzen gleich $-\gamma$ und $+\gamma$ wählen, dann ist noch der Betrag von

$$\int_{\delta}^{g} dt \int dv\, t^{\frac{\nu}{2}-1} e^{-tr^2}\cdot \frac{e^{-F_0 q}}{\gamma F_0}\qquad (F_0<-\sigma)$$

abzuschätzen. Hier erkennt man den Grund, warum früher (§ 5) aus dem Integrationsgebiete $F_0<0$ die Schale $0>F_0>-\sigma$ herausgeschnitten wurde: es sollte bei dem jetzigen Uebergange eine nicht verschwindende untere Grenze für F_0 erlangt werden. Für das F_0 im

Nenner setzen wir den absoluten Betrag seines Minimalwerthes, also σ, für das $-F_0$ im Exponenten, da ja

$$-F_0 = 1 - \sum \frac{x_k^2}{a_k^2}$$

ist, seinen grössten positiven Werth 1 ein und nehmen für t die Integrationsgrenzen 0 und ∞. Durch alle diese Operationen wird der Werth des Doppelintegrals nur erhöht. Man bekommt mit Hülfe von (12) bis auf einen constanten, endlichen Factor:

$$\frac{e^q}{\gamma\sigma}\int\frac{dv}{r^\nu} \qquad (F_0 < -\sigma).$$

Ist nun R so gross, dass das ganze Integrationsgebiet in $r \leqq R$ enthalten ist, so folgt als obere Grenze (vgl. § 5) für den Integralwerth

$$\frac{e^q}{\gamma\sigma} R^{n-\nu}$$

und damit, weil q eine feste, endliche Grösse ist, als fünftes Element von M das Glied

$$\left[\frac{R^{n-\nu}}{\gamma\sigma}\right].$$

Somit resultirt für das bis jetzt festgestellte Modulsystem M

$$(16) \qquad P \equiv \frac{1}{2\pi\nu\Gamma\left(\frac{\nu}{2}\right)}\int_{-\gamma}^{\gamma} dy \int_{\delta}^{g} dt \int_{(F_0 < -\sigma)} dv \, \frac{e^{-tr^2 - F_0\cdot(q+yi)}}{q+yi}\, t^{\frac{\nu}{2}-1}.$$

Durch diese Einführung hat man die Möglichkeit erlangt, die Integration nach $x_1, x_2, \ldots x_n$ weiter auszudehnen. Es muss aber beachtet werden, dass bei der Einführung des discontinuirlichen Factors der absolute Betrag $|F_0| > \sigma$ vorausgesetzt war. Man kann zwar jedes x_k von $-g_k$ bis $+g_k$ laufen lassen, muss aber alle Combinationen der x ausnehmen, bei welchen $|F_0| < \sigma$ ist. Also hat man unter der Bedingung $|F_0| > \sigma$ bei Einführung des Werthes von F_0

$$(17) \quad P \equiv \frac{1}{2\pi\nu\Gamma\left(\frac{\nu}{2}\right)}\int_{-\gamma}^{\gamma} dy \int_{\delta}^{g} dt\, t^{\frac{\nu}{2}-1}\frac{e^{q+yi}}{q+yi}\prod_1^n \int_{-g_k}^{g_k} dx_k\, e^{-t(x_k-\xi_k)^2-(q+yi)\frac{x_k^2}{a_k^2}}.$$

§ 9.

In (17) ist somit $|F_0| > \sigma$ anzunehmen, und wir sahen, dass die Gründe dafür in der Einführung des discontinuirlichen Factors zu suchen sind; aber jetzt, nachdem diese vollendet ist, wollen wir das ausgeschlossene Gebietsstückchen dem Integrationsgebiete wieder hinzufügen, ähnlich, wie dies vorher mit der kleinen, (ξ) ausschliessenden, sphärischen Mannigfaltigkeit geschah. Dies liefert den Zusatz

$$\frac{1}{2\pi\nu\Gamma\left(\frac{\nu}{2}\right)}\int_{-\gamma}^{\gamma}dy\int_{\delta}^{g}dt\int dv\,\frac{e^{-tr^2-F_0\cdot(q+yi)}t^{\frac{\nu}{2}-1}}{q+yi}\qquad(+\sigma > F_0 > -\sigma);$$

und wir müssen, falls dieses Integral mit (17) vereinigt werden soll, seinen Werth abschätzen und eine proportionale Grösse dem Modulsysteme einverleiben.

Wir vergrössern den Integralwerth, wenn wir $-F_0$ durch $+\sigma$ ersetzen, und weiter, wenn wir für t die Grenzen 0 und ∞ nehmen. Dann kann man wieder (2) benutzen und erhält durch die Integration nach t

$$\frac{1}{2\pi\nu}\int_{-\gamma}^{\gamma}dy\int dv\,\frac{e^{\sigma(q+yi)}}{r^{\nu}(q+yi)}\qquad(+\sigma > F_0 > -\sigma).$$

Nun machten wir schon im § 5 bei der Einführung von σ darauf aufmerksam, dass die Grösse von r für die Punkte (x) der Schale nie unter eine gewisse endliche Grenze sinkt, und dasselbe gilt natürlich bei der jetzigen Voraussetzung $|F_0| < \sigma$. Nehmen wir also das constante, endliche, von Null verschiedene Minimum für r^{ν} im Nenner und ziehen es aus dem Integrale, so kann es nebst dem Factor $\frac{1}{2\pi\nu}$ weggelassen werden; denn beide Glieder sind bei unserer Untersuchung constante Grössen. Geht man dann beim Integrale nach y zum absoluten Betrage des Integranden über, so dass

$$\int_{-\gamma}^{\gamma}dy\,\frac{e^{\sigma q}}{(q^2+y^2)^{\frac{1}{2}}}$$

entsteht, und behandelt das Integral nach v, welches als Factor dazutritt,

$$\int dv\qquad(+\sigma > F_0 > -\sigma)$$

wie das ähnliche Integral in § 5, dann erhält man bei kleinem σ

$$[\sigma\log(q^2+\gamma^2)]$$

als Werth des Integrals und als sechstes Element von M; und es wird daher (mod. M), mit Unterdrückung der Bedingung von (17),

$$(18)\quad P = \frac{1}{2\pi\nu\Gamma\left(\frac{\nu}{2}\right)} \int_{-\gamma}^{\gamma} dy \int_{\delta}^{g} dt \frac{t^{\frac{\nu}{2}-1} e^{q+yi}}{q+yi} \prod_{1}^{n} \int_{-g_k}^{g_k} dx_k e^{-t(x_k-\xi_k)^2-(q+yi)\frac{x_k^2}{a_k^2}}.$$

§ 10.

Wir wollen nun weiter alle g_k, welche bisher nur von endlicher Grösse sein durften, gleich ∞ setzen. Auch hier ist wieder die dadurch in P hervorgerufene Aenderung zu taxiren, damit ein entsprechend gebildetes Glied zum Modulsysteme gethan werden könne. Die Abschätzung ist diesmal mit besonderer Vorsicht auszuüben, weil bei jeder einzelnen Aenderung eines g_k ein Product in Mitleidenschaft gezogen wird.

Den Werth von

$$J_k = \int_{-\infty}^{\infty} dx_k e^{-\left(t+\frac{q+yi}{a_k^2}\right)x_k^2+2t\xi_k x_k - t\xi_k^2}$$

können wir durch die Formel zu Anfang von § 3 bestimmen; es wird

$$J_k = \sqrt{\frac{\pi}{t+\frac{q+iy}{a_k^2}}} \cdot e^{-(q+iy)\xi_k^2 : \left(a_k^2+\frac{q+iy}{t}\right)},$$

und als obere Grenze des absoluten Betrages von J_k finden wir daraus leicht den Werth

$$\frac{\sqrt{\pi}}{\left(t+\frac{q}{a_k^2}\right)^{\frac{1}{2}}}.$$

Wir denken uns nun in (18) hinter dem Productzeichen das auf die Variable x_k bezügliche Integral durch die Summe der drei Integrale

$$\left(\int_{-\infty}^{\infty} - \int_{-\infty}^{-g_k} - \int_{g_k}^{\infty}\right) dx_k e^{-t(x_k-\xi_k)^2-(q+yi)\frac{x_k^2}{a_k^2}}$$

ersetzt. Bei der Ausführung des durch Π angedeuteten Products würde man zunächst eine Summe von Producten erhalten, welche ausser $(n-1)$ Factoren J_h je noch einen einzigen Factor von der Form

$$\int_{-\infty}^{-g_k} \quad \text{oder} \quad \int_{g_k}^{\infty}$$

umfassen; dann eine zweite Summe von Producten, welche ausser $(n-2)$ Factoren J_h noch je zwei Factoren der anderen Form enthalten, u. s. w. Da die J_h endliche Grössen sind, so genügt es, zu zeigen, dass die Glieder der ersten Reihe mit wachsendem g_k unendlich klein werden; denn bei den Gliedern der anderen Reihen ist dasselbe dann selbstverständlich. Diese Bemerkung vereinfacht die Bildung des Modulsystems. Denn wir brauchen jetzt nur etwa das eine Glied der ersten Reihe:

$$J_2 \cdot J_3 \cdots J_n \cdot \int_{+g_1}^{\infty} dx_1 e^{-t(x_1-\xi_1)^2-(q+yi)\frac{x_1^2}{a_1^2}}$$

zu untersuchen. Wir vergrössern das Integral einmal dadurch, dass wir statt $q+iy$ den kleinsten absoluten Betrag q dieser Grösse, und zweitens dadurch, dass wir statt x_1^2 das kleinere Product $g_1 x_1$ einsetzen, wodurch das Integral dann in

$$e^{-t\xi_1^2}\int_{g_1}^{\infty} dx_1 e^{-\frac{q}{a_1^2}g_1x_1-t(g_1-2\xi_1)x_1} = \frac{e^{-\frac{q}{a_1^2}g_1^2-t(g_1-2\xi_1)g_1-t\xi_1^2}}{\frac{g_1 q}{a_1^2}+(g_1-2\xi_1)t}$$

übergeht. Hier kann man g_1 so hoch annehmen, dass $g_1 - 2\xi_1$ positiv und > 1 ist, und dann vergrössert man die rechte Seite, wenn man im Nenner $(g_1 - 2\xi_1)t$ durch t ersetzt. Auch im Exponenten wollen wir eine Vermehrung hervorrufen und zwar dadurch, dass wir die stets negativen Glieder $-\frac{q}{a_1^2}g_1^2$ und $-t\xi_1^2$ weglassen. So bleibt als obere Grenze für das betrachtete Glied

$$J_2 \cdot J_3 \cdots J_n \cdot \frac{e^{-tg_1(g_1-2\xi_1)}}{t+\frac{g_1 q}{a_1^2}} < \frac{e^{-tg_1(g_1-2\xi_1)}\cdot \pi^{\frac{n-1}{2}}}{\left(t+\frac{g_1 q}{a_1^2}\right)\prod_2^n\left(t+\frac{q}{a_k^2}\right)^{\frac{1}{2}}},$$

und es fragt sich nun, was entsteht, wenn wir hierauf bei Unterdrückung des Factors $\pi^{\frac{n-1}{2}}$, wie es (18) fordert, die doppelte Integration

$$\int_{-\gamma}^{\gamma} dy \int_{\delta}^{g} dt \frac{t^{\frac{\nu}{2}-1} e^{(q+yi)-tg_1(g_1-2\xi_1)}}{(q+yi)\left(t+\frac{g_1 q}{a_1^2}\right)\prod_2^n\left(t+\frac{q}{a_k^2}\right)^{\frac{1}{2}}}$$

ausüben. Es möge mit der Integration nach t begonnen werden:

$$\int_{\delta}^{g} dt \frac{t^{\frac{\nu}{2}-1} e^{-tg_1(g_1-2\xi_1)}}{\left(t+\frac{g_1 q}{a_1^2}\right)\prod_2^n\left(t+\frac{q}{a_k^2}\right)^{\frac{1}{2}}}.$$

Wir vergrössern den Integralwerth wieder durch die Unterdrückung der Summanden t im Nenner; ausserdem können wir die endlichen, constanten, und darum für die Abschätzung völlig indifferenten Grössen q, a_1, a_2, ... a_n weglassen; endlich ersetzen wir die Grenzen durch 0 und ∞ und erhalten darauf nach (2)

$$\frac{1}{g_1}\int_0^{\infty} dt\, t^{\frac{\nu}{2}-1} e^{-t(g_1-2\xi_1)g_1} = \frac{1}{g_1}\frac{\Gamma\left(\frac{\nu}{2}\right)}{\sqrt{g_1^{\nu}(g_1-2\xi_1)^{\nu}}}.$$

Vorher war g_1 so gross angenommen worden, dass $g_1 - 2\xi_1 > 1$ ist; da ν positiv sein muss (§ 6), so übertrifft der Werth der Quadratwurzel die Einheit, und der Maximalwerth des Integrals ist zu $\frac{1}{g_1}$ proportional. Hierfür substituiren wir $\frac{1}{R}$, indem wir alle $g_\varkappa$ einander gleich und auch gleich der in § 8 eingeführten Grösse R setzen.

Zu unserem Resultate $\frac{1}{R}$ muss als Factor das Integral nach y

$$\int_{-\gamma}^{\gamma}\frac{e^{q+iy}}{q+iy}dy \qquad (q>0)$$

gefügt werden. In der zwölften Vorlesung erkannten wir bei der Untersuchung des Integrallogarithmus, dass dieses Integral einen endlichen Werth besitzt. Dasselbe können wir auch durch die bei (15) verwendete Methode erkennen, wobei das dortige $-F_0$ nur durch 1 zu ersetzen ist; denn die vier Integrale

$$\int_0^{\gamma}\frac{q\cos y}{q^2+y^2}dy,\quad \int_0^{\gamma}\frac{q\sin y}{q^2+y^2}dy,\quad \int_0^{\gamma}\frac{y\cos y}{q^2+y^2}dy,\quad \int_0^{\gamma}\frac{y\sin y}{q^2+y^2}dy$$

bleiben offenbar endlich. Den so entstehenden constanten Factor vereinigen wir mit den übrigen zu $1 : R$ tretenden Constanten und können daher

$$\left[\frac{1}{R}\right]$$

als diejenige Grösse auffassen, welche der durchzuführenden Veränderung von (18) proportional wird. Wir überzeugen uns also davon, dass, wenn $\left[\frac{1}{R}\right]$ als siebentes Element von M eingeführt wird, dann die Grenzen der x_k in der Formel (18) sämmtlich gleich $-\infty$ bezw. $+\infty$ gesetzt werden dürfen. Hierauf lassen sich die Werthe der J_k eintragen, und man erhält (mod. M) die Congruenz

$$(19)\quad P \equiv \frac{\pi^{\frac{n}{2}-1}}{2\nu\,\Gamma\left(\frac{\nu}{2}\right)} \int_{\delta}^{g} t^{\frac{\nu}{2}-1}\,dt \int_{-\gamma}^{\gamma} dy \frac{e^{(q+iy)\left(1-\sum\limits_{1}^{n}\frac{\xi_k^2}{a_k^2+(q+iy):t}\right)}}{(q+iy)\prod\limits_{1}^{n}\left(t+\frac{q+iy}{a_k^2}\right)^{\frac{1}{2}}}.$$

§ 11.

So haben wir entsprechend (6) P schon in ein Doppelintegral verwandelt, und in diesem können wir, wie ja auch bisher immer, bei unseren Vorsichtsmassregeln natürlich ohne jedes Bedenken die Integrationsfolge vertauschen. Ist dies geschehen, dann führen wir an Stelle von t eine neue Variable u durch

$$u = \frac{q+iy}{t}$$

ein, wodurch die Grenzen zu $\frac{q+iy}{\delta}$ und $\frac{q+iy}{g}$ werden. Es resultirt

$$P \equiv \frac{\pi^{\frac{n}{2}-1}}{2\nu\,\Gamma\left(\frac{\nu}{2}\right)} \int_{-\gamma}^{\gamma} dy \int_{\frac{q+iy}{g}}^{\frac{q+iy}{\delta}} du \frac{u^{\frac{n-\nu}{2}-1}\, e^{(q+iy)\left(1-\sum\limits_{1}^{n}\frac{\xi_k^2}{a_k^2+u}\right)}}{(q+iy)^{\frac{n-\nu}{2}+1}\prod\limits_{1}^{n}\left(1+\frac{u}{a_k^2}\right)^{\frac{1}{2}}}.$$

Die untere Grenze des inneren Integrals soll zu Null gemacht, und deshalb muss wieder der hierbei von P wegzunehmende Werth

$$\frac{\pi^{\frac{n}{2}-1}}{2\nu\Gamma\left(\frac{\nu}{2}\right)}\int\limits_{-\gamma}^{\gamma}dy\int\limits_{0}^{\frac{q+iy}{g}}du\,\frac{u^{\frac{n-\nu}{2}-1}e^{(q+iy)\left(1-\sum\limits_{1}^{n}\frac{\xi_k^2}{a_k^2+u}\right)}}{(q+iy)^{\frac{n-\nu}{2}+1}\prod\limits_{1}^{n}\left(1+\frac{u}{a_k^2}\right)^{\frac{1}{2}}}$$

abgeschätzt werden. Wir vergrössern das Integral durch Weglassung der Summe im Zähler und des Products im Nenner. Die Integration nach u, welche dann ausgeführt werden kann, liefert

$$\frac{2}{n-\nu}\left(\frac{q+iy}{g}\right)^{\frac{n-\nu}{2}} \text{ oder als Grenze } \left(\frac{1}{g}\right)^{\frac{n-\nu}{2}},$$

wenn wir wieder die einflusslosen Constanten weglassen. Es ist weiter noch der absolute Werth von

$$\int\limits_{-\gamma}^{\gamma}dy\,\frac{e^{q+iy}}{(q+iy)^{\frac{n-\nu}{2}+1}}$$

zu bestimmen; dieser bleibt kleiner, als der S. 332 betrachtete, endliche Ausdruck

$$\left|\int\limits_{-\gamma}^{\gamma}dy\,\frac{e^{q+iy}}{q+iy}\right|,$$

weil $n-\nu>0$ ist. Unsere schon häufig gemachten Schlüsse zeigen daher: Nimmt man

$$\left[\frac{1}{g^{\frac{n-\nu}{2}}}\right]$$

als achtes Element des Modulsystems M auf, so wird (mod. M)

$$(20)\qquad P=\frac{\pi^{\frac{n}{2}-1}}{2\nu\Gamma\left(\frac{\nu}{2}\right)}\int\limits_{-\gamma}^{\gamma}dy\int\limits_{0}^{\frac{q+iy}{\delta}}du\,\frac{u^{\frac{n-\nu}{2}-1}e^{(q+iy)\left(1-\sum\limits_{1}^{n}\frac{\xi_k^2}{a_k^2+u}\right)}}{(q+iy)^{\frac{n-\nu}{2}+1}\prod\limits_{1}^{n}\left(1+\frac{u}{a_k^2}\right)^{\frac{1}{2}}}.$$

§ 12.

Wir müssen nun zwischen den beiden Fällen unterscheiden, dass der Punkt (ξ) im Innern des Integrationsgebietes, und dass er ausserhalb desselben liegt. Im ersten Falle ist für den Punkt (ξ)

$$1 - \sum_1^n \frac{\xi_k^2}{a_k^2} > 0,$$

und für jedes vorkommende u unseres Integrationsbereiches ist also um so mehr

$$1 - \sum_1^n \frac{\xi_k^2}{a_k^2 + u} > 0.$$

Tritt dieser Fall ein, dann lassen wir die Grenzen in (20) ungeändert.

Gilt dagegen für den Punkt (ξ) die Ungleichung

$$1 - \sum_1^n \frac{\xi_k^2}{a_k^2} < 0,$$

so giebt es eine einzige positive, reelle Wurzel u_0 der Gleichung

$$1 - \sum_1^n \frac{\xi_k^2}{a_k^2 + u} = 0,$$

und erst von u_0 ab wird bei steigenden Werthen von u

$$1 - \sum_1^n \frac{\xi_k^2}{a_k^2 + u} > 0 \qquad (u > u_0).$$

In diesem Falle nehmen wir bei der Integration nach u aus (20) das Gebiet ($u_0 - \varepsilon \cdots u_0 + \varepsilon$) heraus, wobei ε eine beliebig kleine, positive Grösse bedeutet. Dabei ist zum Ausgleich der geschehenen Veränderung der Werth von

$$\int_{-\gamma}^{\gamma} dy \int_{u_0-\varepsilon}^{u_0+\varepsilon} du \frac{u^{\frac{n-\nu}{2}-1} e^{(q+yi)\left(1-\sum\limits_1^n \frac{\xi_k^2}{a_k^2+u}\right)}}{(q+iy)^{\frac{n-\nu}{2}+1} \prod\limits_1^n \left(1+\frac{u}{a_k^2}\right)^{\frac{1}{2}}}$$

zu untersuchen. Die zweite Klammer im Exponenten von e wird vermehrt, wenn u durch $u_0 + \varepsilon$ ersetzt wird; dadurch wird sie wegen der Bedeutung von u_0 proportional zu ε, der Exponent nähert sich mit ε der Null und die Potenz von e kann getilgt werden. Dasselbe soll mit dem Producte im Nenner geschehen, weil dadurch gleichfalls nur eine Vermehrung des Integrals stattfindet. Es bleibt dann

$$\int_{-\gamma}^{\gamma} \frac{dy}{(q+iy)^{\frac{n-\nu}{2}+1}} \int_{u_0-\varepsilon}^{u_0+\varepsilon} du \cdot u^{\frac{n-\nu}{2}-1} = \frac{i}{\left(\frac{n-\nu}{2}\right)^2} \left(u^{\frac{n-\nu}{2}}\right)_{u_0-\varepsilon}^{u_0+\varepsilon} \cdot \left(-\frac{1}{(q+iy)^{\frac{n-\nu}{2}}}\right)_{-\gamma}^{+\gamma}$$

zurück, und der Maximalbetrag des absoluten Werthes hiervon wird zu ε proportional, da q eine wesentlich positive Constante ist.

Folglich nehmen wir

$$[\varepsilon]$$

als neunfes Glied in unser Modulsystem M auf und haben für dieses

$$(21)\qquad P \equiv \frac{\pi^{\frac{n}{2}-1}}{2\nu\,\Gamma\left(\frac{\nu}{2}\right)} \int_{-\gamma}^{\gamma} dy \int_{0}^{\frac{q+iy}{\delta}} du\, \frac{u^{\frac{n-\nu}{2}-1}}{(q+iy)^{\frac{n-\nu}{2}+1}} \, \frac{e^{(q+yi)\left(1-\sum_{1}^{n}\frac{\xi_k^2}{a_k^2+u}\right)}}{\prod_{1}^{n}\left(1+\frac{u}{a_k^2}\right)^{\frac{1}{2}}};$$

(falls $F_0 > 0$ ist, fehlt $(u_0 - \varepsilon \cdots u_\nu + \varepsilon)$ im Integrationsgebiete).

§ 13.

Um das Integral nach y auszurechnen, betrachten wir zunächst

$$(22)\qquad \int_{-\gamma}^{\gamma} \frac{e^{p(q+iy)}}{(q+iy)^m}\,dy \qquad (p, q, m > 0),$$

setzen $pq + pyi = z$ und erhalten die Umformung

$$\int_{-\gamma}^{\gamma} \frac{e^{p(q+iy)}}{(q+iy)^m}\,dy = \frac{p^{m-1}}{i}\int_{pq-p\gamma i}^{pq+p\gamma i} dz\,\frac{e^z}{z^m}.$$

Nun ist

$$(23)\qquad \begin{aligned} \frac{1}{z^{m-1}} &= \frac{1}{\Gamma(m-1)}\int_0^\infty e^{-tz}t^{m-2}\,dt \\ &= \frac{1}{\Gamma(m-1)}\left\{\int_0^{1-\tau}+\int_{1-\tau}^{1+\tau}+\int_{1+\tau}^{h}+\int_h^\infty\right\}e^{-tz}t^{m-2}\,dt. \end{aligned}$$

Dabei nehmen wir für τ eine kleine und für h eine grosse positive Grösse an, wollen aus Gründen, die sich bald ergeben werden, das zweite und das letzte dieser vier Integrale in bekannter Weise beseitigen und dafür proportionale Glieder eines Modulsystemes zum Integrale hinzunehmen.

Aus der Ueberlegung, dass wegen (22) im Integrale (23) $z = pq + pyi$ gesetzt werden muss, und dass $pq > 0$ ist, folgt

$$\left|\int\limits_{1-\tau}^{1+\tau} dt\, e^{-tz} t^{m-2}\right| < \int\limits_{1-\tau}^{1+\tau} t^{m-2} dt = \frac{1}{m-1}\left((1+\tau)^{m-1} - (1-\tau)^{m-1}\right),$$

und also ist der Betrag des zweiten Integrals proportional zu τ.

Durch die Schlüsse, die auf das vierte Element von M führten, lässt sich auch das Integral

$$\int\limits_{h}^{\infty} e^{-tz} t^{m-1} dt$$

leicht abschätzen. Man hat nur in den dortigen Betrachtungen g, n und ϱ^2 durch h, $m-1$ und pq zu ersetzen, und dann ergiebt sich

$$h^{m-1} e^{-hpq}.$$

Will man jetzt (23) in (22) einführen, so müssen die beiden erhaltenen Grössen noch mit dem Factor

$$(24) \qquad \left|\int\limits_{pq-p\gamma i}^{pq+p\gamma i} dz \frac{e^z}{z}\right| = e^{pq} \left|\int\limits_{-\gamma}^{\gamma} \frac{e^{pyi} dy}{q+yi}\right| < e^{pq} \int\limits_{-\gamma}^{\gamma} \frac{dy}{q^2+y^2}$$

multiplicirt werden. Hier hat das letzte Integral, welches auf einen arctg führt, einen endlichen Werth. Den Factor e^{pq} behalten wir bei, da im Folgenden zwar q constant, p aber veränderlich ist. Dieses Glied ist als Factor jenen beiden Elementen hinzuzufügen.

So entsteht für $p, q, m > 0$ (mod. M_1) zunächst

$$(25) \qquad \int\limits_{-\gamma}^{\gamma} \frac{e^{p(q+yi)}}{(q+yi)^m} \equiv \frac{p^{m-1}}{i\Gamma(m-1)} \int\limits_{0}^{h} t^{m-2} dt \int\limits_{pq-p\gamma i}^{pq+p\gamma i} dz \frac{e^{z(1-t)}}{z};$$

(es fehlt $t = (1-\tau \cdots 1+\tau)$; M_1 besteht aus den Elementen

$$[\tau e^{pq}] \quad \text{und} \quad [h^{m-1} e^{-(h-1)pq}]\Big).$$

Hierin ist die rechte Seite noch etwas umzugestalten, und zwar so, dass im inneren Integrale γ durch ∞ ersetzt wird; und hierzu schätzen wir den absoluten Betrag von

$$(26) \qquad p^{m-1} \int\limits_{0}^{h} t^{m-2} dt \int\limits_{pq+p\gamma i}^{pq+\infty i} dz \frac{e^{z(1-t)}}{z} \quad \Big(\text{es fehlt } t = (1-\tau \ldots 1+\tau)\Big)$$

ab. Das innere Integral in (26) entspricht (15); das dortige γ ist durch $p\gamma$, das dortige σ durch τ zu ersetzen. Man erhält dafür

$$\frac{e^{pq(1-t)}}{p\gamma(1-t)} \quad \text{oder im Maximum} \quad \frac{e^{pq}}{p\gamma\tau}$$

und also für (26) selbst

$$\frac{(hp)^{m-1} e^{pq}}{p\gamma\tau}.$$

An der unteren Grenze ist es ebenso, und es resultirt demnach

$$(27)\quad \int\limits_{-\gamma}^{\gamma} \frac{e^{p(q+iy)}dy}{(q+iy)^m} \equiv \frac{p^{m-1}}{i\Gamma(m-1)} \int\limits_0^h t^{m-2}dt \int\limits_{-\infty}^{\infty} dz\, \frac{e^{z(1-t)}}{z} \qquad (\text{mod. } M_2)$$

(es fehlt $t = (1-\tau \cdots 1+\tau)$; M_2 besteht aus den Elementen

$$[\tau e^{pq}],\ [h^{m-1}e^{-(h-1)pq}] \text{ und } \left[\frac{(hp)^{m-1}e^{pq}}{p\gamma\tau}\right]\Big).$$

Wenn nun t die Strecke $(1+\tau \ldots h)$ durchläuft, dann ist nach (4) das innere Integral gleich Null, und wir können also in (27) h durch $1-\tau$ ersetzen. Für alle t des Intervalles $(0 \ldots 1-\tau)$ ist nach (4) der Werth des innern Integrals gleich $2\pi i$. Trägt man das ein, dann kann man die Integration nach t ausführen, und man erhält nach Abschätzung der Glieder mit τ und Berücksichtigung derselben bei der Bildung des Modulsystems

$$(28)\quad \int\limits_{-\gamma}^{\gamma} \frac{e^{p(q+iy)}dy}{(q+iy)^m} \equiv \frac{2\pi p^{m-1}}{\Gamma(m)} \qquad (p, q, m > 0)$$

$$\left(\text{modd. } [\tau e^{pq}],\ [h^{m-1}e^{-(h-1)pq}],\ \left[\frac{(hp)^{m-1}e^{pq}}{p\gamma\tau}\right],\ [\tau p^{m-1}]\right).$$

Genau so wie (22) behandeln wir das Integral

$$(22^*)\quad \int\limits_{-\gamma}^{\gamma} \frac{e^{-p(q+iy)}}{(q+iy)^m}\,dy = \frac{p^{m-1}}{i} \int\limits_{pq-p\gamma i}^{pq+p\gamma i} \frac{dz\,e^{-z}}{z^m} \qquad \left(\begin{matrix} p, q, m > 0 \\ z = pq + p y i \end{matrix}\right).$$

Dazu muss in (24) e^{-z} statt e^z gesetzt werden, so dass

$$(25^*)\quad \int\limits_{-\gamma}^{\gamma} \frac{e^{-p(q+iy)}dy}{(q+iy)^m} \equiv \frac{p^{m-1}}{i\Gamma(m-1)} \int\limits_0^h t^{m-2}dt \int\limits_{pq-p\gamma i}^{pq+p\gamma i} dz\, \frac{e^{-z(1+t)}}{z} \qquad (\text{mod. } M_1^*)$$

(es fehlt $t = (1-\tau \cdots 1+\tau)$; M_1^* besteht aus den Elementen

$$[\tau e^{-pq}] \text{ und } [h^{m-1}e^{-(h+1)pq}])$$

herauskommt. Weiter ist dann in (26) $e^{z(1-t)}$ in $e^{-z(1+t)}$ umzuwandeln, und es resultirt

$$(27^*)\quad \int\limits_{-\gamma}^{\gamma} \frac{e^{-p(q+iy)}}{(q+iy)^m}\,dy \equiv \frac{p^{m-1}}{i\Gamma(m-1)} \int\limits_0^h t^{m-2}dt \int\limits_{-\infty}^{\infty} dz\, \frac{e^{-z(1+t)}}{z} \qquad (\text{mod. } M_2^*)$$

(es fehlt $t = (1-\tau \cdots 1+\tau)$; M_2^* besteht aus den Elementen

$$[\tau e^{-pq}],\ [h^{m-1}e^{-(h+1)pq}] \text{ und } \left[\frac{(hp)^{m-1}e^{-pq}}{p\gamma\tau}\right]\Big).$$

Weil hier rechts im Exponenten von e der Factor von $-z$ beständig positiv ist, so folgt nach (4) das Resultat in der Gestalt

$$(28^*)\qquad \int_{-\gamma}^{\gamma} \frac{e^{-p(q+iy)}}{(q+iy)^m}\,dy \equiv 0$$

$$\left(\text{modd.}\,[\tau e^{-pq}],\ [h^{m-1}e^{-(h+1)pq}],\ \left[\frac{(hp)^{m-1}e^{-pq}}{p\gamma\tau}\right]\right).$$

§ 14.

Die Resultate (28) und (28*) sind in (21) einzutragen.

Dabei tritt zu jedem Elemente der neuen Modulsysteme als Factor

$$\int_0^{\frac{q+iy}{\delta}} du \frac{u^{\frac{n-\nu}{2}-1}}{\prod_1^n\left(1+\frac{u}{a_k^2}\right)^{\frac{1}{2}}} < \int_0^1 u^{\frac{n-\nu}{2}-1}\,du + \int_1^{\frac{q+iy}{\delta}} u^{-\frac{\nu}{2}-1}\prod_1^n a_k^2\,du$$

hinzu; das kann aber, weil es endlich bleibt, weggelassen werden.

Ferner ist p in (28) durch 1 und in (28*) durch

$$\left|1-\sum_1^n \frac{\xi_k^2}{a_k^2+u}\right|$$

zu ersetzen. Handelt es sich nämlich um positive Werthe von p, so ist ihr Maximalwerth in (21) gleich 1; dies ist bei (28) zu bedenken. Bei (28*) muss dagegen p durch

$$\sum_1^n \frac{\xi_k^2}{a_k^2} - 1$$

ersetzt werden. Wir wollen für diesen constanten, endlichen Werth die Bezeichnung p beibehalten.

An die Stelle von m tritt $\frac{n-\nu}{2}+1$.

Nur im Falle $F_0 > 0$ kommt (28*) zur Anwendung, und gleichzeitig wird dabei die untere Grenze des umgewandelten Integrals $u_0 + s$. Es entsteht also, wenn man wegen (28), (28*) die drei Elemente

$$[\tau],\quad \left[h^{\frac{n-\nu}{2}} e^{-(h-1)pq}\right],\quad \left[\frac{h^{\frac{n-\nu}{2}}}{\gamma\tau}\right],$$

welche die Systeme aus § 13 vertreten, zu M nimmt, (mod. M)

$$P = \frac{2\pi^{\frac{n}{2}}}{\nu(n-\nu)\Gamma\left(\frac{\nu}{2}\right)\Gamma\left(\frac{n-\nu}{2}\right)}\int\limits_{0,\,u_0+\varepsilon}^{g+i\gamma\atop\delta} du\cdot u^{\frac{n-\nu}{2}-1}\frac{\left(1-\sum\limits_1^n\frac{\xi_k^2}{a_k^2+u}\right)^{\frac{n-\nu}{2}}}{\prod\limits_1^n\left(1+\frac{u}{a_k^2}\right)^{\frac{1}{2}}}.$$

Ersetzt man die untere Grenze bei $F_0 > 0$ durch u_0, dann kommt ein Ergänzungsintegral hinzu, dessen Werth sich erhöht, wenn statt der Klammer im Zähler und statt des Products im Nenner 1 gesetzt wird. Das Resultat ist folglich proportional zu ε und kann also mit dem neunten Gliede des Modulsystems M vereinigt gedacht werden. Ersetzt man die obere Grenze durch ∞, dann kann man beim Zusatzintegrale die Klammer des Zählers, die 1 und $\prod a_k^2$ im Nenner unterdrücken. Der Integrand wird dann $u^{-\frac{\nu}{2}-1}$, und das Zusatzintegral proportional zu $\delta^{\frac{\nu}{2}}$; es kann also mit dem dritten Gliede des Modulsystems M zusammengeworfen werden.

Folglich ist das Schlussresultat (mod. M)

$$(29)\quad P = \frac{2\pi^{\frac{n}{2}}}{\nu(n-\nu)\Gamma\left(\frac{\nu}{2}\right)\Gamma\left(\frac{n-\nu}{2}\right)}\int\limits_{0,\,u_0}^{\infty} du\cdot u^{\frac{n-\nu}{2}-1}\frac{\left(1-\sum\limits_1^n\frac{\xi_k^2}{a_k^2+u}\right)^{\frac{n-\nu}{2}}}{\prod\limits_1^n\left(1+\frac{u}{a_k^2}\right)^{\frac{1}{2}}}.$$

§ 15.

Endlich handelt es sich noch darum, sämmtliche Glieder von M zum Verschwinden zu bringen. Diese sind

$$[\varrho^{n-\nu}],\ [\sigma],\ \left[\delta^{\frac{\nu}{2}}\right],\ [g^n e^{-\nu\varrho^2}],\ \left[\frac{R^{n-\nu}}{\gamma\sigma}\right],$$

$$[\sigma\log(g^2+\gamma^2)],\ \left[\frac{1}{R}\right],\ \left[g^{-\frac{n-\nu}{2}}\right],\ [\varepsilon],\ [\tau],$$

$$\left[h^{\frac{n-\nu}{2}}e^{-(h-1)pq}\right],\ \left[\frac{h^{\frac{n-\nu}{2}}}{\gamma\tau}\right].$$

Dabei waren die Voraussetzungen

$$n>\nu;\quad \nu>0;\quad g>\varrho^2;\quad p=\sum_1^n\frac{\xi_k^2}{a_k^2}-1;\quad q \text{ endlich und positiv}$$

zu machen. Lässt man nun auf irgend welche Art

$$\begin{array}{ll} \varrho,\ \sigma,\ \delta,\ \varepsilon,\ \tau & \text{zur Grenze Null} \\ g,\ R,\ h & \text{ins Unendliche} \end{array}$$

gehen, dann verschwindet in M schon dadurch eine Reihe von Elementen, und es bleiben nur noch

$$[g^n e^{-g\varrho^2}];\quad \left[\frac{R^{n-\nu}}{\gamma\sigma}\right];\quad [\sigma \log(q^2+\gamma^2)];\quad \left[\frac{h^{\frac{n-\nu}{2}}}{\gamma\tau}\right]$$

zurück.

Wir setzen nun zunächst

$$g^{\frac{1}{2}} > n,\quad \varrho = \frac{1}{g^{\frac{1}{4}}},$$

so dass der Bedingung $g\varrho^2 > n$ genügt wird, dann wird gleichzeitig

$$[g^n e^{-g\varrho^2}] = \left[\frac{g^n}{e^{\sqrt{g}}}\right]$$

mit wachsendem g zur Grenze Null gehen.

Nehmen wir dann weiter

$$R^{n-\nu} = \gamma^{\frac{1}{4}},\quad \sigma = \gamma^{-\frac{1}{2}}$$

und lassen γ ins Unendliche wachsen, dann werden

$$\left[\frac{R^{n-\nu}}{\gamma\sigma}\right] = \left[\gamma^{-\frac{1}{4}}\right] \text{ und } [\sigma\log(q^2+\gamma^2)] = \left[\frac{\log(q^2+\gamma^2)}{\gamma^{\frac{1}{2}}}\right]$$

nach Null hin abnehmen.

Das letzte Glied des Modulsystems M bringen wir endlich durch die Festsetzungen

$$\gamma = h^{\frac{n-\nu}{2}+2},\quad \tau = \frac{1}{h}$$

bei wachsenden Werthen von h zum Verschwinden.

Aus der Congruenz (29) am Schlusse des letzten Paragraphen ist also die Gleichung (8) geworden. Die Ableitung ist dabei in einer Weise geschehen, die keinem Zweifel Raum lässt. Es mag aber nochmals betont werden, dass wir die letzten Untersuchungen überwiegend aus methodischen Gründen durchgeführt haben.

Anmerkungen.

Vorlesung I.

§ 7. S. 19. Die üblichen Beweise dafür, dass eine Function im Bereiche ihrer Stetigkeit auch gleichmässig stetig sei, lässt Kronecker nicht gelten. Dieselben stützen sich auf die Existenz eines Maximums; Kronecker vermisst aber dabei die Angabe einer Methode, durch welche ein solches Maximum mit willkürlich vorgeschriebener Genauigkeit bestimmt werden könne. Darauf beziehen sich auch die Bemerkungen des § 5, welche den Beweis des vorhergehenden Paragraphen treffen.

§ 11. S. 25. Die letzte Behauptung der ersten Vorlesung wurde von Kronecker nicht bewiesen. Im Falle, dass der Integrand beim Unendlichwerden sein Vorzeichen nicht ändert, lässt sich die Richtigkeit des Satzes leicht nachweisen.

Vorlesung III.

§ 1—6. S. 37—44. Den ersten der beiden Beweise gab Kronecker in den Berichten d. Kgl. Ak. d. W. zu Berlin 1885, S. 785—787; der zweite stammt aus dem Jahre 1880, ibid. S. 688—690. In der ersten der beiden Publicationen befinden sich auch die Bemerkungen aus § 7 über die Eindeutigkeit der integrirten Function.

§ 9. S. 51. Den Begriff der natürlichen Begrenzung eines Integrationsbereiches hat Kronecker in dem Aufsatze: „Ueber Systeme von Functionen mehrerer Variabeln" Ber. d. Kgl. Ak. d. W. zu Berlin 1869, XII eingeführt.

Vorlesung IV.

§ 1. S. 60. Ossian Bonnet hat den Satz bereits im Jahre 1849 im Journal des mathématiques pures et appliquées, Liouville, XIV, S. 249—256 veröffentlicht und den Beweis ausdrücklich auf die Abel'sche Identität gestützt. Ebenda giebt er ein Theorem, welches dem auf S. 88—89 abgeleiteten sehr verwandt ist.

§ 5. S. 61, 62. Vgl. L. Kronecker: „Ueber eine bei Anwendung der partiellen Integration nützliche Formel", Ber. d. Berl. Ak. d. W. 1885. § XII. S. 855.

Vorlesung V.

§ 4. S. 72. Die Bedingungen des Satzes können einfacher so gefasst werden, dass $\varphi(x)$ zwischen a und b endlich und im Allgemeinen gleichmässig stetig bleibt. In der That kann man dann, nach Annahme eines beliebig kleinen τ, ein σ so bestimmen, dass

$$|\varphi(\sigma y + 2\varkappa\sigma) - \varphi(\sigma y + 2\varkappa\sigma + \varepsilon)| < \tau$$

wird, ausgenommen an Stellen eines zusammenhängenden oder aus getrennten Theilen bestehenden Gebietes T, welches aus $(a \ldots b)$ herausgeschnitten werden muss, damit im Restgebiete gleichmässige Stetigkeit herrsche. Die obigen Summanden geben als Beitrag zur Summe höchstens

$$\tau \frac{b-a}{2}.$$

Innerhalb T können sich $\frac{T}{2\sigma}$ Summanden befinden, die zusammen einen Beitrag liefern, welcher den Werth

$$\sigma \cdot 2M \cdot \frac{T}{2\sigma} = MT$$

nicht übersteigt. Daher kann auch die Gesammtsumme den Werth

$$\tau \frac{b-a}{2} + MT$$

nicht überschreiten, und weil (vgl. S. 12) mit τ auch T nach Null convergirt, so folgt daraus der ausgesprochene Satz.

Vorlesung VI.

§. 2. S. 93. Um die Cosinus- und die Sinusreihe in der gewöhnlich benutzten Form zu erlangen, muss man über $f(z)$ die Voraussetzung

$$f(z) = f(1-z) \quad \text{bezw.} \quad f(z) = -f(1-z)$$

machen.

Vorlesung VII.

§. 5. S. 107. Von den Schlussresultaten des Paragraphen kommt man zu den Formeln für

$$\sum_{\varkappa=1}^{\infty} \frac{\cos 2v\varkappa\pi}{\varkappa^n}, \quad \sum_{\varkappa=1}^{\infty} \frac{\sin 2v\varkappa\pi}{\varkappa^n},$$

indem man das Glied mit $\varkappa = 0$ in den dortigen Formeln auf die rechte Seite schafft und dann w zur Grenze 0 gehen lässt.

§ 7—11. S. 110—119. Der Inhalt dieser Paragraphen findet sich in den Monatsber. d. Berl. Akad. d. W. 1880, 29. Juli, S. 686—698, und 28. Oct., S. 854—860.

Vorlesung VIII.

Der Inhalt dieser und der folgenden Vorlesung findet sich im Colleg vom Jahre 1883/84 noch nicht; dagegen kommt er in dem von Sommer 1885 in der mitgetheilten Form vor. In diesem Jahre führte Kronecker die Untersuchungen durch, welche in dem Aufsatze: „Ueber eine bei Anwendung der partiellen Integration nützliche Formel“ (Berl. Ber. 1885, 16. Juli, S. 841) enthalten sind, und deren wesentliche Resultate in der neunten Vorlesung gegeben werden. In den späteren Collegien (1887, 1889, 1891) beschränkt sich dann Kronecker auf diesen letzten Theil, so dass das Problem der mechanischen Quadratur vor dem der Aufstellung allgemeiner Summenformeln in den Hintergrund tritt. Es erschien aber angemessen, dem Cursus des Collegs von 1885 zu folgen und die Darlegung der mechanischen Quadratur beizubehalten. — Eine Fortsetzung seiner Untersuchungen gab Kronecker in dem Aufsatze: „Ueber eine summatorische Function", Berl. Ber. 1889, 31. Oct., S. 867.

Vorlesung IX.

§ 5. S. 149. Auf Z. 8 v. u. ist einzuschieben: Die a_k und die v_k sind dabei beliebige Grössen, welche nur die Bedingung erfüllen müssen, dass die Reihe für $g^{(n-1)}(-x)$ für alle Werthe von x convergire und eine innerhalb des Intervalles von $x = 0$ bis $x = 1$ durchweg endliche, stetige, differentiirbare, aber bei $x = 0$ und $x = 1$ unstetige Function darstelle, welche, wenn man einerseits x bis Null abnehmen, andererseits bis zu 1 zunehmen lässt, sich zwei verschiedenen Grenzwerthen nähert.

Vorlesung X.

§ 1 — § 3. S. 157 ff. Vgl. Kronecker's „Bemerkungen über die Darstellung von Reihen durch Integrale", Journal f. d. reine und angew. Math. CV, 157—159 und 345—354.

§ 4. S. 162. Vgl. Kronecker's „Summirung der Gauss'schen Reihen

$$\sum_{h=0}^{n-1} e^{\frac{2h^2\pi i}{n}} \text{“};$$

ibid. S. 267—268.

Vorlesung XI.

§ 4 — § 7. S. 187. Vgl. Kronecker's Aufsatz: „Zur Theorie der elliptischen Functionen", Berl. Ber. 1881' Dec., S. 1165.

§ 8. S. 197. Vgl. Kronecker's „Bemerkungen über die Jacobi'schen Thetaformeln", Journal f. d. reine u. angew. Math. CII, S. 260—272.

Vorlesung XIII.

§ 4 — § 8. S. 219. Vgl. Kronecker's „Notiz über Potenzreihen", Berl. Ber. 1878, 21. Jan., S. 53—58.

Vorlesung XV.

§ 2 — § 6. S. 255. Vgl. Kronecker's „Ueber Systeme von Functionen mehrerer Variabeln", Berl. Ber. 1869, 4. März, § V u. § XI, sowie „Bemerkungen zur Determinantentheorie", Journal f. d. reine u. angew. Math., Bd. 72. III, § 4.

§ 7. S. 264 Es ist zu beachten, dass die in diesem Paragraphen gegebene Definition der Oberfläche einer sphärischen Mannigfaltigkeit nicht mit der aus § 4 fliessenden übereinstimmen kann, weil im früheren Paragraphen der Factor $(n-1)!$ unterdrückt worden ist. Setzt man in § 2 bis § 4 $F_0 = z_1^{0^2} + \cdots + z_n^{0^2} - \varrho^2$ voraus und legt den Punkt (z) in den Nullpunkt, so folgt $n!dv = D = \varrho dw$ und also

$$w = \frac{n!}{\varrho} v,$$

während in § 7 gerade infolge der Unterdrückung von $(n-1)!$, wenn wir hier das Oberflächenmaass mit $\overline{w}$ bezeichnen,

$$\overline{w} = \frac{n}{\varrho} \cdot v$$

herauskommt. — Eine Aenderung schien aber gleichwohl nicht angemessen, da in den folgenden Vorlesungen zu einer Verwechselung keinerlei Anlass vorliegt.

Vorlesung XVI.

§ 1. S. 267. Ueber den Inhalt der Vorlesung vgl. man Kronecker: „Ueber Systeme von Functionen mehrerer Variabeln", Berl. Ber. 4. März 1869, und: „Die Clausius'schen Coordinaten", ibid. 30. Juli 1891.

Vorlesung XVIII.

§ 7. S. 311. Vgl. L. Kronecker: „Ueber Potentiale n-facher Mannigfaltigkeiten". In memoriam Domini Chelini. Collectanea mathematica, 1881.

Vorlesung XIX.

§ 3. S. 319. Die erste Formel dieses Paragraphen erhält man, wenn das Integral $\int e^{-z^2} dz$ längs der, auf S. 240 oder 246 gezeichneten Contour ausgeführt wird. Setzt man für den unendlich grossen Kreis $z = R(\cos\vartheta + i\sin\vartheta)$ und integrirt von $\vartheta = 0$ bis $\vartheta = \vartheta_0$, so muss $\vartheta_0 < \frac{\pi}{4}$ sein, weil sonst in den Exponenten $R^2\left(\cos\frac{\pi}{2} + i\sin\frac{\pi}{2}\right)$ eintreten würde. Daher stammt dann die Bedingung $|b| < |a|$.

§ 4. S. 322. Die nun folgenden Ableitungen hat Kronecker zuerst 1889 und dann in veränderter Form 1891 vorgetragen. Er hebt dabei den, für seine Art der Production besonders wichtigen Umstand hervor, dass die Gesammtheit der Vorsichtsmassregeln, welche die Methode erfordert, erst im Laufe der Untersuchung selbst hervortrete, so dass auf Grund späterer Erwägungen häufig Aenderungen in den früheren Beweisführungen nöthig werden. Die Spuren dieser Schwierigkeiten sind in der Darstellung wohl nicht ganz zu verwischen gewesen.

Druckfehler.

S. 69. Z. 1 v. u. ist einzuschieben: Der Werth der Integrale nähert sich der Grenze Null.

S. 106. Z. 6 u. 5 v. u. ist zu lesen: demjenigen der beiden Werthe

$$v - [v] \quad \text{und} \quad v - [v + 1],$$

welcher den kleineren absoluten Betrag besitzt.

S. 149. Z. 14 v. u. ist zu lesen:

$$g^{(n-1)}(x) = \sum_{1}^{\infty} \frac{a_\varkappa}{2\varkappa\pi} \cos\left(2\varkappa x + r_\varkappa + \frac{1}{2}\right)\pi \qquad 0 < x < 1 .$$

S. 175. Z. 5 v. u. ist zu lesen: innerhalb des um den Nullpunkt geschlagenen Kreises.

S. 189. Z. 5 v. u. ist zu lesen:

$$-\frac{1}{2} \frac{q^{n-\frac{1}{2}} x^{-2n+1}}{\pm q^{n-\frac{1}{2}} - y} .$$

S. 277. Z. 8 v. u. ist zu lesen:

$$\frac{\partial}{\partial c_{5\varkappa}} \int_{(F=0)} \mathfrak{K}\mathfrak{P}\, dv .$$

Lightning Source UK Ltd.
Milton Keynes UK
UKHW020057090119
334943UK00004B/363/P

9 780365 745440